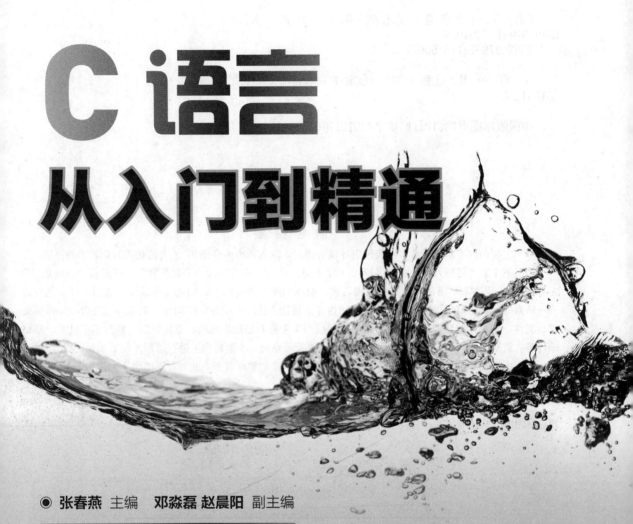

C 语言
从入门到精通

◉ 张春燕 主编　邓淼磊 赵晨阳 副主编

U0363088

人民邮电出版社

北京

图书在版编目（ＣＩＰ）数据

C语言从入门到精通 / 张春燕主编. -- 北京 ：人民
邮电出版社，2019.7
ISBN 978-7-115-50671-9

Ⅰ. ①C… Ⅱ. ①张… Ⅲ. ①C语言—程序设计 Ⅳ.
①TP312.8

中国版本图书馆CIP数据核字(2019)第016041号

内 容 提 要

本书主要面向零基础读者，用实例引导读者学习，深入浅出地介绍 C 语言的相关知识和实战技能。

本书第Ⅰ篇"基础入门"主要讲解 C 语言概述、C 程序开发环境和开发步骤等；第Ⅱ篇"基础知识"主要讲解 C 语言基本语法、良好的编程习惯、数据的输入和输出、结构化程序设计、数组、模块化设计——函数等；第Ⅲ篇"进阶提高"主要介绍内存的快捷方式——指针、结构体与联合体、链表、编译预处理、文件、常见错误及调试等；第Ⅳ篇"高级应用"主要介绍数据结构、常用算法、高级编程技术、网络编程等；第Ⅴ篇"项目实战"主要介绍停车场收费管理系统、小型超市进销存管理系统等项目的设计开发。

本书所提供的电子资源中包含了与图书内容全程同步的教学视频。此外，还赠送了大量相关学习资料，以便读者扩展学习。

本书适合任何想学习 C 语言的读者，无论读者是否从事计算机相关行业，是否接触过 C 语言，均可通过学习本书快速掌握 C 语言的开发方法和技巧。

◆ 主　　编　张春燕

　　副 主 编　邓淼磊　赵晨阳

　　责任编辑　张　翼

　　责任印制　马振武

◆ 人民邮电出版社出版发行　　北京市丰台区成寿寺路 11 号
　　邮编　100164　电子邮件　315@ptpress.com.cn
　　网址　http://www.ptpress.com.cn
　　涿州市京南印刷厂印刷

◆ 开本：787×1092　1/16
　　印张：27.75
　　字数：698 千字　　　　　　　　2019 年 7 月第 1 版
　　印数：1－2 500 册　　　　　　2019 年 7 月河北第 1 次印刷

定价：69.80 元

读者服务热线：(010)81055410　印装质量热线：(010)81055316
反盗版热线：(010)81055315
广告经营许可证：京东工商广登字 20170147 号

前言
PREFACE

　　"从入门到精通"系列是专为初学者量身打造的一套编程学习用书，由专业计算机图书策划机构"龙马高新教育"精心策划而成。

　　本书主要面向 C 语言初学者和爱好者，旨在帮助读者掌握 C 语言基础知识、了解开发技巧并积累一定的项目实战经验。

为什么要写这样一本书

　　荀子曰："不闻不若闻之，闻之不若见之，见之不若知之，知之不若行之。"

　　实践对于学习的重要性由此可见一斑。纵观当前编程图书市场，理论知识与实践经验的脱节，是一些 C 语言图书中经常出现的情况。为了避免这种情况，本书立足于实战，从项目开发的实际需求入手，将理论知识与实际应用相结合，目的就是让初学者能够快速成长为初级程序员，并拥有一定的项目开发经验，从而在职场中拥有一个高起点。

C 语言的学习路线

　　本书总结了作者多年的教学实践经验，为读者设计了合适的学习路线。

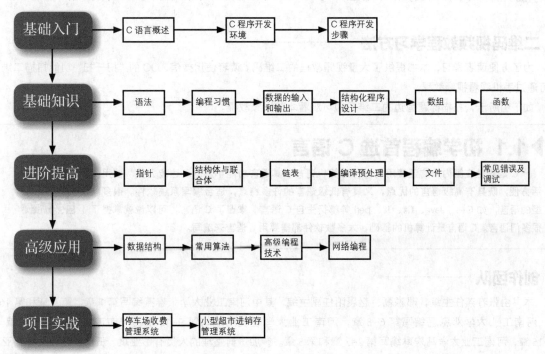

本书特色

● 零基础、入门级的讲解
无论读者是否从事计算机相关行业，是否接触过 C 语言，是否使用 C 语言开发过项目，都能从本书中获益。

● 超多、实用、专业的范例和项目
本书结合实际工作中的范例，逐一讲解 C 语言的各种知识和技术。最后以实际开发项目来总结本书所学内容，帮助读者在实战中掌握知识，轻松拥有项目经验。

● 随时检测自己的学习成果
每章首页给出了"本章要点"，以便读者明确学习方向，读者可以随时自我检测，巩固所学知识。

● 细致入微、贴心提示

本书在讲解过程中使用了"提示""注意""技巧"等小栏目，帮助读者在学习过程中更清楚地理解基本概念、掌握相关操作，并轻松获取实战技巧。

超值电子资源

● 全程同步教学视频

涵盖本书所有知识点，详细讲解每个范例及项目的开发过程及关键点，帮助读者更轻松地掌握书中所有的 C 语言程序设计知识。

● 超多电子资源大放送

赠送大量电子资源，包括本书范例的素材文件和结果文件、本书教学 PPT、C 语言标准库函数查询手册、C 语言常用查询手册、10 套超值完整源代码、全国计算机等级考试二级 C 语言考试大纲及应试技巧、C 语言常见面试题、C 语言常见错误及解决方案、C 语言开发经验及技巧大汇总、C 语言程序员职业规划、C 语言程序员面试技巧。

读者对象

- 没有任何 C 语言基础的初学者。
- 已掌握 C 语言的入门知识，希望进一步学习核心技术的人员。
- 具备一定的 C 语言开发能力，缺乏 C 语言实战经验的人员。
- 各类院校及培训学校的老师和学生。

二维码视频教程学习方法

为了方便读者学习，本书提供了大量视频教程的二维码。读者使用微信、QQ 的"扫一扫"功能扫描二维码，即可通过手机观看视频教程。

如下图所示，扫描标题旁边的二维码即可观看本节视频教程。

▶ 1.1 初学编程首选 C 语言

C 语言是在国内外广泛使用的一种计算机语言。其语言功能丰富、表达能力强、使用灵活方便，既具有高级语言的优点，又具有低级语言的许多特点，适合编写系统软件。很多新型的语言，如 C++、Java、C#、J#、perl 等都衍生自 C 语言。掌握了 C 语言，可以说就掌握了很多门语言。C 语言是计算机的基础，大多数软件都需要用 C 语言来编写。

创作团队

本书由张春燕任主编，邓淼磊、赵晨阳任副主编，其中河南工业大学张春燕编写第 1 章，第 4 章和第 16~20 章，河南工业大学邓淼磊编写第 6~8 章，河南工业大学赵晨阳编写第 9~12 章，河南工业大学谭玉波编写第 13~15 章，河南工业大学马宏琳编写第 2~3 章和第 5 章。参加资料整理的人员有彭亚斌、王赞、赵韩兵和路亚超。

在此书的编写过程中，我们竭尽所能地将更好的讲解呈现给读者，但书中也难免有疏漏和不妥之处，广大读者在阅读本书时如遇到困难或疑问，或有任何建议都可发送邮件至 zhangtianyi@ptpress.com.cn。

编者

目录
CONTENTS

第Ⅲ篇
进阶提高

第 IV 篇　高级应用

第 V 篇
项目实战

赠送资源
Free resources

❶ 本书范例的素材文件和结果文件

❷ 本书教学PPT

❸ C语言标准库函数查询手册

❹ C语言常用查询手册

❺ 10套超值完整源代码

❻ 全国计算机等级考试二级C语言考试大纲及应试技巧

❼ C语言常见面试题

❽ C语言常见错误及解决方案

❾ C语言开发经验及技巧大汇总

❿ C语言程序员职业规划

⓫ C语言程序员面试技巧

第 **I** 篇

基础入门

第 1 章

C 语言概述

C 语言是国际上广泛流行的计算机高级程序设计语言，从诞生就受到计算机世界的关注，它是计算机世界最受欢迎的编程语言之一，具有强大的功能，许多著名的软件都是用 C 语言编写的。在学习 C 语言之前，应该对 C 语言的特点和应用领域有一个比较清楚的认识。只有这样，才能有目的、有方向地去学习。

本章要点（已掌握的在方框中打钩）

☐ C 语言的特点和应用
☐ C 语言的结构
☐ C 语言的运行

▶ 1.1 初学编程首选 C 语言

　　C 语言是在国内外广泛使用的一种计算机语言。其语言功能丰富、表达能力强、使用灵活方便，既具有高级语言的优点，又具有低级语言的许多特点，适合编写系统软件。很多新型的语言，如 C++、Java、C#、J#、perl 等都衍生自 C 语言。掌握了 C 语言，可以说就掌握了很多门语言。C 语言是计算机的基础，大多数软件都需要用 C 语言来编写。

1.1.1 程序设计语言

　　程序设计语言是用于书写计算机程序的语言，用来向计算机发出指令。计算机程序指的是能实现某种功能的指令序列。程序是由程序设计语言来编写的。

　　程序设计语言种类繁多，从 20 世纪 60 年代以来，世界上公布的程序设计语言有上千种之多。总的来说，可以分成机器语言、汇编语言和高级语言三大类。

　　机器语言：它是由二进制 0、1 代码指令组成的。机器语言面向机器，不同的 CPU 有不同的指令系统。机器语言需要用户直接对存储空间进行分配，机器语言具有灵活、直接执行和速度快等特点，但难编写、难修改、难维护。

　　汇编语言：它是机器指令的符号化，与机器指令存在直接的对应关系，所以汇编语言存在难学难用、容易出错、维护困难等缺点。汇编语言的优点是，它可直接访问系统接口，汇编程序翻译成的机器语言程序的效率高。汇编语言一般用在高级语言不能满足设计要求，或不具备某种特定功能的技术性能的情况下，如特殊的输入和输出。

　　高级语言：它是面向用户的，基本上独立于计算机种类和结构的语言，其形式上接近于算术语言和自然语言。高级语言的一个命令可以代替几条、几十条甚至几百条汇编语言的指令。高级语言易学易用，通用性强，应用广泛。高级语言种类繁多，可以分为面向过程语言和面向对象语言。面向过程语言是以"数据结构＋算法"的程序设计范式构成的程序设计语言，如 FORTRAN 语言、C 语言等。面向对象语言是以"对象＋消息"的程序设计范式构成的程序设计语言，如 C++ 语言、Java 语言等。

1.1.2 C 语言在计算机领域的地位

　　首先讲讲 C 语言的诞生故事。20 世纪 60 年代，贝尔实验室的研究员 Ken Thompson 开发了一个游戏 Space Travel，但没有合适的操作系统平台运行游戏，因此他决定开发一个操作系统。他先后尝试用汇编语言、Fortran 语言编写，但效果都不理想，后来他在 BCPL 语言的基础上设计了 B 语言，并用 B 语言写出第一个 UNIX 操作系统，但 B 语言功能有限。Ken Thompson 的同事，贝尔实验室的 D.M.Ritchie，在 B 语言的基础上设计了 C 语言，保持了 BCPL 语言和 B 语言的优点——精练，接近硬件，又克服了它们的缺点——简单，数据无类型。1973 年初，C 语言的主体完成。Thompson 和 Ritchie 用 C 语言完全重写了 UNIX 操作系统。随着大名鼎鼎的 UNIX 的发展，C 语言自身也在不断地完善。

　　1983 年，美国国家标准学会（American National Standards Institute，ANSI）对 C 语言进行了标准化，当年颁布了第一个 C 语言标准草案（83 ANSI C），1987 年又颁布了另一个 C 语言标准草案（87 ANSI C）。1994 年，国际标准化组织（International Organization for Standardization，ISO）修订了 C 语言的标准。最新的 C 语言标准 C99 是在 1999 年颁布的，并在 2000 年 3 月被 ANSI 采用，正式名称是 ISO/IEC9899:1999。

　　1983 年，贝尔实验室的 Bjarne Stroustrup 在 C 语言基础上推出了 C++，C++ 是一种面向对象的程序设计语言，它进一步扩充和完善了 C 语言。

　　1995 年，Sun 公司（已被 Oracle 公司收购）正式发布 Java，Java 去除了 C++ 的一些不太实用及影响安全的成分，包含了 Applet 技术（将小程序嵌入网页中进行执行的技术）。

　　可以说 C 语言、C++ 语言、Java 语言是同一系的语言，并长期占据程序设计语言使用率排行榜的前三名。

1.1.3 C 语言的特点和应用领域

每一种语言都有自己的优缺点，C 语言也不例外，所以才有了语言的更替，有了不同语言的使用范围。下面列举 C 语言的一些优点。

（1）功能强大、适用范围广、可移植性好

许多著名的系统软件都是由 C 语言编写的，而且 C 语言可以像汇编语言一样对位、字节和地址进行操作，而这三者是计算机的基本工作单元。C 语言适合于多种操作系统，如 DOS、UNIX 等。对于操作系统、系统使用程序以及需要对硬件进行操作的场合，使用 C 语言明显优于其他解释型高级语言，一些大型应用软件也是用 C 语言编写的。

（2）运算符丰富

C 语言的运算符包含的范围广泛，共有 34 种运算符。C 语言把括号、赋值、强制类型转换等都作为运算符处理，从而使 C 语言的运算类型极其丰富，表达式类型多样化。灵活地使用各种运算符可以实现在其他高级语言中难以实现的运算。运算符的介绍见第 4 章的相关内容。

（3）数据结构丰富

C 语言的数据类型有整型、实型、字符型、数组类型、指针类型、结构体类型、共用体类型等，能用来实现各种复杂的数据结构的运算。C 语言还引入了指针的概念，从而使程序的效率更高。

（4）C 语言是结构化语言

结构化语言的显著特点是代码及数据的分隔化，即程序的各个部分除了必要的信息交流外彼此独立。这种结构化方式可使程序层次清晰，便于使用、维护以及调试。C 语言是以函数形式提供给用户的，因此用户可以方便地调用这些函数，并具有多种循环和条件语句来控制程序的流向，从而使程序完全结构化。

（5）C 语言可以进行底层开发

C 语言允许直接访问物理地址，可以直接对硬件进行操作，因此可以使用 C 语言来进行计算机软件的底层开发。

（6）其他特性

C 语言对语法的限制不太严格，其语法比较灵活，允许程序编写者有较大的自由度。另外，C 语言生成目标代码的质量高，程序执行效率高。

C 语言应用范围极为广泛，不仅仅是在软件开发上，各类科研项目也都要用到 C 语言。下面列举了 C 语言一些常见的领域。

① 应用软件。Linux 操作系统中的应用软件都是使用 C 语言编写的，因此这样的应用软件安全性非常高。

② 对性能要求严格的领域。一般对性能有严格要求的地方都是用 C 语言编写的，如网络程序的底层和网络服务器端的底层、地图查询等。

③ 系统软件和图形处理。C 语言具有很强的绘图能力和可移植性，并且具备很强的数据处理能力，可以用来编写系统软件、制作动画、绘制二维图形和三维图形等。

④ 数字计算。相对于其他编程语言，C 语言是数字计算能力很强的高级语言。

⑤ 嵌入式设备开发。手机、PDA 等时尚消费类电子产品相信大家都不陌生，其内部的应用软件、游戏等很多都是采用 C 语言进行嵌入式开发的。

1.1.4 C 语言学习路线

要了解 C 语言，就要从语法学起，首先要了解它的结构，如变量，了解变量的定义方式（格式），其意义是什么（定义变量有什么用）；其次就是要了解怎么去运用它（用什么形式去应用它）。这些都是语法基础，也是 C 语言的基础，如果把它们都了解了，那么编起程序来就会得心应手。例如，if-else 和 switch-case 这两种条件语句都是用来判断执行功能的，那要什么时侯用 if，什么时侯用 switch 呢？如果能够很好地了解它们的结构和作用，那么就知道，若它的条件分支有多个，而且条件的值是整数或一个字符值，就会选 switch。如果条件分支太多时用 if 语句，一定会出现 if 的嵌套，if 的嵌套越多，程序的开销就会越大，这样整个程序的运行效率就会大大降低。而 switch 则不同，它只要比较一次，就可以找出条件的结果。不过 switch 也有它的约束条件，就是它的条件值一定要为一个整型数或一个字符值，所以碰到它不能解决的问题时通常也会使用 if 语句，毕竟 if 语句使用起来比较方便，而且使用范围也比较广。所以说了解语法规则是很重要的，如果没有一个良好的语法基础，很难编出一个好的程序。

学好语法基础后就可以开始编程了。很多初学者在看完题目后不知从何入手，其实在编写程序的时候，应该养成画流程图的好习惯。因为 C 语言的程序是以顺序为主，一步步地从上往下执行的，而流程图的思路也是从上到下一步步画出来的。而且画流程图的过程也是你在构建编写程序的思路的过程，流程图画好了，编程的思路也基本定了，然后根据思路来编写程序即可。

除了要掌握上述基本的知识外，良好的编程习惯也是学好 C 语言的重要因素，例如，编写程序时要有缩进，写注释，程序写到一定的阶段时要做模块测试等。程序的维护是一个很重要的问题，如果一个复杂的程序在编完后才发现有错误，那么找出错误的工作量将会非常大。但是若在编写程序时做好格式的缩进和写注释，那么程序看起来就会很清晰，如果在每个阶段都做模块测试，确定之前的程序没有错误，这样错误机会也会减少很多。

设计程序的过程如同解决一个实际问题，你需要从多个角度来分析，首先要了解这个问题的基本要求，即输入、输出，以及完成从输入到输出的要求是什么，其次，从问题的要害入手，从前往后解决问题的每个方面，即从输入开始入手，着重考虑如何从输入导出输出，在这个过程中可确定所需的变量、数组、函数，然后确定处理过程——算法，最后得出结论。

学习一门编程语言之前，都要了解这门语言的精髓是什么。对于 C 语言而言，指针的定义与运用是它的一大特色，也是其能够得到广泛应用的重要原因之一。例如，指针可以作为数组的地址使数组的处理变得简洁；也可以通过指针给函数传递变量的地址，从而实现调用函数后返回多个值；指针还支持动态内存分配，使处理数值、字符数组的方法更为简单。本书对指针内容进行了更新，详细讲解了这方面的内容。

▶1.2 快速学会看懂 C 程序

1.2.1 一个简单的 C 程序

下面给出一个简单的 C 程序的例子。通过这个例子介绍 C 程序的基本结构。

范例 1-1   从键盘输入两个数，求它们的乘积并输出

（1）在 Code::Blocks 16.01 中，新建名为"两个数的乘积 .c"的【C Source File】源程序。
（2）在代码编辑窗口输入以下代码（代码 1-1.txt）。

```
01  #include<stdio.h>
02  int main()
03  {
04      int mul,a,b;
05      printf(" 请输入两个数：\n");
06      scanf("%d%d",&a,&b);  /* 输入两个数据 */
07      mul=a*b;
08      printf(" 这两个数的乘积是 %d",mul);
09      return 0;
10  }
```

【运行结果】

编译、连接、运行程序，输出结果如下图所示。

【范例分析】

从 C 语言的程序可以联想到数学中函数的使用。先举个例子，如数学中 $f(x)=x+1$，这个函数的功能就是将自变量 x 加 1，这是函数 f 的定义部分。$f(3)$ 就是 $x=3$ 时这个函数的值。C 程序的组织单位就是函数。从整体上看这个程序中主要的函数就是 main() 函数。

第 01 行是 #include 命令，是文件包含命令，后面 < > 中的 stdio.h 是头文件，这个语句的作用是进行预处理，之所以要加这个命令，是因为后面要使用到的输出函数 printf() 和输入函数 scanf() 的定义部分就放在 stdio.h 这个头文件中。

第 02 行是 main() 函数，其中 int 是关键字，是指定了 main() 函数的函数值的类型是整型的。main 是函数名，后面 () 中的内容是这个函数的参数，如果没有表示默认。这一行是 main() 函数的函数头部分，主要声明的包括函数值的类型，函数名以及参数。

从第 03 行的"{"到第 10 行的"}"，是 main() 函数的函数体部分。"{"表示函数体的开始，"}"表示函数体的结束。函数体中主要包括的就是语句序列。

第 04 行是定义了要用到的 3 个变量，类型是整型的，mul 变量要存放两个数的乘积，a 和 b 变量分别存放两个数据。

第 05 行 pirntf() 函数的功能是向屏幕输出一行字符串，就是 () 中的用一对双引号括起来的字符串。这一行的作用是输出一条提示信息。

第 06 行 scanf() 函数的功能是从键盘输入数据存放在指定的变量中，这里指定了两个变量 a 和 b。/* 输入两个数据 */ 是注释，注释的作用是对代码进行解释说明，方便理解代码的含义。

第 07 行是变量 a 和 b 相乘，将它们的乘积赋值给 mul 变量。

第 08 行是用 printf() 函数输出 mul 的值。

第 09 行是函数的返回值，返回值是 0，就是 main() 函数的值。

1.2.2 C 程序的基本结构

通过上面的例子，大家对 C 程序有了一定的了解。总结一下就是，函数是组织单位，语句是执行单位。程序的执行是从 main() 函数开始的，main() 执行结束，程序也就结束了。可以说 main() 函数既是程序的起始，也是程序的结束。

一个 C 程序可以包含以下内容。

01 头文件

C 语言提供有丰富的函数集，我们称之为标准函数库。标准函数库包括 15 个头文件，借助这些函数可以完成不同的功能。可以用 #include 命令将头文件包含进来，当然不仅可以是系统提供的头文件，也可以自己定义的头文件。

02 main() 函数

每个 C 程序必须有而且只有一个主函数，也就是 main() 函数，它是程序的入口。main() 函数有时也作为一种驱动，按次序控制调用其他函数，C 程序是由函数构成的，这使得程序容易实现模块化；main() 函数后面的"()"不可省略，表示函数的参数列表；"{"和"}"是函数开始和结束的标志，不可省略。

主函数在程序中可以放在任何位置，但是编译器都会首先找到它，并从它开始运行。它就像汽车的引擎，控制程序中各部分的执行次序。

下图是对主函数各部分名称的说明。

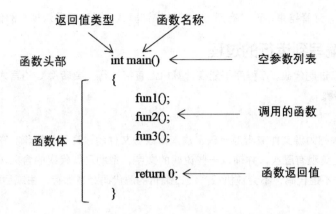

03 函数定义部分

C 语言编译系统是由上往下编译的。一般被调函数放在主调函数后面时，前面就应有声明，否则 C 语言由上往下的编译系统将无法识别。正如变量必须先声明后使用一样，函数也必须在被调用之前声明，否则无法调用！函数的声明可以与定义分离，要注意的是一个函数只能被定义一次，但可以声明多次。

函数定义：

返回类型 函数名（参数类型 1 参数名 1，…，参数类型 n 参数名 n）
{
函数体…
}

例如：

```
int fun(int a,int b)
{
    int c;
    c=a+b;
    return c;
}
```

---

04 注释

读者可能已经注意到，很多语句后面都跟有 "/*" 和 "*/" 符号，它们表示什么含义呢？

在前文已经说过，在编辑代码的过程中，希望加上一些说明的文字，来表示代码的含义，这是很有必要的。

费了很大精力，绞尽脑汁编写的代码，如果没有写注释或者注释写得不够清楚，一段时间后又要使用这段代码时，当年的思路全部记不得了，只得重分析、重理解。试问，因为当初一时的懒散造成了今日的结局，值得吗？又比如，一个小组共同开发程序，别人需要在该小组写的代码上进行二次开发，如果代码很复杂、没有注释，恐怕只能用 4 个字形容组员此时的心情：欲哭无泪。所以，编写代码时最好书写注释。

注释的要求如下。

（1）使用 "/*" 和 "*/" 表示注释的起止，注释内容写在这两个符号之间，注释表示对某语句的说明，不属于程序代码的范畴，如范例 1-1 代码中 "/*" 和 "*/" 之间的内容。

（2）"/" 和 "*" 之间没有空格。

（3）注释可以注释单行，也可以注释多行，而且注释不允许嵌套，嵌套会产生错误，例如：

/* 这样的注释 /* 特别 */ 有用 */

这段注释放在程序中不但起不到说明的作用，反而会使程序产生错觉，原因是 "这样" 前面的 "/*" 与 "特

别"后面的"*/"匹配，注释结束，而"有用 */"就被编译器认为是违反语法规则的代码。

1.2.3 ▶ C 程序从编写到运行的过程

计算机只能识别二进制代码，C 程序不能在计算机上直接运行。要转换 C 语言为在计算机上可执行的文件，共包括以下四个步骤。

01 编辑

人们把编写的代码称为源文件或者源代码，输入修改源文件的过程称为编辑。在这个过程中还要对源代码进行布局排版，使之美观有层次，并辅以一些说明的文字，帮助理解代码的含义，这些文字称为注释，它们仅起到说明的作用，不是代码，不会被执行。经过编辑的源代码经过保存，生成后缀名为".c"的文件。

02 编译

编译程序读取源程序（字符流），对之进行词法和语法的分析，将高级语言指令转换为功能等效的汇编代码，再由汇编程序转换为机器语言。经过编译，把源文件转换为以".obj"为后缀名的目标文件。如果编译不通过，则说明该程序存在语法错误，要回到第一步重新编辑。

03 连接

由汇编程序生成的目标文件并不能立即就被执行，其中可能还有许多没有解决的问题。例如，某个源文件中的函数可能引用了另一个源文件中定义的某个符号（如变量或者函数调用等），在程序中可能调用了某个库文件中的函数等。所有的这些问题，都需要经链接程序的处理方能得以解决。

连接程序的主要工作就是将有关的目标文件彼此相连接，即将在一个文件中引用的符号同该符号在另外一个文件中的定义连接起来，使得所有的这些目标文件成为一个能够被操作系统装入执行的统一整体。并形成最终可执行的二进制机器代码（程序），后缀名是".exe"的文件。

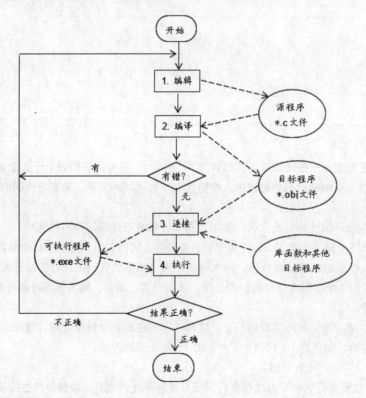

04 运行

计算机能够执行可执行程序。如果和预期的结果不同，则说明该程序存在逻辑错误，要回到第一步重新编辑。

第 **2** 章

C 程序开发环境和开发步骤

学习一门编程语言，首先就要熟悉这门语言所使用的开发软件——开发环境。本章将介绍 C 语言在 Windows 与 Linux 操作系统下的开发环境，以及编译器的安装使用。

本章要点（已掌握的在方框中打钩）

☐ Visual Studio 与 Code::Blocks 的使用

☐ Linux 下 GCC 的使用

☐ 编写并运行一个 C 程序

▶2.1 Windows 下开发 C 程序

在 Windows 操作系统下，集成开发环境（Integrated Development Environment，IDE）可以给程序员提供很大的帮助。使用 IDE，开发软件应用程序的各个组成部分之间可方便地进行切换。IDE 提供了一个强大和易于使用的用于创作、修改、编译、部署、调试软件，并增加开发人员的生产力的环境。下面介绍 Visual Studio 2015（VS 2015）、Code::Blocks 这两种环境的安装与配置。

2.1.1 ▶ 安装配置运行环境

01 Visual Studio 2015 下载、安装、配置

VS 2015 共有三个版本，其中，社区版（Community）免费提供给单个开发人员，科研、教育以及小型专业团队。大部分程序员（包括初学者）可以无任何经济负担、合法地使用 VS 2015。另外两个版本是专业版（Professional）和企业版（Enterprise）。

初学者可以通过官网进行下载 Visual Studio 2015 社区版。

（1）下载、安装

①下载好后，解压缩包至一个文件夹，双击 vs_community 应用程序进行安装。

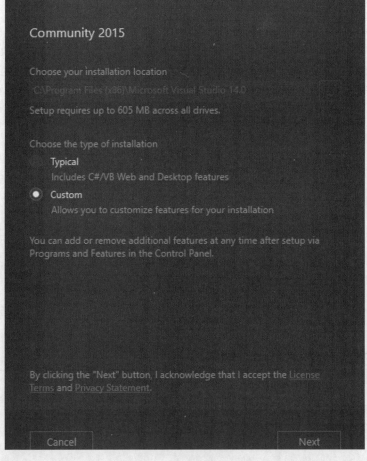

②选择【Custom】，单击【Next】按钮，在弹出框中勾选需要的工具，单击【Install】按钮。

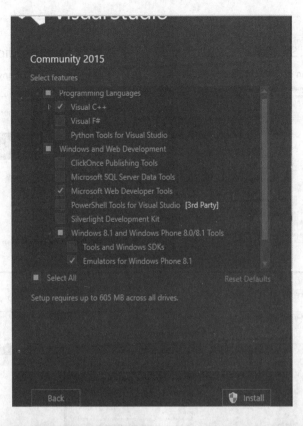

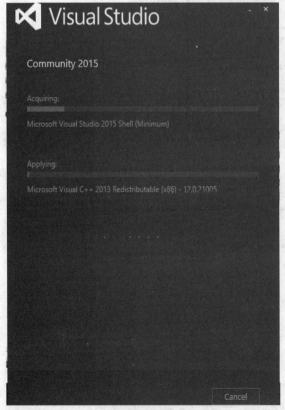

③ 单击【LAUNCH】按钮，进入 VS 2015。

④ 进入 VS 2015 后的界面如下图所示。

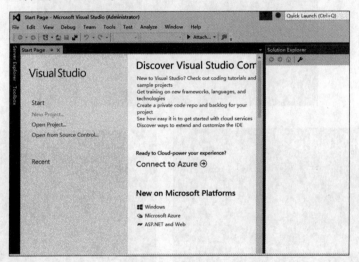

（2）新建源程序文件

① 单击【File】➤【New Project】➤【Installed】➤【Visual C++】➤【Win32】，弹出如下页面，单击【Win32 Console Application】➤【OK】➤【Next】按钮。

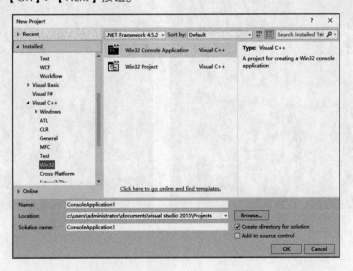

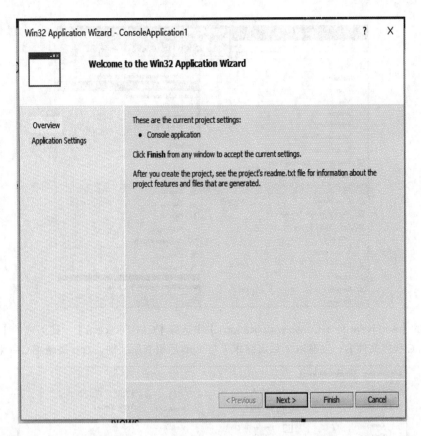

② 在弹出的如下对话框中，勾选【Empty project】，单击【Finish】按钮。

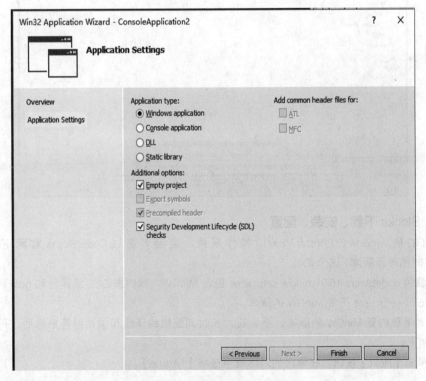

③ 在【Solution Explorer】中，在工程名上单击鼠标右键，选择【Add】➤【New Item】。

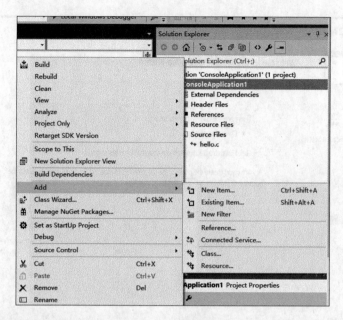

④ 在弹出的【Add New Item-ConsoleApplication1】中选择【C++ File(.cpp)】，在下方的【Name】栏目中输入想要新建的 C 程序文件名，注意以 .c 后缀结束（与 .cpp 后缀有所区别，.cpp 是新建 C++ 程序）。

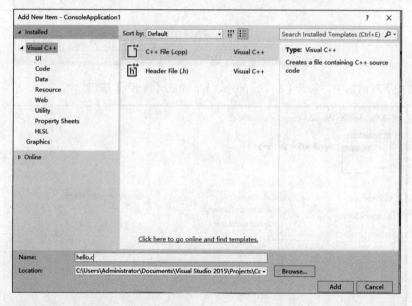

☑ Code::Blocks 下载、安装、配置

如果使用的是 Windows XP/Vista/7/8.x/10 操作系统，读者可通过 Code::Blocks 官网下载 Code::Blocks 16.01(写作本书时的最新版本) 这个 IDE。

其中，安装包 codeblocks-16.01mingw-setup.exe 包含 MinGW，即内嵌 GCC 编译器和 gdb 调试器。（ 安装包 codeblocks-16.01-setup.exe 不带 MinGW 的版本。 ）

建议初学者下载内置 MinGW 的版本，不会花太长时间配置编译器和调试器等熟悉后，再搭配其他编译器。安装过程如下。

第一步：单击【Next】按钮，在弹出的对话框中选择【I Agree】。

第二步：在弹出的对话框中选择【Full: All plugins, all tools, just everything】，单击【Next】按钮，再选择安装位置。

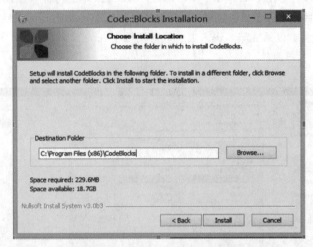

第三步：单击【Install】按钮，开始安装，单击【是】按钮，安装完成。

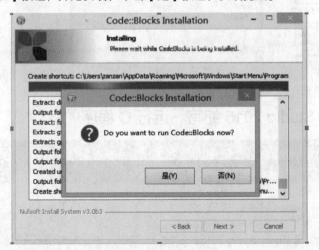

03 环境配置

第一次启动 Code::Blocks 可能会出现如下对话框，提示自动检测到 GNU GCC Compiler 编译器，选中【Set as default】，单击【OK】按钮即可。

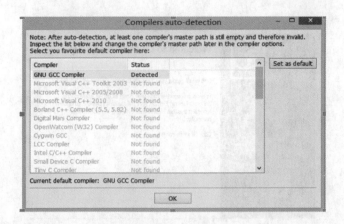

04 编辑器设置

启动 Code::Blocks，选择【Setting】➤【Editor】会弹出【General settings】对话框，选中一些选项，进行字体设置，如下图所示。

选择右上角的【Choose】按钮，会弹出一个对话框，最左侧的栏目【字体】用来选择字体类型，可选择【Courier New】；中间栏目【字形】是字体样式，可选择【常规】；最右边的栏目【大小】是文字大小。单击【确定】按钮，则字体参数设置完毕，进入上一级对话框【General settings】，再单击【OK】按钮，则设置完毕，回到 Code::Blocks 主界面。

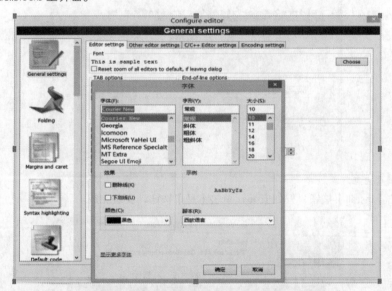

2.1.2　使用 Visual Studio 2015 编写、运行 C 程序

📝 范例 2-1　在Visual Studio 2015中创建名为"hello.c"的源程序，目的是在命令行中输出"welcome to use VS2015"

（1）在【Solution Explorer】中，在工程名上单击鼠标右键，选择【Add】➤【New Item】，输入文件名 hello.c。

（2）此时光标定位在 Visual Studio 2015 中的编辑窗口中，然后在编辑窗口中输入以下代码（代码 2-1.txt）。

```
01  // 范例2-1
```

```
02  // 输出程序
03  // 实现 "语句" 输出
04  //2017.10.21
05  #include<stdio.h>
06  int main()
07  {
08      printf("welcome to use VS");
09      return 0;
10  }
```

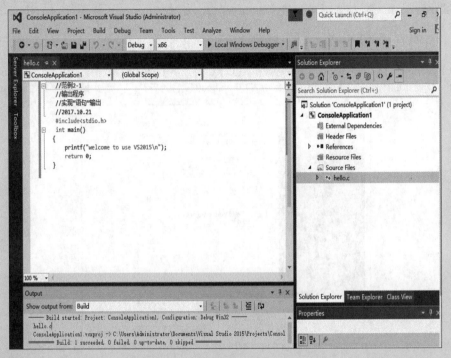

（3）在【Debug】栏目中，选择【Start Without Debugging】运行。

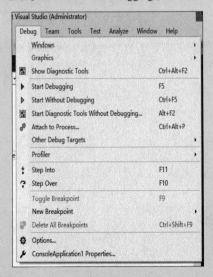

【运行结果】

2.1.3 使用 Code::Blocks 编写和运行 C 程序

范例 2-2　在Code::Blocks 16.01中创建名为"hello.c"的源程序，目的是在命令行中输出"hello world"

（1）选择【File】➤【New】➤【File】选项卡。

（2）在弹出的对话框中选择【C++ Source File】与【Go】选项，在弹出的【C/C++ source】栏目中单击【Next】按钮，在【C/C++ source】栏目中单击【C】，再单击【Next】，在第三个【C/C++ source】栏目中，单击按钮，选择该文件保存的位置（如"D:\Final\ch02\范例 2-2"），然后输入程序名称"hello.c"。

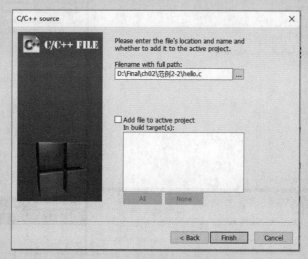

（3）单击【Finish】按钮，此时光标定位在 Code::Blocks 16.01 的编辑窗口中，然后在编辑窗口中输入以下代码（代码 2-2.txt）。

```
01 // 范例 2-2
02 // 输出程序
03 // 实现 "hello world" 输出
04 //2017.10.21
05 #include<stdio.h>
06 int main()
07 {
08    printf("hello world");
09    return 0;
10 }
```

【运行结果】

按钮 ⚙、▶、🐞 分别为构建、运行、构建运行。先构建，再运行。结果如下图所示。

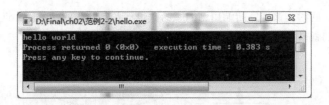

注意

如果想要寻找文件更加方便，可以先单击【New】➢【Project】新建一个工程之后，再单击【File】➢【New】➢【File】新建文件。

▶ 2.2　Linux 下开发 C 程序

在特殊应用领域，例如单片机应用和嵌入式开发，就需要在 Linux 环境下开发 C 程序。Linux 是一种计算机操作系统，是一套免费使用和自由传播的类 UNIX 操作系统。这个系统是由世界各地成千上万的程序员设计和实现的，是不受任何商品化软件的版权制约的、全世界都能自由使用的 UNIX 兼容产品。

本小节简要介绍在 Linux 环境下进行 C 语言开发的基本知识。

2.2.1　GCC 使用介绍

在 Linux 开发环境下，GCC 是常用的 C 语言编译器 GNU Compiler Collection 的缩写，它是 GNU/Linux 系统下的标准 C 语言编译器。编译与连接是指源代码转化生成可执行程序的过程，它包括预处理、编译、汇编、连接过程。GCC 是 GNU 推出的功能强大、性能优越的多平台编译器，其执行效率与一般的编译器相比，要高 20%~30%。

GCC 指令的一般格式如下。

#gcc [选项] 要编译的文件 [选项] [目标文件]

注意

如果不指定目标文件的名称，GCC 默认生成可执行的文件，文件名为：编译器 .out。

Linux 系统的 GCC 是 GNU 的代表作之一，由于其在几乎所有开源软件和自由软件中都会用到，因此它的编译性能会直接影响到 Linux、Firefox 乃至 OpenOffice.org 和 Apache 等几千个项目的开发。GCC 是 Linux 的唯一编译器，没有 GCC 就没有 Linux，GCC 的重要性不言而喻。

2.2.2　GCC 编译 C 程序

GCC 的编译流程分为以下 4 个步骤。

（1）预处理（也称预编译，Preprocessing）：命令 GCC 首先调用 cpp 进行预处理，在预处理过程中，对源代码文件中的文件包含、预编译语句进行分析，使用 -E 参数。

（2）编译（Compilation）：调用 cc 进行编译，这个阶段根据输入文件生成以 .s 为后缀的汇编文件，使用 -s 参数。

（3）汇编（Assembly）：汇编过程是针对汇编语言的步骤，调用 as 进行工作，将 .S 和 .s 为后缀的汇编语言文件经过预编译汇编成以 .o 为后缀的目标文件，使用 -c 参数。

（4）连接（Linking）：当所有的目标文件都生成之后，进行连接阶段，所有的目标文件被安排到可执行程序中恰当的位置上，同时，该程序所调用到的库函数也从各自所在的函数库中连接到程序中，使用 -o 参数。经过此过程，生成的就是可执行程序。

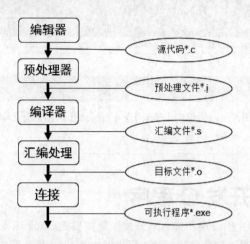

> **注意**
>
> （1）编译时，编译器需要语法正确，函数与变量的声明正确。函数与变量声明时通常需要告诉编译器头文件的所在位置（头文件中应该只是声明，而定义应放在 C/C++ 文件中），只要所有的语法正确，编译器就可以编译出中间目标文件(object)。一般来说，每个源文件都应该对应于一个中间目标文件（O 文件或是 OBJ 文件）。
>
> （2）连接时，主要是连接函数和全局变量，所以，可使用这些中间目标文件（O 文件或是 OBJ 文件）来连接应用程序。

下面，使用 GNU 的 GCC 编译器编译一个 C 程序。

范例 2-3　在Linux环境下，打开文本编辑器，编写代码并保存，编译、运行，在屏幕上输出 "Hello,welcome to Linux Programming."

（1）新建文件 hello.c，在文件中编写代码并保存。
代码如下（代码 2-3.txt）。

```
01  #include<stdio.h>
02  int main(void)
03  {
04    printf("Hello,welcome to Linux Programming.\n ");
05    return  0;
06  }
```

（2）编译运行，要在命令行下执行。

```
gcc -o hello hello.c
```

gcc 编译器就会生成一个 hello 的可执行文件，继续如下命令执行。

```
./hello
```

【运行结果】
程序的输出结果如下图所示。

yhily@yhily-machine: ~/linux-ppt/chap1/1
yhily@yhily-machine:~/linux-ppt/chap1/1$ gcc -o hello hello.c
yhily@yhily-machine:~/linux-ppt/chap1/1$ ./hello
Hello, welcome to Linux programming.
yhily@yhily-machine:~/linux-ppt/chap1/1$

（1）gcc 表示用 GCC 来编译源程序。
（2）-o 选项表示要求编译器给输出的可执行文件名为 hello。
（3）hello.c 是源程序文件。

注意

GCC 编译器有许多选项。常用的有如下几种。

-o	表示要求输出的可执行文件名
-c	表示只要求编译器输出目标代码，而不必输出可执行文件
-g	表示要求编译器在编译时提供以后对程序进行调试的信息

2.3 制作我的第一个 C 程序

范例 2-4 在Windows环境下使用Code::Blocks，新建一个工程ch，再新建一个文件名为C的源文件，在其中编写代码，运行出如下图所示的形状

```
              ****
         ***    ***
        ***      **
       **
      **
     **
    **
    **
    **
    **
    **
     **
      **
       **
        ***    **
         ***    **
              ****

Process returned 0 (0x0)   execution time : 0.438 s
Press any key to continue.
```

（1）在 Code::Blocks 16.01 中，新建名为 "C.c" 的【C Source File】源程序。
（2）在代码编辑窗口输入以下代码（代码 2-4.txt）。

```
01 // 范例 2-4
02 // 输出程序
03 // 实现字符输出
04 //2017.10.21
05 #include<stdio.h>
06 int main()
07 {
08   printf("      ****      \n");
09   printf("    ***  ***    \n");
10   printf("   ***    **    \n");
11   printf("   **           \n");
12   printf("  **            \n");
13   printf(" **             \n");
14   printf("**              \n");
15   printf("**              \n");
16   printf("**              \n");
```

```
17    printf(" **           \n");
18    printf(" **          \n");
19    printf(" **          \n");
20    printf("   **         \n");
21    printf("  ***     ** \n");
22    printf("   ***  ***   \n");
23    printf("     ****    \n");
24    return 0;
25 }
```

【运行结果】

运行结果如下图所示。

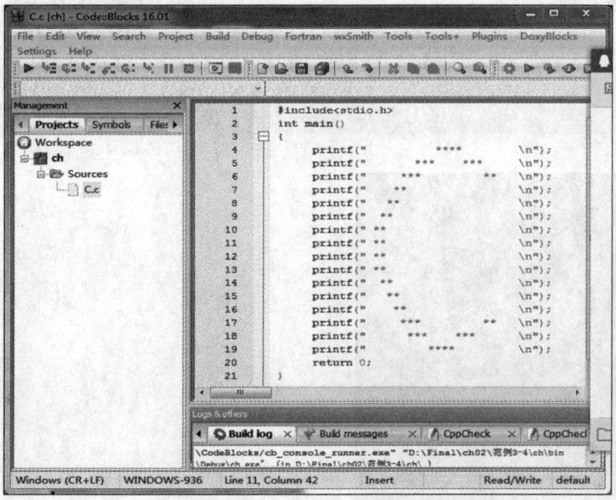

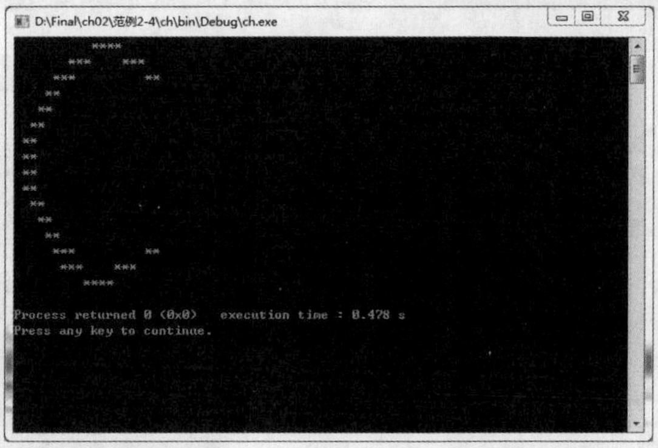

第 II 篇

基础知识

第 3 章

C 语言基本语法

掌握 C 语言的基本语法是 C 语言编程的第一步。本章使读者了解在 C 程序中如何表示和存储各种类型的数据，如何操作数据。全面介绍标识符、数据类型、运算符和表达式的认识。

本章要点（已掌握的在方框中打钩）

□ 常量和变量的使用
□ C 语言中的基本数据类型
□ C 语言中的运算符和表达式

▶3.1 标识符和关键字

在学习常量和变量之前，先来了解 C 语言中的标识符和关键字。

3.1.1 ▶标识符

在 C 语言中，常量、变量、函数名称等都是标识符。可以将标识符看作一个代号，就像日常生活中物品的名称一样。

标识符的名称可以由用户来决定，但也需要遵循以下一些规则。

① 标识符只能是由英文字母（A ~ Z，a ~ z）、数字（0 ~ 9）和下划线（ _ ）组成的字符串，并且其第一个字符必须是字母或下划线。例如：

int max_score; /* 由字母和下划线组成 */

② 不能使用 C 语言中保留的关键字。

③ C 语言对大小写是敏感的，程序中不要出现仅靠大小写区分的标识符，例如：

int x, X; /* 变量 x 与 X 容易混淆 */

④ 标识符应当直观且可以拼读，建议采用英文单词或其组合，不要太复杂，且用词要准确，便于记忆和阅读。切忌使用汉语拼音来命名。

⑤ 标识符的长度应当符合"min-length && max-information（最短的长度表达最多的信息）"原则。

⑥ 尽量避免名字中出现数字编号，如 Value1、Value2 等，除非逻辑上需要编号。

3.1.2 ▶关键字

关键字是 C 程序中的保留字，通常已有各自的用途（如函数名），不能用来作标识符。例如"intdouble;"就是错误的，会导致程序无法编译。因为 double 是关键字，不能用作变量名。

下表列出了 C 语言中的所有关键字。

auto	break	case	char	const
continue	default	do	double	else
enum	extern	float	for	goto
if	inline	int	long	register
restrict	return	short	signed	sizeof
static	struct	switch	typedef	union
unsigned	void	volatile	while	_Bool
_Complex	_Imaginary			

▶3.2 数据类型

所谓数据类型是按被说明量的性质、表示形式、占据存储空间的大小、构造特点来划分的。在 C 语言中，数据类型可分为基本数据类型、指针类型、空类型、构造数据类型四大类。

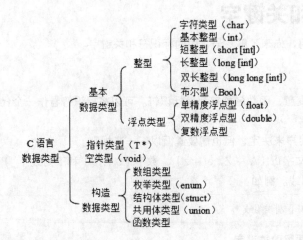

01 基本数据类型

C 语言中基本数据类型主要包括整型和浮点型。

02 指针类型

指针是一种特殊的同时又具有重要作用的数据类型，其值用来表示某个量在内存储器中的地址。虽然指针变量的取值类似于整型量，但这是两个类型完全不同的量，因此不能混为一谈。

03 空类型

空类型在调用函数值时，通常应向调用者返回一个函数值。这个返回的函数值是具有一定数据类型的，应在函数定义及函数说明中给以说明，例如，max() 函数定义中，函数头为 int max(int a,int b)，其中，"int"类型说明符表示该函数的返回值为整型量。又如库函数 sin()，如果系统规定其函数返回值为双精度浮点型，那么在赋值语句 s=sin (x); 中，s 也必须是双精度浮点型，以便与 sin() 函数的返回值一致。所以在说明部分，把 s 说明为双精度浮点型。但是，也有一类函数，调用后并不需要向调用者返回函数值，这种函数可以定义为"空类型"，其类型说明符为 void。

04 构造数据类型

构造数据类型是根据已定义的一个或多个数据类型用构造的方法来定义的。也就是说，一个构造类型的值可以分解成若干个"成员"或"元素"。每个"成员"都是一个基本数据类型或一个构造类型。

在 C 语言中，构造类型有以下几种：数组类型、结构类型、联合类型。

前面已介绍了基本类型（即整型、实型、字符型等）的变量，还介绍了构造类型——数组，而数组中的元素是属于同一类型的。

但在实际应用中，有时需要将一些有相互联系而类型不同的数据组合成一个有机的整体，以便引用。如学生学籍档案中的学号、姓名、性别、年龄、成绩、地址等数据，对每个学生来说，除了其各项的值不同外，表示形式是一样的。这种多项组合又有内在联系的数据称为结构体 (struct)。它是可以由用户自己定义的。

3.2.1 常量

01 常量

在程序中，有些数据是不需要改变的，也是不能改变的，因此，把这些不能改变的固定值称为常量。常量是什么样的？下面来看几条语句。

```
int a=1;
char ss='a'
printf("Hello \n");
```

1、'a'、"Hello \n"，这些在程序执行中都是不能改变的，它们都是常量。

读者可能会问：这些常量怎么看上去不一样呢？确实，常量也是有种类之分的。

02 常量的类别

（1）数值常量

就像数字可以分为整型、实型一样，数值常量也可以分为整型常量和实型常量。

不带小数点的数值就是整型常量，如 125，-50。系统根据数值的大小确定其是 int 型还是 long 型等。

说明如下。

① 十进制整数：由数字 0~9 和正负号表示，如 123、-456、0。

八进制整数：由数字 0 开头，后跟数字 0~7 表示，如 0123、011

十六进制整数：由 0x 开头，后跟 0~9、a~f、A~F 表示，如 0x123、0xff。

② 整型常量是根据其值所在范围确定其数据类型。在常量后面加字母 u 或 U，认为其是 unsinged int 型。在整常量后加字母 l 或 L，认为它是 long int 型常量。

浮点型常量就是以小数形式或指数形式出现的实数，如 3.1415926、12.35e3（代表 12.35×10^3）。

数字有正负之分，数值常量的值也有正负。125 前的"+"可以省略，而 -50 前面的"-"是不能省略的。

（2）字符常量

在 C 语言中，字符常量就是指单引号里的单个字符，如 'a'，这是一般情况。还有一种特殊情况，如 '\n'、'\a'，像这样的字符常量就是通常所说的转义字符。这种字符以反斜杠（\）开头，后面跟一个字符或者一个八进制或十六进制数，表示的不是单引号里面的值，而是"转义"，即转化为具体的含义。

下表是 C 语言中常见的转义字符。

字符形式	含义
\n	换行符
\r	回车符
\t	水平制表符
\v	垂直制表符
\a	响铃
\b	退格符
\f	换页符
\'	单引号
\''	双引号
\\	反斜杠
\?	问号字符
\ddd	任意字符
\xhh	任意字符

在 C 语言中，5 和 '5' 的含义是不一样的，5 是数值，可运算；'5' 是字符，是一个符号。而 'a' 和 'A' 也是不一样的，字符区分大小写。

（3）字符串常量

C 语言中，字符序列是定义在一对双引号里，是字符串常量，如 "a" "abc" "abc\n" 等。

通常把 "" 称为空串，即一个不包含任意字符的字符串；而 " " 则称为空格串，是包含一个空格字符的字符串。二者不能等同。

比较 "a" 和 'a' 的不同。

① 书写形式不同：字符串常量用双引号，字符常量用单引号。

② 存储空间不同：在内存中，字符常量只占用一个存储空间，而字符串存储时必须有占用一个存储空间的结束标记 '\0'，所以 'a' 占用一个存储空间，而 "a" 占用两个存储空间。

③ 二者的操作功能也不相同。例如，可对字符常量进行加减运算，字符串常量则不能。

（4）符号常量

当某个常量引用起来比较复杂而又经常要被用到时，可以将该常量定义为符号常量，也就是分配一个符号给这个常量，在以后的引用中，这个符号就代表了实际的常量。这种用一个指定的名字代表一个常量称为符号常量，即带名字的常量。

在 C 语言中，允许将程序中的常量定义为一个标识符，这个标识符称为符号常量。符号常量必须在使用前先定义，定义的格式如下。

#define 符号常量名 常量

其中，符号常量名通常使用大写字母表示，常量可以是数值常量，也可以是字符常量。

一般情况下，符号常量定义命令要放在主函数之前。例如：

#define PI 3.14159

表示用符号 PI 代替 3.14159。在编译之前，系统会自动把所有的 PI 替换成 3.14159，也就是说编译运行时系统中只有 3.14159，而没有符号。

📝 范例 3-1　　使用符号常量计算圆柱体的体积

（1）在 Code::Blocks 16.01 中，新建名为"符号常量 .c"的【C Source File】源程序。
（2）在代码编辑窗口输入以下代码（代码 3-1.txt）。

```
01  #include<stdio.h>
02  #define PI 3.1415926
03  int main()
04  {
05      float r,h,volum;
06      printf(" 请输入半径: ");
07      scanf("%f",&r);
08      printf(" 请输入圆柱体的高: ");
09      scanf("%f",&h);
10      volum=PI*r*r*h;
11      printf(" 圆柱体的体积是 %f\n",volum);
12      return 0;
13  }
```

【运行结果】

编译、连接、运行程序，输出结果如下图所示。

【范例分析】

由于在程序前面定义了符号常量 PI 的值为 3.1415926，所以经过系统预处理，程序在编译之前已经将"PI*r*r*h"变为"3.1415926*r*r*h"，然后经过计算并输出。

代码第 01 行中的 #define 就是预处理命令。程序在编译之前，首先要对这些命令进行处理，在这里就是用真正的常量值取代符号。

有的人可能会问，既然在编译时都已经处理成常量，为什么还要定义符号常量。原因有两个。

（1）易于输入，易于理解。在程序中输入 PI，可以清楚地与数学公式对应，且每次输入时相应的字符数少一些。

（2）便于修改。此处如果想提高计算精度，如把 PI 的值改为 3.14159，只需要修改预处理中的常量值，那么在程序中不管用多少次，都会自动跟着修改。

▶3.2.2 变量

01 变量

把程序中不能改变的数据称为常量，相对地，能改变的数据就称为变量。

变量用于存储程序中可以改变的数据。其实变量就像一个存放东西的抽屉，知道了抽屉的名字（变量名），也就能找到抽屉的位置（变量的存储单元）以及抽屉里的东西（变量的值）等。当然，抽屉里存放的东西也是可以改变的，也就是说，变量里的值也是可以变化的。

因此，可以总结出变量的 4 个基本属性。

（1）变量名：一个符合规则的标识符。

（2）变量类型：C 语言中的数据类型或者是自定义的数据类型。

（3）变量位置：数据的存储空间位置，即变量地址。

（4）变量值：数据存储空间内存放的值。

02 变量的定义

定义一个变量意味着在声明变量的同时还要为变量分配存储空间。

数据类型 变量名 1, 变量名 2,…;

例如：

```
int a;
a=12;
```

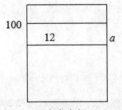

内存空间

当定义一个变量 *a*，系统会根据变量的数据类型，为这个变量分配一个存储单元，比如 **int** 类型是 4 个字节的空间。内存地址 100 是变量 *a* 的地址，&*a* 是这个存储单元的起始地址。

变量名 *a*，对应这个存储单元。

12 是变量的值，放在这个存储单元中。

03 变量的赋值和初始化

既然变量的值可以在程序中随时改变，那么，变量必然可以多次赋值。把定义变量的同时给变量赋值称为变量的初始化。也可以说变量的初始化是赋值的特殊形式。

下面来看一个赋值的例子。

```
int i;
double f;
char a;
i=10;
f=3.4;
```

```
a='b';
```

在这个语句中，第 1 行 ~ 第 3 行是变量的定义，第 4 行 ~ 第 6 行是对变量赋值。将 10 赋给了 int 类型的变量 *i*，3.4 赋给了 double 类型的变量 *f*，字符 b 赋给了 char 类型的变量 *a*。第 4 行 ~ 第 6 行使用的都是赋值表达式。

对变量赋值的主要方式是使用赋值表达式，其形式如下。

变量名 = 值；

那么，变量的初始化语句的形式如下。

数据类型 变量名 = 初始值；

例如：

```
int i=10;
int j=i;
double f=3.4+4.3;
char a='b';
```

其中，"=" 为赋值操作符，其作用是将赋值操作符右边的值赋给操作符左边的变量。赋值操作符左边是变量，右边是初始值。其中，初始值可以是一个常量，如第 1 行的 10 和第 4 行的字符 b；可以是一个变量，如第 2 行的 *j*，意义是将变量 *i* 的值赋给变量 *j*；还可以是一个其他表达式的值，如第 3 行的 3.4+4.3。那么，变量 *i* 的值是 10，变量 *j* 的值也是 10，变量 *f* 的值是 7.7，变量 *a* 的值是字符 b。

赋值语句不仅可以给一个变量赋值，也可以给多个变量赋值，形式如下。

数据类型 变量名 1= 初始值，变量名 2= 初始值，…；

例如：

```
int i=10,j=20,k=30;
```

上面的代码分别给变量 *i* 赋值 10，为变量 *j* 赋值 20，为变量 *k* 赋值 30，相当于以下语句。

```
int i,j,k;
i=10;
j=20;
k=30;
```

注意

只有变量的数据类型名相同时，才可以在一个语句里进行初始化。

下面的语句相同吗？

```
int i=10,j=10,k=10;
int i,j,k; i=j=k=10;
```

📝 范例 3-2 　　**输入两个数据，交换它们的值**

（1）在 Code::Blocks 16.01 中，新建名为"交换两个数据的值 .c"的【C Source File】源程序。
（2）在代码编辑窗口输入以下代码（代码 3-2.txt）。

```
01  #include<stdio.h>
02  int main()
03  {
04      int a,b,t;
05      a=5;b=8;
06      printf("a=%d,b=%d\n",a,b);
07      printf(" 交换两个数据: \n");
08      t=a;
09      a=b;
10      b=t;
11      printf("a=%d,b=%d\n",a,b);
12      return 0;
13  }
```

【运行结果】

编译、连接、运行程序，输出结果如下图所示。

【范例分析】

本范例定义两个变量 *a* 和 *b*，分别给这两个变量赋值，然后，通过中间变量 *t*，将 *a* 的值赋给 *t*，将 *b* 的值赋给 *a*，将 *t* 的值赋给 *b*，这样实现变量 *a* 和 *b* 值的交换。

3.2.3 整型数据

0、-12、255、1、32767 等都是整型数据。整型数据是不允许出现小数点和其他特殊符号的。

01 取值范围

计算机内部的数据都是以二进制形式存储的，把每一个二进制数称为一位 (bit)，位是计算机里最小的存储单元，又把一组 8 个二进制数称为一个字节 (Byte)，不同的数据有不同的字节要求。

通常来说，整型数据长度的规定是为了程序的执行效率，所以 int 类型可以得到最大的执行速度。这里以在 Miscrosoft Visual C++ 6.0 中的数据类型所占存储单位为基准，建立如下的整型数据表。

类型	说明	字节	范围
整型	int	4	-2147483648~2147483647
短整型	short [int]	2	-32768~32767
长整型	long [int]	4	-2147483648~2147483647
双长整型	long long [int]	8	$-2^{63}\sim2^{63}-1$
无符号整型	unsigned (int)	4	0~4294967295
无符号短整型	unsigned short [int]	2	0~65535
无符号长整型	unsigned long [int]	4	0~4294967295
无符号双长整型	unsigned long long [int]	8	$0\sim2^{64}-1$
字符型	char	1	0~255

在使用不同的数据类型时，需要注意的是不要让数据超出范围，也就是常说的数据溢出。

02 有符号数和无符号数

int 类型在内存中占用了 4 个字节，也就是 32 位。因为 int 类型是有符号的，所以这 32 位并不是全部用来存储数据的，使用其中的 1 位来存储符号，使用其他的 31 位来存储数值。为了简单起见，下面用一个字节 8 位来说明。

对于有符号整数，以最高位（左边第 1 位）作为符号位，最高位是 0，表示的数据是正数；最高位是 1，表示的数据是负数。

整数 10 二进制形式：

0	0	0	0	1	0	1	0

整数 -10 二进制形式：

1	0	0	0	1	0	1	0

对于无符号整数，因为表述的都是非负数，因此一个字节中的 8 位全部用来存储数据，不再设置符号位。

整数 10 二进制形式：

0	0	0	0	1	0	1	0

整数 138 二进制形式：

1	0	0	0	1	0	1	0

📋 范例 3-3　输入两个无符号数据，比较它们的大小

（1）在 Code::Blocks 16.01 中，新建名为 "比较两个无符号数的大小 .c" 的【C Source File】源程序。
（2）在代码编辑窗口输入以下代码（代码 3-3.txt）。

```
01  #include<stdio.h>
02  int main()
03  {
04      unsigned int data1,data2;
05      printf(" 请输入两个数： ");
06      scanf("%d%d",&data1,&data2);
07      if(data1>data20)
08          printf(" 第一个数比第二个数大 ");
09      else
10          printf(" 第一个数比第二个数小 ");
11      return 0;
12  }
```

【运行结果】

编译、连接、运行程序，输出结果如下图所示。

若第 07 行改为：if(data1-data2>0)

编译、连接、运行程序，输出结果如下图所示。

【范例分析】

对比源程序和修改的错误程序，错误的原因是 data1 和 data2 是 unsigned 类型，因此 data1-data2 表达式也是 unsigned 类型，因此值一定是大于等于 0，所以判断表达式不正确。

3.2.4 实型数据

C 语言中除了整型外的另外一种数据类型就是浮点型，浮点型可以表示有小数部分的数据。浮点型包含 3 种数据类型，分别是单精度的 float 类型、双精度的 double 类型和长双精度 long double 类型。

浮点型数据的位数、有效数字和取值范围见下表。

类型	字节	有效数字	取值范围
float	4	6~7	-1.4e-45~3.4e38
double	8	15~16	-4.9e-324~1.8e308
long double	16	18~19	-3.4e-4932~1.1e4932

浮点数有效数字是有限制的，所以在运算时需要注意，比如不要对两个差别非常大的数值进行求和运算，因为取和后，较小的数据对求和的结果没有什么影响。例如：

```
float f = 123456789.00 + 0.01;
```

当参与运算的表达式中存在 double 类型，或者说，参与运算的表达式不是完全由整型组成的，在没有明确的类型转换标识的情况下（将在下一节中讲解），表达式的数据类型就是 double 类型。例如：

```
1 + 1.5 + 1.23456789 /* 表达式运算结果是 double 类型 */
1 + 1.5 /* 表达式运算结果是 double 类型 */
1 + 2.0 /* 表达式运算结果是 double 类型 */
1 + 2 /* 表达式运算结果是 int 类型 */
```

对于例子当中的 1.5，编译器也默认它为双精度的 double 类型参与运算，精度高且占据的存储空间大。如果只希望以单精度 float 类型运行，在常量后面添加字符 "f" 或者 "F" 都可以，如 1.5F、2.38F。

同样，如果希望数据是以精度更高的 long double 参与表达式运算，在常量后面添加字符 "l" 或者 "L" 都可以，如 1.51245L、2.38000L。建议使用大写的 "L"，因为小写的 "l" 容易和数字 1 混淆。

浮点型数据在计算机内存中的存储方式与整型数据不同，浮点型数据是按照指数形式存储的。系统把一个浮点型数据分成小数部分和指数部分，分别存放。指数部分采用规范化的指数形式。根据浮点型的表现形式不同，还可以把浮点型分为小数形式和指数形式两种。指数形式如下所示（"e" 或者 "E" 都可以）。

```
2.0e3 表示 2000.0
1.23e-2 表示 0.0123
.123e2 表示 12.3
1. e-3 表示 0.001
```

对于指数形式，有以下两点要求。

（1）字母 e 前面必须有数字。

（2）字母 e 的后面必须是整数。

在 Miscrosoft Visual C++ 6.0 开发环境下，浮点数默认输出 6 位小数位，虽然有数字输出，但是并非所有的数字都是有效数字。

例如：

```
float f = 12345.6789;
printf("f=%f\n",f);
```

输出结果为 12345.678611（可能还会出现其他相似的结果，均属正常）。

浮点数是有有效位数要求的，所以要比较两个浮点数是否相等，比较这两个浮点数的差值是不是在给定的范围内即可。

例如：

float f1=1.0000;
float f2=1.0001;

只要 f1 和 f2 的差值不大于 0.001，就认为它们是相等的，可以采用下面的方法表示。

if(abs(f1,f2)<0.001)

3.2.5 字符型数据

字符型是整型数据中的一种，它存储的是单个字符，存储方式是按照 ASCII 码（American Standard Code for Information Interchange，美国信息交换标准码）的编码方式，每个字符占一个字节、8 位。ASCII 码虽然用 8 位二进制编码表示字符，但是其有效位数为 7 位。

ASCII 值	控制字符	ASCII 值	控制字符	ASCII 值	控制字符	ASCII 值	控制字符
0	NUT	32	(space)	64	@	96	`
1	SOH	33	!	65	A	97	a
2	STX	34	"	66	B	98	b
3	ETX	35	#	67	C	99	c
4	EOT	36	$	68	D	100	d
5	ENQ	37	%	69	E	101	e
6	ACK	38	&	70	F	102	f
7	BEL	39	'	71	G	103	g
8	BS	40	(	72	H	104	h
9	HT	41	)	73	I	105	i
10	LF	42	*	74	J	106	j
11	VT	43	+	75	K	107	k
12	FF	44	,	76	L	108	l
13	CR	45	-	77	M	109	m
14	SO	46	.	78	N	110	n
15	SI	47	/	79	O	111	o
16	DLE	48	0	80	P	112	p
17	DC1	49	1	81	Q	113	q
18	DC2	50	2	82	R	114	r
19	DC3	51	3	83	S	115	s
20	DC4	52	4	84	T	116	t
21	NAK	53	5	85	U	117	u
22	SYN	54	6	86	V	118	v
23	TB	55	7	87	W	119	w
24	CAN	56	8	88	X	120	x
25	EM	57	9	89	Y	121	y
26	SUB	58	:	90	Z	122	z
27	ESC	59	;	91	[	123	{
28	FS	60	<	92	\	124		
29	GS	61	=	93	]	125	}
30	RS	62	>	94	^	126	~
31	US	63	?	95		127	DEL

字符使用单引号 ' ' 引起来，与变量和其他数据类型相区别，比如 'A' '5' 'm' '$' ';' 等。

字符 '1' 在内存中以 ASCII 码形式存储，占 1 个字节。

```
00110001
```

整数 1 是以整数存储方式（二进制补码方式）存储的，占 2 个或 4 个字节。

```
00000000    00000001
```

字符型的输出既可以使用字符的形式输出，即采用 '%c' 格式控制符，还可以使用上一节采用的其他整数输出方式。

例如：

```
char c = 'A';
printf("%c,%u",c);
```

输出结果是 A，65 。

此处的 65 是字符 'A' 的 ASCII 码。

📝 **范例 3-4**   输入一个字母，若是大写字母，转换为小写字母输出，否则原样输出

（1）在 Code::Blocks 16.01 中，新建名为 "大写转小写 .c" 的【C Source File】源程序。

（2）在代码编辑窗口输入以下代码（代码 3-4.txt）。

```
01  #include<stdio.h>
02  int main()
03  {
04      char c;
05      printf(" 请输入字符: ");
06      c=getchar();
07      if(c>='A'&&c<='Z')
08          c=c+32;
09      printf(" 输出: \n");
10      printf("%c\t%d",c,c);
11      return 0;
12  }
```

【运行结果】

编译、连接、运行程序，输出结果如下图所示。

【范例分析】

因为字符是以 ACSII 码形式存储的，小写字母比对应的大写字母大 32，并且字符 'B' 和整数 98 是可以相互转换的。第 09 行，输出函数，输出字符 'b'，遇到转义字符 '\t'，则水平跳一个制表符位置，下一个输出项从第 9 位开始，输出字符 'b' 对应的 ASCII 的整数形式。

3.2.6 数据类型转换

在计算过程中，如果遇到不同的数据类型参与运算，编译器将转换数据类型，如果能够转换成功将继续运算，如果转换失败则报错终止运行。数据转换方式有两种：隐式转换和显式转换。

01 隐式转换

C 语言中设定了不同数据参与运算时的转换规则，编译器就会悄无声息地进行数据类型的转换，进而计算出最终结果，这就是隐式转换。

数据类型转换如下图所示。

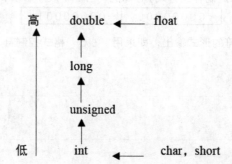

图中标示的是编译器默认的转换顺序，如有 char 类型和 int 类型混合运算，则 char 类型自动转换为 int 后再进行运算；又如有 int 型和 float 类型混合运算，则 int 和 float 自动转换为 double 类型后再进行运算。

例如：

```
int i;
i = 2 + 'A';
```

先计算 "=" 号右边的表达式，字符型和整型混合运算，按照数据类型转换先后顺序，把字符型转换为 int 类型 65，然后求和得 67，最后把 67 赋值给变量 *i*。

```
double d;
d = 2 + 'A' + 1.5F;
```

先计算 "=" 号右边的表达式，字符型、整型和单精度 float 类型混合运算，因为有浮点型参与运算，"="右边表达式的结果是 float 类型。按照数据类型转换顺序，把字符型转换为 double 类型 65.0，2 转换为 2.0，1.5F 转换为 1.5，最后把双精度浮点数 68.5 赋值给变量 *d*。

上述情况都是由低精度类型向高精度类型转换。如果逆向转换，可能会出现丢失数据的危险，编译器会以警告的形式给出提示。例如：

```
int i ;
i = 1.2;
```

浮点数 1.2 舍弃小数位后，把整数部分 1 赋值给变量 *i*。如果 i=1.9，运算后变量 *i* 的值依然是 1，而不是 2。

范例 3-5　输入半径，计算圆的面积

（1）在 Code::Blocks 16.01 中，新建名为 "圆面积 .c" 的【 C Source File 】源程序。
（2）在代码编辑窗口输入以下代码（代码 3-5.txt）。

```
01  #include<stdio.h>
02  int main()
03  {
04      float pi=3.1416;
05      int r,area;
06      printf(" 请输入半径：");
07      scanf("%d",&r);
```

```
08      area=pi*r*r;
09      printf(" 面积是 %d ", area);
10      return 0;
11    }
```

【运行结果】

编译、连接、运行程序，输出结果如下图所示。

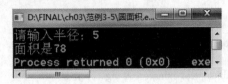

【范例分析】

在计算表达式 pi*r*r 时，pi 和 r 都转换成 double 类型，表达式的结果也为 double 类型。但由于 area 为整型，所以赋值运算的结果仍为整型，舍去了小数部分。

02 显式转换

隐式类型转换编译器是会产生警告的，提示程序存在潜在的隐患。如果非常明确地希望转换数据类型，就需要用到显式类型转换。

显式转换格式如下。

(类型名称) 变量或常量

或者：

(类型名称) (表达式)

例如，需要把一个浮点数以整数的形式使用 printf() 函数输出，怎么办？可以调用显式类型转换，代码如下。

```
float f=1.23;
printf("%d\n",(int)f);
```

可以得到输出结果 1，没有因为调用的 printf() 函数格式控制列表和输出列表前后类型不统一导致程序报错。

继续分析上例，只是把 f 小数位直接舍弃，输出了整数部分，变量 f 的值没有改变，依然是 1.23，可以再次输出结果查看。

```
printf("%f\n", f);
```

输出结果是 1.230000。

再看下面的例子，分析结果是否相同。

例如：

```
float f1,f2;
f1=(int)1.2+3.4;
f2=(int)(1.2+3.4);
printf("f1=%f,f2=%f",f1,f2);
```

输出结果：*f*1=4.4*f*2=4.0。

显然结果是不同的，原因是 *f*1 只对 1.2 取整，相当于 *f*1=1+3.4；而 *f*2 是对 1.2 和 3.4 的和 4.6 取整，相当于 *f*2=(int)4.6。

范例 3-6   输入学生的3门课程的成绩，求其平均成绩

（1）在 Code::Blocks 16.01 中，新建名为"学生平均成绩 .c"的【C Source File】源程序。
（2）在代码编辑窗口输入以下代码（代码 3-6.txt）。

```
01  #include<stdio.h>
02  int main()
03  {
04      int mathscore,average_int;
05       float chinscore,engscore,average_implicit,average_explicit_int;
06      printf(" 请输入数学，语文，英语的成绩：\n");
07      scanf("%d%f%f",&mathscore,&chinscore,&engscore);
08      average_implicit=(mathscore+chinscore+engscore)/3;
09      average_explicit_int=(mathscore+(int)(chinscore)+(int)(engscore))/3;
10      average_int=(int)((mathscore+(int)(chinscore)+(int)(engscore))/3);
11      printf("%.1f %.1f %d",average_implicit,average_explicit_int,average_int);
12      return 0;
13  }
```

【运行结果】

编译、连接、运行程序，输出结果如图所示。

```
D:\FINAL\ch03\范例3-6\学生平均成绩.exe
请输入数学，语文，英语的成绩：
92 86.5 93.5
90.7 90.0 90
```

【范例分析】

在计算表达式 average_implicit=(mathscore+chinscore+engscore)/3 时，mathscore，chinscore，engscore 转换成 double 类型，表达式的结果也为 double 类型。由于 average_implicit 为 float 类型，所以赋值运算的结果转换为 float 类型。(int)(chinscore) 和 (int)(engscore) 显式转换成 int 类型，表达式的结果是 int 类型，由于 average_explicit_int 为 float 类型，所以赋值运算的结果转换为 float 类型。

▶3.3 运算符与表达式

在 C 语言中，程序需要对数据进行大量的运算，就必须利用运算符操纵数据。用来表示各种不同运算的符号称为运算符，而表达式则是由运算符和运算分量（操作数）组成的式子。正是因为有丰富的运算符和表达式，C 语言的功能才能十分完善，这也是 C 语言的主要特点之一。

3.3.1 运算符

在以往学习的数学知识中，总是少不了加、减、乘、除这样的运算，用符号表示出来就是"+""−""×""÷"。同样，在 C 语言的世界里，也免不了进行各种各样的运算，因此也出现了各种类型的运算符。用来对数据进行运算的符号称为运算符。例如，C 语言中也有加（+）、减（−）、乘（*）、除（/）等运算符，只是有些运算符与数学符号表示的不一致而已。当然，C 语言除了这些进行算术运算的运算符以外，还有很多其他的运算符，具体见下表。

运算符种类	作用	包含运算符
算术运算符	用于各类数值运算	加 (+)、减 (−)、乘 (*)、除 (/)、求余 (或称模运算，%)、自增 (++)、自减 (−−)
关系运算符	用于比较运算	大于 (>)、小于 (<)、等于 (==)、大于等于 (>=)、小于等于 (<=)、不等于 (!=)
逻辑运算符	用于逻辑运算	与 (&&)、或 (‖)、非 (!)
位操作运算符	参与运算的量，按二进制位进行运算	位与 (&)、位或 (|)、位非 (~)、位异或 (^)、左移 (<<)、右移 (>>)
赋值运算符	用于赋值运算	简单赋值 (=)、复合算术赋值 (+=,−=,*=,/=,%=)、复合位运算赋值 (&=,|=,^=,>>=,<<=)
条件运算符	用于条件求值	(?:)
逗号运算符	用于把若干个表达式组合成一个表达式	(,)
指针运算符	用于取内容和取地址	取内容 (*)、取地址 (&)
求字节数运算符	用于计算数据类型所占的字节数	(sizeof)
其他运算符	其他	括号 ( )、下标 [ ]、成员 (→, .) 等

3.3.2 ▶ 表达式

在数学中，将 "3+2" 称为算式，其是由 3 和 2 两个数据通过 "+" 号相连接构成的一个式子。那么，C 语言中运算符和数据构成的式子，就称为表达式；表达式运算的结果就称为表达式的值。因此，3+2 在 C 语言中称为表达式，表达式的值为 5。

根据运算符的分类，可以将 C 语言中的表达式分为 8 类：算术表达式、关系表达式、逻辑表达式、赋值表达式、条件表达式、逗号表达式、位表达式和其他表达式。

由以上表达式还可以组成更复杂的表达式，例如：$z=x+(y>=0)$

从整体上来看这是一个赋值表达式，但在赋值运算符的右边，是由关系表达式和算术表达式组成的。

3.3.3 ▶ 算术运算符和表达式

算术运算符和表达式近似于数学上用的算术运算，包含了加、减、乘、除，其运算的规则基本上是一样的。但是 C 语言中还有其特殊运算符和与数学不同的运算规则。

01 算术运算符

C 语言基本的算术运算符有 5 个，具体见下表。

符号	说明
+	加法运算符或正值运算符
−	减法运算符或负值运算符
*	乘法运算符
/	除法运算符
%	求模运算符或求余运算符

02 算术表达式

C 语言的算术表达式如同数学中的基本四则混合运算，在实际中运用得十分广泛，例如，2+3，7−2，5*8，8/3。

复杂的算术表达式如下所示。

2*(9/2) 结果是 8。

10/((12+8)%9) 结果是 5。

需要说明以下两点。

（1）"/" 运算符，如果两侧的运算分量为整型数据，则结果也是整型数据。例如，8/3 的结果是 2。

（2）"%" 运算符要求两侧的运算分量必须为整型数据。这个很好理解，如果有小数部分的话，就不存在余数了。例如，6.0%4 为非法表达式。对负数进行求余运算，规定：若第一个运算分量为正数，则结果为正；若第一个运算分量为负，则结果为负。

📝 范例 3-7   从键盘上输入一个三位的整数，分别输出个位、十位、百位上的数字

（1）在 Code::Blocks 16.01 中，新建名为 "各数位的数字 .c" 的【C Source File】源程序。
（2）在代码编辑窗口输入以下代码（代码 3-7.txt）。

```
01  #include<stdio.h>
02  int main()
03  {
04      int num;
05      int ones,tens,hundreds;
06      printf(" 请输入一个数： ");
07      scanf("%d",&num);
08      hundreds=num/100;
09      tens=(num-hundreds*100)/10;
10      ones=num%10;
11      printf(" 个位是 %d，十位是 %d，百位是 %d",ones,tens,hundreds);
12      return 0;
13  }
```

【运行结果】

编译、连接、运行程序，输出结果如下图所示。

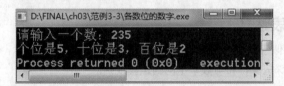

【范例分析】

本范例求百位上的数字是用该数整除 100；求十位上的数字是用该数减去百位的数，再整除 10；求个位上的数字是用该数 %100。

3.3.4 关系运算符和表达式

关系运算符中的 "关系" 二字指的是两个运算分量间的大小关系，与数学意义上的比较概念相同，只不过 C 语言中关系运算符的表示方式有所不同。

01 关系运算符

C 语言提供了六种关系运算符，分别是 >（大于）、>=（大于等于）、<（小于）、<=（小于等于）、==（等于）、!=（不等于）。它们都是双目运算符。

02 关系表达式

用关系运算符把两个 C 语言表达式连接起来的式子称为关系表达式。关系表达式的结果只有两个：1 和 0。关系表达式成立时值为 1，不成立时值为 0。

　　例如，若 $x=3$，$y=5$，$z=-2$，则：$x+y<z$ 的结果不成立，表达式的值为 0；$x!=(y>z)$ 的结果成立，表达式的值为 1（因为 $y>z$ 的结果成立，值为 1，x 不等于 1 结果成立，整个表达式的值为 1）。

📝 范例 3-8　输出关系表达式

　　（1）在 Code::Blocks 16.01 中，新建名为"关系表达式 .c"的【C Source File】源程序。
　　（2）在代码编辑窗口输入以下代码（代码 3-8.txt）。

```
01  #include<stdio.h>
02  void main()
03  {
04      int score=95,a,b,c;
05      a=70<score<80;  /* 将 70<score<80 的结果赋给变量 a*/
06      b='a'=='a';   /* 将 'a'=='a' 的结果赋给变量 b*/
07      c='a'!='A';   /* 将 'a'=='a' 的结果赋给变量 b*/
08      printf(" a=%d,b=%d,c=%d\n",a,b,c); /* 分别输出 a、b、c 的值 */
09  }
```

【运行结果】

编译、连接、运行程序，输出结果如下图所示。

【范例分析】

　　本范例重点考察了关系运算符的使用及表达式的值。如 $a=70<score<80$; 是先计算 $70<score$ 的值是 1，再计算 $1<80$ 的值是 1，把 1 赋值给 a。$b='a'=='a'$，先计算 $'a'=='a'$ 的值是 1，把 1 赋值给 b。$c='a'!='A'$，先计算 $'a'!='A'$ 的值是 1，把 1 赋值给 c。通过 printf 语句输出 3 个变量的值。

3.3.5 逻辑运算符和表达式

　　什么是逻辑运算？逻辑运算用来判断一件事情是"成立"还是"不成立"或者是"真"还是"假"，判断的结果只有两个值，用数字表示就是"1"和"0"。其中，"1"表示该逻辑运算的结果是"成立"的，"0"表示这个逻辑运算式表达的结果"不成立"。这两个值称为逻辑值。

　　假如一个房间有两个门，A 门和 B 门。要进房间从 A 门进可以，从 B 门进也可以。用一句话来说是"要进房间去，可以从 A 门进或者从 B 门进"，用逻辑符号来表示这一个过程，如下所示。

　　能否进房间用符号 C 表示，C 的值为 1 表示可以进房间，为 0 表示进不了房间；A 和 B 的值为 1 时表示门是开的，为 0 表示门是关着的。那么，有以下情况。

　　两个房间的门都关着（A、B 均为 0），进不去房间（C 为 0）。

　　B 是开着的（A 为 0、B 为 1），可以进去（C 为 1）。

　　A 是开着的（A 为 1、B 为 0），可以进去（C 为 1）。

　　A 和 B 都是开着的（A、B 均为 1），可以进去（C 为 1）。

01 逻辑运算符

逻辑运算符主要用于逻辑运算，包含"&&"（逻辑与）、"||"（逻辑或）、"!"（逻辑非）3 种。逻辑

运算符的真值表如下。

a	b	a&&b	a||b	!a
0	0	0	0	1
0	1	0	1	1
1	0	0	1	0
1	1	1	1	0

其中，"!"是单目运算符，而"&&"和"||"是双目运算符。

02 逻辑表达式

逻辑运算符把各个表达式连接起来组成一个逻辑表达式，如a&&b、1||(!x)。逻辑表达式的值也只有两个，即0和1。0代表结果为假，1代表结果为真。

例如，当x为0时，x<-2 &&x>=5 的值为多少？

当x=0时，0<-2 结果为假，值等于0；0>=5 结果也为假，值为0；0&&0 结果仍为0。

当对一个量（可以是单一的常量或变量）进行判断时，C编译系统认为0代表"假"，非0代表"真"。例如：

若a=4，则有以下结果。

!a 的值为0（因为a为4，非0，被认为是真，对真取反结果为假，假用0表示）。

a&&-5 的值为1（因为a为非0，认为是真，-5 也为非0，也是真，真与真，结果仍为真，真用1表示）。

4||0 的值为1（因为4为真，0为假，真 || 假，结果为真，用1表示）。

📝 范例 3-9　输入一个年份，判断其是否是闰年

（1）在 Code::Blocks 16.01 中，新建名为"判断闰年 .c"的【C Source File】源程序。
（2）在代码编辑窗口输入以下代码（代码 3-9.txt）。

```
01  #include<stdio.h>
02  void main()
03  {
04      int year; /* 定义整型变量 year 表示年份 */
05      printf(" 请输入年份 :"); /* 提示用户输入 */
06      scanf("%d",&year); /* 由用户输入某一年份 */
07      if(year%4==0&&year%100!=0||year%400==0) /* 判断 year 是否为闰年 */
08          printf("%d 是闰年 \n",year); /* 若为闰年则输出 year 是闰年 */
09      else
10          printf("%d 不是闰年 \n",year); /* 否则输出 year 不是闰年 */
11  }
```

【运行结果】

编译、连接、运行程序，输出结果如下图所示。

【范例分析】

本范例中，用了三个求余操作表示对某一个数能否整除。通常，采用此方法表示某一个量能够被整除。判断 year 是否为闰年有两个条件，这两个条件是或的关系，第一个条件可表示为 year%4==0&&year%100!=0，第二

个条件可表示为 year%400==0。两个条件中间用 "||" 运算符连接即可。即表达式可表示为 (year%4==0&&year%100!=0)||(year%400==0)。

由于逻辑运算符的优先级高于关系运算符，且！的优先级高于 &&，&& 的优先级又高于 ||，因此上式可以将括号去掉，写为：year%4==0 && year%100!=0 || year %400==0。

如果判断 year 为平年（非闰年），可以写成：!(year%4==0 && year%100!=0|| year %400==0)。

因为是对整个表达式取反，所以要用圆括号括起来。否则就成了 !year%4==0，由于！的优先级高，会先计算 !year，因此后面必须用圆括号括起来。

本例中使用了 if-else 语句，可理解为若 if 后面括号中的表达式成立，则执行 printf（"%d 是闰年 \n",year);语句，否则执行 printf（"%d 不是闰年 \n",year); 语句。

如果要判断一个变量 a 的值是否为 0~5，很自然想到了这样一个表达式：if(0<a<5)。

这个表达式没有什么不正常的，编译可以通过。但是现在仔细分析一下 if 语句的运行过程，表达式 0<a<5 中首先判断 0<a，如果 a>0 则为真，否则为假。

设 a 的值为 3，此时表达式结果为逻辑真，那么整个表达式 if(0<a<5) 成为 if(1<5)（注意这个新表达式中的 1 是 0<a 的逻辑值），这时问题就出现了，可以看到当变量 a 的值大于 0 时总有 1<5，所以后面的 <5 这个关系表达式是多余的。另外，假设 a 的值小于 0，也会出现这样的情况。由此看来这样的写法肯定是错误的。

正确的写法应该：if((0<a)&&(a<5)) /* 如果变量 a 的值大于 0 并且小于 5*/。

3.3.6 赋值运算符

赋值运算符是用来给变量赋值的。它是双目运算符，用来将一个表达式的值赋给一个变量。

01 赋值运算符

在 C 语言中，赋值运算符有一个基本的运算符 "="。

C 语言允许在赋值运算符 "=" 的前面加上一些其他的运算符，构成复合的赋值运算符。复合赋值运算符共有 10 种，分别为 +=、 – =、*= 、/=、%=、<<=、>>=、&=、^=、!=。

后 5 种是与位运算符组合而成的，将在后面的章节中介绍。

02 赋值表达式

由赋值运算符将一个变量和一个表达式连接起来的式子称为赋值表达式。赋值表达式的一般格式如下。

变量 = 表达式;

对赋值表达式求解的过程是将赋值运算符右侧 "表达式" 的值赋给左侧的变量。整个赋值表达式的结果就是被赋值的变量的值。

说明：右侧的表达式可以是任何常量、变量或表达式（只要它能生成一个值就行）。但左侧必须是一个明确的、已命名的变量，也就是说，必须有一个物理空间可以存储赋值号右侧的值。例如：

a=5; //a 的值为 5，整个表达式的值为 5
x=10+y;
i+=3; // 等价于 i=i+3

对赋值运算符的说明如下。

（1）赋值运算符 "=" 与数学中的等式形式一样，但含义不同。"=" 在 C 语言中作为赋值运算符，是将 "=" 右边的值赋给左边的变量；而在数学中则表示两边相等。所以 a=b 和 b=a 的含义是不一样的，a=b 表示把 b 的值赋值给 a，b=a 表示把 a 的值赋值给 b。

（2）注意 "==" 与 "=" 的区别，例如，a==b<c 等价于 a==(b<c)，作用是判断 a 与 (b<c) 的结果是否相等；a=b<c 等价于 a=(b<c)，作用是将 b<c 的值赋给变量 a。

（3）赋值表达式的值等于右边表达式的值，而结果的类型则由左边变量的类型决定。例如：

浮点型数据赋给整型变量，截去浮点数据的小数部分。

整形数据赋给浮点型变量，值不变，但以浮点数的形式存储到变量中。

字符型赋给整型，由于字符型为一个字节，而整型为 2 个字节，故将字符的 ASCII 码值放到整型量的低 8 位中，高 8 位为 0；整型赋给字符型，只把低 8 位赋予字符量。

📝 范例 3-10   复合赋值运算符在程序中的简单使用

（1）在 Code::Blocks 16.01 中，新建名为"赋值运算符 .c"的【 C Source File 】源程序。

（2）在代码编辑窗口输入以下代码（代码 3-10.txt）。

```
01  #include<stdio.h>
02  void main()
03  {
04      int a=3,b=8;
05      a+=a-=a*a;
06      b%=4-1;
07      b+=b*=b-=b*=3;
08      printf("a=%d,b=%d",a,b);
09  }
```

【运行结果】

编译、连接、运行程序，输出结果如下图所示。

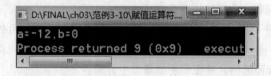

【范例分析】

本范例中是赋值运算符的连续运算，并且为同一变量进行运算。应根据赋值运算符的结合性进行从右到左的运算，变量重新赋值后，使用新的值进行下一步的运算，切记不要与数学运算混淆。先进行 a-=a*a 的运算，先计算 a*a，结果是 9，再进行 a-=9 的运算，相当于 a=a-9=3-9=-6，此时 a 的值为 -6，表达式的值是 -6；最后进行 a+=-6 的运算，相当于 a=a+(-6)= (-6)+ (-6)，最终结果为 -12。b%=4-1，相当于 b=b%3=8%3=2，b+=b*=b-=b*=3 这个表达式，先计算 b*=3，相当于 b=b*3=2*3=6，此时 b 的值为 6，表达式的值是 6；再计算 b-=6，相当于 b=b-6=6-6=0，此时 b 的值为 0，表达式的值是 0；再计算 b*=0，相当于 b=b*0=0*0=0，此时 b 的值为 0，表达式的值是 0；最后计算 b+=0，相当于 b=b+0=0+0=0，此时 b 的值为 0，表达式的值是 0。

3.3.7 ▶ 自增、自减运算符

C 语言提供了两个特殊的运算符，通常在其他计算机语言中找不到，即自增运算符 ++ 和自减运算符 --。它们都是单目运算符，运算的结果是使变量值增 1 或减 1，可以在变量之前，称为前置运算；也可以在变量之后，称为后置运算。它们都具有"右结合性"。

这两个运算符有以下几种形式。

++i /* 相当于 i=i+1，i 自增 1 后再参与其他运算 */

--i /* 相当于 i=i-1，i 自减 1 后再参与其他运算 */

i++ /* 相当于 i=i+1，i 参与运算后，i 的值再自增 1*/

i-- /* 相当于 i=i-1，i 参与运算后，i 的值再自减 1*/

范例 3-11 前置加和后置加的区别

（1）在 Code::Blocks 16.01 中，新建名为"自增运算 .c"的【C Source File】源程序。
（2）在代码编辑窗口输入以下代码（代码 3-11.txt）。

```
01  #include <stdio.h>
02  void main()
03  {
04      int a,b,c;
05      a=7;
06      printf("a=%d\n",a);
07      b=++a; /* 前置加 */
08      printf(" (1) ++a=%d a=%d\n",b,a);
09      a=7;
10      c=a++; /* 后置加 */
11      printf(" (2) a++=%d a=%d\n",c,a);
12  }
```

【运行结果】

编译、连接、运行程序，输出结果如下图所示。

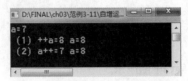

【范例分析】

本范例中，变量 a 开始赋初值为 7，执行 b=++a 时，相当于先执行 a=a+1=8，再将 8 赋给变量 b，然后输出此时 a、b 的值。a 又重新赋值为 7，执行 c=a++，相当于先执行 c=a，c 的值为 7，然后才执行 a++，即 a=a+1=8，此时 a、b 的值分别为 8 和 7。

但是当表达式中连续出现多个加号 (+) 或减号（−）时，如何区分它们是增量运算符还是加法或减法运算符呢？例如：

y=i+++j;

这应该理解成 y=i+(++j)，还是 y=(i++)+j 呢？在 C 语言中，词语分析遵循"最长匹配"原则。即：如果在两个运算分量之间连续出现多个表示运算符的字符（中间没有空格），那么，在确保有意义的条件下，则从左到右尽可能多地将若干个字符组成一个运算符，所以，上面的表达式就等价于 y=(i++)+j，而不是 y=i+(++j)。如果读者在录入程序时有类似的操作，可以在运算符之间加上空格，如 i+ ++j，或者加上圆括号，作为整体部分处理，如 y=i+(j++)。

3.3.8 逗号运算符

在 C 语言中，逗号不仅作为函数参数列表的分隔符使用，也作为运算符使用。逗号运算符的功能是把两个表达式连接起来，使之构成一个逗号表达式。逗号运算符在所有运算符中是级别最低的。其一般形式如下。

表达式 1, 表达式 2;

求解的过程是先计算表达式 1，再计算表达式 2，最后整个逗号表达式的值就是表达式 2 的值。

对于逗号表达式的说明有以下 3 点。

（1）逗号表达式一般形式中的表达式 1 和表达式 2 也可以是逗号表达式。例如表达式 1,（表达式 2,表达式 3），形成了嵌套情形。因此可以把逗号表达式扩展为以下形式：表达式 1,表达式 2,…,表达式 n,整个逗号表达式的值等于表达式 n 的值。

（2）程序中使用逗号表达式，通常是要分别求逗号表达式内各表达式的值，并不一定要求整个逗号表达式的值。

（3）并不是在所有出现逗号的地方都组成逗号表达式，在变量说明中，函数参数表中的逗号只是用作各变量之间的间隔符。

📝 范例 3-12   逗号表达式的应用

（1）在 Code::Blocks 16.01 中，新建名为"逗号表达式 .c"的【C Source File】源程序。
（2）在代码编辑窗口输入以下代码（代码 3-12.txt）。

```
01    #include<stdio.h>
02    void main()
03    {
04        int a,b,c,d;
05        a=b=1;
06        d=(c=a++,++b,b++);
07        printf("a=%d,b=%d,c=%d,d=%d",a,b,c,d);
08    }
```

【运行结果】

编译、连接、运行程序，输出结果如下图所示。

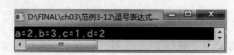

【范例分析】

在本范例代码第 05 行，a、b 赋值为 1；第 06 行，该语句整体看是一个赋值表达式，把逗号表达式的值赋值给变量 d，逗号表达式中第 1 个表达式是 $c=a++$，第 2 个是 $++b$，第 3 个是 $b++$。先计算 $c=a++$，先把 a 的值赋给 c，c 的值是 1，a 再自增，a 的值是 2，第 2 个表达式 $++b$ 的值是 2，b 的值是 2，第 3 个表达式 b 的值是 3，逗号表达式的值是最后一个表达式的值，就是 $d=b++$，先把 b 赋值给 d，b 再自增，因此 d 是 2。

3.3.9 条件运算符

条件运算符由 "?" 和 " ："组成，是 C 语言中唯一的一个三目运算符，是一种功能很强的运算符。用条件运算符将运算分量连接起来的式子称为条件表达式。

条件表达式的一般构成形式如下。

表达式 1 ？ 表达式 2：表达式 3

条件表达式的执行过程如下。

① 计算表达式 1 的值。

② 若该值不为 0，则计算表达式 2 的值，并将表达式 2 的值作为整个条件表达式的值。

③ 否则，就计算表达式 3 的值，并将该值作为整个条件表达式的值。

例如，（x>=0）?1:-1，该表达式的值取决于 x 的值，如果 x 的值大于等于 0，该表达式的值为 1，否则表达式的值为 -1。

条件运算符的结合性是"右结合",它的优先级别低于算术运算符、关系运算符和逻辑运算符。例如,*a>b?a:c>d?c:d* 等价于 *a>b?a:(c>d?c:d*)。

范例 3-13　求最大值

(1)在 Code::Blocks 16.01 中,新建名为"条件运算符 .c"的【C Source File】源程序。
(2)在代码编辑窗口输入以下代码(代码 3-13.txt)。

```
01    #include<stdio.h>
02    void main()
03    {
04      int a,b,max;
05      printf(" 请输入两个数: ");
06      scanf("%d%d",&a,&b);
07      max=a>b?a:b; /* 若 a<b 返回 a 的值, 否则返回 b 的值 */
08      printf("%d 和 %d 二者的最大值为 :%d\n",a,b,max); /* 输出两者的最大值 */
09    }
```

【运行结果】

编译、连接、运行程序,输出结果如下图所示。

【范例分析】

本范例实际上是通过条件表达式来计算两个数的最小值,并将最小值赋给变量 *m*,从而输出 *a* 和 *b* 两个数中相对较大的一个。

3.3.10　位运算符

C 语言中提供了以下 6 种位运算符。

位运算符	描述
&	按位与
|	按位或
^	按位异或
~	取反
<<	左移
>>	右移

说明:

(1)位运算符中,除 ~ 以外,均为双目(元)运算符,即要求两侧各有一个运算量。
(2)运算量只能是整型或字符型的数据,不能为实型数据。

01 按位与运算符

按位与运算符 "&" 是双目运算符,其功能是参与运算的两数各对应的二进位相与。只有对应的两个二进位均为 1 时,结果位才为 1,否则为 0。即 0 & 0 = 0,0 & 1 = 0,1 & 0 = 0,1 & 1 = 1。

(1)正数的按位与运算

例如:计算 10 & 5。需要先把十进制数转换为补码形式,再按位与运算,计算如下。

	0000 1010	10 的二进制补码
&	0000 0101	5 的二进制补码
	0000 0000	按位与运算，结果转换为十进制后为 0

所以，10 & 5 = 0。

（2）负数的按位与运算

例如：计算 -9 & -5。

第一步：先转换为补码形式。

-9 的原码：1000 1001，反码：1111 0110，补码：1111 0111。

-5 的原码：1000 0101，反码：1111 1010，补码：1111 1011。

第二步：补码进行位与运算。

	1111 0111	-9 的二进制补码
&	1111 1011	-5 的二进制补码
	1111 0011	按位与运算

第三步：将结果转换为原码。

补码：1111 0011，反码：1111 0010，原码：1000 1101，原码：-13，所以 -9 & -5 = -13。

（3）按位与的作用

按位与运算通常用来对某些位清 0 或保留某些位。例如，把 a 的高 8 位清 0，保留低 8 位，可以使用 a&255 运算 (255 的二进制数为 0000000011111111)。

又如，有一个数是 0110 1101，希望保留从右边开始第 3 位、第 4 位，以满足程序的某些要求，运算如下。

	0110 1101
&	0000 1100
	0000 1100

上式描述的就是为了保留指定位进行的按位与运算。如果写成十进制形式，为 109 & 12。

02 按位或运算符

按位或运算符 "|" 是双目运算符，其功能是参与运算的两数各对应的二进位相或。只要对应的两个二进位有一个为 1，结果位就为 1。即：0|0 = 0，0|1 = 1，1|0 = 1，1|1 = 1。

参与运算的两个数均以补码出现。例如，10|5 可写成如下算式。

	0000 1010	10 的二进制补码
|	0000 0101	5 的二进制补码
	0000 1111	15 的二进制补码

所以，10|5 = 13。

按位或运算常用来让源操作数的某些位置为 1，其他位不变。

首先设置一个二进制掩码 mask，执行 s=s|mask，让其中的特定位置为 1，其他位为 0。如有一个数是 0000 0011，希望从右边开始的第 3、第 4 位置为 1，其他位不变，可以写成 0000 0011|00001100 = 0000 1111，也就是 3|12 = 15。

03 按位异或运算符

按位异或运算符 "^" 是双目运算符，其功能是参与运算的两数各对应的二进位相异或。当两对应的二进位相异时，结果为 1。即：0 ^ 0 = 0，0 ^ 1 = 1，1 ^ 0 = 1，1 ^ 1 = 0。

参与运算数仍以补码出现，例如，10 ^ 5 可写成如下算式。

$$
\begin{array}{r}
0000\ 1010 \\
\verb|^|\quad 0000\ 0101 \\
\hline
0000\ 1111 \qquad \text{15 的二进制补码}
\end{array}
$$

所以，10 ^ 5 = 15。

充分利用按位异或的特性，可以实现以下效果。

（1）设置一个二进制掩码 mask，执行 $s = s \text{^} \text{mask}$，设置特定位置是 1，可以使特定位的值取反；设置掩码中特定位置的其他位是 0，可以保留原值。

设有 0111 1010，想使其低 4 位翻转，即 1 变为 0，0 变为 1。可以将它与 0000 1111 进行 ^ 运算，即：

$$
\begin{array}{r}
0111\ 1010 \\
\verb|^|\quad 0000\ 1111 \\
\hline
0111\ 0101
\end{array}
$$

（2）不引入第 3 个变量，交换两个变量的值。

想将 a 和 b 的值互换，可以用以下赋值语句实现。

$$
a = a \text{^} b;
$$
$$
b = b \text{^} a;
$$
$$
a = a \text{^} b;
$$

分析如下：（按位异或满足交换率）

$$
a = a \text{^} b;
$$
$$
b = b \text{^} a = b \text{^} a \text{^} b = b \text{^} b \text{^} a = 0 \text{^} a = a;
$$
$$
a = a \text{^} b = a \text{^} b \text{^} a = a \text{^} a \text{^} b = 0 \text{^} b = b;
$$

假设 a = 3，b = 4，验证如下。

$$
\begin{array}{r}
a = 011 \\
\verb|^|\quad b = 100 \\
\hline
a = 111 \ (a\text{^}b\ 的结果，a\ 变成 7) \\
\verb|^| b = 100 \\
\hline
b = 011 \ (b\text{^}a\ 的结果，b\ 变成 3) \\
\verb|^| a = 111 \\
\hline
a = 100 \ (a\text{^}b\ 的结果，a\ 变成 4)
\end{array}
$$

▣04 按位取反运算符

求反运算符"~"为单目运算符，具有右结合性，其功能是对参与运算的数的各二进位按位求反。例如，~9 的运算为 ~（0000 1001），结果为（1111 0110），如果表示无符号数是 246，如果表示有符号数是 -10（按照上文的方法自己演算）。

▣05 左移运算符

左移运算符"<<"是双目运算符，其功能是把"<<"左边运算数的各二进位全部左移若干位，由"<<"右边的数指定移动的位数。

（1）无符号数的左移

如果是无符号数，则向左移动 n 位时，丢弃左边 n 位数据，并在右边填充 0，如下图所示。

十进制 n=1:	0	0	0	0	0	0	0	1
n<<1，十进制 2:	0	0	0	0	0	0	1	0
n<<1，十进制 4:	0	0	0	0	0	1	0	0

0	0	0	0	1	0	0	0
0	0	0	1	0	0	0	0
0	0	1	0	0	0	0	0
0	1	0	0	0	0	0	0
1	0	0	0	0	0	0	0

（表格左侧依次为：$n<<1$，十进制8；$n<<1$，十进制16；$n<<1$，十进制32；$n<<1$，十进制64；$n<<1$，十进制128）

程序到这里还都是很正常的，每次左移一位，结果是以2的幂次方不断变化，此时继续左移。

$n<<1$，十进制0：

0	0	0	0	0	0	0	0

结果变成了0，显然结果是不对的，所以左移时一旦溢出就不再正确了。

（2）有符号数的左移

如果是有符号数，则向左移动 n 位时，丢弃左边 n 位数据，并在右边填充0，同时把最高位作为符号位。这种情况对于正数，与上述的无符号数左移结果是一样的，不再分析。对于负数如下图所示。

1	0	0	0	0	0	0	1
0	0	0	0	0	0	1	0
0	0	0	0	0	1	0	0
0	0	0	0	1	0	0	0
0	0	0	1	0	0	0	0
0	0	1	0	0	0	0	0
0	1	0	0	0	0	0	0
1	0	0	0	0	0	0	0
0	0	0	0	0	0	0	0

（表格左侧依次为：十进制 $n=-128$；$n<<1$，十进制2；$n<<1$，十进制4；$n<<1$，十进制8；$n<<1$，十进制16；$n<<1$，十进制32；$n<<1$，十进制64；$n<<1$，十进制128；$n<<1$，十进制0）

有符号数据的左移操作也非常简单，只不过要把最高位考虑成符号位而已，遇到1就是负数，遇到0就是正数，直到全部移除变成0。

06 右移运算符

右移运算符"$>>$"是双目运算符，其功能是把"$>>$"左边运算数的各二进位全部右移若干位，"$>>$"右边的数指定移动的位数。

（1）无符号数的右移

如果是无符号数，则向右移 n 位时，丢弃右边 n 位数据，并在左边填充0，如下图所示。

1	0	0	0	0	0	0	0
0	1	0	0	0	0	0	0
0	0	1	0	0	0	0	0
0	0	0	1	0	0	0	0
0	0	0	0	1	0	0	0
0	0	0	0	0	1	0	0
0	0	0	0	0	0	1	0
0	0	0	0	0	0	0	1

（表格左侧依次为：十进制 $n=128$；$n>>1$，十进制64；$n<<1$，十进制32；$n<<1$，十进制16；$n<<1$，十进制8；$n<<1$，十进制4；$n<<1$，十进制2；$n<<1$，十进制1）

程序到这里还都是正常的，每次右移一位，结果是以2的幂次方不断变化，此时继续右移。

$n>>1$，十进制0：

0	0	0	0	0	0	0	0

结果变成了0，显然结果是不对的，所以右移时一旦溢出就不再正确了。在溢出的情况下，右移一位相当于乘以2，右移 n 位相当于乘以2n。

（2）有符号数的右移

如果是有符号数，则向右移动 n 位时，丢弃右边 n 位数据，而左边填充的内容则依赖于具体的机器，可能是1，也可能是0。

对于有符号数 (1000 1010) 来说，右移有以下两种情况。

① (1000 1010) >> 2 =(00 10 0010)。

② (1000 1010) >> 2 = (11 10 0010)。

机器是按上面哪种方式右移运算的不能一概而论。例如，机器安装的操作系统是 32 位，使用 Microsoft Visual C++ 6.0 是按照方式 2 运行的有符号运算，如下图所示。

十进制 n=-64：	1	1	0	0	0	0	0	0
n>>1，十进制 -32：	1	1	1	0	0	0	0	0
n>>1，十进制 -16：	1	1	1	1	0	0	0	0
n>>1，十进制 -8：	1	1	1	1	1	0	0	0
n>>1，十进制 -4：	1	1	1	1	1	1	0	0
n>>1，十进制 -2：	1	1	1	1	1	1	1	0
n>>1，十进制 -1：	1	1	1	1	1	1	1	1
n>>1，十进制 -1：	1	1	1	1	1	1	1	1

最高的符号位保持原来的符号位，不断右移，直到全部变成 1。在溢出的情况下，右移一位相当于除以 2，右移 n 位相当于除以 2 的 n 次幂。

07 位运算赋值运算符

位运算符与赋值运算符可以组成位运算赋值运算符。

位运算赋值运算符	举例	等价于
&=	a&=b	a=a&b
|=	a|=b	a=a|b
^=	a^=b	a=a^b
<<=	a<<=2	a=a<<2
>>=	a>>=2	a=a>>2

范例 3-14　取一个整数的二进制形式从右端开始的若干位，并以八进制形式输出

（1）在 Code::Blocks 16.01 中，新建名为"取整数的若干位 .c"的【C Source File】源程序。
（2）在代码编辑窗口输入以下代码（代码 3-14.txt）。

```
01   #include <stdio.h>
02   int main()
03   {
04       unsigned short a,b,c,d; /* 声明字符型变量 */
05       int i,k;
06       printf(" 请输入这个整数：");
07       scanf("%o",&a);
08       printf(" 请输入截取位的开始位置（低位从 0 开始）和结束位置（高位）: \n");
09       //getchar();
10       scanf("%d%d",&i,&k);
11       b=a>>(k-i+1); /* 右移运算 */
12       c=~(~0<<(k-i+1)); /* 取反左移后再取反 */
13       d=b&c; /* 按位与 */
14       printf(" 整数 %o 截取从 %d 位到 %d 位是 %o\n",a,i,k,d);
15       return 0;
16   }
```

【运行结果】

编译、连接、运行程序，输出结果如下图所示。

```
D:\FINAL\ch03\范例3-14\取整数的若干位.exe
请输入一个整数：1640
请输入截取位的开始位置（低位从0开始）和结束位置（高位）：
4 7
整数1640截取从4位到7位是12
```

【范例分析】

本范例分 3 步进行，先使 a 右移 k-i+1 位，就是右移 4 位，然后设置一个低 4 位全为 1、其余全为 0 的数，可用 ~(~0<<4)；最后将上面二者进行 & 运算。

输入的八进制数是 1640，转换为二进制数是 0000 0011 1010 0000，获取其右端开始的 4 ~ 7 位是二进制数 1010，转换为八进制就是 12。

▶ 3.4　运算符的优先级与结合方向

C 语言中规定了运算符的优先级和结合性。优先级是指当不同的运算符进行混合运算时，运算顺序是根据运算符的优先级而定的，优先级高的运算符先运算，优先级低的运算符后运算。在一个表达式中，如果各个运算符有相同的优先级，运算顺序是从左向右，还是从右向左，是由运算符的结合性确定的。所谓结合性是指运算符可以和左边的表达式结合，也可以与右边的表达式结合。

比如 x+y*z，应该先做乘法运算，再做加法运算，相当于 x+(y*z)，这是因为乘号的优先级高于加号。当一个运算分量两侧的运算符优先级相同时，要按运算符的结合性所规定的结合方向，即左结合性（自左至右运算）和右结合性（自右至左运算）。例如表达式 x-y+z，应该先进行 x-y 运算，然后再进行 +z 的运算，这就称为"左结合性"，即从左向右进行计算。

比较典型的是右结合性算术运算符，它的结合性是自右向左，如 x=y=z，由于"="的右结合性，因此应先进行 y=z 运算，再进行 x=(y=z) 运算。

C 语言中，常用运算符的优先级如下图所示。

初等运算符（ ( )、[ ]、->、. ）	高
单目运算符（ !、~ 、++、-- 、-、（类型）、*、& sizeof ）	
算术运算符（先*、/ 、%，后+、-）	
关系运算符（先>、< 、>= 、<=，后==、!=）	
位运算符　（先 & ，其次^，后 | ）	
逻辑运算符（先 & & ，后 || ）	
条件运算符　（ ? : ）	
赋值运算符　（ =及其扩展赋值运算符 ）	
逗号运算符　（ , ）	低

在表达式中，优先级较高的先于优先级较低的进行运算。而当在一个运算量两侧的运算符优先级相同时，则按运算符的结合性所规定的结合方向处理。

3.4.1 ▶ 算术运算符的优先级和结合性

在复杂的算术表达式中，"( )"的优先级最高，"*、/、%"运算符的优先级高于"+、-"运算符。因此，可适当添加括号改变表达式的运算顺序，并且算术运算符中的结合性均为"左结合"，可概括如下。

（1）先计算括号内，再计算括号外。

（2）在没有括号或在同层括号内，先进行乘除运算，后进行加减运算。

（3）相同优先级运算，从左向右依次进行。

3.4.2 ▶ 关系运算符的优先级和结合性

在这 6 种关系运算符中，">"">="'"<"和"<="的优先级相同，"=="和"!="的优先级相同，前 4 种的优先级高于后两种。

例如：$a==b<c$ 等价于 $a==(b<c)$；$a>b>c$ 等价于 $(a>b)>c$。

关系运算符中的结合性均为"左结合"。

3.4.3 逻辑运算符的优先级和结合性

在这3种逻辑运算符中，它们的优先级别各不相同。逻辑非"!"的优先级别最高，逻辑与"&&"的优先级高于逻辑或"||"。

如果将前面介绍的算术运算符和关系运算符结合在一起使用时，逻辑非"!"优先级最高，然后是算术运算符、关系运算符、逻辑与"&&"、逻辑或"||"。

例如，$5>3\&\&2||!8<4-2$ 等价于 $((5>3)\&\&2)||((!8)<(4-2))$，结果为1。

运算符!的结合性是"右结合"，而 && 和 || 的结合性是"左结合"。

3.4.4 赋值运算符的优先级和结合性

在使用赋值表达式时有以下几点说明。

（1）赋值运算可连续进行。例如，$a = b = c = 0$ 等价于 $a = (b = (c = 0))$，即先求c=0，c的值为0，再把0赋给b，b的值为0，最后再把0赋给a，a的值为0，整个表达式的值也为0，因为赋值运算符是"右结合"。

（2）赋值运算符的优先级比前面介绍的几种运算符的优先级都低。例如，$a = (b = 9)*(c = 7)$ 等价于 $a = ((b = 9)*(c = 7))$；$y=x==0?1:\sin(x)/x$ 等价于 $y= (x==0?1:\sin(x)/x)$；$max=a>b?a:b$ 等价于 $max= (a>b?a:b)$。

▶ 3.5 综合案例——四则运算计算器

通过下面一个案例，巩固本章所学内容，本案例中涉及数据类型，变量，常量，强制类型转换，算术、关系、逻辑、条件、自增、赋值运算符和表达式等知识点。案例是以计算四则运算为背景，输入两个数，通过程序计算它们的和、差、积、商、余数，并输出到屏幕中。

📝 范例 3-15 编写一个程序，通过输入两个整数，计算它们的和、差、积、商、余数

（1）在 Code::Blocks 16.01 中，新建名为 "四则运算.c" 的【C Source File】源程序。

（2）在代码编辑窗口输入以下代码（代码 3-15.txt）。

```
01  #include<stdio.h>
02  int main()
03  {
04    int num1,num2,i=1,add,sub,mul,div,rem,flag;
05    printf("请输入第一个数和第二个数：");
06    scanf("%d%d",&num1,&num2);
07    add=num1+num2;
08    sub=num1-num2;
09    mul=num1*num2;
10    if(num2!=0){
11      flag=1;
12      div=(float)num1/(float)num2;
13      rem=num1%num2;
14    }
15    else
16      flag=0;
```

```
17    printf("%d. 和是 %d\n",i++,add);
18    printf("%d. 差是 %d\n",i++,sub);
19    printf("%d. 积是 %d\n",i++,mul)
20    (flag==0)?printf("%d. 输入的除数是 0，无法计算商 \n",i++):printf("%d. 商是 %d\n",i++,div);
21    (flag==0)?printf("%d. 输入的除数是 0，无法计算余数 \n",i++):printf("%d. 余数是 %d\n",i++,rem);
22    return 0;
23  }
```

【运行结果】

编译、连接、运行程序，输出结果如下图所示。

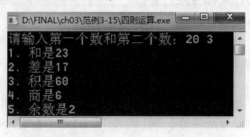

第二次运行程序，输出结果如下图所示。

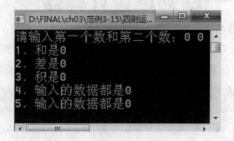

【范例分析】

本范例定义两个变量 $num1$、$num2$，第 10 行如果用逻辑与判断两个数均不为 0，第 11 行将两个数强制类型转换，然后做除法。第 25 行、第 26 行分别用条件表达式对于不同的输入进行不同的处理输出。

▶ 3.6 疑难解答

问题 1：运算符的优先级总能保证是"自左至右"或"自右至左"的顺序吗？

解答：这两种顺序都无法保证。一般来说，首先求函数值，其次求复杂表达式的值，最后求简单表达式的值。另外，为了进一步优化代码，目前流行的大多数 C 编译程序常常会改变表达式的求值顺序。因此，应该用括号明确地指定运算符的优先级。

问题 2：什么时候应该用强制类型转换？

解答：在以下两种情况下需要使用强制类型转换。

（1）改变运算分量的类型，从而使运算能正确地进行。例如，两个整数做除法，则结果是整数，如果把其中一个整数强制转换成 float 类型，则结果是浮点数。

（2）在指针类型和 void * 类型之间进行强制转换，从而与期望或返回 void 指针的函数进行正确的交接。

问题 3：说明一个变量和定义一个变量有什么区别？

解答：说明一个变量是向编译程序描述变量的类型，但并不为变量分配存储空间。定义一个变量是在说明变量的同时并为变量分配存储空间，并且在定义一个变量的同时可以对变量进行初始化。

第 **4** 章

养成良好的编程习惯

良好的编程习惯是学习一门编程语言必须要培养的能力。编程习惯的好坏会直接影响到代码的质量，包括稳定性、可读性、规范性、易维护性等。尽管不同团体或个人对编写代码有着不同的理解和规范，但都是以提高代码质量为目标，对编写简洁、可维护、可靠、可测试的代码提供指导。本章从 C 语言编程风格的角度论述了养成良好的编程习惯应遵循的一些基本原则和方法。

本章要点（已掌握的在方框中打钩）

□ C 程序的格式

□ 命名规则

□ 程序的版式

□ 表达式和基本语句

□ 函数

□ 内存管理

□ 注释

▶ 4.1 C 程序的格式

通常，C 程序分为两个文件。一个文件用于保存程序的声明（declaration），称为头文件；另一个文件用于保存程序的实现（implementation），称为定义（definition）文件。C 程序的头文件以 ".h" 为后缀，C 程序的定义文件以 ".c" 为后缀。

在各种 C 语言开发工具中，头文件作为函数接口、数据接口声明的载体文件，其中不含程序的逻辑实现代码，它只起一个描述性作用，目的是告诉应用程序到哪里可以找到相应功能函数的真正逻辑实现代码。通常，使用 #include <filename.h> 格式来引用标准库的头文件，用 #include "filename.h" 格式来引用程序员自己编写的非标准库的头文件。

下面通过几个简单的示例，介绍 C 程序的基本构成和书写格式，使读者对 C 程序有一个基本的了解。在此基础上，再进一步了解 C 程序的语法和书写规则。

例 1：求三个数的平均值的 C 程序。

```
/* 功能：求三个数的平均值 */
void  main() /* main() 称为主函数 */
{
    float a,b,c,ave;  /* 定义 a,b,c,ave 为实型数据 */
    a=7;
    b=9;
    c=12;
    ave=(a+b+c)/3; /* 计算平均值 */
    printf("ave=%f\n",ave);  /* 在屏幕上输出 ave 的值 */
}
```

程序运行结果如下。

```
ave=9.333333
```

例 2：输出两个数中的较大值的 C 程序。

```
/* 功能：输出两个数中的较大值 */
void  main() /* 主函数 */
{
    int num1,num2,max;  /* 定义 num1、num2、max 为整型变量 */
    scanf("%d,%d",&num1,&num2); /* 由键盘输入 num1、num2 的值 */
    printf("max=%d\n",max(num1,num2)); /* 在屏幕上输出调用 max 的函数值 */
}
/* 用户设计的函数 max()*/
int max(int x,int y)   /* x 和 y 分别取 num1 和 num2 传递的值 */
{
    if(x>y) return x; /* 如果 x>y，将 x 的值返回给 max */
    else return y; /* 如果 x>y 不成立，将 y 的值返回给 max */
}
```

程序运行情况：

```
5,8 ✓
max=8
```

在以上两个示例中，例 1 所示的 C 程序仅由一个 main 函数构成，它相当于其他高级语言中的主程序；例 2 所示的 C 程序由一个 main 和一个其他函数 max(用户自己设计的函数)构成，函数 max 相当于其他高级语言中的子程序。由此可见，一个完整的 C 程序结构有以下两种表现形式。

（1）仅由一个 main 函数（又称主函数）构成。

（2）由一个且只能有一个 main 函数和若干个其他函数结合而成。其中，自定义函数由用户自己设计。

结合以上示例，可以看出 C 程序结构有以下基本特点。

（1）C 程序是由函数（如 main 函数或 max 函数）组成的，每一个函数完成相对独立的功能，函数是 C 程序的基本模块单元。main 是函数名，函数名后面的括号"()"是用来写函数的参数的。参数可以有，也可以没有（本程序没有参数），但圆括号不能省略。

（2）一个 C 程序总是从 main 函数开始执行。主函数执行完毕，程序执行结束。

（3）C 语言编译系统区分字母大小写。C 语言把大小写字母视为两个不同的字符，并规定每条语句或数据说明均以分号";"结束。分号是语句不可缺少的组成部分。

（4）主函数既可以放在 max 函数之前，也可以放在 max 函数之后。习惯上，将主函数放在最前面。

（5）C 程序中所调用的函数，既可以是由系统提供的库函数，也可以是由设计人员自己根据需要而设计的函数。例如在例 2 中，printf 函数是 C 语言编译系统库函数中的一个函数，它的作用是在屏幕上按指定格式输出指定的内容；max 函数是由用户自己设计的函数，它的作用是计算两个数中的较大值。

▶4.2　良好的编程风格

保证代码的清晰和简洁是编写程序时需要遵循的重要原则。据统计，软件维护期成本占整个生命周期成本的 40%~90%，同时小型系统维护变更代码的成本能达到开发期的 5 倍，而大型系统（100 万行以上代码）甚至达到 100 倍。清晰的代码可阅读性好，因此有助于对代码进行维护和重构，同时也易于理解。而简洁的代码指代码长度尽可能短，如没有被调用的函数或变量等废弃代码要尽可能消除。

通常，通过程序的格式来约定一些编程风格，来保证代码遵循清晰简洁的原则。程序的格式尽管不会影响程序的功能，但会影响代码的可读性，特别是当程序较长时，混乱的格式往往会引入程序错误，降低程序质量。

4.2.1　命名规则

在 C 程序中，遵循某种标识符的命名规则能够使程序便于理解，使代码看起来尽可能统一，有利于阅读和修改。

比较著名的命名规则如"匈牙利"法，该命名规则的主要思想是在变量和函数名中加入前缀以增进人们对程序的理解。用这种方法命名的变量显示了其数据类型。"匈牙利"法命名主要包括三个部分：基本类型、一个或更多的前缀、一个限定词。这种命名规则最初在 20 世纪 80 年代的微软公司广泛使用。例如，所有的字符变量均以 ch 为前缀，若是指针变量则追加前缀 p。如果一个变量由 ppch 开头，则表明它是指向字符指针的指针。

"匈牙利"法命名规则存在较大的争议，其主要缺点是繁琐，例如：

```
int i, j, k;
float x, y, z;
```

若采用"匈牙利"法命名规则，则应当写成：

```
int iI, iJ, ik; // 前缀 i 表示 int 类型
float fX, fY, fZ; // 前缀 f 表示 float 类型
```

除了"匈牙利"法命名规则，常见的还有 Windows 和 UNIX 命名规则。例如 Windows 应用程序的标识符通常采用大小写混排的方式，如 AddChild。而 UNIX 应用程序的标识符通常采用小写加下划线的方式，如 add_child。

尽管没有一种命名规则能够达成共识，不同的规则既有优势也有劣势，但在编程过程中应当使用统一的命名方式，并遵守以下被大多数程序员采纳的共性规则。

规则 1：标识符的命名要清晰直观，有明确的含义。

标识符建议采用英文单词或其组合，使用完整的单词或大家基本可以理解的缩写，便于记忆和阅读。切

忌使用汉语拼音来命名。

好的命名示例如下。

```
int error_number;
int number_of_completed_connection;
```

不好的命名：使用模糊的缩写或随意的字符，示例如下。

```
int n;
int nerr;
int n_comp_conns;
```

规则 2：标识符的长度应当符合"最短长度"和"最多信息"的原则。

一般来说，长名字能更好地表达含义，所以函数名、变量名、类名经常长达十几个字符。那么名字是否越长越好？不见得！例如变量名 maxval 就比 maxValueUntilOverflow 好。单字符的名字也是可以用的，常见的如 i、j、k、m、n、x、y、z 等，它们通常可用作函数内的局部变量。

规则 3：程序中不要出现仅靠大小写区分的相似的标识符。

例如：

```
int x, X; // 变量 x 与 X 容易混淆
void foo(int x); // 函数 foo 与 FOO 容易混淆
void FOO(float x);
```

规则 4：程序中不要出现标识符完全相同的局部变量和全局变量，尽管两者的作用域不同而不会发生语法错误，但会使人误解。

规则 5：用正确的反义词组命名具有互斥意义的变量或相反动作的函数等。

例如：

```
int minValue;
int maxValue;
int SetValue(…);
int GetValue(…);
```

规则 6：尽量避免名字中出现数字编号，除非逻辑上的确需要编号。

如下命名会使人产生疑惑。

```
#define EXAMPLE_0_TEST_
#define EXAMPLE_1_TEST_
```

应改为有意义的单词命名。

```
#define EXAMPLE_UNIT_TEST_
#define EXAMPLE_ASSERT_TEST_
```

规则 7：变量和参数用小写字母开头的单词组合而成，常量全用大写的字母，用下划线分割单词。

例如：

```
BOOL flag;
int drawMode;
const int MAX = 100;
const int MAX_LENGTH = 100;
```

规则 8：如果不得已需要全局变量，则使全局变量加前缀 g_（表示 global）。

例如：

```
int g_howManyPeople; // 全局变量
int g_howMuchMoney; // 全局变量
```

规则 9：变量的名字应当使用"名词"或者"形容词 + 名词"。

例如：

```
float value;
float oldValue;
float newValue;
```

规则 10：函数命名应以函数要执行的动作命名，一般采用"动词"或者"动词 + 名词"的结构。

例如，找到当前进程的当前目录。

```
DWORD GetCurrentDirectory( DWORD BufferLength, LPTSTR Buffer );
```

规则 11：对于数值或者字符串等常量的定义，建议采用全大写字母，且单词之间加下划线"_"的方式命名。

```
#define PI_ROUNDED 3.14
```

4.2.2 程序的版式

程序的版式是指代码的排版与格式。版式虽然不会影响程序的功能，但会影响可读性。程序的版式追求清晰、美观，这是程序风格的重要构成因素。

01 空白行

空白行在代码中起到分隔段落的作用。适当的空白行使代码的布局和结构更加清晰，层次更加合理。通常，在每个函数定义结束之后加空白行，在一个函数体内，逻辑上密切相关的语句之间不加空白行，其他地方应加空白行分隔。

函数之间的空白行	函数内部的空白行

// 空白行
void Function1(…)
{
　…
}
// 空白行
void Function2(…)
{
　…
}
// 空白行
void Function3(…)
{
　…
}
	// 空白行
	while (condition)
	{
	　statement1;
	　// 空白行
	　if (condition)
	　{
	
	　　statement2;
	　}
	　else
	　{
	
	　　statement3;
	　}
	　// 空白行
	　statement4;
	}

02 代码行

一行代码只做一件事情，如只定义一个变量，或只写一条语句。这样的代码容易阅读，并且方便于写注释。

例如下面代码就是不好的排版。

```
int a = 5; int b= 10;
```

较好的排版如下。

```
int a = 5;
int b= 10;
```

同时，一条语句不能过长，如不能拆分需要分行写。换行时有如下建议。

- 换行时要增加一级缩进，使代码可读性更好。
- 在低优先级操作符处划分新行。
- 换行时操作符应该也放下来，放在新行首。
- 换行时建议一个完整的语句放在一行，不要根据字符数断行。

```
if ((very_longer_variable1 >= very_longer_variable12)
&& (very_longer_variable3 <= very_longer_variable14)
&& (very_longer_variable5 <= very_longer_variable16))
{
    dosomething();
}
```

通常，if、for、do、while、case、switch、default 等语句独占一行，执行语句不得紧跟其后。不论执行语句有多少都要加 {}，这样可以防止书写失误。

风格较好的代码	风格不好的代码
int width;　　　// 宽度 int height;　　　// 高度 int depth;　　　// 深度	int width, height, depth; // 宽度高度深度

x = a + b;
y = c + d;
z = e + f;
	x = a + b;　y = c + d; z = e + f;

if (width < height)
{
　　dosomething();
}
	if (width < height) dosomething();

for (initialization; condition; update)
{
　　dosomething();
}
// 空行
other();
	for (initialization; condition; update)
	　　dosomething();
	other();

另外，在定义变量时，尽可能在定义变量的同时初始化该变量，也就是遵循就近原则。如果变量的引用处和其定义处相隔比较远，变量的初始化很容易被忘记。如果引用了未被初始化的变量，可能会导致程序错误。例如：

```
int width = 10;        // 定义并初始化 width
int height = 10;       // 定义并初始化 height
int depth = 10;        // 定义并初始化 depth
```

03 修饰符的位置

修饰符 * 和 & 应靠近数据类型还是靠近变量名，这是个有争议的话题。若将修饰符 * 靠近数据类型，例如，int* x; 从语义上讲此写法比较直观，即 x 是 int 类型的指针。上述写法的弊端是容易引起误解，例如，

int* x, y; 此处 y 容易被误解为指针变量。虽然将 x 和 y 分行定义可以避免误解，但并不是人人都愿意这样做。

所以，建议将修饰符 * 和 & 紧靠变量名，例如：

```
char *name;
    int  *x, y;// 此处 y 不会被误解为指针
```

04 代码行内的空格

代码行内经常会使用空格来分隔关键字和变量，合理使用空格能使代码更加清晰，但滥用空格也会导致代码混乱，在已经非常清晰的语句中没有必要再留空格。以下规则可以作为参考。

- 关键字之后要留空格。像 const、virtual、inline、case 等关键字之后至少要留一个空格，否则无法辨析关键字。像 if、for、while 等关键字之后应留一个空格再跟左括号 "（ " ，以突出关键字。
- 函数名之后不要留空格，紧跟左括号 "（ " ，以与关键字区别。
- "（ " 后面不要留有空格，"） " "，" "；" 前面不留空格。
- "，" 之后要留空格，如 Function(x, y, z)。如果 ";" 不是一行的结束符号，其后要留空格，如 for (initialization; condition; update)。
- 赋值操作符、比较操作符、算术操作符、逻辑操作符、位域操作符，如 "=" "+=" ">=" "<=" "+" "*" "%" "&&" "||" "<<" "^" 等二元操作符的前后应当加空格。
- 一元操作符如 "!" "~" "++" "--" "&"（地址运算符）等前后不加空格。
- 像 "[ ]" "." "->" 这类操作符前后不加空格。
- 对于表达式比较长的 for 语句和 if 语句，为了紧凑起见可以适当地去掉一些空格，如 for (i=0; i<10; i++) 和 if ((a<=b) && (c<=d))。

void Func1(int x, int y, int z);	// 良好的风格
void Func1 (int x,int y,int z);	// 不良的风格
if (year >= 2000)	// 良好的风格
if(year>=2000)	// 不良的风格
if ((a>=b) && (c<=d))	// 良好的风格
if(a>=b&&c<=d)	// 不良的风格
for (i=0; i<10; i++)	// 良好的风格
for(i=0;i<10;i++)	// 不良的风格
for (i = 0; I < 10; i ++)	// 过多的空格
x = a < b ? a : b;	// 良好的风格
x=a<b?a:b;	// 不良的风格
int *x = &y;	// 良好的风格
int * x = & y;	// 不良的风格
array[5] = 0;	// 不要写成 array [5] = 0;
a.Function();	// 不要写成 a . Function();
b->Function();	// 不要写成 b -> Function();

4.2.3 表达式和基本语句

表达式和语句都属于 C 语言的短语结构语法。它们看似简单，但使用时隐患比较多。本节归纳了正确使用表达式和语句的一些规则与建议。

01 表达式

如果代码行中的运算符比较多，用括号确定表达式的操作顺序，避免使用默认的优先级。C 语言的运算符规则比较复杂，熟记是比较困难的；为了防止产生歧义并提高可读性，应当用括号确定表达式的操作顺序。例如：

```
word = (high << 8) | low
if ((a | b) && (a & c))
```

如 $a = b = c = 0$ 这样的表达式称为复合表达式。允许复合表达式存在的理由是书写简洁且可以提高编译效率。但要防止滥用复合表达式。

首先，不要编写太复杂的复合表达式。例如：

```
i = a >= b && c < d && c + f <= g + h;        //复合表达式过于复杂
```

其次，不要有多用途的复合表达式。例如：

```
d = (a = b + c) + r;
```

该表达式既求 a 值又求 d 值。应该拆分为两个独立的语句：

```
a = b + c;
d = a + r;
```

02 if 语句

if 语句是 C 语言中最简单、最常用的语句之一，然而很多程序员用隐含错误的方式写 if 语句。首先，当对整型变量与 0 进行比较操作时，应当将整型变量用 "=="或"！="直接与 0 比较。

假设整型变量的名字为 value，它与 0 比较的标准 if 语句如下。

```
if (value == 0)
if (value != 0)
```

不可模仿布尔变量的风格而写成以下形式。

```
if (value)               //会让人误解 value 是布尔变量
if (!value)
```

其次，不可将浮点变量用 "=="或"！="与任何数字比较。千万要留意，无论是 float 还是 double 类型的变量，都有精度限制。所以一定要避免将浮点变量用 "=="或"！ ="与数字比较，应该设法转化成 ">="或 "<=" 形式。

假设浮点变量的名字为 x，应当将以下形式。

```
if (x == 0.0)   //隐含错误的比较
```

转化为以下形式。

```
if ((x>=-EPSINON) && (x<=EPSINON))
```

其中 EPSINON 是允许的误差（即精度）。

最后，判断一个指针变量是否为空时，应当将指针变量用 "=="或"！ ="与 NULL 比较。指针变量的 0 是 "空"（记为 NULL）。尽管 NULL 的值与 0 相同，但是两者意义不同。假设指针变量的名字为 p，它与 0 比较的标准 if 语句如下。

```
if (p == NULL)           //p 与 NULL 显式比较，强调 p 是指针变量
if (p != NULL)
```

不要写成以下形式。

```
if (p == 0)     //容易让人误解 p 是整型变量
```

```
if (p != 0)
```

或者以下形式。

```
if (p)                          // 容易让人误解 p 是布尔变量
if (!p)
```

有时可能会看到 if (NULL == p) 这样古怪的格式。这不是程序写错了，而是程序员为了防止将 if (p == NULL) 误写成 if (p = NULL)，而有意把 p 和 NULL 颠倒。编译器认为 if (p = NULL) 是合法的，但是会指出 if (NULL = p) 是错误的，因为 NULL 不能被赋值。

03 循环语句

在 C 语言循环语句中，for 语句使用频率最高，while 语句其次，do 语句很少用。本节重点论述循环体的效率。提高循环体效率的基本办法是降低循环体的复杂性。

在多重循环中，如果有可能，应当将最长的循环放在最内层，最短的循环放在最外层，以减少 CPU 跨切循环层的次数。

低效率：长循环在最外层	高效率：长循环在最内层

`for (row=0; row<100; row++)`
`{`
`  for ( col=0; col<5; col++ )`
`  {`
`    sum = sum + a[row][col];`
`  }`
`}`
	`for (col=0; col<5; col++ )`
	`{`
	`  for (row=0; row<100; row++)`
	`  {`
	`    sum = sum + a[row][col];`
	`  }`
	`}`

如果循环体内存在逻辑判断，并且循环次数很大，宜将逻辑判断移到循环体的外面。下面示例程序中，左边的程序比右边的程序多执行了 $N-1$ 次逻辑判断。并且由于前者要反复进行逻辑判断，打断了循环 "流水线" 作业，使得编译器不能对循环进行优化处理，降低了效率。如果 N 非常大，建议采用右边示例的写法，可以提高效率；如果 N 非常小，两者效率差别并不明显，采用左边示例的写法比较好，因为程序更加简洁。

效率低但程序简洁	效率高但程序不简洁

`for (i=0; i<N; i++)`
`{`
`  if (condition)`
`    DoSomething();`
`  else`
`    DoOtherthing();`
`}`
	`if (condition)`
	`{`
	`  for (i=0; i<N; i++)`
	`    DoSomething();`
	`}`
	`else`
	`{`
	`  for (i=0; i<N; i++)`
	`    DoOtherthing();`
	`}`

不可在 for 循环体内修改循环变量，以防止 for 循环失去控制。

04 宏和常量

用宏定义表达式时，要使用完备的括号。

因为 C 语言中的宏只是简单的代码替换，不会像函数一样先将参数计算后，再传递。如下定义的宏都存在一定的风险。

```
#define RECTANGLE_AREA(a, b) a * b
#define RECTANGLE_AREA(a, b) (a * b)
#define RECTANGLE_AREA(a, b) (a) * (b)
```

正确的定义如下。

```
#define RECTANGLE_AREA(a, b) ((a) * (b))
```

这是因为，如果定义 #define RECTANGLE_AREA(a, b) a * b 或 #define RECTANGLE_AREA(a, b) (a * b)，
则 c/RECTANGLE_AREA(a, b) 将扩展成 c/a * b，c 与 b 本应该是除法运算，结果变成了乘法运算，造成错误。

如果定义 #define RECTANGLE_AREA(a, b) (a) * (b)，则 RECTANGLE_AREA(c + d, e + f) 将扩展成 (c + d * e + f)，
d 与 e 先运算，造成错误。

* 将宏所定义的多条表达式放在大括号中。

更好的方法是多条语句写成 do while(0) 的方式。例如下面的语句，只有宏的第一条表达式被执
行。

```
#define FOO(x) \
printf("arg is %d\n", x); \
do_something_useful(x);
```

为了说明问题，下面 for 语句的书写稍不符规范。

```
for (blah = 1; blah < 10; blah++)
FOO(blah)
```

用大括号定义的方式可以解决上面的问题。

```
#define FOO(x) { \
printf("arg is %s\n", x); \
do_something_useful(x); \
}
```

但是如果有人这样调用：

```
if (condition == 1)
FOO(10);
else
FOO(20);
```

那么这个宏还是不能正常使用，所以必须这样定义才能避免各种问题。

```
#define FOO(x) do { \
printf("arg is %s\n", x); \
do_something_useful(x); \
} while(0)
```

用 do-while(0) 方式定义宏，完全不用担心使用者如何使用宏，也不用给使用者加什么约束。

* 使用宏时，不允许参数发生变化。

例如，如下用法可能导致错误。

```
#define SQUARE(a) ((a) * (a))
int a = 5;
int b;
b = SQUARE(a++); // 结果：a = 7，即执行了两次增。
```

正确的用法如下。

```
b = SQUARE(a);
a++; // 结果：a = 6，即只执行了一次增。
```

- 除非必要，应尽可能使用函数代替宏。

宏对比函数有一些明显的缺点，例如，宏缺乏类型检查，不如函数调用检查严格；宏展开可能会产生意想不到的副作用，如 #define SQUARE(a) (a) * (a) 这样的定义，如果是 SQUARE(i++)，就会导致 *i* 被加两次，如果是函数调用 double square(double a) {return a * a;} 则不会有此副作用；以宏形式写的代码难以调试、难以打断点，不利于定位；如果宏调用得很多，会造成代码空间的浪费，不如函数空间效率高。

4.2.4 函数

函数是 C 程序的基本功能单元，其重要性不言而喻。函数接口的两个要素是参数和返回值。在 C 语言中，函数的参数和返回值的传递方式有两种：值传递（pass by value）和指针传递（pass by pointer）。函数设计的细微缺点很容易导致该函数被错用，所以只使函数的功能正确是不够的。

函数设计的精髓在于，编写整洁函数，同时把代码有效组织起来。整洁函数要求其代码简单直接、不隐藏设计者的意图、用干净利落的抽象和直截了当的控制语句将函数有机地组织起来。

通常，一个函数仅完成一个功能。一个函数实现多个功能会给开发、使用、维护带来很大的困难。将没有关联或者关联很弱的语句放到同一函数中，会导致函数职责不明确，难以理解、测试和改动。另外，重复代码提炼成函数可以带来维护成本的降低。

下面介绍函数的接口设计和内部实现规则。

01 参数的规则

参数的书写要完整，不要贪图省事只写参数的类型而省略参数名字。如果函数没有参数，则用 void 填充。例如：

```
void SetValue(int width, int height);        // 良好的风格
void SetValue(int, int);                      // 不良的风格
float GetValue(void);          // 良好的风格
float GetValue();               // 不良的风格
```

参数命名要恰当，顺序要合理。例如编写字符串复制函数 StringCopy，它有两个参数。如果把参数名字命名为 str1 和 str2，例如：

```
void StringCopy(char *str1, char *str2);
```

那么很难搞清楚究竟是把 str1 复制到 str2 中，还是刚好倒过来。可以把参数命名得更有意义，如叫 strSource 和 strDestination。这样从名字上就可以看出应该把 strSource 复制到 strDestination。参数的顺序要遵循程序员的习惯。一般地，应将目的参数放在前面，源参数放在后面。

如果参数是指针，且仅作输入用，则应在类型前加 const，以防止该指针在函数体内被意外修改。例如：

```
void StringCopy(char *strDestination,  const char *strSource);
```

避免函数有太多的参数，参数个数尽量控制在 5 个以内。如果参数太多，在使用时容易将参数类型或顺序搞错。

另外，在书写函数过程中，不要省略返回值的类型。在 C 语言中，凡不加类型说明的函数，一律自动按整型处理，这样做容易被误解为 void 类型。如果函数没有返回值，那么应声明为 void 类型。

02 函数内部实现的规则

不同功能的函数其内部实现各不相同，但根据经验，可以在函数体的"入口处"和"出口处"从严把关，从而提高函数的质量。

例如，可以在函数体的"入口处"，对参数的有效性进行检查。很多程序错误是由非法参数引起的，应该充分理解并正确使用"断言"（assert）来防止此类错误。此外，在函数体的"出口处"，也应该对 return 语句的正确性和效率进行检查。如果函数有返回值，那么函数的"出口处"是 return 语句；如果 return 语句写得不好，函数要么出错，要么效率低下。

return 语句不可返回指向"栈内存"的"指针"，因为该内存在函数体结束时被自动销毁。例如：

```
char * Func(void)
{
    char str[] = "hello world";      // str 的内存位于栈上
    …
    return str;                      // 将导致错误
}
```

03 断言的使用

程序一般分为 Debug 版本和 Release 版本，Debug 版本用于内部调试，Release 版本发行给用户使用。

assert（断言）是仅在 Debug 版本起作用的宏，它用于检查不应该发生的情况。以下是一个内存复制函数的例子。在运行过程中，如果 assert 的参数为假，那么程序就会中止（一般地还会出现提示对话，说明在什么地方引发了 assert）。

```
void  *memcpy(void *pvTo, const void *pvFrom, size_t size)
{
    assert((pvTo != NULL) && (pvFrom != NULL));   // 使用 assert
    byte *pbTo = (byte *) pvTo;                    // 防止改变 pvTo 的地址
    byte *pbFrom = (byte *) pvFrom;                // 防止改变 pvFrom 的地址
    while(size -- > 0 )
    *pbTo ++ = *pbFrom ++ ;
    return pvTo;
}
```

assert 仅仅是一个宏，而不是函数。主要是为了不在程序的 Debug 版本和 Release 版本引起差别，assert 不产生任何副作用。程序员可以把 assert 看成一个在任何系统状态下都可以安全使用的无害测试手段。如果程序在 assert 处终止了，并不是说含有该 assert 的函数有错误，而是调用者出了差错，assert 可以帮助程序员找到发生错误的原因。

通常，使用 assert 捕捉不应该发生的非法情况。在这里，不要混淆非法情况与错误情况之间的区别，后者是必然存在的并且是一定要做出处理的。另外，在函数的入口处，应使用 assert 检查参数的有效性（合法性）。

在编写函数时，要进行反复的考查，并且自问："我打算做哪些假定？"一旦确定了的假定，就要使用 assert 对假定进行检查。

4.2.5 内存管理

内存分配方式有以下三种。

（1）从静态存储区域分配。内存在程序编译的时候就已经分配好，这块内存在程序的整个运行期间都存在，如全局变量、static 变量。

（2）在栈上创建。在执行函数时，函数内局部变量的存储单元都可以在栈上创建，函数执行结束时这些存储单元自动被释放。栈内存分配运算内置于处理器的指令集中，效率很高，但是分配的内存容量有限。

（3）从堆上分配，又称动态内存分配。程序在运行的时候用 malloc 申请任意容量的内存，程序员自己负责在何时用 free 释放内存。动态内存的生存期由我们决定，使用非常灵活，但问题也较多。

发生内存错误是件非常麻烦的事情。编译器不能自动发现这些错误，通常是在程序运行时才能捕捉到；而这些错误大多没有明显的症状，时隐时现，增加了改错的难度。

常见的内存错误及其对策如下。

第一种情况是内存分配未成功，却使用了它。编程新手常犯这种错误，因为他们没有意识到内存分配会不成功。常用的解决办法是，在使用内存之前检查指针是否为 NULL。如果指针 p 是函数的参数，那么在函数的入口处用 assert(p!=NULL) 进行检查。如果是用 malloc 申请内存，应该用 if(p==NULL) 或 if(p!=NULL) 进行防错处理。

第二种情况是内存分配虽然成功，但是尚未初始化就引用它。犯这种错误主要有两个原因：一是没有初始化的观念；二是误以为内存的默认初值全为 0，导致引用初值错误（例如数组）。内存的默认初值究竟是什么并没有统一的标准，尽管有些时候为 0。无论用何种方式创建数组，都别忘了赋初值，即便是赋 0 也不可省略。

第三种情况是内存分配成功并且已经初始化，但操作越过了内存的边界。例如，在使用数组时经常发生下标"多 1"或者"少 1"的操作。特别是在 for 循环语句中，循环次数很容易搞错，导致数组操作越界。

第四种情况是忘记了释放内存，造成内存泄漏。含有这种错误的函数每被调用一次就丢失一块内存。刚开始时系统的内存充足看不到错误。终有一次程序突然死掉，系统出现提示：内存耗尽。动态内存的申请与释放必须配对，程序中 malloc 与 free 的使用次数一定要相同，否则肯定有错误。

释放了内存却继续使用它，可能会有以下三种情况。

第一种情况是程序中的对象调用关系过于复杂，实在难以搞清楚某个对象究竟是否已经释放了内存，此时应该重新设计数据结构，从根本上解决对象管理的混乱局面。

第二种情况是函数的 return 语句写错了，注意不要返回指向"栈内存"的"指针"，因为该内存在函数体结束时被自动销毁。

第三种情况是使用 free 释放了内存后，没有将指针设置为 NULL，导致产生"野指针"。

总体上，可以遵循以下规则来尽可能避免内存错误。

- 用 malloc 申请内存之后，应该立即检查指针值是否为 NULL，防止使用指针值为 NULL 的内存。
- 不要忘记为数组和动态内存赋初值，防止将未被初始化的内存作为右值使用。
- 避免数组或指针的下标越界，特别要当心发生"多 1"或者"少 1"操作。
- 动态内存的申请与释放必须配对，防止内存泄漏。
- 用 free 释放了内存之后，立即将指针设置为 NULL，防止产生"野指针"。

4.2.6 注释

C 程序块的注释常采用"/*…*/"，行注释一般采用"//…"。注释通常用于以下情况。

（1）版本、版权声明。

（2）函数接口说明。

（3）重要的代码行或段落提示。

虽然注释有助于理解代码，但注意不可过多地使用注释。注释是对代码的"提示"，而不是文档。程序中的注释不可喧宾夺主，注释太多了会让人眼花缭乱。如果代码本来就是清楚的，则不必加注释。

可以养成边写代码边写注释的习惯，修改代码同时修改相应的注释，以保证注释与代码的一致性。不再有用的注释要删除。注释应当准确、易懂，防止注释有二义性。错误的注释不但无益反而有害。此外，注释的位置应与被描述的代码相邻，可以放在代码的上方或右方，不可放在下方。当代码比较长，特别是有多重嵌套时，应当在一些段落的结束处加注释，便于阅读。

``
/*
* 函数介绍：
* 输入参数：
* 输出参数：
* 返回值 ：
*/
void Function(float x, float y, float z)
{
  …
}
``
	``
	if (…)
	{
	  …
	  while (…)
	  {
	…
	} // end of while
	…
	} // end of if
	``

注释可以参考以下原则。

- 注释的内容要清楚、明了，含义准确，防止注释二义性。
- 在代码的功能、意图层次上进行注释，即注释解释代码难以直接表达的意图，而不是重复描述代码。
- 文件头部应进行注释，列出版权说明、版本号、生成日期、作者姓名、功能说明、与其他文件的关系、修改日志等，头文件的注释中还应有函数功能简要说明。
- 函数声明处注释描述函数功能、性能及用法，包括输入和输出参数、函数返回值等；定义处详细描述函数功能和实现要点，如实现的简要步骤、实现的理由、设计约束等。
- 全局变量要有较详细的注释，包括对其功能、取值范围以及存取时注意事项等的说明。
- 注释应放在其代码上方相邻位置或右方，不可放在下面。如放于上方则需与其上面的代码用空行隔开，且与下方代码缩进相同。
- 对于 switch 语句下的 case 语句，如果因为特殊情况需要处理完一个 case 后进入下一个 case 处理，必须在该 case 语句处理完、下一个 case 语句前加上明确的注释。

第 **5** 章

数据的输入和输出

　　通过前面的学习，可知编程是通过已知条件的输入，经过一系列计算处理以实现预期的输出，从而解决相应问题。那么如何将数据以正确的方式输入到程序中，以及如何将处理得到的数据根据期望的形式进行输出，这也是程序员必须具备的能力，本章将重点介绍 C 语言语句以及数据的输入和输出等知识，以提高读者这方面的编程能力。

本章要点（已掌握的在方框中打钩）

- ☐ C 语句
- ☐ 赋值语句
- ☐ 字符输入函数
- ☐ 字符输出函数
- ☐ 格式输入函数
- ☐ 格式输出函数

▶5.1 C 语句介绍

在 C 语言中，语句是向计算机系统发出的操作指令，这些语句经编译后一般会产生若干条机器指令，通过机器指令实现程序的功能。程序是由若干函数而组成的，在函数的函数体内分为两个部分：可执行部分和声明部分。

声明部分主要指声明变量、常量或自定义的数据类型，以及被调函数的声明，但声明部分不能称为语句，因为其并不产生指令；而可执行部分是由语句组成的，其可以向计算机发出相应的操作指令，以执行相应处理操作。

C 语句的书写较自由，但必须是以分号结束，C 语句既可以一条语句分为多行，又可以一行写多个语句，以分号作为表示每个语句的结束。但为了增强程序的可读性以及代码层次更清晰，建议一行仅写一条语句。

C 语句主要分为以下 5 类。

01 表达式语句

表达式语句由表达式加上分号";"组成，这是 C 语言中最简单的语句之一，其一般形式如下。

```
表达式；
```

一般执行表达式语句就是指计算表达式的值，表达式语句常用于描述逻辑运算、算术运算以及特定动作的语句，例如：

```
a=5;    // 赋值语句，表达式语句的一种
a=a+2   // 表达式，但不是表达式语句，因其缺少 ";"
a=a+2;  表达式语句
a*b;    // 表达式语句，但无意义
b++;    // 自增表达式语句
```

02 函数调用语句

由函数名、实际参数加上分号";"组成。其一般形式如下。

```
函数名（实际参数表）；
```

例如：

```
printf（"Hello World！"）；  // 调用 printf 函数输出
```

03 流程控制语句

控制语句用于控制程序的流程，以实现程序的各种结构方式，它们由特定的语句定义符组成。C 语言中有 9 种控制语句。可分为以下 3 类。

条件选择语句：if 语句、switch 语句（多分支选择语句）。

循环执行语句：do-while 语句、while 语句、for 语句。

转向语句：break 语句（中止执行 switch 或循环语句）、goto 语句（无条件转向语句，极少使用）、continue 语句（结束本次循环语句）、return 语句（函数返回语句）。

有关流程控制语句将在第 6 章详细介绍，此处不再赘述。

04 复合语句

把多个语句用花括号"{}"括起来组成的一个语句称复合语句，在程序中应把复合语句看成是单条语句，而不是多条语句。

例如：

```
{
    x=y;    // 表达式语句
    x++;    // 表达式语句
```

```
    y=x+y;        // 表达式语句
    printf("%d",y);     // 函数调用语句
}
```

上例为一个复合语句，应注意，复合语句中的最后一个语句的分号不能省略，而括号 "}" 后面不能加 ";"。另外，如果复合语句内部没有语句，则成为空复合语句，等价于空语句。

05 空语句

只有分号 "；" 组成的语句称为空语句。空语句是什么都不执行的语句。在程序中空语句可用来作空循环体或转向点。例如：

```
while（getchar()!='\n'）// 流程控制语句
;            // 空语句
```

判断下面语句分别为哪种类型的语句？

```
a=10;        // 表达式语句
if(a>10)                    // 流程控制语句
;     // 空语句
else
{  }      // 空复合语句
while(a>5)      // 流程控制语句
{
    a--;     // 表达式语句
    printf("%d",a); // 函数调用语句
}       // 复合语句，从最近的 "{" 到 "}"
x+y;       // 无意义的表达式语句
```

▶5.2　赋值语句

前面已经学习了赋值运算符和表达式，知道了赋值表达式的作用是将一个表达式的值赋给一个变量，故赋值表达式具有计算和赋值的双重功能，而赋值语句就是在赋值表达式的后面加上分号所构成，赋值语句是 C 语言中比较典型的一种语句，而且也是程序设计中使用频率最高、最基本的语句之一，其一般形式如下。

> 变量 = 表达式；

功能：首先计算 "=" 右边表达式的值，将值类型转换成 "=" 左边变量的数据类型后，赋给该变量（即把表达式的值存入该变量存储单元）。

说明：赋值语句中，"=" 左边是以变量名标识的内存中的存储单元。在程序中定义变量，编译程序将为该变量分配存储单元，以变量名代表该存储单元，所以出现在 "=" 左边的通常是变量。赋值运算符 "=" 右边的表达式也可以是一个赋值表达式，例如，变量 =（变量 = 表达式），从而形成嵌套的形式，其展开后的一般形式如下：

> 变量 = 变量 =…= 表达式；

在 C 语言中，一般可把赋值语句分为简单赋值语句和复合赋值语句两种。

01 简单赋值语句

简单赋值语句是指 "=" 的左边为变量，右边直接是表达式或具体的值，例如：

```
int i = 10;     // 变量名为 i 的地址中内存数据是 10
char a = 'A'，b，c; // 声明 3 个字符型变量，同时变量 a 赋值为字符 'A'
c = b = a + 1;   // 等价于先 b=a+1; 后 c=b;
```

// 变量 b 的值为 'A'+1，即 66，由于 b 是字符型，66 再转换为字符型数据 'B'
// 变量 c 的值等于变量 b 的值 'B'。

说明：如果 *a* 的地址是 2000，此时该地址中存放的数据是 'A'。

则 *b* 的地址是 2001，此时该地址中存放的数据是 'B'。

则 *c* 的地址是 2002，此时该地址中存放的数据也是 'B'。

02 复合赋值语句

复合赋值语句中，将表达式中的符号计算与 "=" 相结合，仅适用于特殊情况，例如：

```
x+=y; 等价于 x=x + y;
x*=y; 等价于 x=x * y;
x%=y; 等价于 x=x % y;
```

下面通过一些具体的赋值语句来进行分析。

```
int i,r;
double s=1.5;
i=r=1;
i+=s;
i+3.5=i;   // 错误
s=2*3.1415*r;
```

分析：赋值语句部分，先将变量 *i* 和 *r* 使用嵌套赋值为 1，此时变量 *i* 和 *r* 的值为 1；接着使用复合赋值语句，等价于 *i*=*i*+*s*，先计算 *i*+*s*，再赋值给 *i* 则 *i* 的值为 2.5，然后把 2.5 转换成 int 类型，即 2，再赋给 *i*，则 *i* 的值变为 2，而原来的值 1 消失了，这是因为 *i* 代表的存储单元任何时刻只存放一个值，后存入的数据 2 把原先的 1 覆盖了；*i*+3.5=*i*; 是错误的，因为 "=" 左边的 *i*+3.5 不是一个变量，而是表达式，它不代表存储单元；最后一条语句先计算 2×3.1415，然后再乘 *r*，即 2×3.1415×1，最后赋值给 *s*，即 6.2830。有关其他内容可见第 3 章中关于赋值运算符和表达式的介绍，此处不再赘述。

📝 范例 5-1　　赋值语句

（1）在 Code::Blocks 16.01 中，新建名为 "assign_statement.c" 的【C Source File】源程序。
（2）在代码编辑窗口中输入以下代码（代码 5-1.txt）。

```
01  #include <stdio.h>
02  #include <stdlib.h>
03  int main()
04  {
05      int i=1,j=5, m=4, n=3;
06      j += i;
07      m %= n;
08      n += n -= n*n;
09      printf("j=%d m=%d n=%d\n",j,m,n);
10      char a = 'A', b, c;
11      c = b = a + 1;
12      printf("a=%c b=%c c=%c",a,b,c);
13      return 0;
14  }
```

【运行结果】

编译、连接、运行程序，即可在命令行中输出如下图所示的结果。

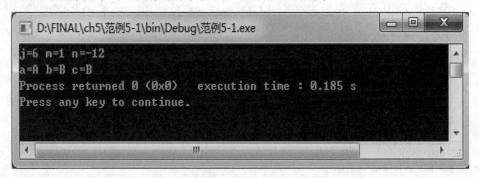

【范例分析】

第 06 行、第 07 行代码之前已多次讲解，不再赘述，重点介绍第 08 行代码，n+=n-=n*n 可分解成以下几步进行：第一步 n+=n-=9；第二步 n+=n=n-9 等价于 n+=(n=3-9)，这时 *n* 的值发生了改变，由 3 变为 -6；第 3 步 n=n+n，则 *n* 的最后计算结果为 -12，再看接下来的字符型数据的赋值语句，在简单赋值语句部分已讲解，只为验证结果，讲解部分不再赘述。

▶ 5.3　输入和输出

输入和输出是用户与计算机交互的方式，也是计算机的基本行为，所以是任何编程语言都必须具备的功能，在 C 语言中，输入和输出是如何实现的呢？怎样根据需求格式化的输入和输出数据呢？本节内容将会详细介绍有关知识点。

5.3.1　字符输入和输出函数

通过对前面的程序以及第 3 章字符型数据的学习，会发现字符的输入和输出是程序中经常出现的操作，为此 C 语言库函数中专门设置了简单且容易理解的字符输入输出函数 getchar() 和 putchar()，用于对字符的输入和输出进行控制。

01 字符输入函数 getchar()

getchar() 函数：用于从计算机终端（指输入设备，如鼠标、键盘）输入一个字符。其一般形式如下：

---

getchar();　　//函数的值就是从输入设备上得到的字符

例如：

---

char ch;　　//定义字符型常量
ch=getchar();　　//把输入的字符赋给变量 ch
putchar(ch);　　//将变量 ch 所代表的值输出显示

注意：getchar() 函数每次除了能接收一个字符外，还可以接收换行回车操作。用 getchar() 函数得到的字符可以赋值给一个字符变量或整型变量，也可以不赋值给任何变量，而直接作为表达式的一部分，例如：

---

char ch;
putchar(getchar());　　//先用键盘按回车键，将会看到输出第 1 行为空，即换行
putchar(ch=getchar());　　//把输入的字符赋给变量 ch,并直接输出

📝 **范例 5-2**   getchar()函数的用法

（1）在 Code::Blocks 16.01 中，新建名为"getchar_test.c"的【C Source File】源程序。

（2）在代码编辑窗口中输入以下代码（代码 5-2.txt）。

```
01   #include <stdio.h>
02   #include <stdlib.h>
03   int main()
04   {
05       char ch;
06       ch=getchar();       // 输入变量值
07       putchar(ch);        // 输出变量
08       putchar('\n');      // 输出换行
09       putchar(getchar()); // 按回车键，将输出显示空行
10       putchar(getchar()); // 直接输入并输出，不赋值给任何变量
11       putchar('\n');      // 输出换行
12       putchar('c');       // 输出字符 'c' 代表结束
13       return 0;
14   }
```

【运行结果】

编译、连接、运行程序，即可在命令行中输出如下图所示的结果。

【范例分析】

本范例主要用于巩固 getchar() 函数的使用，首先使用 getchar() 函数接收输入的字符'a'到字符变量 ch 中，并将其输出显示，再输出换行；第 09 行代码，使用键盘按回车操作，此时 getchar() 函数将回车操作接收，并用 putchar() 函数输出，因此看到第 3 行为空行；第 10 行代码，键盘输入字符'b'，不使用任何变量进行接收，直接以表达式的形式进行输出显示；第 12 行代码输出字符'c'，以代表结束。从以上代码中可以看出，getchar() 函数常用的使用方法及可以输入、接收哪些值。

02 字符输出函数 putchar( )

putchar( ) 函数：用于向终端（指输出设备，如显示屏）输出一个字符。其一般形式如下。

putchar(ch); //ch 是一个变量，可以是字符型或整型变量

例如：

char ch=A'; // 定义字符型变量 ch，并初始化赋值为 'A'
putchar(ch); // 输出单个字符常量 ch 的值，即 'A'
putchar(' '); // 输出单个字符空格 ' '
putchar(ch+1);// 输出字符常量 ch+1，根据 ASCII 码即为 'B'

故以上代码输出：A B 。

注意：putchar( ) 函数中使用的是单引号，而不是双引号，另外，除了可以使用 putchar( ) 函数输出可显示的字符外，还可以用其输出屏幕控制字符或转义字符，例如：

```
putchar('\n');    // 输出一个换行符，使输出移动到下一行的开头
putchar('\\');    // 输出反斜杠字符 "\"
putchar('\015')   // 输出回车，不换行，使输出位置移到本行开头，ASCII 码中八进制的 015 代表回车键
```

📝 **范例 5-3**   putchar()函数的用法

（1）在 Code::Blocks 16.01 中，新建名为 "putchar_test.c" 的【C Source File】源程序。
（2）在代码编辑窗口中输入以下代码（代码 5-3.txt）。

```
01  #include <stdio.h>
02  #include <stdlib.h>
03  int main()
04  {
05      char a='H',b='e',c='l',d='l',e='o';     // 定义变量
06      putchar(a);                 // 输出变量的值
07      putchar(b);
08      putchar(c);
09      putchar(d);
10      putchar(e);
11      putchar('\n');              // 输出换行符
12      putchar(a+1);               // 输出字符 'H'+1 后的值，即 'I'
13      putchar('\n');
14      putchar('\101');            // 输出 ASCII 码中八进制 101，即代表字符 'A'
15      return 0;
16  }
```

【运行结果】

编译、连接、运行程序，即可在命令行中输出如下图所示的结果。

【范例分析】

本范例主要用于巩固 putchar() 函数的使用，首先定义 5 个字符型变量并赋以初值，然后将这 5 个字符变量依次输出，即为显示中第 1 行的 "Hello"；代码第 11 行输出换行符，即输出从第 2 行的开始位置，代码 12 行中输出变量 a 加 1 后的字符值，即字符 'H'+1 为字符 'I'；最后代码第 14 行输出转义字符的 ASCII 码中八进制 101，即代表字符 'A'。从以上代码中可以看出，putchar() 函数常用使用方法及可输出哪些类型的值。

5.3.2 格式输入和输出函数

在前面的程序中已多次出现过 printf() 函数和 scanf() 函数，并知道其分别实现数据的输出和输入的功能，这两个函数是 C 语言所提供的基本输出和输入函数，同时这两个函数也是格式化输入输出函数的代表。另外，使用这两个函数时必须包含头文件 "stdio.h"（standard input & output 的缩写）。

格式化是指按照一定的格式，而格式化输入和输出就是指按照一定的格式读取来自输入设备的数据和向输出设备输出数据。C 语言中，提供了多种输入、输出格式，对于初学者来说，较为繁琐而不易掌握，但却是必须要掌握的一项编程能力，否则在编程中不能达到预期结果且不利于调试程序。下面分别介绍格式化输

入函数 scanf( ) 和格式化输出函数 printf( ) 有关知识。

01 格式化输入函数 scanf( )

scanf( ) 函数：用于从终端读取的符合特定格式的数据输入计算机程序中使用，是输入数据的接口。其一般形式如下。

```
scanf(" 格式控制串 ", 地址列表 );
```

说明：格式控制串的含义及使用方法同 printf( ) 函数相同，此处不再赘述。"地址列表"是由若干个地址组成的列表，可以是字符串的首地址或变量的地址。

例如：

```
int a,b;
scanf("%d",&a);        // 把输入的数据赋值给变量 a
scanf("%d%d",&a,&b); // 分别把输入的数据赋值给变量 a 和 b
```

思考：上例中地址列表部分会用到符号 &，"&"是地址运算符，那么它有什么作用呢？

解答：变量是存储在内存中的，变量名就是一个代号，内存为每个变量分配一块存储空间，而存储空间也有地址，也可以说成是变量的地址。但在计算机中要找到这个地址就要用到地址运算符 &，在 & 的后面加上地址就能获取计算机中变量的地址。事实上，scanf( ) 函数的作用就是把输入的数据根据找到的地址存入内存中，也就是给变量赋值。另外，若变量地址中已经存在值，那么新的数据再放入这个地址时，会自动覆盖里面的内容。故变量保存的是最后输进的值。

注意，若在格式控制串中出现了格式控制字符以外的其他字符，在输入数据时要在相应的位置输入与这些字符相同的字符，例如：

```
int a,b,c,i,j;
float k;
scanf("%dh:%dmin:%ds",&a,&b,&c);
scanf("%d,%f,%d",&i,&k,&j);
```

以上语句的输入应分别为：

```
12h:30min:45s
5,6.5,8
```

若输入不符合控制字符串中的要求，或没有一一对应，都会输入失败，还可能出现程序停止的情况。例如，第二个输入如果写成"5 6.5 8"便是错误的，程序将停止。

范例 5-4   scanf()函数的用法

（1）在 Code::Blocks 16.01 中，新建名为"scanf.c"的【C Source File】源程序。
（2）在代码编辑窗口中输入以下代码（代码 5-4.txt）。

```
01  #include<stdio.h>
02  int main(void)
03  {
04      int i=0;
05      char ch=0;
```

```
06      float f=0.0;
07      scanf("i=%d,ch=%c,f=%f",&i,&ch,&f); // 根据相应格式分别输入 3 个变量的值
08      printf(" 三个变量的值分别为: \n");
09      printf("i=%d,ch=%c,f=%f\n",i,ch,f); // 输出 3 个变量的值
10      printf("ch 在内存中地址为: %o\n",&ch);// 八进制形式输出变量 ch 在内存中地址
11      printf("ch 在内存中地址为: %d\n",&ch);// 十进制形式输出变量 ch 在内存中地址
12      printf("ch 在内存中地址为: %x\n",&ch);// 十六进制形式输出变量 ch 在内存中地址
13      return 0;
14   }
```

【运行结果】

编译、连接、运行程序，即可在命令行中输出如下图所示的结果。

【范例分析】

本范例主要练习 scanf() 函数的使用，首先定义了三种数据类型的变量，代码第 07 行利用 scanf() 函数，输入三个变量的值，其中三个变量根据地址操作符 & 找到相应的空间地址，并把从键盘输入的值存储在该空间内，需特别注意的是输入的格式，应严格按照 scanf() 函数的格式控制串中的形式进行输入，将其中的 %d、%c、%f 换成要输入的数据，并按回车键以提交数据。代码第 09 行根据已输入变量的值将其输出显示。代码第 10 行、第 11 行、第 12 行分别根据八进制、十进制、十六进制形式输出变量 ch 的内存地址。

使用 scanf() 函数输入数据时，还需注意以下情况。

（1）用 "%c" 格式输入字符时，空格字符和转义字符都会被视为有效字符输入，故使用时要多加注意。

（2）输入数据时，遇到空格键、回车键、Tab 键或非法输入时，C 编译系统则会认为该数据结束。

（3）scanf() 函数中的地址列表是变量地址，而不能是变量名。此处易于出错，常少写 "&"，需注意。

02 格式化输出函数 printf()

printf() 函数：用于向终端（系统指定的输出设备）格式化输出若干个任意类型的数据。其一般形式如下。

printf(" 格式控制串 ",输出参数表);

说明：格式控制串是指定数据的输出格式，又称 "转换控制字符串"，格式控制串由格式控制符（包括转换控制符、标志、域宽、精度）和普通字符两部分组成。转换控制符由 "%" 和格式字符组成，用来说明内存中数据的输出格式。普通字符是指需要原样输出的字符（在显示时起到提示左右）。输出参数表是指待输出的数据，可以为常量、变量或其他更为复杂的表达式，也可以没有输出项。

根据有无输出参数列表可将 printf() 函数调用语句分为以下两种。

（1）没有参数时，调用格式如下。

printf(" 非格式控制串 ");

使用这种格式输出的是双引号内的原样内容，通常用于提示信息的输出。

例如：

```
printf(" 欢迎来到 C 语言的世界！\n"); // 输出引号内的内容并换行
printf(" Hello World！\n");
printf(" a,A \n");
```

（2）有参数时，调用格式如下。

```
printf(" 格式控制串 ", 输出参数列表 );
```

使用这种格式时，格式控制串内包含一个或多个格式控制字符。格式控制字符以"%"开头，紧跟其后的 d、s、f、c 等字符用以说明输出数据的类型。格式控制字符的个数与输出参数列表中参数的个数相等，并且一一对应，输出时，用参数来代替对应的格式控制字符。参数可以是变量，也可以是表达式等。

例如：

```
int i=5,j=8;
double k=2.5;
printf("i=%d,j=%d\n", i, j);    // 输出变量 i 和 j 的值并换行
printf("i=%d,k=%lf\n", i);      // 错误，格式控制字符的个数与列表中参数的个数不一致
printf("i=%d,k=%lf\n", k, i);   // 错误，格式控制字符与列表中参数的类型没有依次对应
printf("output i=%lf\n", k);
```

前面多次提到格式控制符，下面详细介绍格式控制符的使用。

在 C 语言中，常见的格式控制符见下表。

格式控制字符	含义
d	以十进制形式输出整数值
o	以八进制形式输出整数值
x	以十六进制形式输出整数值
u	以无符号数形式输出整数值
c	输出字符值
s	输出字符串
f	输出十进制浮点数
e	以科学计数法输出浮点数
g	等价于 %f 或 %e，输出两者中占位较短的

下面详细介绍这些格式控制字符的使用方法。

（1）d 格式控制字符

① %d：以十进制形式输出整数。

② %md：与 %d 相比，用 m 限制了数据的宽度，是指数据的位数。当数据的位数小于 m 时，以左端补空格的方式输出；反之，如果位数大于 m，则按原数输出。

③ %-md：除了 %md 的功能以外，还要求输出的数据向左靠齐，右端补空格。

④ %ld：输出长整型的数据，其表示数据的位数比 %d 多。

📋 范例 5-5　　**格式控制字符d的用法**

（1）在 Code::Blocks 16.01 中，新建名为"printf_d.c"的【C Source File】源程序。
（2）在代码编辑窗口中输入以下代码（代码 5-5.txt）。

```
01  #include <stdio.h>
02  int main(void)
03  {
04      int i=123456;      // 初始化变量
05      printf("%d\n",i);     // 按 %d 格式输出数据
06      printf("%5d\n",i);    // 按 %md 格式输出数据
07      printf("%8d\n",i);    // 按 %md 格式输出数据
08      printf("%-8d\n",i);   // 按 %-md 格式输出数据
09      return 0;
10  }
```

【运行结果】

编译、连接、运行程序，即可在命令行中输出如下图所示的结果。

【范例分析】

本范例主要用于练习格式控制符 d 的使用，其中第 05 行中使用 %d 形式按原数据输出；第 06 行、第 07 行中使用了 %md 形式，其中，第 06 行的 $m=5$，数据位数 $6>m$，输出原数据；第 07 行中的 $m=8$，数据位数 $6<m$，以左端补空格的方式输出，所以在输出结果中第 03 行的 123456 前面多了两个空格；第 08 行中使用了 %-md 形式，且 $m=8>6$；故输出原数据，但与第 07 行不同的是输出结果靠左边，右边补空格的形式，故输出结果中第 04 行的 123456 靠左边，右边有两个空格。

（2）o 格式控制字符

o 格式控制字符以八进制形式表示数据，即把内存中数据的二进制形式转换为八进制后输出。由于二进制中有符号位，因此把符号位也作为八进制的一部分输出。

（3）x 格式控制字符

x 格式控制字符以十六进制形式表示数据，与 %o 一样，也把二进制中的符号位作为十六进制中的一部分输出。

📝 **范例 5-6**　格式控制字符o和x的用法

（1）在 Code::Blocks 16.01 中，新建名为"printf_o_x.c"的【C Source File】源程序。
（2）在代码编辑窗口中输入以下代码（代码 5-6.txt）。

```
01  #include<stdio.h>
02  int main(void)
03  {
04      int a=0,b=1,c=-1;          // 初始化 3 个变量
05      printf("%d,%o,%x\n",a,a,a); // 分别按 %d、%o、%x 格式输出 a
06      printf("%d,%o,%x\n",b,b,b); // 分别按 %d、%o、%x 格式输出 b
07      printf("%d,%o,%x\n",c,c,c); // 分别按 %d、%o、%x 格式输出 c
08      return 0;
09  }
```

【运行结果】

编译、连接、运行程序，即可在命令行中输出如下图所示的结果。

【范例分析】

本范例主要用于比较 %d、%o、%x 这 3 种格式对输出同一个数结果有什么不同，特举了 1、0 和 -1 这 3 个具有代表性的数字进行试验。0 既可以看成是正数，也可以看成是负数，与运行时的计算机系统有关，有的系统把它作为正数存储，本次运行的计算机就是这样，但也有的计算机把它作为负数存储。

（4）u 格式控制字符

① %u：以十进制形式输出无符号的整数。

② %mu：与 %md 类似，限制了数据的位数。

③ %-mu：除了 %mu 的功能以外，还要求输出的数据向左靠齐，右端补空格。

④ %lu：与 %ld 类似，输出的数据是长整型，范围较大。

（5）c 格式控制字符

%c：控制字符作用是输出单个字符。

（6）s 格式控制字符

%s：控制字符作用是输出字符串。

由于 %s、%ms 和 %-ms 与前面的几种用法相同，不再赘述。主要介绍 %m.ns 和 %-m.ns 两种。

① %m.ns：输出 m 位的字符，从字符串的左端开始截取 n 位的字符，如果 n 位小于 m 位，则左端补空格。

② %-m.ns：与 %m.ns 相比是右端补空格。

📝 **范例 5-7**　m.ns 和 -m.ns 格式符练习

（1）在 Code::Blocks 16.01 中，新建名为"printf_mns.c"的【C Source File】源程序。
（2）在代码编辑窗口中输入以下代码（代码 5-7.txt）。

```
01  #include<stdio.h>
```

```
02  int main(void)
03  {
04      printf("%s\n","Student");       // 按 %s 格式输出
05      printf("%7.3s\n","Student");    // 按 %m.ns 格式输出
06      printf("%-7.3s\n","Student");   // 按 %-m.ns 格式输出
07      printf("%3.7s\n","Student");    // 按 %m.ns 格式输出
08      printf("%3.5s\n","Student");    // 按 %m.ns 格式输出
09      return 0;
10  }
```

【运行结果】

编译、连接、运行程序，即可在命令行中输出如下图所示的结果。

【范例分析】

本范例主要练习 %m.ns 格式和 %-m.ns 输出，并比较二者输出的区别。第 04 行是原样输出，即 %s 格式。第 05 行是 %m.ns 格式输出，共 m 位，从 "Student" 中截取前 3 位，并在前面补 4 个空格。第 06 行与第 05 行的不同之处是空格补在字符的后端。若 $n>m$，m 就等于 n，以保证字符显示 n 位，如第 07 行所示，当 $n>m$ 即 7>3 时，m 的值会变为等于 n，故输出结果第 4 行显示为 "Student"；第 08 行，还是 $n>m$，m 的值变为 5，故输出为 "Stude"。

（7）f 格式控制字符

① %f：以小数形式输出实数，整数部分全部输出，小数部分为 6 位。

② %m.nf：以固定的格式输出小数，m 指的是包括小数点在内的数据的位数，n 是指小数的位数。当总的数据位数小于 m 时，数据左端补空格；如果大于 m，则原样输出。

③ %-m.nf：除了 %m.nf 的功能以外，还要求输出的数据向左靠齐，右端补空格。

④ %lf：与 %ld 类似，输出的数据是双浮点型数据 (double)，范围较大。

📝 范例 5-8　　%f、%m.nf和%-m.nf格式符练习

（1）在 Code::Blocks 16.01 中，新建名为 "printf_mnf.c" 的【C Source File】源程序。

（2）在代码编辑窗口中输入以下代码（代码 5-8.txt）。

```
01  #include<stdio.h>
02  int main(void)
03  {
04      float f1=100.110000999; // 定义一个 float 类型的变量 f1 并赋值
05      float f2=100.110000;    // 定义一个 float 类型的变量 f2 并赋值
06      float f3=123456.789;    // 定义一个 float 类型的变量 f3 并赋值
07      printf("%f\n",f1);      // 按 %f 的格式输出 f1
08      printf("%f\n",f2);      // 按 %f 的格式输出 f2
```

```
09    printf("%f\n",f3);    // 按 %f 的格式输出 f3
10    printf("%10.1f\n",f3);  // 按 %m.nf 格式输出
11    printf("%5.1f\n",f3);
12    printf("%12.3f****\n",f3);
13    printf("%-12.3f****\n",f3); // 按 %-m.nf 格式输出
14    return 0;
15  }
```

【运行结果】

编译、连接、运行程序，即可在命令行中输出如下图所示的结果。

【范例分析】

本范例主要练习 %f、%m.nf、%-m.nf 的用法和区别，具体分析如下。

① 首先第 04 行、第 05 行定义的 f1 和 f2 的小数位数不同，但是输出后的位数都为 6 位。这是因为 %f 格式输出的数据小数部分必须是 6 位，如果原数据不符合，位数少时补 0，位数多时小数部分取前 6 位，第 7 位四舍五入，如输出结果的前两行所示。

② 代码第 06 行定义并初始化变量 f3，在第 09 行中按照 %f 的格式输出，如输出结果第 3 行所示。按正常的情况来说，应该输出 123456.789000，但实际上输出的是 123456.789063，这是由系统内实数的存储误差形成的。

③ 代码第 10 行要求以输出 10 位的数字并有一位小数的格式输出 f3，小数部分四舍五入后是 8，加上小数点共计有 8 位，所以前面补了 2 个空格，如输出结果第 4 行所示。

④ 代码第 11 行要求是 5 位数字，1 位小数，且小数点后面进行了四舍五入变成 8，由于实际位数大于 5，故全部显示，如输出结果第 5 行所示。

⑤ 代码第 12 行、第 13 行要求是 12 位数字，3 位小数，由于实际位数小于 12，故原样输出，不足处以空格填充。不同之处在于，第 12 行代码输出结果空格填充在左端，而第 13 行代码输出结果空格填充在右端，而 "****" 用于结尾，以显示后面的空格，如输出结果第 6 行、第 7 行所示。

（8）e 格式控制字符

e 格式控制字符以指数形式输出数据，若不指定输出数据所占的宽度和数字部分的小数位数，大多数 C 语言编译系统自动指定给出数字部分的小数位数为 6 位，指数部分为 5 位，其中 "e" 占 1 位，指数符号占 1 位，指数为 3 位。数值按规范化指数形式输出。例如：

```
printf("%e",314.159);
```

上面语句输出结果为 3.141590e+002。

（9）g 格式控制字符

g 格式控制字符在 %e 和 %f 中自动选择宽度较小的一种格式输出。

以上为常用的格式控制字符，通过实际的编写代码来不断地练习是加强对其的理解和记忆的有效方式，是提高编程能力的重要基础之一。

▶5.4 综合案例——学生基本信息的输入和输出

本案例主要涉及以下知识点：变量的定义、赋值语句的使用、字符输入函数 getchar( )、字符输出函数 putchar( )、格式化输入函数 scanf( )、格式化输出函数 printf( )、特定格式下的输入、特定格式下的输出、m.nf 格式、-m.nf 格式等多个知识点。本案例以学生信息输入和显示为背景，由于字符数组、字符串等知识点还未学习，故仅实现简易版以巩固数据的输入输出相关知识。

📝 范例 5-9　　数据的输入输出综合练习

（1）在 Code::Blocks 16.01 中，新建名为 "studentInfo.c" 的【C Source File】源程序。
（2）在代码编辑窗口中输入以下代码（代码 5-9.txt）。

```
01  #include <stdio.h>
02  #include <stdlib.h>
03  int main()
04  {
05      int id,year,month,day;          //定义所需变量
06      float chinese,math,score;
07      char sex;
08      printf(" 请输入学号：");         // 提示输入语句
09      scanf("%d",&id);                //scanf() 函数接收数据
10      getchar();                      // 接收回车键
11      printf(" 请输入性别 ( 可输入 m 或 f)：");
12      sex=getchar();                  //getchar() 函数接收性别字符
13      printf(" 请输入日期 ( 例如 1998 年 12 月 21 日)：");
14      scanf("%d 年 %d 月 %d 日 ",&year,&month,&day);     // 以特定格式输入数据
15      printf(" 请输入语文和数学成绩，以空格隔开：");
16      scanf("%f %f",&chinese,&math);          // 以特定格式输入数据
17      score=chinese+math;             //赋值语句
18      printf("=================================\n"); // 标识分界
19      printf(" 学生信息如下所示：\n");
20      printf(" 学号：%d\n",id);        //printf() 函数输出数据
21      printf(" 性别：");
22      putchar(sex);
23      printf("\n 日期 :%d 年 %d 月 %d 日 \n",year,month,day); // 以特定格式输出数据
24      printf(" 语文：%7.2f\n",chinese);        //m.nf 格式输出数据
25      printf(" 数学：%-7.2f\n",math);          //-m.nf 格式输出数据
26      printf(" 总成绩：%3.4f\n",score);
27      return 0;
28  }
```

【代码详解】

本范例代码可分为以下几步。

（1）定义表示学生信息所需要的变量，即代码的第 05 行 ~ 第 07 行。

（2）根据提示信息依次输入相关信息，需要特别说明的有：代码第 10 行的 getchar() 函数，此处使用该函数只为了接收输入学号后所按下的回车键，若此处不加此函数，会出现性别的值直接为换行，而无法正常输入。

（3）代码第 14 行输入日期时在 scanf() 函数的格式控制串中加入了特定的格式，在输入时必须符合此格式才能正常输入，代码第 16 行的格式控制串中以空格隔开也是一样。

（4）代码第 17 行使用赋值语句，计算总成绩；代码第 18 行起标识作用，分开输入和输出部分。

（5）代码第 23 行通过在格式控制符中添加特定字符，已达到预期输出效果；代码第 24 行～第 26 行主要运用 m.nf 和 -m.nf 的有关知识进行格式化输出。

【运行结果】

编译、连接、运行程序，即可在命令行中输出如下图所示的结果。

【范例分析】

本范例主要用于巩固赋值语句、getchar( ) 函数、putchar( ) 函数、printf( ) 函数、scanf( ) 函数及如何格式化输入输出等知识。该程序所涉及的学生信息包括学号、性别、日期、语文成绩、数学成绩、总成绩信息，有关程序解析在代码详解部分已详细介绍，此处不再赘述。对输出结果进行简单说明，首先输入信息部分，根据相关提示输入数据，需要注意的是，必须严格遵循格式控制串中格式要求进行输入，否则数据出现错误或程序停止运行；而在信息输出部分，输出信息格式也是由格式控制串所控制的，在输出语文、数学、总成绩时是根据 m.nf、-m.nf 有关知识进行输出，此处不再赘述，若有疑问可参考前面所讲知识点及范例。

▶ 5.5　疑难解答

问题 1：在变量说明中给变量赋初值的操作和赋值语句有何区别？

解答：为变量赋初值是变量说明的一部分，只能出现在函数的说明部分，赋初值后的变量与其后的其他同类变量之间仍必须用逗号间隔；而赋值语句则必须出现在函数的执行部分，可多次赋值，并且一定要用分号结尾。

问题 2：输出函数 printf( ) 对输出变量表中所列变量的计算顺序有固定规则吗？

解答：之前在有些资料中显示其计算顺序是自右向左的，这种说法是不对的。在函数调用中各个变量的求值次序是未指定的，对于不同的编译程序可能会产生不同的结果，由编译器自行决定，故在编程时应注意所使用编译器的计算顺序，较好的解决方式是将其根据你期望的计算顺序分开来写，以免出现错误。谨记，不要写自己也无法预测结果的代码，很危险！

问题 3：输入时使用 getchar( ) 函数和 scanf( ) 函数有何区别？

解答：（1）scanf( ) 函数可以一次按照设定的输入格式输入多个变量数据；而 getchar( ) 函数只能输入字符型，且一次只能输入一个字符，输入时遇到回车键才从缓存区提取数据。

（2）scanf( ) 函数输入整型、实型等数据类型时判断的方式都一样，回车键、空格键、Tab 键都认为是一个数据的结束，若是字符，则一个字符就是结束，回车键、空格键等都有对应的 ASCII 码，所以用 scanf( ) 函数输入字符时要注意防止回车键、空格键、Tab 键被当作字符输进去；而在 getchar( ) 函数中由于其只输入字符，所以回车键、空格键、Tab 键都会被当作输入的字符来存储。

问题 4：getch( ) 函数和 getchar( ) 函数有何区别？

解答：（1）getchar( ) 函数从键盘读取一个字符并输出，该函数的返回值是输入第一个字符的 ASCII 码；若用户输入的是一连串字符，函数直到用户输入回车时结束，输入的字符连同回车一起存入键盘缓冲区。若程序中有后继的 getchar( ) 函数，则直接从缓冲区逐个读取已输入的字符并输出，直到缓冲区为空时才重新读取用户的键盘输入。

（2）getch( ) 函数接收一个任意键的输入，不用按回车键就返回。该函数的返回值是所输入字符的 ASCII 码，且该函数的输入不会自动显示在屏幕上，需要 putchar( ) 函数输出显示，getch( ) 函数常用于中途暂停程序方便调试和查看。

（3）getchar( ) 函数和 getch( ) 函数所需要包含的头文件不同。

getchar( ) 函数包含在 #include <stdio.h> 中
getch( ) 函数包含在 #include <conio.h> 中

第 **6** 章

结构化程序设计

程序设计是指设计、编制、调试程序的方法和过程，其主要分为结构化程序设计和面向对象程序设计。其中，结构化程序设计的主要思想是自顶向下、逐步求精的模块化设计。该设计方法指出：任何程序逻辑都可以使用顺序、选择和循环这三种基本控制结构来表示，它主要强调了程序的易读性和易操作。本章将具体讲解顺序、选择和循环的使用方法，并加以实践进行巩固。

本章要点（已掌握的在方框中打钩）

☐ 结构化程序设计核心思想
☐ 流程图
☐ 顺序结构
☐ 选择结构
☐ 循环结构

▶ 6.1 结构化程序开发的过程

结构化程序开发是进行以模块功能和处理过程设计为主的详细设计的原则，是过程化程序设计的一个子集，它对写入的程序使用逻辑结构，使得程序更易理解、易操作，利于提高效率，下面具体介绍其开发过程。

6.1.1 核心思想

结构化程序设计的核心思想分为以下几个方面。

（1）采用自顶向下、逐步求精的程序设计思想

"自顶而下，逐步求精"的设计思想，是指从问题的总体目标出发，先将程序的总体高层框架构造出来，然后一步步进行分解和细化问题，从而将复杂问题简单化，而且设计实现过程更加简单易懂，功能实现更加准确可靠。

（2）使用三种基本控制结构即可实现任何程序

将顺序、选择和循环结构进行嵌套整合使用，便可以实现具有较高复杂层次的结构化程序。其中，顺序结构对处理过程进行分解，可以确定各部分的执行顺序；选择结构可以确定某个部分的执行条件；循环结构可以确定某个部分进行重复的开始和结束条件。

（3）模块化设计方法

每个复杂的问题都是由一个个简单的问题构成，例如管理一个公司，可以将公司分为若干个部门，每个部门完成各自的功能，程序设计的模块化也是如此，将程序要解决的总目标分解为若干个子目标，根据子目标的大小可以进一步分解为更为具体的目标。依此类推，直到子目标能够直接用程序的三种基本控制结构表达为止，从而将复杂问题模块化进行解决实现。下图可以帮助读者理解模块化设计。

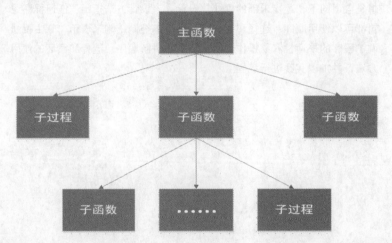

模块化设计和单出口、单入口的方法减少了模块的相互联系，使模块可以作为插件进行使用，降低了程序的复杂性，并提高了程序的可靠性。

总体来说，结构化程序设计相对于面向对象程序设计更加可靠、易懂、易验证和可修改，且设计思想更清晰，易学易用、模块层次分明、符合人们处理问题的习惯，便于分工开发和调试，结构化程序设计的典型语言有 C 语言、BASIC 语言等。

6.1.2 流程图

流程图是程序处理过程描述较为常用的一种方式，又称为程序框图，它由一些有特定意义的图形框、流程线以及简要的文字说明构成，并能清晰明确地表示程序的运行过程。常见流程图符号及含义见下表。

图形符号	名称	含义
⬭	起止框	表示算法的开始与结束
◇	判断框	代表条件判断以决定如何进行后面的操作，用于分支与循环结构中
▭	处理框	表示算法的操作
→	流程线	表示控制流动方向
▱	输入 / 输出框	用于描述数据的输入、输出，也可以用处理框代替
◯	连接点	连接断开的流程线。当流程图较大，流程线可能因跨越两页而中断，则用连接点连接

除以上常用的图形符号外，还有一些其他的图形符号，这里不再赘述。

有关流程图的具体画法规则如下。

（1）使用标准的框图符号。

（2）根据程序处理步骤，框图一般按从上到下、从左到右的方向画。

（3）除判断框外，大多数程序框图的符号只有一个退出点，而判断框是具有超过一个退出点的唯一符号。

（4）程序框图大多数只有一个进入点。

常用的绘制流程图的工具有很多，比较简单且使用比较广泛的是使用 Word，其本身内置了流程图绘图工具。

Word 中的自选图形绘制工具中包含了流程图的基本图形，如下图所示。

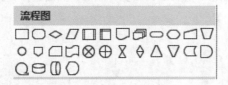

在 Word 2013 中绘制流程图的具体步骤如下。

（1）选择【插入】➤【形状】菜单项，弹出【形状】下拉工具栏，单击【流程图】按钮，在弹出的列表中单击相应的图形。

（2）鼠标指针变成十字形状，然后在文本编辑窗口中合适的位置拖曳鼠标指针即可绘制图形。

（3）在流程图图形上单击鼠标右键，在弹出的快捷菜单中选择【添加文字】菜单项，输入要添加的文字，如下图所示，然后在图形外任意处单击即可。

流程图

（4）按照上述步骤依次绘制其他图形。

> **提示**
>
> 除了用 Word 绘制流程图外，还有一些专业的流程图绘制工具，如 Visio 等。Visio 中集合了更多的流程图的图形符号，绘制更加方便。

对初学者来说，画流程图是十分必要的。画流程图可以帮助厘清程序思路，避免出现不必要的逻辑错误。在程序的调试、除错、升级、维护过程中，作为程序的辅助说明文档，流程图也是很高效便捷的。另外，在团队的合作中，流程图还是程序员们相互交流的重要手段。阅读一份简明扼要的流程图，比阅读一段繁杂的代码更易于理解。

▶6.2 顺序结构程序设计

顺序结构是结构化程序设计中最常用、最简单的基本结构之一。在顺序结构中，程序是按照语句的书写顺序依次执行，语句在前的先执行，语句在后的后执行。顺序结构虽然只能满足设计简单程序的要求，但它是任何一个程序的主体结构，即从整体上看，都是从上向下依次执行的。但在顺序结构中又包含了选择结构或循环结构，而在选择和循环结构中往往也以顺序结构作为其子结构。

顺序结构的流程图如下。

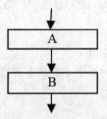

此流程图表示依次执行语句 A 和语句 B，即语句 A 和语句 B 先后都被执行。如下列程序段：

```
{
    x=6;
    y=3*x;
    sum=x+y;
}
```

以上程序段用流程图描述如下。

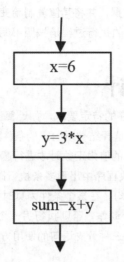

下面通过一个仅有顺序结构的程序例子加以理解。

范例 6-1 　计算圆的面积

控制台输入半径值，计算并显示圆的周长和面积。
（1）在 Code::Blocks 16.01 中，新建名为 "Circle Area.c" 的【C Source File】源程序。
（2）在代码编辑区域输入以下代码（代码 6-1.txt）。

```
01  #include <stdio.h>
02  #include <stdlib.h>
03  #define PI 3.1416
04  int main()
05  {
06      double radius,area,girth;
07      printf(" 请输入半径值：");
08      scanf("%lf",&radius);           //输入半径
09      area = PI*radius*radius;
10      girth = PI*radius*2;
11      printf(" 圆的面积为：%lf\n",area);  // 输出圆的面积
12      printf(" 圆的周长为：%lf\n",girth); // 输入圆的周长
13      return 0;
14  }
```

【运行结果】
编译、连接、运行程序，根据提示输入圆的半径值，按回车键即可计算并输出圆的面积，如下图所示。

【范例分析】
范例中采用的是顺序结构，首先定义两个 double 类型的变量 *radius* 和 *area*，然后在屏幕上输出"请输入

半径值："，然后获得用户从键盘输入的数据，并将其值复制给变量 *radius*，之后分别计算出周长 *girth* 和面积 *area* 的值，最后输出圆的周长和面积。程序的执行过程是按照书写语句，一步一步地按顺序执行，直至程序结束。

▶6.3　选择结构程序设计

只有顺序结构一般情况下很难完成程序的特定要求，如计算圆面积时，当用户输入的半径为负值时则无法处理。C 语言中可以利用选择结构对给定的条件进行判断，来确定执行哪些语句。因此可以利用选择结构判断用户输入的值为正数时才进行圆面积计算。

选择结构也称分支结构，主要用于解决程序中出现多条执行路径可以选择的问题。C 语言中提供了三种分支语句来实现选择结构。if 单分支选择语句，在某个条件为真时执行一个动作，否则跳过该动作；if-else 双分支选择语句，在某个条件为真时执行一个动作，否则执行另一个动作；多分支语句，根据一个整数表达式的值执行许多不同的动作。下面具体介绍这三种分支语句的使用方法。

6.3.1　单分支结构语句

if 语句比较简单的形式是单分支语句，其一般形式如下。

if (表达式)
语句 ;

"表达式"是给定的条件，它必须是关系表达式或逻辑表达式，if 语句首先判定是否满足条件，如果满足条件，则执行"语句"，否则不执行该"语句"。if 语句的具体流程图如下。

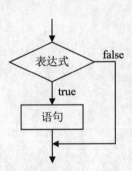

if 语句的功能：对条件表达式求值，若值为真（非 0）则执行它后面的语句，否则跳过后面的语句。若需要执行的语句用单条语句写不下，就应该用复合语句。下面演示一个具有选择结构 if 的程序例子。

📋 **范例 6-2**　　用单分支结构进行奇偶判断

控制台输入一个数值，不能被 2 整除，则为奇数；如果能被 2 整除，则是偶数。
（1）在 Code::Blocks 16.01 中，新建名为 "Judge OddEven1.c" 的【C Source File】源程序。
（2）在代码编辑区域输入以下代码（代码 6-2.txt）。

```
01  #include <stdio.h>
02  #include <stdlib.h>
03  int main()
04  {
05      int num;
06      printf(" 请输入一个整数：");
07      scanf("%d",&num);
08      if (num%2!=0)
```

```
09    {
10        printf("%d 是奇数！\n",num);
11    }
12    if (num%2==0)
13    {
14        printf("%d 是偶数！\n",num);
15    }
16    return 0;
17  }
```

【运行结果】

编译、连接、运行程序，根据提示依次输入任意整数，按回车键即可输出这个数是奇数还是偶数，如下图所示。

【范例分析】

本范例是一个简单的 if 选择结构的程序，在执行过程中根据键盘输入的值 *num*，进入 if 语句中进行判断，如果满足 if 的条件则进入 if 结构，输出 *num* 的提示语句，否则不执行 if 内部语句，退出程序。用程序流程图描述如下。

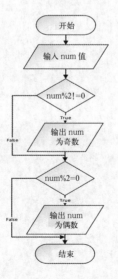

注意：在 if 语句中，当包含多个操作语句时必须用"{}"将几条语句括起来作为一个复合语句，且初学者容易在 if 语句后面误加分号，例如：

if(x>y) ;
x+=y ;

这样相当于满足条件执行空语句，下面的 *x+=y* 语句将被无条件执行。一般情况下，if 条件后面不需要加分号。

6.3.2 双分支结构语句

if 语句的一个变种是要求指定两个语句。当给定的条件满足时，执行一个语句；当条件不满足时，执行另一个语句。这也被称为 if-else 语句，其一般形式如下。

---

if (表达式)
　　语句 1;
else
　　语句 2;

---

if-else 语句的具体流程图如下所示。

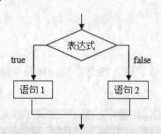

if-else 语句的功能：对条件表达式求值，若值为真（非 0）执行其后的语句 1，否则执行 else 后面的语句 2。即根据条件表达式是否为真分别作不同的处理。需要注意的是 else 部分不能单独存在，必须与 if 语句搭配使用。

范例 6-3　用双分支结构进行奇偶判断（比较与范例6-2区别）

控制台输入一个数值，不能被 2 整除则为奇数，能被 2 整除则为偶数。
（1）在 Code::Blocks 16.01 中，新建名为 "Judge OddEven2.c" 的【C Source File】源程序。
（2）在代码编辑区域输入以下代码（代码 6-3.txt）。

```
01  #include <stdio.h>
02  #include <stdlib.h>
03  int main()
04  {
05      int num;
06      printf(" 请输入一个整数："");
07      scanf("%d",&num);
08      if (num%2!=0)
09      {
10          printf("%d 是奇数！\n",num);
11      }
12      else
13      {
14          printf("%d 是偶数！\n",num);
15      }
16      return 0;
17  }
```

【运行结果】

编译、连接、运行程序，根据提示依次输入任意整数，按回车键即可输出这个数是奇数还是偶数，如下图所示。

【范例分析】

本范例运用 if-else 选择结构，将上面判断奇数的程序修改为判断奇偶的程序。if-else 分支可以将两条语句或者两个语句块区分开，程序只会执行 if 和 else 分支中的一个。根据键盘输入的值 *num*，进入 if 语句中进行判断，满足 if 的条件则进入 if 分支，输出 *num* 是奇数，否则进入 else 分支，输出 *num* 是偶数。相对于范例 6-2 中仅运用单分支结构所实现的方式，此方式更为有效和规范。

6.3.3　多分支结构语句

当问题需要处理的分支比较多时，如果使用前面的 if 语句编写起来十分麻烦，并且不易理解，这种情况下常采用多分支结构语句。C 语言中常见的多分支结构语句有两种，一种是 if-else if-else 结构，另一种是 switch 多分支结构，这里先讲第一种结构，switch 分支结构将在下个小节中加以讲解。

多分支结构 if-else if-else 的一般形式如下。

```
if ( 表达式 1)    语句 1;
else if ( 表达式 2) 语句 2;
else if ( 表达式 3) 语句 3;
...
else  语句 n ;
```

该语句的具体流程图如下所示。

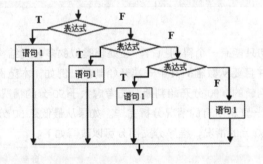

通过此流程图，很容易理解多分支结构语句的执行过程，此处不再赘述，下面通过一个具体的实例将多分支语句加以运用。

📝 范例 6-4　　用多分支结构进行学生成绩的判断

按分数 score 输出等级：score ≥ 90 为优，80 ≤ score < 90 为良，70 ≤ score < 80 为中等，60 ≤ score < 70 为及格，score < 60 为不及格。

（1）在 Code::Blocks 16.01 中，新建名为 "evaluate grade1.c" 的【C Source File】源程序。

（2）在代码编辑区域输入以下代码（代码 6-4.txt）。

```
01  #include <stdio.h>
02  #include <stdlib.h>
03  int  main()
04  {
```

```
05      int score;
06      printf(" 请输入成绩 :");
07      scanf("%d",&score);    // 由用户输入成绩
08      if(score>=90)         // 判断成绩是否大于等于 90
09        printf(" 优 \n");
10      else if(score>=80)    // 判断成绩是否大于等于 80 小于 90
11        printf(" 良 \n");
12      else if(score>=70)    // 判断成绩是否大于等于 70 小于 80
13        printf(" 中 \n");
14      else if(score>=60)    // 判断成绩是否大于等于 60 小于 70
15        printf(" 及格 \n");
16      else                  // 成绩小于 60
17        printf(" 不及格 ");
18  }
```

【运行结果】

编译、连接、运行程序，根据提示依次输入任意一个整数成绩，按回车键即可输出该成绩对应的等级，如下图所示。

【范例分析】

本范例中，5 个输出语句只能有一个得到执行。在处理类似的多分支结构时，可以画一个数轴，将各个条件的分界点标在数轴上，并且要从数轴的其中一端开始判断。例如，本范例中共有 5 种情况，每种情况对应不同的结果，是从高向低判断的，90 分开始判断。先考虑大于 90 分的情况，然后是小于 90 分的情况，再考虑大于等于 80 的情况等，一直将所有的情况分析完毕。如果从最低点 60 分处开始判断，即先考虑小于 60 分的情况，再考虑大于等于 60 分的情况，程序分支部分可以改写如下。

```
if(score<60)
    printf(" 不及格 \n");
else if(score<70)
    printf(" 及格 \n");
else if(score<80)
printf(" 中等 \n");
  else if(score<90)
printf(" 良 \n");
else
    printf(" 优 \n");
```

注意

一般使用嵌套结构的 if 语句时，需注意合理地安排给定的条件，既符合给定问题在逻辑功能上的要求，又要增加可读性，此外，尽量将发生可能性较大的条件放在前面，这将有效地提高程序的执行效率。

6.3.4 分支语句的嵌套

除多分支结构语句外，还有一种特殊情况，即分支语句的嵌套，它与多分支结构语句之间可以相互转换，实现相同的功能，但它们各自适用于不同的情况。例如，如果分支判断是为了逐步缩小范围，以便找到想要的结果，那便适合于采用分支嵌套的方法，使用多分支语句也可以实现，但会过于繁琐和效率低；如果分支判断是为了实现相同级别下的挑选，则适用于多分支语句，而不适合使用嵌套语句。

分支嵌套的一般形式如下。

```
if( 表达式 1)
if( 表达式 2)
语句 1;
else
语句 2;
else
    语句 3;
```

分支嵌套结构的流程图如下所示。

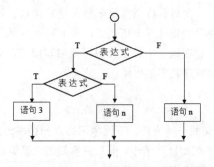

通过此流程图，不难理解嵌套分支结构语句的执行过程，此处不再赘述，下面通过一个具体的实例将嵌套分支语句加以运用。

📝 **范例 6-5**　判断某学生的成绩 score 是否及格，如果及格是否达到优秀（ score ≥ 90 ）

（1）在 Code::Blocks 16.01 中，新建名为 "evaluate grade2.c" 的【 C Source File 】源程序。
（2）在代码编辑区域输入以下代码（代码 6-5.txt ）。

```
01   #include <stdio.h>
02   #include <stdlib.h>
03   int main()
04   {
05     int score;
06     printf(" 请输入该学生成绩 :");
07     scanf("%d",&score);          // 由用户输入成绩
08     if(score>=60)          // 判断成绩是否大于等于 60
09       if(score>=90)        // 若大于 60，是不是还大于等于 90
10         printf(" 优秀 \n");
11       else               // 大于 60，但小于 90
12         printf(" 及格 \n");
13     else                 // 小于 60
14       printf(" 不及格 \n");
15     return 0;
16   }
```

【运行结果】

编译、连接、运行程序，根据提示依次输入任意一个整数成绩，按回车键即可输出该成绩对应的等级，如下图所示。

【范例分析】

本范例中，首先将判断输入的成绩是否及格，如果不及格，则输出"不及格"提示信息，如果成绩大于等于 60 分，再在第一个 if 语句块中加以判断该成绩是否大于等于 90 分，如果成立则输出"优秀"，否则提示"及格"。

该嵌套结构实现的是两个双分支结构的嵌套，在编程中，if 语句的嵌套结构可以是 if-else 形式和 if 形式的任意组合，被嵌套的 if 语句仍然可以是 if 语句的嵌套结构，但在实际使用中是根据实际问题来决定的，如果需要改变配对关系，可以加"{ }"。另外，C 语言是一种无格式语言，可以不分行、不分结构，只要语法关系对，就能通过编译，不会根据书写的格式来分析语法，而 if 和 else 的"就近配对"原则，即 else 总是与前面最近的（未曾配对的）if 配对，故在编程中建议代码尽量书写规范，可采用左对齐方式，上下都在同一列上，这样显得层次清晰，易于阅读程序且不易出错。

6.3.5 switch 选择语句

前面已经学习了多分支结构语句的一种方式，下面学习另外一种多分支结构，即 switch 语句。switch 语句相对于 if-else if-else 结构实现分支结构则比较清晰，而且更容易阅读及编写。switch 语句就像多路开关那样，根据表达式的不同取值，选择一个或者多个分支执行。

switch 语句的一般形式如下。

```
switch ( 表达式 ) {
    case 常量表达式 1:
        语句 1;    [break ;]
    ...
    case 常量表达式 n:
        语句 n;    [break ;]
    default:
        语句 n+1;
}
```

switch 语句的执行过程：计算"表达式"的值，然后其值和常量表达式 1 的结果对比，结果相同则执行语句 1，否则其值与常量表达式 2 的结果对比，按照此方式依次进行比较下去，直到遇到 break 关键字，退出 switch 结构。如果每个 case 后面的常量表达式都与表达式的值不同，则执行 default 后面的语句 $n+1$。

需要注意的是表达式的值一般是字符型、整型或枚举型，但不能为浮点型，且常量表达式的值的类型必须与"表达式"的值的类型相同，将多个 case 语句放在一起，可实现共用一组执行语句。

switch 语句的具体流程图如下所示。

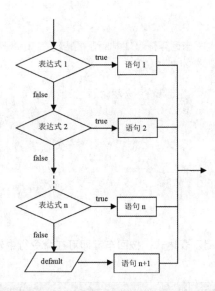

　　每个 case 表达式后面的 break 语句用来结束 switch 语句的执行，如果某个 case 后面没有 break 语句，则程序运行到此 case 时将按顺序执行直到遇到 break 语句终止或顺序执行到花括号中的最后一条语句，此时往往会出现意想不到的错误。

范例 6-6　　输入一个简单的四则运算表达式，包含两个实数和一个运算符，输出计算结果

　　表达式格式为 a $ b，a 和 b 为两个实数，"$"表示运算符（+，-，*，/），实数和运算符之间均有一个空格，运算符合法，则输出结果，否则，输出"运算符错误"，结果保留两位小数。
　　（1）在 Code::Blocks 16.01 中，新建名为"Simple Calculator.c"的【C Source File】源程序。
　　（2）在代码编辑区域输入以下代码（代码 6-6.txt）。

```
01  #include <stdio.h>
02  #include <stdlib.h>
03
04  int main()
05  {
06      char op;
07      double x,y;
08      printf(" 请输入表达式： ");
09      scanf("%lf %c %lf",&x,&op,&y);        // 从键盘获取表达式
10      switch(op)
11      {
12      case '+':                    // 当运算符为 '+', 执行下面语句
13          printf(" 表达式结果为 :%.2f\n",x + y);
14          break;
15      case '-':                    // 当运算符为 '-', 执行下面语句
16          printf(" 表达式结果为 :%.2f\n",x - y);
17          break;
18      case '*':                    // 当运算符为 '*', 执行下面语句
19          printf(" 表达式结果为 :%.2f\n",x * y);
20          break;
```

```
21    case '/':                    // 当运算符为 '/'，执行下面语句
22       printf(" 表达式结果为 :%.2f\n",x / y);
23       break;
24    default:                     // 当运算符不合法时，执行下面语句
25       printf(" 运算符错误!  \n");
26    }
27    return 0;
28  }
```

【运行结果】

编译、连接、运行程序，根据提示表达式，按回车键即可在命令行中输出表达式计算的结果，如下图所示。

【范例分析】

本范例中，首先从键盘根据输入要求输入一个表达式，然后根据运算符的不同分别执行不同的 case 语句，例如当用户输入运算符为 '*' 时，switch 分支会根据每个 case 后面的值与输入的值进行比较，当 case '*' 时，满足条件，会执行 case '*' 后面的语句，此时会在在屏幕上显示出表达式相乘的结果。本例中 switch 语句中的每一个 case 的结尾通常有一个 break 语句，意思是当前的 case 后面的值与要求的值相同时，执行完 case 语句就直接退出 switch 多分支结构。

从此例中可以看出当分支较多时，使用 switch 语句比用 if-else 语句要方便简洁许多，因此遇到多分支选择的情况，则应当尽量选用 switch 语句，而避免采用嵌套较深的 if-else 语句。另外，case 后面的常量表达式可以是一条语句，也可以是多条语句，甚至可以在 case 后面的语句中再嵌套一个 switch 语句。

▶ 6.4 循环结构程序设计

循环结构是程序设计中最能发挥计算机特长的程序结构之一。循环语句是在某个条件为真的条件下重复执行某些语句的一种语句，直到循环条件不能满足为止。判断条件称为循环条件，重复执行的语句块称为循环体。C 语言中有 3 种循环语句可用来实现循环结构，即 while 语句、do-while 语句和 for 语句。下面逐一介绍其用法。

6.4.1 ▶ while 循环结构与执行流程

while 语句用来实现当型循环，即先判断循环条件，再执行循环体。其一般形式如下。

while (表达式)
    循环体语句 ;

while 语句的具体流程图如下所示。

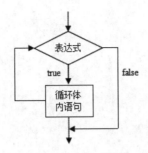

while 语句的执行过程：计算"表达式"的值，如果其值为真，则执行循环体内的"语句"，然后再进行判断表达式的值，为真继续执行循环体内的"语句"，直到表达式的值为 false 时，结束循环。

如计算 1~n 之间所有整数的和，利用 while 语句实现如下：

```
int i = 1，sum = 0;
while (i <= n){
  sum += i;
  i ++;
}
```

假设 n 为 5，每次循环时循环体内的 i 和 sum 变化见下表。

循环次数	i	i<=n	sum +=i++
第 1 次	1	true	sum=0+1
第 2 次	2	true	sum=1+2
第 3 次	3	true	sum=3+3
第 4 次	4	true	sum=6+4
第 5 次	5	true	sum=10+5
第 6 次	6	false	

注意

循环体中，必须有改变循环控制变量值的语句（使循环趋向结束的语句），如上例中的 (i++;)，否则循环永远不结束，将陷入死循环中，这是编程的禁忌。

范例 6-7　用while循环语句计算输入的10个整数中奇数的个数和奇数的和

（1）在 Code::Blocks 16.01 中，新建名称为"Odd Sum1.c"的【C Source File】源程序。
（2）在代码编辑区域输入如下代码（代码 6-7.txt）。

```
01  #include <stdio.h>
02  #include <stdlib.h>
03  int main()
04  {
05      int num;            //定义整型变量 num
06      int i = 1,sum=0 ;       //定义整形变量 i 初始化为 1,定义整形变量 sum 初始化为 0
07      int count=0;         //定义整型变量 count，用来记录奇数个数
08      printf(" 请依次输入 10 个整型数据: ");
09      while (i<=10)          //设置循环条件，设置 i 的最大值为 10
10      {
11          scanf("%d",&num);
```

```
12      if(num%2!=0)
13      {
14         sum += num;          // 求和
15         count++;
16      }
17      i++;
18   }
19   if(count==0)
20      printf(" 数据中没有奇数！ "); // 输出结果
21   else
22   {
23      printf(" 奇数个数为：%d\n",count);
24      printf(" 奇数和为：%d",sum);
25   }
26   return 0;
27 }
```

【运行结果】

编译、连接、运行程序，即可判断出每次输入的是否为奇数，并输出其中奇数的个数以及奇数和，如下图所示。

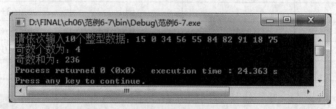

【范例分析】

此范例中 while 循环根据 *i* 来控制循环体执行的次数，每次循环体执行时，首先输入一个整数，然后在循环体中判断其是否为奇数，如果是则计入总和，否则不作处理。循环体的最后执行 *i*++，这是改变循环控制变量值的语句，必不可少，当循环体执行结束后，则进行结果的输出。通过此范例可以看出在循环结构中，循环条件起着至关重要的作用，要与所完成的功能相一致，若控制不好，可能出现循环次数多或少，特别是临界条件。另外，必须避免死循环的出现。

6.4.2 ▶ for 循环结构与执行流程

for 语句是 C 语言最为灵活和功能最强大的循环语句之一，不但可以用于循环次数确定的情况，也可以用于循环次数不确定（只给出循环结束条件）的情况。其一般语法格式如下。

```
for ( 表达式 1; 表达式 2; 表达式 3)
    语句 ;
```

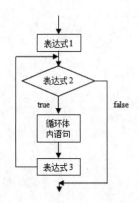

for 语句的具体流程如下。

表达式 1：循环开始之前的初始化步骤，只执行一次。

表达式 2：循环的条件，决定循环的继续或结束。

表达式 3：每次循环中最后一个被执行的操作，设置循环的步长，改变循环变量的值，从而可改变表达式 2 的真假性。

循环体语句：被反复执行的语句，必须是单独的一条语句，如果需要多条语句，要用一对花括号构造成一条复合语句。

通常情况下，上述的 for 语句可以表达成等价于如下的 while 语句。

```
表达式 1;
while（表达式 2）
{
    语句;
    表达式 3;
}
```

for 语句使用时的注意事项如下。

（1）for 循环通常用于有确定次数的循环。例如，下面的 for 循环语句用于计算整型数 1~n 的和。

```
sum = 0;
for (i = 1; i <= n; ++i)
  sum += i;
```

（2）for 语句中的 3 个表达式是可选的，如果将表达式 2 省略，则认为循环继续条件总是为真，这将导致一个死循环。如果对循环控制变量的初始化工作已经在程序的其他地方完成了，那么表达式 1 可以省略。如果循环控制变量的工作是由 for 循环体中的语句完成或者根本不需要增量工作，那么表达式 3 也可以省略。for 循环语句中的增量表达式可以用循环体末尾的单独一条语句来替换。

如果把 3 个表达式都省略，则循环条件为 1，循环无限次地进行，即死循环。

```
for (;;)
  语句;
```

（3）for 循环可以有多个循环变量，此时，循环变量的表达式之间用逗号隔开。

```
for (i = 0, j = 0; i + j < n; ++i, ++j)
  语句;
```

（4）如果不小心在 for 循环的圆括号后面加上了分号，会创建空语句，且被编译器认为循环体的内容就是该空语句，例如下面的语句。

```
sum = 0;
for (i = 1; i <= n; ++i) ;
    sum += i;
```

该语句段等价于：

```
sum = 0;
for (i = 1; i <= n; ++i)
{
    ;
}
sum += i;
```

空语句被编译器理解为循环体，sum+=i；语句是循环语句的下一条语句，在循环结束后，只执行一次。

（5）循环控制变量，除了用于控制循环，还可以应用于循环体的计算中，不过建议不要在 for 循环中改变循环控制变量的值，这样做可能会产生一些隐蔽性错误。

（6）循环语句能够在另一个循环语句的循环体内，即循环能够被嵌套。例如：

```
for (int i = 1; i <= 3; ++i)
    for (int  j = 1; j <= 3; ++j)
        printf(" ( %d , %d ) ", i, j) ;
```

📝 范例 6-8 　经典问题：打印出所有的"水仙花数"。"水仙花数"是指一个三位数，其各位数字的立方和等于该数本身。例如，153 是一个"水仙花数"，因为 $153=1^3 + 5^3 + 3^3$

（1）在 Code::Blocks 16.01 中，新建名为 "Narcissistic Number.c" 的【C Source File】源程序。
（2）在代码编辑区域输入如下代码（代码 6-8.txt）。

```
01  #include <stdio.h>
02  #include <stdlib.h>
03  int main()
04  {
05    int a,b,c;
06    int i;
07    for(i=100; i<1000; i++)    // 从 100 循环到 1000，依次判断每个数是否是水仙花数
08    {
09    a=i%10;            // 分解出个位
10    b=(i/10)%10;        // 分解出十位
11    c=i/100;          // 分解出百位
12    if(a*a*a+b*b*b+c*c*c==i) // 判断 3 个数的立方数和是否等于该数本身，若是打印出来
13    printf("%d\t",i);
14    }
15    return 0;
16    }
```

【运行结果】

编译、连接、运行程序，即可输出所有的水仙花数，如下图所示。

【代码详解】

第 05 行 ~ 第 06 行定义变量，用 a、b、c 分别存放每个三位数的个位、十位和百位；i 是循环控制变量，控制从 100~999 之间的数。

第 07 行 ~ 第 14 行是 for 循环，其中：

第 07 行，给循环控制变量赋初值为 100，循环条件是 $i<1000$，每次 i 的值自增 1。

第 07 行 ~ 第 11 行，分解当前 i 的个位、十位和百位；

第 12 行、第 13 行，判断该数是否满足条件，满足则输出。

【范例分析】

本范例中利用 for 循环控制 100~999 之间的数，每个数分解出个位、十位和百位，然后再判断立方和是否等于该数本身。

在编写 for 循环时，注意 3 个表达式所起的作用是不同的，而且 3 个表达式的运行时刻也不同，表达式 1 在循环开始之前只计算一次，而表达式 2 和 3 则要执行若干次。

如果循环体的语句多于一条，则需要用大括号括起来作为复合语句使用。

📝 范例 6-9　用嵌套的for循环方式计算1到100的素数和

素数为除 1 和本身外不被其他整数整除的整数，判断 100 以内所有整数是否为素数，并求其和。

（1）在 Code::Blocks 16.01 中，新建名为 "Prime Sum.c" 的【C Source File】源程序。

（2）在代码编辑区域输入以下代码（代码 6-9.txt）。

```
01  #include <stdio.h>
02  #include <stdlib.h>
03  int main()
04  {
05      int sum=0,i=0,j=0;
06      int count;
07      printf("1~100 的素数有：");
08      for(i =2;  i <= 100;  i ++)          //外循环
09      {
10          count=0;
11          for( j =2;  j <= i/2;  j++)  //内循环
12          {
13              if(i%j==0)
14              {
15                  count++;
16                  break;
17              }
18          }
19          if(count==0)
20          {
21              printf("%d ",i);
22              sum+=i;
23          }
24      }
25      printf("\n1~100 的素数和为：%d",sum);
26      return 0;
27  }
```

【运行结果】

编译、连接、运行程序，即可输出 1~100 中所有的素数及它们的和，如下图所示。

【范例分析】

本范例中包含一个嵌套的 for 循环语句，首先外层循环定义了一个初值为 2 的循环变量 i、$i<=100$ 的循环条件、循环增量为 1 的 for 循环体，在此循环体内又嵌套了一个初值为 j 的循环变量 j、循环条件为 $j <= i/2$、循环增量为 1 的 for 循环体。在执行过程中，外层循环从 i 为 2 开始进入内层 for 循环，当内层循环不满足 $j<=i/2$ 时内层循环终止，返回外层循环。然后 i 值增 1，满足 $i<= 100$，再次进入内层循环。循环往复，直到外层循环不满足 $i<=100$ 时结束循环。

> **注意**
>
> C 语言中允许在 for 循环的各个位置使用几乎任何一个表达式，但也有一条不成文的规则，即规定 for 语句的 3 个位置只应当用来进行初始化、测试和更新一个计数器变量时，而不应挪作他用。

6.4.3 do-while 循环结构与执行流程

do-while 语句类似于 while 语句，但是它先执行循环体，然后检查循环条件。do-while 语句的一般形式如下。

```
do{
  语句;
}while ( 表达式 );
```

do-while 语句的具体流程图如下所示。

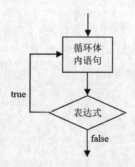

do-while 语句的执行过程：先执行循环体内的语句，然后计算"表达式"的值是否为真，为真则再次执行循环体内语句，直到表达式的值为假时结束循环。

对于使用场景而言，do-while 语句比 while 语句使用要少一些。但是对于循环体要先执行一次的情况而言，do-while 语句就方便许多。

例如，多次读取一个值，并输出它的平方值，当输入的值为 0 时就终止循环。用 do-while 语句实现如下所示。

```
do {
  scanf(" %d ", &n );
  printf(" %d ", n*n );
}while (n != 0);
```

注意

在书写格式上，循环体部分要用花括号括起来，即使只有一条语句也如此；do-while 语句最后以分号结束。

范例 6-10　　计算两个数的最大公约数

（1）在 Code::Blocks 16.01 中，新建名为 "Greatest Divisor.c" 的【C Source File】源程序。
（2）在代码编辑区域输入以下代码（代码 6-10.txt）。

```
01  #include <stdio.h>
02  #include <stdlib.h>
03  int main()
04  {
05    int m,n,r,t;
06    int m1,n1;
07    printf(" 请输入第 1 个数 :");
08    scanf("%d",&m);     // 由用户输入第 1 个数
09    printf(" 请输入第 2 个数 :");
10    scanf("%d",&n);     // 由用户输入第 2 个数
11    m1=m;
12    n1=n;              // 保存原始数据供输出使用
13    if(m<n)
14    {
15      t=m;            //m,n 交换值，使 m 存放大值，n 存放小值
16      m=n;
17      n=t;
18    }
19    do{              // 使用辗转相除法求得最大公约数
20      r=m%n;
21      m=n;
22      n=r;
23    }while(r!=0);
24    printf("%d 和 %d 的最大公约数是 %d\n",m1,n1,m);
25    return 0;
26  }
```

【运行结果】

编译、连接、运行程序，从键盘上输入任意两个数，按回车键，即可计算它们的最大公约数，如下图所示。

【范例分析】

本范例中，求两个数的最大公约数采用"辗转相除法"，具体方法如下。
（1）比较两数，并使 *m* 大于 *n*。
（2）将 *m* 作被除数，*n* 作除数，相除后余数为 *r*。

（3）将 n 的值赋给 m，将 r 的值赋给 n。

（4）若 $r=0$，则 m 为最大公约数，结束循环。若 $r \neq 0$，执行步骤(2)和(3)。

由于在求解过程中，m 和 n 已经发生了变化，所以要将它们保存在另外两个变量 $m1$ 和 $n1$ 中，以便输出时可以显示这两个原始数据。

如果要求两个数的最小公倍数，只需要将两个数相乘再除以最大公约数，即 $m1*n1/m$ 即可。

6.4.4 循环结构嵌套

同分支结构具有分支嵌套一样，循环结构也可以进行嵌套，即一个循环结构的循环体内又包含另一个完整的循环结构，内嵌的循环中还可以嵌套循环（嵌套层次一般不超过 3 层），从而构成了多重循环。

C 语言中的 3 种循环语句（while 循环、for 循环、do-while 循环）可以互相嵌套，例如，下面几种都是合法的形式。

for 循环中套用 for 循环。

```
for( ; ; )
{ …
for( ; ; )
{
…
   }
..
}
```

while 循环中套用 while 循环。

```
while( … )
{ …
while( … )
{
…
   }
…
}
```

do-while 循环中套用 for 循环。

```
do{ …
for( ; ; )
{
…
   }
…
}while( … );
```

除上面所列举的形式外，还有其他嵌套形式，任意 3 种循环语句都可以相互嵌套，且可以实现多层次的嵌套，但嵌套层次一般不要太多，嵌套层次过多会造成代码的运行效率急剧下降，建议不超过 3 层，下面通过具体的范例来实际运用循环嵌套。

📝 范例 6-11　　九九乘法表的打印

（1）在 Code::Blocks 16.01 中，新建名为 "Multiplication Table.c" 的【 C Source File 】源程序。
（2）在代码编辑区域输入以下代码（代码 6-11.txt）。

```
01  #include <stdio.h>
02  #include <stdlib.h>
03
04  int main()
05  {
06      int i=0,j=0;
07      printf("*");
08      for(i=1; i<=9; i++)    // 一个循环语句输出第一行表头
09          printf("%8d",i);
10      printf("\n");
11      for(i=1; i<=9; i++)
12      {
13          printf("%d",i);    // 输出行号
14          for(j=1; j<=i; j++)
15              printf("%3d*%d=%2d",i,j,i*j); // 输出表中数据
16          printf("\n");    // 输出换行
17      }
18      return 0;
19  }
```

【运行结果】
编译、连接、运行程序，按回车键，即可计算输出九九乘法表中内容，如下图所示。

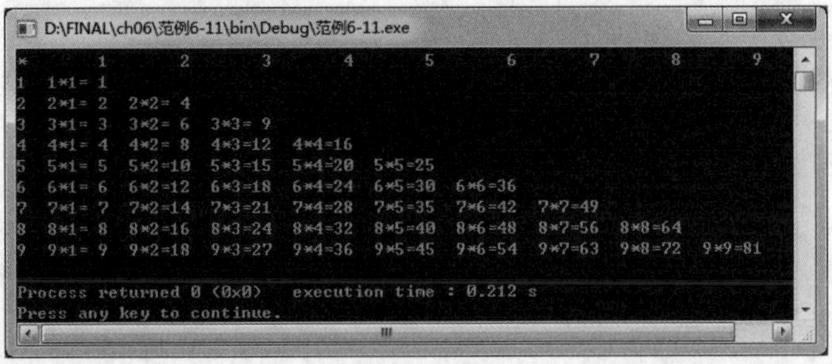

【范例分析】
本范例中，采用双层 for 循环的嵌套，从而实现九九乘法表的打印。九九乘法表是以行为单位进行输出，每行乘积数据是一组有规律的数，每个乘积数据的值是其所在行与列的乘积。第 08 行、第 09 行用循环语句输出表头 1~9，第 09 行～第 13 行使用循环嵌套输出九九乘法表的 9 行，每一行的列数与行数相关，所以内嵌循环语句中的表达式 2 与外层循环的 i 值有关。通常在嵌套循环中，内层循环总是与外层循环存在一定的关系，一般是外层循环的次数控制内层循环的次数或控制终止条件，所以在使用时多加注意。

6.4.5 辅助语句 break 和 continue

break 语句和 continue 语句的功能是改变程序的控制流。break 语句一般用于提前退出循环或跳出 switch 语句，在循环语句或 switch 语句中，执行 break 语句将导致程序立即从这些语句中退出，转去执行接下来的语句。

break 语句的功能，以生活中的例子来说就是突发事件将正在循环进行的事情中断，例如，现在正在上一节 45 分钟的课程，突然身体感觉不适，需要休息，则提前结束上课，以程序的形式表示如下。

```
for ( i=1; i<=45 ;i++)
{
  printf(" 上课进行中 !\n");
  if ( 身体不适 )
  break;
}
printf(" 休息 \n") ;
```

下面通过一个具体范例来理解和使用 break 语句在程序中的作用。

范例 6-12   素数的判定

输入大于 2 的整数，判断该数是否为素数。若是素数，输出"是素数"，否则输出"不是素数"。
（1）在 Code::Blocks 16.01 中，新建名为 "Prime.c" 的【C Source File】源程序。
（2）在代码编辑区域输入以下代码（代码 6-12.txt）。

```
01  #include <stdio.h>
02  #include <stdlib.h>
03  int main()
04  {
05      int m,i,flag; //引入标志性变量 flag，用 0 和 1 分别表示 m 不是素数或是素数
06      flag=1;
07      printf(" 请输入一个大于 2 的整数： ");
08      scanf("%d",&m);
09      for(i=2; i<m; i++) //i 从 2 变化到 m-1，并依次去除 m
10      {
11        if(m%i==0) // 如果能整除 m，表示 m 不是素数，可提前结束循环
12        {
13            flag=0; // 给 flag 赋值为 0
14            break;
15        }
16      }
17      if(flag)
18        printf("%d 是素数！ \n",m);
19      else
20        printf("%d 不是素数！ \n",m);
21      return 0;
22  }
```

【运行结果】

编译、连接、运行程序，从键盘上输入任意一个整数，按回车键，即可输出该数是否为素数，如下图所示。

【范例分析】

首先，素数是除了 1 和本身不能被其他任何整数整除的整数。判断一个数 m 是否为素数，只要依次用 2，3，4，…，m-1 作除数去除 m，只要有一个能被整除，m 就不是素数；如果没有一个能被整除，m 就是素数，代码实现讲解如下。

第 06 行，假设 m 是素数，先给 flag 赋初值为 1，如果不是素数再重新赋值，否则不用改变。

第 09 行～第 16 行，通过 for 循环依次用 2~m-1 去整除 m，如果能整除，说明 m 是素数，给 flag 变量赋值为 0，并用 break 语句退出循环（不用再继续循环到 i<m，此刻足以说明 m 不是素数）。

第 17 行～第 20 行，通过判断 flag 的值决定输出的内容。

在求解过程中，可以通过使用 break 语句使循环提前结束，不必等到循环条件起作用。而且 break 语句总是作 if 的内嵌语句，即总是与 if 语句一块使用，表示满足什么条件时才结束循环。

continue 语句只能被用于 while、do、for 语句中，其功能是用来忽略循环语句块内位于它后面的代码，从而直接开始另外新的循环。但是，continue 语句只能使直接包含它的语句开始新的循环。而不能作用于包含它的多个嵌套语句。

continue 语句的具体流程图如下所示。

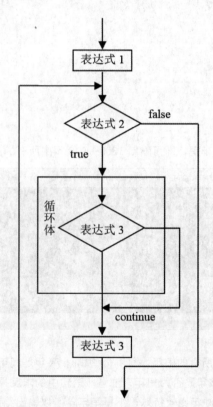

> **注意**
>
> continue 语句用在循环体中，它的作用是忽略循环体中位于它之后的语句，重新回到条件表达式的判断。

范例 6-13　判断1800年到2018年之间的所有闰年并输出

（1）在 Code::Blocks 16.01 中，新建名为"Leap Year.c"的【C Source File】源程序。
（2）在代码编辑区域输入以下代码（代码 6-13.txt）。

```c
01  #include <stdio.h>
02  #include <stdlib.h>
03  int main()
04  {
05      int year;
06      for(year=1800; year<=2018; year++)  //for 语句从 1800 年到 2018 年
07      {
08          if(!(year%4==0&&year%100!=0||year%400==0)) // 判断是否为闰年，注意 "!" 的作用
09          {
10              continue;   // 不是闰年就跳出本次循环
11          }
12          printf("%d ",year); // 输出闰年
13          if(year%10==0)      // 满足条件执行换行
14              printf("\n");
15      }
16      return 0;
17  }
```

【运行结果】

编译、连接、运行程序，按回车键，即可输出 1800~2018 年中所有的闰年，如下图所示。

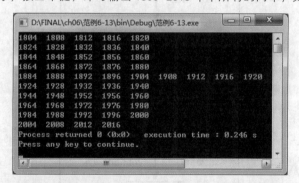

【范例分析】

本范例为判断 1800~2018 年中所有的闰年，利用 for 循坏，某年是闰年就输出，否则执行 continue 语句，继续下一次循环。第 08 行是判断该年是否为闰年，注意 if 语句中的求反操作"!"，第 13 行是为了实现控制每行仅输出 10 个年份，但由于 1900 年比较特殊，不是闰年，所以输出结果的第 5 行显示结果与其他行存在不同。

▶6.5 综合案例——改良版的计算器

学习 switch 选择语句时，曾实现过只能计算两个数的简单运算，但无法对输入数据进行合法性检查的简单计算器。为进一步完善此计算器，并将本章内容得以综合运用，故设计以下改良版计算器。

本案例将涉及单分支结构、双分支结构、switch 分支选择、循环结构控制、break 语句运用等多个知识点，该计算器能实现累计计算，即在之前计算结果基础上再进行计算，且对除数不能为 0 等输入合法性进行检验，进一步巩固本章所学知识点。

范例 6-14　　**改良版实现四则运算功能的计算器**

（1）在 Code::Blocks 16.01 中，新建名为 "Calculator.c" 的【C Source File】源程序。
（2）在代码编辑区域输入以下代码（代码 6-14.txt）。

```c
01  #include <stdio.h>
02  #include <stdlib.h>
03  int main()
04  {
05      double displayed_value;      //设置显示当前值变量
06      double new_entry;                //定义参与运算的另一个变量
07      char command_character;      //设置命令字符变量，用来代表 +、-、*、/ 运算
08      printf(" 改良版计算器程序 \n");
09      printf(" 提示 :(number>) 输入数值 ,(command>) 输入运算符 +、-、*、/\n");
10      printf("number>");
11      scanf("%if",&displayed_value);
12      getchar();                   //读取回车符
13      printf("command>");
14      scanf("%c",&command_character);     //输入命令类型如 +、-、*、/、C、Q
15      while (command_character != 'Q') //当接收 Q 命令时终止程序运行
16      {
17          switch(command_character)          //判断 switch 语句的处理命令
18          {
19          case 'c':
20          case 'C':
21              scanf("%if",&displayed_value); //当输入命令为 "C" 时，表示重置第一个数据
22              break;             //转向 switch 语句的下一条语句
23          case '+':
24              printf("number>");
25              scanf("%if",&new_entry);
26              displayed_value += new_entry; //进行加法运算
27              break;
28          case '-':             //当输入命令为 "-" 时，执行如下语句
29              printf("number>");
30              scanf("%if",&new_entry);
31              displayed_value -= new_entry;   //进行减法运算
32              break;
33          case 'x':
34          case 'X':
35          case '*':             //当输入命令为 "*" 时，执行如下语句
36              printf("number>");
37              scanf("%if",&new_entry);
38              displayed_value *= new_entry; //进行乘法运算
39              break;
40          case '/':             //当输入命令为 "/" 时，执行如下语句
41              printf("number>");
42              scanf("%if",&new_entry);
43              while(new_entry==0)
44              {
45                  printf(" 除数不能为 0，请重新输入！ \n");
46                  printf("number>");
47                  scanf("%if",&new_entry);
```

```
48              }
49              displayed_value /= new_entry;    // 进行除法运算
50              break;
51      default:              // 当输入命令为其他字符时，执行如下语句
52              printf(" 无效输入，请重新输入命令类型 !\n");
53          }
54          printf("Value :%if\n",displayed_value);
55          getchar();                  // 读取回车符
56          printf("command>");
57          scanf("%c",&command_character);         // 输入命令类型如 +、-、*、/、C、Q
58      }                      // 结束 while 循环语句
59      return 0;
60  }
```

【运行结果】

编译、连接、运行程序，先输入第 1 个数值，再从键盘上输入命令类型如 +、-、*、/，然后输入操作的第 2 个数，按回车键，即可实现简单计算操作。

当输入的命令类型为 "C" 时，表示是清除命令；当输入的命令类型为 "Q" 时，终止程序运行；当输入其他字符时，程序就会提醒 "无效输入，请重新输入命令类型！"。

【范例分析】

本范例中利用选择结构和循环结构，在 6.3.5 节中范例的基础上，完成了改良版四则运算的计算器。程序中利用 while 循环结构让程序可以多次进行四则运算，运用 switch 多分支语句来判断用户输入的运算符是否符合规定，以及是哪种运算符。case 分支中根据输入的运算符的不同分别对应执行不同的运算以及显示不同的操作提示。通过 while 循环还实现了除数不能为 0 的合法性检验，但程序与实际使用的计算器还有一些差距。若善于利用循环结构和选择结构可以完成一些非常的复杂的功能，但要注意程序设计的逻辑性，避免逻辑错误的发生，考虑实际情况，将程序的健壮性加强，以应对各种不合法情况。另外，使用循环结构时，必须避免死循环的发生。

▶6.6 疑难解答

问题 1：如果 switch 语句中的一个 case 分支中未加 break，对结果会造成怎样的影响？

解答：一个简单的 switch 例子如下所示。

```
switch( i )
{
    case 1:
    case 3:
        printf("%c" , 'a') ;
    case 5:
        printf("%c" , 'b') ;
                break;
    case 6:
        printf("%c" , 'c') ;
                break;
    default :
        printf("%c" , 'd') ;
}
```

运行结果为：当输入的 i 为 1 和 3 时，结果均为 ab；当输入的 i 为 5 时，结果为 b；当输入的 i 为 6 时，结果为 c，其他输出为 d。从结果中可以看出 case 1 和 case 3 语句后面均没有 break，一直执行到 case 5 中才结束输出。因此当 case 分支中没有加 break 时将进入下一个分支 case 中去，直到遇到 break 才会结束 switch 语句。

问题 2：使用 for 语句时的易错点有哪些？

解答：（1）在 for 语句头中，将表达式 1、表达式 2、表达式 3 中间两个分号误写为逗号，将造成语法错误。

（2）在 for 语句头的右括号之后写上了一个分号，使得 for 语句的循环体是一条空语句，将造成逻辑错误，详细讲解见本章 6.4.2 节。

（3）在界定一个复合语句时忘了加花括号，所以建议即使循环体只有一条语句也要加上一对花括号。

（4）循环语句的前后要各空一行，以增加程序的可读性。

问题 3：三种循环控制语句使用时有何特点？

解答：（1）3 种循环可以相互替换，且都可以使用 break 和 continue 语句控制循环转向。

（2）while 语句和 for 语句是先判断条件，后执行循环体；而 do-while 语句是先执行循环体，再判断条件。

（3）for 语句一般用于明确循环次数的情况下，while 和 do-while 语句多用于不能确定循环次数的情况下。

（4）在 while 和 do-while 语句中，循环变量的初始化应该在循环前提前，并在 while 后指定循环条件，循环体中要包含使循环趋于结束的语句，在 for 循环中则可把这些操作放在 for 语句中执行。

问题 4：break 和 continue 在用法上有什么不同之处？

解答：break 语句直接结束循环，在 switch 语句中会直接结束 switch 结构。continue 语句会结束本次循环，进入下一次循环，即 continue 后面的语句不再被执行。另外，在嵌套循环中，break 和 continue 都只是作用于其所在的内层循环，对外层循环无影响。例如在 for 中依次输出 1~10，加入 break 和 continue 的效果如下。

```
int i;
for(i=1;i<=10;i++)
{
    if(i==8)
        break;
    if(i==3)
        continue;
```

```
        printf("%d ", i);
    }
```

上面程序结果显示为：1 2 4 5 6 7。

　　根据结果可以看出当 i 等于 3 时，并未执行输出语句，而是进入了下一次循环中，说明 continue 会跳过本次循环后续语句进入下次循环中。而 break 则是直接结束循环，由结果显示到 7 便可得出。

第 **7** 章

数组

数组是用来存储和处理同一种数据类型数据的数据集合。使用数组可以在很大程度上减少代码的开发量，同时可为处理复杂问题提供解决的方法。

本章要点（已掌握的在方框中打钩）

☐ 一维数组
☐ 二维数组
☐ 多维数组
☐ 字符数组

▶7.1 数组概述

之前已经学过定义和使用变量，每个变量只能存储一个数值，当需要存储和处理一批数据时，要如何处理呢？例如，对某城市五月份每天的气温进行统计，找出最大值及对应的是哪一天。用 31 个变量 *tempera*1，*tempera*2，*tempera*3，…，*tempera*31 表示每天的气温，处理非常繁琐。又如，存储一个 $m×n$ 的二维矩阵，需要定义 $m×n$ 个变量来表示矩阵中的每个分量。经过分析发现这些数据具有共同的特征：都由若干分量组成；数据各分量都是同一类型（可取任何数据类型）；这些分量都是按照一定的顺序排列。

可以用数组来表示这一组数据。数组就是用来存储和处理一组相同类型的数据的构造类型。

C 语言提供了三种构造数据类型：数组、结构体、共用体。构造类型是由基本数据类型构造而成的。构造类型的每一个分量都是一个变量，可以是一个简单类型或者构造类型。构造类型分量的使用方法与简单变量相同。构造类型分量占用相邻的存储空间。对于构造类型，重点是访问其分量的方法。

数组：一组具有相同数据类型的数据的有序集合。前面例子中五月份的气温就可以用一维数组来表示，二维矩阵可以用二维数组来表示。

▶7.2 一维数组

7.2.1 一维数组的定义

一维数组是使用同一个数组名存储一组数据类型相同的数据，用下标区别数组中的不同元素。

01 一维数组定义的一般形式

类型说明符 数组名 [常量表达式];

类型说明符表示数组中的所有元素类型。数组名的命名规则与变量名一致。常量表达式定义了数组中存放的数据元素的个数，也就是数组长度。

例如：针对 7.1 节中的问题，定义表示五月份每天的气温的数组。

int temperature[31];

或者：

```
#define DAY 31
int  temperature[DAY];
```

上述两种形式都正确地定义了一个名称为 "temperature" 的整型数组，该数组含有 31 个整型变量，这 31 个变量的下标依次是 *temperature*[0]，*temperature* [1]，*temperature* [2]，*temperature* [3]，…，*temperature* [30]。

需要注意的是，在 C 语言中，数组元素的下标总是从 0 开始标记的，而不是从 1 开始。

又如：

float score[5]; /* 包含 5 个 float 类型元素的数组名为 score 的数组，下标范围从 0 到 4*/
char name[8]; /* 包含 5 个 char 类型元素的数组名为 name 的数组，下标范围从 0 到 7*/

02 一维数组的引用

数组必须先定义，后使用。只能逐个引用数组元素，不能一次引用整个数组。

数组元素的表示形式如下。

数组名 [下标];

其中，下标可以是整型常量或整型表达式。下标的合法范围是由 0 到数组元素个数 -1。

数组 temperature 中的元素 *temperature*[0] 是一个整型变量，它存储的是数据 27，它在使用上与一般的变量没有区别，例如 int x=27，*temperature* [0] 与 *x* 的不同之处在于 *temperature* [0] 采用了数组名和下标组合的形式。

以下面的代码为例：

```
printf(", %d\n", temperature [0], temperature [30]);
```

输出结果如下。

```
27, 32
```

又如输出五月份每天气温，见下面的代码。

```
for(i=0;i<=30;i++)
  printf("temperature [i]=%d\n", temperature [i]);
```

从这些例子中可以看出使用数组一个很直观的好处就是可以很大程度上减少定义的变量数目。原来需要定义 31 个变量，使用数组后，仅使用 temperature 作为数组名，改变下标值，就可以表示这些变量了。使用数组还有一个好处就是访问数组中的变量非常方便，只需要变动下标就可以达到访问不同值的目的。当然还有其他一些好处，如数据的查找、数据的移动等。

03 一维数组定义和引用的说明

（1）数组使用的是方括号"[]"，不要误写成小括号"()"。

```
int a(10); /* 是错误的形式 */
```

（2）对数组命名必须按照命名规则进行。

（3）定义数组时，*temperature* [31] 括号中的数字 31 表示的是定义数组中元素的总数。在定义数组元素数目时，如上例中的 31 或者 DAY，用于数组的定义时要求括号当中一定要是常量，而不能是变量。如下面的代码就是错误的。

```
int number=31;
int temperature [number]; /* 在编译这样代码时，编译器会报错 */
```

（4）数组元素下标总是从 0 开始。以前面定义的 temperature 数组为例，数组元素下标的范围是 0~30，而不是 1~31，大于 30 的下标会产生数组溢出错误，下标更不能出现负数。

```
temperature [0] /* 是存在的，可以正确访问 */
temperature [30] /* 是存在的，可以正确访问 */
temperature [31] /* 是不存在的，无效的访问 */
temperature [-1] /* 是错误的形式 */
```

（5）使用该数组的元素时，下标可以是常量，也可以是变量，或者是表达式。temperature [2]=23 括号中的数值是下标，表示的是使用数组中的哪一个元素。

假如 temperature 数组已经正确定义，下面的代码是正确的。

```
int n = 3;
temperature [n] = 24; /* 等价于 temperature [3]=24; */
temperature [n+1]=26; /* 等价于 temperature [4]=26; */
temperature [n/2]=21; /* 等价于 temperature [1]=21，这个是需要注意的，下标只能是整数，如果是浮点数，编译器会舍弃小数位取整数部分 */
```

04 一维数组的存储

数组在内存中占据一块连续的存储区域。如：int a[5]; 数组 a 在内存中的存储形式如下图所示。

1000	a[0]
1004	a[1]
1008	a[2]
1012	a[3]
1016	a[4]

在内存地址是 1000 的单元中存储了 a[0] 元素，然后地址从低到高，每次增加 4 个字节（int 类型占用 4 个字节），顺序存储了其余元素的值。a[1] 就是在 a[0] 的地址基础上加 4 个字节，同理，a[4] 的地址就是在 a[0] 地址的基础上加 4×4 个字节，共 16 个字节。所以对于数组，只要知道了数组的首地址，就可以根据偏移量计算出待求数组元素的地址。数组在内存中所占字节数 =sizeof(数据类型)× 数组长度。数组的首地址又是怎样得到的呢？其实 C 语言在定义数组时，就已经预先设置好了这个地址，这个预设值就是数组名。因此数组名是数组在内存中的首地址，也是数组第一个元素的地址，即 a=&a[0]。

7.2.2 一维数组的初始化

一维数组的初始化是在定义一维数组的同时给数组元素赋初值。

int a[5]={5, 3, 1, 4, 2}; /* 定义整型数组，同时初始化数组的 5 个元素 */

在数学中使用 "{ }" 表示的是集合的含义，这里也一样，这对括号就是圈定了这组数组的值，或者省略数组元素的个数，如下面的语句。

int a[ ]={5, 3, 1, 4, 2};   /* 定义整型数组，同时初始化数组的 5 个元素 */

因为 "{ }" 中是每个数组元素的初值，初始化也相当于告诉了我们数组中有多少个元素，所以可以省略 "[ ]" 中的 5。定义数组同时对其初始化，可以省略中括号中数组的个数。但是如果分开写就是错误的，如下面的代码。

int code[5]; /* 定义数组 */
code[5]={5, 3, 1, 4, 2}; /* 错误的赋值 */

数组初始化时常见的情况如下。

（1）在定义数组时对全部数组元素赋初值。

int a[5]={5, 3, 1, 4, 2};   /* 等价于： a[0]=5; a[1]=3; a[2]=1; a[3]=4; a[4]=2;*/

（2）定义数组时只给数组中的一部分元素赋初值。

int a[5]={0,1,2};   /* 等价于： int a[5]={0,1,2,0,0}; */

（3）定义数组且对全部数组元素赋初值，可不指定数组的长度。

int a[ ]={5, 3, 1, 4, 2};   /* 等价于： int a[5]={5, 3, 1, 4, 2}; */

> **注意**
>
> 数组不初始化，其元素值为随机数。

7.2.3 一维数组元素的操作

数组的特点是使用同一个变量名，但是不同的下标。因此可以使用循环控制数组下标的值，进而访问不同的数组元素。例如：

```
int i;
int a[5]={1,2,3,4,5}; /* 定义数组，同时初始化 */
for(i=0;i<5;i++) /* 循环访问数组元素 */
printf("%d",a[i]);
```

for 语句中，循环变量 *i* 的初值是 0，终值是 4，步长是 1，调用 printf() 函数就可以访问数组 a 中的每一个元素。

对于一维数组元素的相关基本操作有：数组元素的输入、输出、删除、插入、查询和排序等，通常和循环配合使用，如上面的例子就是数组元素的输出。

📝 范例 7-1　　有一个已排列好的数组，今输入一个数，要求按原来排序的规律将它插入数组中

（1）在 Code::Blocks 16.01 中，新建名为"数组元素的插入 .c"的【C Source File】源程序。
（2）在代码编辑窗口输入以下代码（代码 7-1.txt）。

```
01    #include <stdio.h>
02    int main(){
03      int i, data,a[10]={2,3,6,9,11,12,14,17,19};
04      printf(" 原始数列 :\n");
05      for(i = 0;i< 9;i++)
06        printf("%d ",a[i]);
07      printf("\n");
08      printf(" 请输入要插入的数据 :\n");
09      scanf("%d",&data);
10      for(i = 8;i >= 0;i--)
11        if(a[i]< data) break;
12        else a[i+1]=a[i];
13      a[i+1]=data;
14      printf(" 插入数据之后的数列 :\n");
15      for(i = 0;i< 10;i++)
16        printf("%d ",a[i]);
17      return 0;
18    }
```

【运行结果】
编译、连接、运行程序，输出结果如下图所示。

【范例分析】
通过循环将数列从后往前依次和插入数据进行比较，如果比插入数据大，就向后移动一个位置，直到某个位置的数据比插入数据小，则将插入数据放在该位置后面。

📝 范例 7-2　　对某城市五月份每天的气温进行统计，找出最大值及对应的是哪一天

（1）在 Code::Blocks 16.01 中，新建名为"气温最大值 .c"的【C Source File】源程序。
（2）在代码编辑窗口输入以下代码（代码 7-2.txt）。

```
01   #include <stdio.h>
02   int main(){
03     int i, index,max, a[31];
04     printf("enter data:\n");
05     for(i = 0;i<31;i++)
06       scanf("%d", &a[i]);
07     max = a[0];index=0;
08     for(i = 1;i<31;i++)
09       if(a[i]>max) { max = a[i]; index=i;}
10     printf("max = %d,index=%d", max,index+1);
11     return 0;
12   }
```

【运行结果】

编译、连接、运行程序，输出结果如下图所示。

【范例分析】

定义变量 max 存放当前最大值，index 记录最大值的位置，先设定 max 是 a[0]，利用循环将 max 和从 a[0] 后面的元素逐个比较。

📝 范例 7-3   有10个同学的成绩，要求把他们的成绩从高到低排列

（1）在 Code::Blocks 16.01 中，新建名为"冒泡排序 .c"的【CSource File】源程序。
（2）在代码编辑窗口输入以下代码（代码 7-3.txt）。

```
01   #include<stdio.h>
02   int main()
03   {
04     int score[10];
05     int i,j,t;
06     printf(" 请输入 10 个学生的成绩 :\n");
07     for (i=0;i<10;i++)
08       scanf("%d",&score[i]);
09     printf("\n");
10     for(j=0;j<9;j++)
11       for(i=0;i<9-j;i++)
12         if (score[i]<score[i+1])
13           {t=score[i];score[i]=score[i+1];score[i+1]=t;}
14     printf(" 排好序的成绩 :\n");
15     for(i=0;i<10;i++)  printf("%d ",score[i]);
16     printf("\n");
17   }
```

【运行结果】

编译、连接、运行程序，输出结果如下图所示。

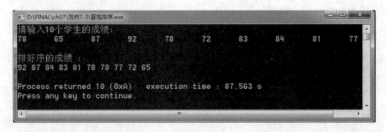

【范例分析】

本范例是对一组数据进行排序，程序采用冒泡排序法进行排序。冒泡排序法的基本思路：对存放原始数据的数组进行从前向后扫描进行多次扫描，每次遍历一遍叫作一趟。一趟中，相邻两个数比较，如果不满足目标排序，就交换位置，这样 score[0] 和 score [1] 比，然后 score [1] 和 score [2] 比，…，score [n-2] 和 score [n-1] 比，依次完成，最后最大（最小）的数放在 score [n-1] 中。第一趟下来，前面 n-1 个数还是无序的，最后一个数是有序的。接下来，第二趟找出第二大（第二小）的数，和第一趟方法一样，不再赘述。第三趟找出第三大（第三小）的数，…，第 n-1 趟找出第 n-1 大（第 n-1 小）的数，即排序完成。下图显示第一趟排序的过程。

score[0]	78	78	78	78	78	78	78	78	78	78
score[1]	65	65	87	87	87	87	87	87	87	87
score[2]	87	87	65	92	92	92	92	92	92	92
score[3]	92	92	92	65	78	78	78	78	78	78
score[4]	78	78	78	78	65	72	72	72	72	72
score[5]	72	72	72	72	72	65	83	83	83	83
score[6]	83	83	83	83	83	83	65	84	84	84
score[7]	84	84	84	84	84	84	84	65	81	81
score[8]	81	81	81	81	81	81	81	81	65	77
score[9]	77	77	77	77	77	77	77	77	77	65

冒泡排序中第一趟排序

其余各趟排序过程不再赘述。n 个数要进行 n-1 趟排序。第一趟要进行 n-1 次两两比较；第二趟要进行 n-2 次两两比较；依此类推，第 j 趟要进行 n-j 次两两比较。排序过程用二重循环控制，外重循环控制趟的变化，内重循环控制每趟排序，相邻位置两个数依次比较，如果不满足目标排序则交换位置。

📝 范例 7-4　　将两个升序的数组合并成一个新的数组

（1）在 Code::Blocks 16.01 中，新建名为"数组合并 .c"的【C Source File】源程序。
（2）在代码编辑窗口输入以下代码（代码 7-4.txt）。

```
01  #include<stdio.h>
02  int main()
03  {
04      int m,n,a[20],b[20],c[40],i,j,t=0;
05      printf(" 输入 a 数组的个数和元素：\n");
06      scanf("%d",&m);
07      for(i=0;i<m;i++)
```

```
08      scanf("%d",&a[i]);
09    printf(" 输入 b 数组的个数和元素: \n");
10    scanf("%d",&n);
11    for(i=0;i<n;i++)
12      scanf("%d",&b[i]);
13    for(i=0,j=0;t<m+n;t++){
14      if(a[i]<b[j]){
15        c[t]=a[i];
16        i++;
17      }
18      else{
19        c[t]=b[j];
20        j++;
21      }
22    }
23    printf(" 合并后的数组是: \n");
24    for(i=0;i<t;i++)
25      printf("%4d",c[i]);
26    return 0;
27  }
```

【运行结果】

编译、连接、运行程序，输出结果如下图所示。

【范例分析】

本范例用一个循环，比较数组 a 和 b 的元素，用两个变量 i 和 j 分别记录 a 和 b 两个数组元素的下标，如果当前比较中数组 a 的元素小，则该数存入新数组中，变量 i 指向下一个元素的位置，反之，则 b 数组的元素存入新数组中，变量 j 指向下一个元素的位置，然后进入下一次循环，直到把所有的数都比较完，即合并完毕。

7.2.4 一维数组应用举例

范例 7-5   统计候选人的选票。设候选人有3人，其编号为1~3，约定0为统计结束标志

（1）在 Code::Blocks 16.01 中，新建名为 "候选人选票 .c" 的【 C Source File 】源程序。
（2）在代码编辑窗口输入以下代码（代码 7-5.txt ）。

```
01  #include <stdio.h>
02  main()
03  {
04    int x,n[4]={0};
```

```
05      printf(" 请输入候选人号码 :");
06      scanf("%d",&x);
07      while(x)
08      {
09          n[x]++;
10        printf(" 请输入候选人号码 :");
11          scanf("%d",&x);
12      }
13      printf("\n 统计结果： \n");
14      for(x=1;x<=3;x++)
15      printf("%d 号候选人的票数是 %d\n",x,n[x]);
16  }
```

【运行结果】

编译、连接、运行程序，输出结果如下图所示。

【范例分析】

本范例用数组统计，定义一个数组 n[4]，n[1] 元素存放 1 号的票数，n[2] 元素存放 2 号的票数，n[3] 元素存放 3 号的票数，数组元素的下标与要统计的候选人的编号吻合，故可直接采用 n[x]=n[x]+1。

利用数组作为一组计数器，将统计对象的值与存放该统计值的下标挂起钩来。这样既可以使程序简洁，又可提高程序效率。

范例 7-6   有一个大小为50的整数数组，里面的数字是随机生成的，均介于1到99之间，但是数字有重复，需要去除数组中的重复数字进行存储

（1）在 Code::Blocks 16.01 中，新建名为"数组去重 .c"的【C Source File】源程序。
（2）在代码编辑窗口输入以下代码（代码 7-6.txt）。

```
01  #include <stdio.h>
02  #include <stdlib.h>
03  #include <time.h>
04  int main()
05  {
06      int a[50],b[50],i,j,temp,t,count;
07      srand((unsigned int)time(NULL));// 设置当前时间为种子
08      for (i = 0; i < 50; ++i){
```

```
09        a[i] = rand()%100+1;// 产生 1~100 的随机数
10      }
11      // 输出数组
12      printf(" 随机生成的数组：\n");
13      for (i = 0; i < 50; i++){
14        printf ("%4d", a[i]);
15        if((i+1)%10==0)printf("\n");
16      }
17      // 用选择排序算法对数组排序
18      for(i=0;i<49;i++)
19        for(j=i+1;j<50;j++)
20          if(a[i]>a[j]){
21            temp=a[i];
22            a[i]=a[j];
23            a[j]=temp;
24          }
25       // 输出排序数组
26      printf(" 数组从小到大排序：\n");
27      for (i = 0; i < 50; i++){
28        printf ("%4d", a[i]);
29        if((i+1)%10==0)printf("\n");
30      }
31      // 数组去重输出
32      t=0;
33      for(i=0;i<50;){
34        b[t++]=a[i];
35        for(j=1;;j++){
36          if(a[i]==a[i+j])continue;
37          if(a[i]!=a[i+j])break;
38        }
39        i=i+j;
40      }
41      count=t;
42      printf(" 去重后的数组共 %d 个数据 \n",count);
43      for (i = 0; i <count; i++){
44        printf ("%4d", b[i]);
45        if((i+1)%10==0)printf("\n");
46      }
47      return 0;
48  }
```

【运行结果】

编译、连接、运行程序，输出结果如下图所示。

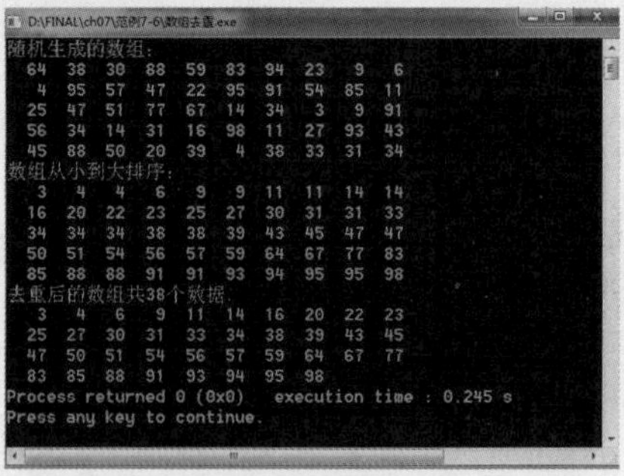

【范例分析】

本范例首先用 srand( ) 和 rand( ) 函数生成随机值放在数组中。srand(unsigned seed) 函数是通过参数 seed 改变系统提供的种子值，从而可以使得每次调用 rand( ) 函数生成的伪随机数序列不同，从而实现真正意义上的 "随机"。通常可以利用系统时间来改变系统的种子值，即 srand(time(NULL))，可以为 rand( ) 函数提供不同的种子值，进而产生不同的随机数序列。

其次，采用选择排序法进行排序。选择排序的基本思路：对存放原始数据的数组进行从前向后扫描进行多次扫描，每次遍历一遍叫做一趟。一趟中，打擂台，假定 a[0] 是最大（最小）的数，和 a[1] 比较，如果不满足目标顺序就交换数据，然后拿 a[0] 依次和 a[2]，a[3]，…，a[n-1] 做同样的操作，第一趟下来，a[0] 存放最大（最小）的数，第一个数有序，后面 n-1 个数无序。下图显示第一趟排序的过程。

a[0]	90	79	79	26	26	26	26	26	5	5
a[1]	79	90	90	90	90	90	90	90	90	90
a[2]	98	98	98	98	98	98	98	98	98	98
a[3]	26	26	26	79	79	79	79	79	79	79
a[4]	42	42	42	42	42	42	42	42	42	42
a[5]	52	52	52	52	52	52	52	52	52	52
a[6]	42	42	42	42	42	42	42	42	42	42
a[7]	58	58	58	58	58	58	58	58	58	58
a[8]	5	5	5	5	5	5	5	5	26	26
a[9]	49	49	49	49	49	49	49	49	49	49

选择排序中第一趟排序

其余各趟排序过程不再赘述。n 个数要进行 n-1 趟排序。第一趟，a[0] 依次和后面的数据进行比较；第 2 趟，a[1] 依次和后面的数据进行比较；依此类推，直到第 n-1 趟，a[n-2] 和后面的数据进行比较。排序过程用二重循环控制，外重循环控制趟的变化，内重循环控制每趟排序，找到本趟的最小（大）值。

最后，用一个二重循环进行数组去重，外层循环遍历数组，数组 b 存储去重数据，内层循环是拿当前元素和后一个元素比较，如果相同，则这个数据不计入数组 b，继续循环到下一个元素，直到是不相同的元素，内层循环结束，将该元素存储到数组 b 中。

▶ 7.3 二维数组

如果现在要处理 30 个学生 5 门课程的成绩，该怎么办？当然可以使用多个一维数组解决，例如 score1[30]、score2[30]、score3[30]、score4[30]、score5[30]，每个数组分别存储一门课程的成绩，比较繁琐，并且不能直观地表示同一个人各门课的成绩，有没有更好的方法呢？答案是肯定的，使用二维数组。

7.3.1 二维数组的定义

本节介绍二维数组的定义和使用的方法。

01 二维数组定义的一般形式

类型说明符 数组名 [常量表达式 1] [常量表达式 2];

类型说明符表示数组中的所有元素类型。常量表达式 1 表示数组的行数，常量表达式 2 表示数组的列数。数组元素的个数是常量表达式 1× 常量表达式 2。

例如，定义表示 30 个学生 5 门课程成绩的数组。

int score[30][5];

以上语句表示 30 行 5 列的整型数组。语义上，每行分别表示学生的各门课的成绩。
又如：

```
int  a[3][4]; /* 定义 a 为 3 行 4 列的整型数组 */
float b[5][8]; /* 定义 b 为 5 行 8 列的浮点型数组 */
```

不能写成下面的形式。

```
int  a[3,4]; /* 错误数组定义 */
float b[5,8]; /* 错误数组定义 */
```

二维数组在逻辑上看成是一个行列矩阵。以 a[3][4] 为例：

a[0][0]	a[0][1]	a[0][2]	a[0][3]
a[1][0]	a[1][1]	a[1][2]	a[1][3]
a[2][0]	a[2][1]	a[2][2]	a[2][3]

那么，二维数组在内存中是如何存储的？我们知道内存是一块连续的存储区域，是一维的。按照行序优先的原则在内存中存储二维数组的元素。

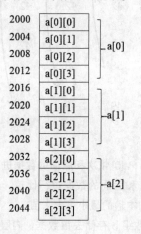

✧　二维数组可被看作是一种特殊的一维数组，它的元素又是一个一维数组。把 a 看作是一个一维数组，它有 3 个元素：a[0]、a [1]、a [2]，每个元素又是一个包含 4 个元素的一维数组。

✧　已知 a[0][0] 在内存中的地址，a[1][2] 的地址是多少呢？计算方法如下。a 是整型数组，每个元素占 4 个字节。

　　a[1][2] 的地址 = a[0][0] 地址 + 24 字节

　　24 字节 = （1 行 *4 列 +2 列）*4 字节

✧　还需要注意数组 a[3][4] 元素下标的变化范围，行号范围是 0~2，列号范围是 0~3。

数组 a 在内存中的存储形式

02 二维数组的引用

二维数组的引用和一维数组引用一样，要先定义，后使用。只能逐个引用数组元素，不能一次引用整个数组。

数组元素表示形式如下。

数组名 [行下标] [列下标];

其中：下标可以是整型常量或整型表达式。行下标的合法范围是由 0 到行长度 -1，列下标的合法范围是由 0 到列长度 -1。

例如下面的代码：

```
b[1][2]=a[2][1];
```

又如输出数组 a 第 0 列的元素：

```
for(i=0;i<m;i++)
    printf("%d\n",a[i][0]);
```

7.3.2 二维数组的初始化

二维数组的初始化是在定义二维数组的同时给数组元素赋初值。

初始化有以下几种方式。

01 分行赋初值

```
int a[3][4]={{1,2,3,4},{5,6,7,8}, {9,10,11,12}};/* 给全部数组元素赋初值 */
```

定义二维数组时也可以只给部分元素赋初值。

```
int a[3][4]={{3},{5},{8}};    /* 等价于 int a[3][4]={{3,0,0,0},{5,0,0,0}, {8,0,0,0}}; */
```

还可以只给部分列的元素赋初值。

```
int a[3][4]={{1},{3,9}};    /* 相当于 int a[3][4]={{1},{3,9},{0}};*/
```

02 顺序赋初值

前面已经讲过,二维数组在内存中是按照线性顺序存储的,所以内存括号可以省去,不会产生影响。

```
int a[3][4]={1,2,3,4,5,6,7,8,9,10,11,12};
/* 等价于 int a[3][4]={{1,2,3,4},{5,6,7,8}, {9,10,11,12}};*/
```

省略行长度。

```
int a[ ][4]={1,2,3,4,5,6,7,8,9,10,11,12};
```

编译器会根据所赋数值的个数及数组的列数,自动计算出数组的行数。分行赋初值时,在初值表中列出了全部行。

```
int b[ ][3]={{1,2,3},{},{4,5},{}};
/* 等价于 int b[4][3]={{1,2,3},{0,0,0}, {4,5,0},{0,0,0}};*/
/* 建议不要省略行长度 */
```

7.3.3 二维数组元素的操作

二维数组元素的操作和一维数组元素的操作相似,一般使用双重循环,按行优先顺序遍历数组的元素,外层循环控制数组的行标,内层循环控制数组的列标。例如:

```
int a[3][3],i,j;
   for(i=0;i<=2;i++)
     for(j=0;j<=2;j++)
        scanf("%d",&a[i][j]);
   for(i=0;i<=2;i++)
   {  for(j=0;j<=2;j++)
           printf("%5d",a[i][j]);
      printf("\n");
   }
```

第一个二重循环操作是数组的输入操作,外层循环变量 i 控制行的变化,内层循环变量 j 控制行内列的变化。第二个二重循环是数组的输出操作,和输入操作类似。注意一行末尾要输出一个换行。

范例 7-7　输入 n*n 的方阵，然后将该方阵转置（行列互换）后输出

（1）在 Code::Blocks 16.01 中，新建名为"方阵转置 .c"的【C Source File】源程序。
（2）在代码编辑窗口输入以下代码（代码 7-7.txt）。

```
01  #include <stdio.h>
02  #define N 4
03  int main()
04  {
05      int i, j, temp;
06      int a[N][N];
07      /* 给二维数组赋值 */
08      printf(" 请给二维数组赋值：\n");
09      for(i = 0; i < N; i++)
10          for(j = 0; j < N; j++)
11              scanf("%d",&a[i][j]);
12      /* 行列互换 */
13      for(i = 0; i < N; i++)
14          for(j = 0; j < N; j++)
15              if (i <= j) {     /* 只遍历上三角阵 */
16                  temp = a[i][j];
17                  a[i][j] = a[j][i];
18                  a[j][i] = temp;
19              }
20      /* 按矩阵的形式输出 */
21      printf(" 输出转置的方阵：\n");
22      for(i = 0; i < N; i++){
23          for(j = 0; j < N; j++)
24              printf("%d ",a[i][j]);
25          printf("\n");
26      }
27      return 0;
28  }
```

【运行结果】

编译、连接、运行程序，输出结果如下图所示。

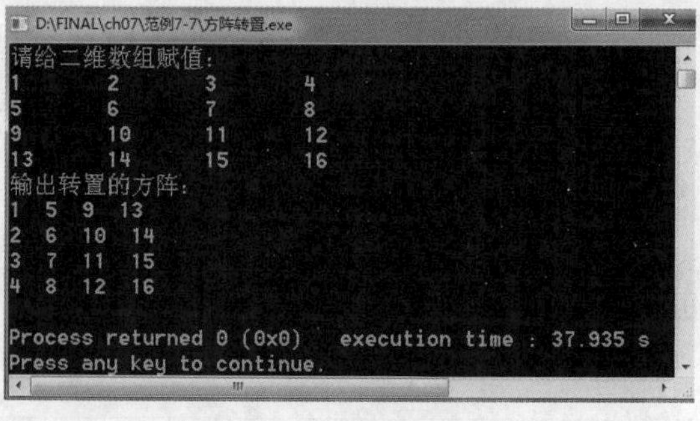

【范例分析】

定义一个符号常量 N 表示方阵的阶。有三个二重循环，都是外层循环控制行标，内层循环控制列标。第一个二重循环给数组输入数据，第二个二重循环进行处理，进行行列互换，只需要处理上三角阵，满足行标小于列标的条件，交换以对角线为对称的相应位置的数据。第三个二重循环输出二维数组。

📝 范例 7-8　　输入一个日期，格式为year-month-day。year是小于9999的正整数。计算该日期是该年的第几天

（1）在 Code::Blocks 16.01 中，新建名为"第几天 .c"的【C Source File】源程序。
（2）在代码编辑窗口输入以下代码（代码 7-8.txt）。

```
01   #include<stdio.h>
02   int main()
03   {
04       int year, month, day, i, leap;
05       int tab[2][13]={
06           {0, 31, 28, 31, 30,31,30,31,31,30,31, 30,31},
07           {0, 31, 29, 31, 30,31,30,31,31,30,31, 30,31}     };
08       printf(" 请输入日期 (yyyy-mm-dd):\n");
09       scanf("%d-%d-%d",&year,&month,&day);
10       leap = ((year%4==0&&year%100!=0) || year %400==0);
11       for (i=1; i<month; i++)
12           day = day + tab[leap][i];
13       printf(" 是 %d 的第 %d 天 ",year,day);
14       return 0;
15   }
```

【运行结果】

编译、连接、运行程序，输出结果如下图所示。

【范例分析】

定义一个二维数组分别存放平年和闰年各个月份的天数。输入一个日期，所属年份如果是平年，则选择二维数组的第一行；如果是闰年，则选择二维数组的第二行。

7.3.4 ▶ 二维数组应用举例

📝 范例 7-9　　期末考试，*m*个同学的*n*门课程的成绩存储在一个*m*行*n*列的成绩汇总表中，编写程序，计算并输出每门课程的平均成绩和最高分

（1）在 Code::Blocks 16.01 中，新建名为"课程平均成绩 .c"的【C Source File】源程序。
（2）在代码编辑窗口输入以下代码（代码 7-9.txt）。

```
01   #include<stdio.h>
02   #define M 30
03   #define N 10
04   int main()
05   {
06       int score[M][N]={0};
07       int m,n,i,j;
```

```
08      int max[N];
09      double s[N];
10      printf(" 请输入学生人数和课程门数：\n");
11      scanf("%d%d",&m,&n);
12      printf(" 请输入各门课的成绩：\n");
13      for(i=0;i<m;i++)
14        for(j=0;j<n;j++)
15          scanf("%d",&score[i][j]);
16      for(j=0;j<n;j++){
17        s[j]=0.0;
18        max[j]=score[0][j];
19        for(i=0;i<m;i++){
20          s[j]=s[j]+score[i][j];
21          if(score[i][j]>max[j]) max[j]=score[i][j];
22        }
23        s[j]=s[j]/m;
24      }
25      printf(" 平均成绩    最高分：\n");
26      for(j=0;j<n;j++){
27        printf("%.2f      %d",s[j],max[j]);
28        printf("\n");
29      }
30    }
```

【运行结果】

编译、连接、运行程序，输出结果如下图所示。

【范例分析】

本题用一个 *m* 行 *n* 列的二维数组存储学生多门课程的成绩，分别用一个一维数组存储每门课程的平均成绩和最高分。在计算课程平均成绩和最高分时，需要注意，每一行是一个学生的成绩，每一列是一门课程的成绩，所以需要用一个二重循环，外层循环控制列标，内层循环控制行标，这样就是按列计算了。

📝 范例 7-10   找出一个二维数组中的鞍点，即该位置上的元素在该行上最大，在该列上最小，也可能没有鞍点

（1）在 Code::Blocks 16.01 中，新建名为 "找鞍点 .c" 的【C Source File】源程序。
（2）在代码编辑窗口输入以下代码（代码 7-10.txt）。

```
01  #include<stdio.h>
02  #define M 3
03  #define N 4
```

```
04   int main()
05   {
06     int a[M][N],max,maxi,maxj,i,j,k,t=0;
07     printf(" 输入数组中的数据: \n");
08     for(i=0;i<M;i++)
09       for(j=0;j<N;j++)
10         scanf("%d",&a[i][j]);
11     for(i=0;i<M;i++){
12       max=a[i][0];
13       for(j=0;j<N;j++){
14         if(a[i][j]>max){
15           max=a[i][j];
16           maxj=j;
17         }
18       }
19       maxi=i;
20       for(k=0;k<M;k++){
21         if(a[k][maxj]<max)break;
22       }
23       if(k==M){
24         printf(" 第 %d 行第 %d 列是鞍点 \n",maxi+1,maxj+1);
25         t=1;
26       }
27     }
28     if(t==0)printf(" 没有鞍点!  \n");
29     return 0;
30   }
```

【运行结果】

编译、连接、运行程序，两次运行的输出结果分别如下图所示。

 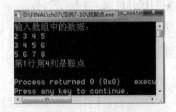

【范例分析】

本范例通过用一个二重循环，外层循环控制行，内层循环是要找出本行中是否存在鞍点，首先通过一个单循环在本行中找出最大值的元素，接着通过一个单循环，将该元素与该元素所在列的元素进行比较。若存在比该元素小的元素，则退出循环，该行没有鞍点；如果循环正常结束，则该元素是鞍点，并将一个鞍点标志变量 t 设置为 1。这样逐行检验，如果所有行均没有鞍点，$t=0$，最后输出没有鞍点的信息。

7.3.5 多维数组

C 语言中允许定义任意维数的数组，比较常见的多维数组是三维数组。可以形象地理解，三维数组中的每一个对象就是三维空间中的一个点，它的坐标分别由 x、y 和 z 等 3 个数据构成，其中，x、y、z 分别表示一个维度。

定义一个三维数组如下。

```
int point[2][3][4];
```

三维数组 point 由 $2 \times 3 \times 4 = 24$ 个元素组成，其中多维数组靠左边维变化的速度较慢，靠右边维变化的速度较快，从左至右逐渐增加。point 数组在内存中仍然按照线性结构占据连续的存储单元，地址从低到高，如下所示。

```
point[0][0][0] → point[0][0][1] → point[0][0][2] → point[0][0][3] →
point[0][1][0] → point[0][1][1] → point[0][1][2] → point[0][1][3] →
point[0][2][0] → point[0][2][1] → point[0][2][2] → point[0][2][3] →
point[1][0][0] → point[1][0][1] → point[1][0][2] → point[1][0][3] →
point[1][1][0] → point[1][1][1] → point[1][1][2] → point[1][1][3] →
point[1][2][0] → point[1][2][1] → point[1][2][2] → point[1][2][3]
```

遍历三维数组，通常使用三重循环实现，这里就以 point[2][3][4] 数组为例说明。

```
int i,j,k; /* 定义循环变量 */
int pointf[2][3][4]; /* 定义数组 */
for (i=0;i<2;i++) /* 循环遍历数组 */
for(j=0;j<3;j++)
for(k=0;k<4;k++)
printf(" %d" ,point[i][j][k]);
```

还有更高维数组的，如 4 维、5 维、6 维……这里不再赘述。

▶7.4 字符数组

在 C 语言中，字符串是由一维字符数组构成的，可以像处理数组元素一样处理字符元素。但是，从另外一个角度分析，字符串和字符数组又是不同的，字符串是一个整体，不能再分割。字符串是使用双引号包含的字符序列，也可以把字符串称为字符串常量。例如下面就是字符串。

```
"hello world"
" 这里是人民公园吗？ "
```

7.4.1 字符数组的定义与初始化

字符串的存储和运算可以用字符数组实现。字符数组的定义、引用和初始化与其他类型的数组是一样的。

01 字符数组定义的一般形式

```
char 数组名 [ 常量表达式 ] ;
char 数组名 [ 常量表达式 1 ] [ 常量表达式 2 ] ;
```

char 表示数组中的所有元素是字符型数据。一维字符数组元素的个数是常量表达式，二维字符数组元素的个数是常量表达式 1 × 常量表达式 2。

例如，定义一个含有 10 个字符型元素的数组 str。

```
char  str[10];
```

又如，定义一个二维字符数组 ch。

```
char  ch[5][6];
```

02 字符数组元素的引用

和其他类型数组元素的引用一样。例如：

```
str[0]='g';    str[1]='o';    str[2]='o';    str[3]='d';    str[4]=' ';
str[5]='l';    str[6]='u';    str[7]='c';    str[8]='k';    str[9]='!';
```

上面的代码是依次引用数组中的元素，给这些元素赋值。又如，输出 str 数组的所有元素。

```
for(i=0;i<9;i++)
  putchar(str[i]);
```

03 字符数组的初始化

字符数组的初始化是在定义字符数组的同时，给数组元素赋初值。

（1）逐个字符赋值给数组中的各元素

例如：

```
char  str[10]={ 'g', 'o', 'o', 'd', ' ', 'l', 'u', 'c', 'k', '!'};
```

定义一个包含 10 个元素的字符数组，把大括号中的 10 个字符分别赋给 str[0]~str[9] 这 10 个元素。其中，str[0]='g'，str[1]='o'，str[2]='o'，str[3]='d'，str[4]=' '，str[5]='l'，str[6]='u'，str[7]='c'，str[8]='k'；str[9]='!'。如果花括号中提供的字符个数大于数组长度，则按语法错误处理；若小于数组长度，则只将这些字符赋给数组中前面那些元素，其余的元素自动定为空字符（即 '\0'）。

📝 范例 7-11　将一句话中的每个英文单词的首字母转换成大写

（1）在 Code::Blocks 16.01 中，新建名为"首字母转换成大写 .c"的【C Source File】源程序。

（2）在代码编辑窗口输入以下代码（代码 7-11.txt）。

```
01   #include<stdio.h>
02   int main()
03   {
04     char  str[10]={'g','o','o','d',' ', 'l','u','c','k','!'};
05     int i,t=0;
06     for(i=0;i<10;i++)
07       printf("%c",str[i]);
08     printf("\n");
09     for(i=0;i<10;i++){
10       if(t==0)
11         if(str[i]==' '){
12             t=0;
13             continue;
14         }
15         else {
16             str[i]=str[i]-32;
17             t=1;
18         }
19       else
20         if(str[i]==' '){
21             t=0;
22             continue;
23         }
24     }
25     for(i=0;i<10;i++)
26       printf("%c",str[i]);
27     return 0;
28   }
```

【运行结果】

编译、连接、运行程序，输出结果如下图所示。

【范例分析】

设置一个标识变量 t，逐个字符检查，如果 t 是 0，则说明是新单词，如果不是 0，说明是老单词。如果字符是空格字符，说明老单词结束，将 t 重设为 0。

注意，当数组长度和赋初值的个数一样，那么，数组的长度可以省略，系统会自动根据初值的个数确定数组的长度。例如：

```
char str[]={ 'g', 'o', 'o', 'd', ' ', 'l', 'u','c', 'k', '!'};
```

定义字符二维数组，如菱形图案。

```
char diomand[][7]={
{' ',' ',' ',' ','*'},
{' ',' ',' ','*',' ','*'},
{' ',' ','*',' ',' ',' ','*'},
{'*',' ',' ',' ',' ',' ','*'},
{' ',' ','*',' ',' ',' ','*'},
{' ',' ',' ','*',' ',' '},
{' ',' ',' ',' ','*'}};
```

（2）用字符串常量给字符数组赋初值

不再对数组元素一个个赋值，而是使用一次性初始化的方法。

```
char c[]={"good luck!"}; /* 使用双引号 */
```

或者：

```
char c[]="good luck!"; /* 等效方法，可以省去大括号 */
```

下面详细讲述一下通过字符数组的方式对字符串进行操作。

7.4.2 字符串和字符串结束标志

在 C 语言中，字符串是用一对双引号括起来的字符序列。字符串由有效字符和字符串结束符'\0'组成。字符串只能用数组来存储，不能用变量来存储。使用字符数组保存字符串，就是保存字符串中的每一个字符，包括有效字符和字符串结束标志符。'\0'的 ASCII 码是 0 的字符，不是一个可以显示的字符，而是一个"空操作符"，即它什么也不做。

例如"good luck!"字符串，它并不是占用了 10 个存储字节，而是占用了内存中的 11 个字节。'\0'是编译器自动加上的，是字符串的一部分。字符串"good luck!" 在内存中的存储形式如下图所示。

g	o	o	d		l	u	c	k	!	\0

而之前逐个字符初始化，不要求最后一个字符为'\0'，可以不包含'\0'。

char str[10]={ 'g'，'o'，'o'，'d'，' '，'l'，'u'，'c'，'k'，'!'}；在内存中的存储形式如下图所示。

g	o	o	d		l	u	c	k	!

　　有了字符串结束标志符，字符数组的长度在初始化的时候可以省略，但要清楚字符数组的实际长度是字符串的有效长度 +1。

　　对普通字符数组操作，因为数组元素的个数是确定的，可以通过下标控制循环，如范例 7-11。对字符串操作时一般通过是否为 '\0' 来判断字符串的结束，可以通过 '\0' 控制循环。

📝 范例 7-12　　输出字符串的有效长度

（1）在 Code::Blocks 16.01 中，新建名为"字符串有效长度 .c"的【C Source File】源程序。

（2）在代码编辑窗口输入以下代码（代码 7-12.txt）。

```
01  #include<stdio.h>
02  int main()
03  {
04      char str[]="I am a student.";
05      int i,count=0;
06      for(i=0;str[i]!='\0';i++){
07          putchar(str[i]);
08          count++;
09      }
10      printf("\n 字符串的有效长度是 %d",count);
11      return 0;
12  }
```

【运行结果】

编译、连接、运行程序，输出结果如下图所示。

```
I am a student.
字符串的有效长度是15
Process returned 0 (0x0)    execution time : 1.030 s
Press any key to continue.
```

【范例分析】

通过结束符 '\0' 来控制循环，循环条件是 str[i] != '\0'。

7.4.3　字符数组的输入与输出

字符数组的输入和输出有以下两种方法。

01 逐个字符输入和输出

可以用字符输入函数 getchar( ) 和字符输出函数 putchar( )。也可以用标准输入函数 scanf() 和标准输出函数 printf()，注意格式符是 %c。一般通过循环控制下标，实现逐个字符的输入和输出。例如：

```
char str[10];
int i;
// 用字符输入、输出函数实现
for(i=0;i<10;i++)
    str[i]=getchar();
for(i=0;i<10;i++)
    putchar(str[i]);
// 用标准输入、输出函数实现
for(i=0;i<10;i++)
    scanf("%c",&str[i]);
```

```
for(i=0;i<10;i++)
    printf("%c",str[i]);
```

范例 7-13 输入一个字符串，判断是否是回文。回文就是以字符串中心为对称，如 "abba"，"abcba" 是回文，"abcdba" 不是回文

（1）在 Code::Blocks 16.01 中，新建名为 "回文 .c" 的【C Source File】源程序。
（2）在代码编辑窗口输入以下代码（代码 7-13.txt）。

```
01   #include<stdio.h>
02   int main()
03   {
04       char str[20];
05       int i,m,j;
06       printf(" 请输入字符串：");
07       i=0;
08       while((str[i]=getchar())!='\n')
09           i++;
10       str[i]='\0';
11       m=i;
12       for(i=0,j=m-1;i<j;i++,j--){
13           if(str[i]!=str[j])break;
14       }
15       if(i>=j)
16           printf(" 此字符串是回文。\n");
17       else
18           printf(" 此字符串不是回文。\n");
19       return 0;
20   }
```

【运行结果】

编译、连接、运行程序，输出结果如下图所示。

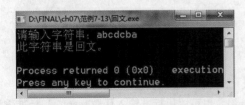
第一次运行

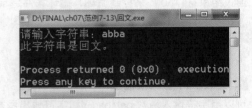
第二次运行

第三次运行

【范例分析】

通过一个单循环，分别从字符数组的头和尾向中间检查，判断第一个元素和倒数第一个元素是否相等，

如果相等就退出循环，这样依次判断前面和后面对应的元素。

02 整个字符串一次输入输出

可以用标准输入函数 scanf( ) 和标准输出 printf( ) 函数，注意格式符是 %s。

scanf( ) 函数中的输入项是已定义的字符数组名，已定义的字符数组的长度要长于输入的字符串。

printf( ) 函数中的输出项是字符数组名，不是数组元素名。输出的字符不包含结束标志符 '\0'，如果一个字符数组中包含多个 '\0'，则遇第一个 '\0' 时输出就结束。例如：

```
char str[10];
scanf("%s",st);
printf("%s",st);
```

> ✎ 注意
>
> 用 scanf( ) 函数输入字符串的时候，如果输入空格建或 Tab 建或回车键，则认为字符串输入结束，如下图所示。
>
> ```
> good luck!
> good
> ```
>
> 因此如果使用 scanf( ) 函数按 %s 格式符形式输入一个字符串，字符串中不能含有空格。

7.4.4 字符串处理函数

C 语言没有为以数组为整体的对象提供内置操作，例如数组赋值或者数组比较。因为字符串只是一个以 '\0' 字符终止的字符数组，不是一个有它自己权限的数据类型，这就意味着不能为字符串提供赋值运算和关系运算。

但是，在 C 语言的标准库函数中，包含有大量的字符串处理函数和字符处理函数，能起到辅助完成字符串进行处理的功能。

之前介绍过用标准输入输出函数进行字符串的输入输出。C 语言也提供专门的字符串输入输出函数。

01 字符串输出函数

字符串输出函数向标准输出设备输出已经存在的字符串并换行，形式见下表。

原型	功能
int puts(char *s)	输出字符串 s

例如：

```
01  char str[]="good luck!";    /* 定义一个数组，储存了一串字符串 */
02  puts(str);          /* 输出字符串 */
```

puts( ) 函数的作用与 printf（"%s\n"，str）相同——输出字符串并换行。函数只能输出字符串，不能输出数值或进行格式变换。

02 字符串输入函数

字符串输入函数读取标准输入设备输入的字符串到字符数组，直到遇到回车键结束。形式见下表。

原型	功能
int gets(char *s)	获取输入的字符串

例如：

```
01  char str[10];    /* 定义一个字符数组 */
02  gets(str);          /* 获取输入的字符串 */
```

用 gets() 函数获取的字符串一般是放在字符数组里，也可以使用指向数组的指针。

范例 7-14   输入一段话，统计其中单词的个数

（1）在 Code::Blocks 16.01 中，新建名为 "单词个数 .c" 的【C Source File】源程序。
（2）在代码编辑窗口输入以下代码（代码 7-14.txt）。

```
01  #include<stdio.h>
02  int main()
03  {
04      char str[100];
05      int i=0,count=0,flag=0;
06      puts(" 请输入一段话： ");
07      gets(str);
08      while(str[i]!='\0'){
09          if(flag==0)
10              if(str[i]==' ')
11                  flag=0;
12              else{
13                  count++;
14                  flag=1;
15              }
16          else
17              if(str[i]==' ')
18                  flag=0;
19          i++;
20      }
21      printf(" 这段话中的英文单词有 %d 个 \n",count);
22      return 0;
23  }
```

【运行结果】

编译、连接、运行程序，输出结果如下图所示。

【范例分析】

设置循环变量 i，计数器 cout，标记新单词标识符 flag，初值均设置为 0。put( ) 函数输出提示信息字符串并自动换行。gets( ) 函数将输入的一段话存储在 str 字符数组中。通过 while 循环，对 str 字符数组进行遍历，直到遇到 '\0' 结束。在循环中，判断 flag 是否为 0，如果为 0，说明将要遇到的非空格字符是新单词，否则，说明是老单词中的字符。

下面是专门字符串处理函数，需要包含头文件 <string.h>。

03 字符串长度函数

字符串长度函数用于求字符串的有效长度，形式如下表所示。

原型	功能
int strlen(char *d)	返回字符串 d 的长度，不包括终止符 NULL

例如：

```
01  char str[]="good luck!" ;       /* 定义一个数组，储存了一串字符串 */
02  printf("%d",strlen(str));                /* 输出字符串的有效长度 */
```

输出的结果是 10。

04 字符串连接函数

字符串连接函数用于把两个字符串连接在一起，形式见下表。

原型	功能
char *strcat(char *d,char *s)	把字符串 s 接到字符串 d 后面，返回字符串 d
char *strncat(char *d,char *s,int n)	把字符串 s 中至多 n 个字符接到字符串 d 后面；如果 s 小于 n 个字符，用 '\0' 补上，返回字符串 d

上面函数的共同特点：第 1 个参数一般是一个字符数组，第 2 个参数一般是一个字符串常量或一个字符数组。

例如：

```
char st1[30]="Welcome ";
char st2[10];
gets(st2);
strcat(st1,st2);
puts(st1);
```

输入：Henan。

输出的结果是 Welcome Henan。

05 字符串复制函数

字符串复制函数用于把一个字符串复制到另一个字符中，形式见下表。

原型	功能
char *strcpy(char *d,char *s)	复制字符串 s 到字符串 d，返回字符串 d
char *strncpy(char *d,char *s,int n)	复制字符串 s 中至多 n 个字符到字符串 d；如果 s 小于 n 个字符，用 '\0' 补上，返回字符串 d
void *memcpy(void *d,void *s,int n)	从 s 复制 n 个字符到 d，返回字符串 d
void *memmove (void *d,void *s,int n)	和 memcpy 相同，即使 d 和 s 部分相同也运行

例如：交互两个字符串的值。

```
char st1[10]="apple";
char st2[10]="pear";
char st[10];
strcpy(st,st1);
strcpy(st1,st2);
strcpy(st2,st1);
puts(st1);
puts(st2);
```

输出的结果：

```
pear
apple
```

06 字符串比较函数

字符串比较函数用于比较两个字符串的大小，以 ASCII 码为基准，形式见下表。

原型	功能
int strcmp(char *d,char *s)	比较字符串 d 与字符串 s。如果 d<s，返回 -1；如果 d==s，返回 0；如果 d>s，返回 1
int strncmp(char *d,char *s,int n)	比较字符串 d 中至多 n 个字符与字符串 s。如果 d<s，返回 -1；如果 d==s，返回 0；如果 d>s，返回 1
int memcmp(void *d,void *s,int n)	比较 d 的前 n 个字符与 s，和 strcmp 返回值相同

例如：

```
int a,b,c;
char st1[10]="apple";
char st2[10]="pear";
a=strcmp(st1,st2);
b=strcmp("China", "India");
c=strcmp("a","A");
printf("%d,%d,%d",a,b,c);
```

输出的结果是 -1，-1，1 。

07 字符串查找函数

字符串查找函数用于在一个字符串中查找字串出现的位置，形式见下表。

原型	功能
char *strchr (char *d,char c)	返回一个指向字符串 d 中字符 c 第 1 次出现的指针；或者如果没有找到 c，则返回指向 NULL 的指针
char *strstr(char *d,char *s)	返回一个指向字符串 d 中字符 s 第 1 次出现的指针；或者如果没有找到 s，则返回指向 NULL 的指针
void *memchr(void *d,char c,int n)	返回一个指向被 d 所指向的 n 个字符中 c 第 1 次出现的指针；或者如果没有找到 c，则返回指向 NULL 的指针

例如：

```
char s[50]="I am a student.I am a boy.I come from China.";
    char ps[5];
    gets(ps);
    printf("%s",strstr(s,ps));
```

输入：am(回车)。输出的结果是 am a student.I am a boy.I come from China.

08 字符串填充函数

字符串填充函数用于快速赋值一个字符到一个字符串，形式见下表。

原型	功能
void *memset(void *d;char c,int n)	使用 n 个字符 c 填充 void* 类型变量 d

例如：

```
char s[50]="hi, world";
memset(s,'W',3);
    printf("%s",s);
```

输出的结果是 WWW world 。

09 字符串大小写转换函数

字符串中字母转换成小写字母或字母转换成大写字母，形式见下表。

原型	功能
void *strupr(char *p)	字符串中字母转换成大写字母
void *strlwr(char *p)	字符串中字母转换成小写字母

例如：

```
char s[20]="Hi, world";
strupr(s);
puts(s);
strlwr(s);
    puts(s);
```

输出的结果：

```
HI, WORLD
hi, world
```

7.4.5 字符数组应用举例

范例 7-15　输入5个同学的姓名，按字典顺序从小到大排序

（1）在 Code::Blocks 16.01 中，新建名为"字符串排序 .c"的【C Source File】源程序。
（2）在代码编辑窗口输入以下代码（代码 7-15.txt）。

```
01  #include<stdio.h>
02  #include<string.h>
03  int main()
04  {
05      char stu[5][20];
06      char name[20];
07      int i,j,t;
08      puts(" 请输入学生姓名： ");
09      for(i=0;i<5;i++)
10          gets(stu[i]);
11      puts(" 按字典顺序排序： ");
12      for(i=1;i<5;i++)
13          for(j=0;j<5-i;j++){
14              if(strcmp(stu[j],stu[j+1])>0){
15                  strcpy(name,stu[j]);
16                  strcpy(stu[j],stu[j+1]);
17                  strcpy(stu[j+1],name);
18              }
19          }
20      for(i=0;i<5;i++)
21          puts(stu[i]);
22      return 0;
23  }
```

【运行结果】

编译、连接、运行程序，输出结果如下图所示。

【范例分析】

本范例用一个二维数组存储五个学生字符串。第一个 for 语句中，用 gets 函数输入五个学生名字。上面说过 C 语言允许把一个二维数组按多个一维数组处理，本范例说明 cs[5][20] 为二维字符数组，可分为五个一维数组 cs[0]、cs[1]、cs[2]、cs[3]、cs[4]。因此在 gets 函数中使用 cs[i] 是合法的。在第二个 for 语句中又嵌套了一个 for 语句组成双重循环。这个双重循环完成按字母顺序排序的工作。在外层循环中把字符数组 cs[i] 中的姓名字符串复制到数组 st 中，并把下标 i 赋予 p。进入内层循环后，把 st 与 cs[i] 以后的各字符串作比较，若有比 st 小者则把该字符串复制到 st 中，并把其下标赋予 p。内循环完成后如 p 不等于 i 说明有比 cs[i] 更小的字符串出现，因此交换 cs[i] 和 st 的内容。至此已确定了数组 cs 的第 i 号元素的排序值。然后输出该字符串。在外循环全部完成之后即完成全部排序和输出。

▶ 7.5 综合案例——加减运算考试程序

本案例涉及一维数组、二维数组、字符数组、随机的使用等知识点，帮助读者进一步巩固本章知识。

> 📋 **范例 7-16**   编写一个加减法运算的考试程序，10道题目随机产生，并自动给出得分。另外，首先需要登录，如果输入的密码正确，则开始考试，如果输入3次密码都不正确，则退出程序

（1）在 Code::Blocks 16.01 中，新建名为"加减运算考试 .c"的【C Source File】源程序。
（2）在代码编辑窗口输入以下代码（代码 7-16.txt）。

```
01   #include <stdio.h>
02   #include <stdlib.h>
03   #include <time.h>
04   #include <string.h>
05   int main()
06   {
07     int a[10],b[10],c[10],d[10],fuhao[10],i,t,s=0,s1,n=1;
08     char name[18];
09     char pwd[15]="abc123";
10     char logpwd[15];
11     char g[3][30]={
12     "，你真棒！  ","，继续努力！  ","，查找错误原因，要多做练习呦！  "
13     };
14     puts(" 请输入名字：");
15     gets(name);
16     puts(" 请输入登录密码：");
17     gets(logpwd);
18     while(n<3){
19        if(strcmp(logpwd,pwd)!=0){
20           n++;
21           printf(" 密码输入错误，第 %d 次输入：\n",n);
22           gets(logpwd);
23           continue;
24        }
25        else  break;
26     }
27     if(n==3){
28        printf("%d 次输入有误，退出程序！\n",n);
```

```
29        exit(0);}
30    srand((unsigned int)time(NULL));// 设置当前时间为种子
31    for (i = 0; i < 10; ++i){
32        a[i] = rand()%20+1;// 产生 1~20 的随机数
33    }
34    for (i = 0; i < 10; ++i){
35        b[i] = rand()%20+1;// 产生 1~20 的随机数
36    }
37    for (i = 0; i < 10; ++i){
38        fuhao[i] = rand()%2;// 产生 0 或 1 的随机数
39    }
40    printf(" 考试开始：\n");
41    for (i = 0; i < 10; ++i){
42        if(fuhao[i]==1){
43            printf("(%d) %d+%d=",i+1,a[i],b[i]);
44            d[i]=a[i]+b[i];
45            scanf("%d",&c[i]);
46        }
47        else{
48            if(a[i]<b[i]){
49                t=a[i]; a[i]=b[i]; b[i]=a[i];
50            }
51            printf("(%d) %d-%d=",i+1,a[i],b[i]);
52            d[i]=a[i]-b[i];
53            scanf("%d",&c[i]);
54        }
55    }
56    printf(" 答案：\n");
57    for(i=0;i<10;i++){
58        printf("%d)%-2d  ",i+1,d[i]);
59        if((i+1)%5==0)printf("\n");
60    }
61    printf(" 结果：\n");
62        for (i = 0; i < 10; ++i){
63        if(c[i]==d[i]){printf(" 第 %d 题正确!       ",i+1);s=s+10;}
64        else
65            printf(" 第 %d 题错误!       ",i+1);
66        if((i+1)%2==0)printf("\n");
67    }
68    s1=s/10;
69    switch(s1){
70    case 10:case 9:printf(" 成绩是 %d\n",s);strcat(name,g[0]);puts(name);break;
71    case 8:case 7:printf(" 成绩是 %d\n",s);strcat(name,g[1]);puts(name);break;
72    default:printf(" 成绩是 %d\n",s);strcat(name,g[2]);puts(name);break;
73    };
74    return 0;
75 }
```

【运行结果】

编译、连接、运行程序，输出结果如下图所示。

【范例分析】

本范例分别定义 5 个一维数组，通过循环使数组 a 和 b 分别存放随机产生的两个操作数，数组 fuhao 存放随机产生的加号或减号。通过循环输入计算的结果存放到数组 c，数组 d 存放计算的结果，并对 c[] 和 d[]进行比较，如果相等，总分变量 s 加 10。

▶7.6 疑难解答

问题 1：数组名能和其他变量同名吗？

解答：数组名不能与其他变量名相同。数组名代表存放一个数组的内存，可以作为这块内存的首地址。变量名指代存放一个变量的内存。下面的定义是错误的。

```
void main( )
{
    int a;
    float a[10];
    …
}
```

问题 2：怎样删去字符串尾部的空格？

解答：编写一个函数 rtrim( )，实现对形参字符数组尾部空格删除。

```
void rtrim(char st[],int n)
{
    while(n>0){
        if(st[n]!=' '){
            st[n+1]='\0';
            break;
        }
        n--;
    }
}
```

第 **8** 章

模块化设计
——函数

本章重点介绍函数的分类与定义、函数的调用、函数的参数和返回值以及变量的作用域和存储类别。通过定义函数和调用函数可以为编程提供极大的便利。通过学习，希望读者能够了解 C 语言函数使用的意义和方法，熟悉内部函数及外部函数，掌握 C 语言函数的定义、参数的传递、函数调用的功能和使用。

本章要点（已掌握的在方框中打钩）

□ 函数概述

□ 函数的参数和返回值

□ 函数的调用

□ 变量的作用域

□ 变量的存储类别

□ 内部函数和外部函数

▶ 8.1　为什么使用函数

如果程序的功能比较多，规模比较大，把所有代码都写在 main 函数中，就会使主函数变得庞杂、头绪不清，阅读和维护程序会变得十分困难。有时程序中要多次实现某一功能，而多次重复编写实现此功能的程序代码，会使程序冗长，不精炼。可以用一种模块化思想将一个巨大的程序按照功能划分出一个个用来实现不同功能的模块，实现每个功能时只需调用相应的模块即可。对于实现同一功能的代码可以用同一个模块代替，实现时只需多次调用即可。

函数就是基于这种模块化思路的产物。每一个函数用来实现一个特定的功能，函数的名字应反映其代表的功能，在使用函数时只需通过调用函数名即可实现相应功能。在设计一个较大的程序时，往往把它分为若干个程序模块，每一个模块包括一个或多个函数，每个函数实现一个特定的功能。

C 程序可由一个主函数和若干个其他函数构成，主函数调用其他函数，其他函数也可以互相调用，同一个函数可以被一个或多个函数调用任意多次。

利用函数这种模块化的思路进行开发程序，具有以下一些优点。

01 信息隐藏

当使用函数时，只需要将精力放在处理调用程序与函数间的数据传递，而不需要了解函数是如何完成计算、如何产生所要的数据的，这就是简单的信息隐藏概念，即利用函数将数据处理的过程隐藏起来，只留下函数需要的数据和传出的结果。

02 程序代码的再利用

将某一功能封装成一个函数，使用时直接调用即可，之后需要再次使用此功能时，只需重新调用一次函数，然后传递不一样的数据即可。这样编写的程序精炼，而且减少了复制和改写程序的时间，这就是程序代码的再利用。多加利用已经编写好的函数，可以大大提高编程效率。

03 程序代码的纠错

利用函数可以模块化程序，程序就好像是由一个一个的积木堆积而成。在出错的时候，只要一一确认每个使用的函数没有错误，那利用函数拼凑出来的程序就不会出错。即使出了错，使用函数也有助于寻找错误。

▶ 8.2　函数的定义与分类

作为 C 程序的基本组成部分来说，函数是具有相对独立性的程序模块，能够供其他程序调用，并在执行完自己的功能后，返回调用它的程序中。函数的定义实际上就是描述一个函数所完成功能的具体过程。

8.2.1　函数的定义

函数定义的一般形式如下。

函数类型 函数名（类型说明 变量名，类型说明 变量名，…）
{
函数体
}

📝 **范例 8-1　定义求最大值的函数**

（1）在 Code::Blocks 16.01 中，新建名为 "Max Number.c" 的【C Source Files】源程序。
（2）在代码编辑区域输入以下代码（代码 8-1.txt）。

```
01  #include<stdio.h>
02  int max(int a,int b)  //定义函数 max()
```

```
03  {
04      int c;
05      c=a>b?a:b;    // 求 a,b 两个数的最大值赋给 c
06      return c;     // 将最大值返回
07  }
08  int main()
09  {
10      int x,y;
11      printf(" 请输入两个整数: ");
12      scanf("%d%d",&x,&y);
13      printf("%d 和 %d 的最大值为: %d\n",x,y,max(x,y));
14      return 0
15  }
```

【运行结果】

编译、连接、运行程序，命令行中会出现提示信息，然后输入两个整数，即可输出这两个数的最大值。

【范例分析】

本范例中的 max( ) 函数是一个求 a、b 两者中的最大值的函数。a、b 是形式参数，当主调函数 main( ) 调用 max( ) 函数时，把实际参数传递给被调用函数中的形式参数 a 和 b。max 后面括号中的 "int a, int b" 对形式参数作类型说明，定义 a 和 b 为整型。花括号括起来的部分是函数体，作用是计算出 a、b 的最大值，并通过 return 语句将 c 的值带回到主调函数中。

注意

通过范例 8-1 中的 max( ) 函数对函数的一些用法说明如下。

（1）函数名必须符合标识符的命名规则（即只能由字母、数字和下划线组成，开头只能为字母或下划线），且同一个程序中函数不能重名，函数名用来唯一标识一个函数。函数名最好能见名知意，一见其名字就能了解其基本功能。如函数名为 max，一看就知道是求解最大值的。

（2）函数类型规定了函数返回值的类型。如函数 max 是 int 型的，函数的返回值也是 int 型的，函数的返回值就是 return 语句后面所带的 c 值，变量 c 的类型是 int 型。也就是说函数值的类型和函数的类型应该是一致的，它可以是 C 语言中任何一种合法的类型。

8.2.2 函数的分类

在 C 语言中，可以从不同的角度对函数进行分类。

（1）从函数定义的角度，可以将函数分为标准函数和用户自定义函数。

① 标准函数：标准函数也称库函数，是由 C 语言系统提供的，用户无须定义，可以直接使用，只需要在程序前包含函数的原形声明的头文件便可。前面各章范例中所用到的 printf( )、scanf( ) 等都属于库函数。应该说明，每个系统提供的库函数的数量和功能不同，当然有一些基本的函数是相同的。

② 用户自定义函数：由用户根据自己的需要编写的函数。对于用户自定义函数，不仅要在程序中定义函数本身，而且在主调函数中还必须对该被调函数进行类型说明，然后才能使用。

如下定义一个自定义函数计算两个整数的和。

```
#include <stdio.h> //标准库头文件，包含一些常用的库函数如 printf( )，scanf( )
int sum(int a,int b) // 自定义函数 sum()
{
    return a+b;
}
int main()        // 主函数
{
    int a,b;
    printf(" 请输入两个整数：\n");
    scanf("%d%d",&a,&b);
    printf(" 两数之和为：%d\n",sum(a,b));// 调用自定义函数 sum()
    return 0;
}
```

上述代码中定义了一个自定义函数 sum( ) 来实现计算两个整数的和的功能，自定义函数 sum( ) 需要先声明再使用，而库函数 printf( )、scanf( ) 只需引入头文件 <stdio.h> 便可直接使用。

（2）从有无返回值的角度，可以将函数分为有返回值函数和无返回值函数。

① 有返回值函数：该类函数被调用执行完毕，将向调用者返回一个执行结果，称为函数的返回值，如上面代码中的 sum( ) 函数。由用户定义的这种有返回值的函数，必须在函数定义和函数声明中明确返回值的类型。

② 无返回值函数：无返回值函数不需要向主调函数提供返回值。通常用户定义此类函数时需要指定它的返回值类型为"空"（即 void 类型）。该类函数主要用于完成某种特定的处理任务，如输入、输出、排序等。

（3）从函数的形式看，可以分为有参函数和无参函数。

① 无参函数：无参函数即在函数定义、声明和调用中均不带参数。在调用无参函数时，主调函数并不将数据传递给被调函数。此类函数通常用来完成指定的功能，可以返回或不返回函数值。

② 有参函数：有参函数就是在函数定义和声明时都有参数，如上面代码中的 sum( ) 函数。在函数调用时也必须给出参数。即当主调函数调用被调用函数时，主调函数必须把值传递给形参，以供被调函数使用。

8.2.3 无参函数

在函数的定义中函数名后面的括号内为形式参数表，形式参数简称形参，函数中可以有多个形参，也可以没有形参。根据形参的有无，函数分为两类：有参函数和无参函数。根据返回值的有无，将无参函数分为两种。

（1）无参但有返回值。

```
char getc( )     //函数首部，函数值为字符型，无参数，从键盘上输入一个字符
{
    char x;      // 函数体中的声明部分
    scanf("%c",&x);   // 从键盘上输入一个字符
    return x;       // 将 x 的值作为返回值返回调用点
}
```

（2）无参且无返回值。

```
void puts( )     //函数首部，函数值为空，没有参数，输出一个字符串
{
    printf("Hello word!");  // 将一个字符串输出到屏幕上
}
```

8.2.4 有参函数

根据返回值的有无，将有参函数分为两种。

（1）有参且有返回值。

```
int max(int i,int j)          // 函数首部，函数值为整型，有两个整型参数，求出两个数的大数
{
    int z;           // 函数体中的声明部分
    z=i>j?i:j;       // 将 x 和 y 中的大者赋值给变量 z
    return(z);       // 将 z 的值作为返回值返回调用点
}
```

（2）有参但无返回值。

```
void swap(int x,int y)        // 函数首部，函数值为空，有两个整型参数，实现 x 和 y 的交换
{
    int t;           // 函数体中的声明部分
    t=x;             // 将 x 赋值给 t
    x=y;             // 将 y 赋值给 x
    y=t;             // 将 t 赋值给 y
    printf（"%d %d", x，y）; // 没有 return 语句
}
```

定义一个函数就是为了以后调用。但如果函数定义在后，而调用该函数在前，就会产生错误。为了解决这个问题，必须将函数定义在主调函数的前面或在调用前进行函数的声明。函数的声明消除了函数定义的位置的影响，也就是说，不管函数是在何处定义的，只要在调用前进行声明，就可以保证函数调用的合法性。为了增加程序的可读性，函数的声明放在 main 函数体内的前面。

声明的格式如下。

函数类型 函数名 (形式参数表);

函数的声明要和函数定义时的函数类型、函数名和参数类型一致，但形参名可以省略，而且还可以不相同。例如对 max 函数和 print 函数的声明如下。

```
int max (int i,int j); 或者 int max(int ,int );     // 它们的作用完全一样
int print();                  // 这里 print 函数不需要传入参数
```

对于库函数通常在头文件中声明，在编程时，若要使用某个头文件中的库函数，则必须先将这个头文件包含到程序中。

```
#include<cmath>
…
double x=sqrt(5.0);      // 用 sqrt 函数求 5.0 的平方根，并将结果赋值给变量 x
…
```

▶8.3　函数的参数和返回值

使用函数的目的之一就是在函数调用时传递数据，最终得到一个处理后的结果值，即函数的返回值。数据传递可通过实参和形参来实现。

8.3.1　实参与形参

一般来说，C 语言中函数的参数分为形式参数（形参）和实际参数（实参）两种。

01 形式参数

形式参数是指这些参数实际并不存在，只是在形式上代表运行时实际出现的参数。形式参数主要有以下特点。

（1）当被调用的函数有参数时，主调函数和被调函数之间通过形参实现数据传递。

（2）函数的形参仅在函数被调用时才由系统分配内存，用于接收主调函数传递来的实际参数。

02 实际参数

在主调函数中调用一个函数时，函数名后面的参数或表达式称为实际参数。实际参数主要有以下特点。

（1）函数调用时实参的类型应与形参的类型一一对应或者兼容。

（2）实参应有确定值，可为常量、变量或表达式。

（3）函数调用时系统才为形参分配内存，与实参占用不同的内存，即使形参和实参同名也不会混淆。函数调用结束时，形参所占内存即被释放。

下面通过一个具体实例体会一下形参和实参的不同之处。

范例 8-2   将两个数由小到大排序输出

（1）在 Code::Blocks 16.01 中，新建名为 "Value Order.c" 的【C Source Files】源程序。

（2）在代码编辑区域输入以下代码（代码 8-2.txt）。

```
01  #include<stdio.h>
02  void order(int a,int b)        //a、b 形式参数
03  {
04    int t;
05    if(a>b)        //如果 a>b，就执行以下 3 条语句，交换 a、b 的值
06    {
07      t=a;
08      a=b;
09      b=t;
10    }
11    printf(" 从小到大的顺序为 :%d %d\n",a,b); // 输出交换后的 a、b 的值
12  }
13  int main()
14  {
15    int x,y;
16    printf(" 请输入两个整数： ");        // 从键盘输入两个整数
17    scanf("%d%d",&x,&y);
18    order(x,y);            //x、y 是实际参数
19    return 0;
20  }
```

【运行结果】

编译、连接、运行程序，根据提示依次输入任意两个整数，按回车键，即可将这两个数按照从小到大的顺序输出。

【范例分析】

该程序由两个函数 main( ) 和 order( ) 组成，函数 order( ) 定义中的 *a* 和 *b* 是形参，在 main( ) 函数中，"order(x,y);" 调用子函数，其中的 *x,y* 是实参。

函数中的参数在使用时需要注意以下几点。

（1）定义函数时，必须说明形参的类型，如本范例中，形参 *x* 和 *y* 的类型都是整型。

（2）函数被调用前，形参不占用内存的存储单元。调用以后，形参才被分配内存单元。函数调用结束后，形参所占用的内存也将被回收，被释放。

（3）实参可以是常量、变量、其他构造数据类型或表达式。如在调用时可写成：

```
order(2,3);
// 实参是常量
order(x+y,x-y);
// 实参是表达式
```

如果实参是表达式，先计算表达式的值，再将实参的值传递给形参。但要求它有确切的值，因为在调用时要将实参的值传递给形参。

（4）实参的个数、出现的顺序和实参的类型应该与函数定义中形参表的设计一一对应。如范例中的order( ) 函数，定义时有两个整型的形参，调用时，实参也要与它对应，两个整型的，而且多个实参之间要用逗号隔开。如果不一致，则会发生"类型不匹配"的错误。

函数调用时，实参和形参进行了数据的传递。C 语言规定，实参对形参的数据传递是"值传递"，即单向传递，只能把实参的值传递给形参，而不能把形参的值再传回给实参。在内存当中，实参与形参是不同的单元，不管名字是否相同，因此函数中对形参值的任何改变都不会影响实参的值。

按值传递也称传值。形式：形参为普通变量，实参为表达式或变量，实参向形参赋值。

特点：参数传递后，实参和形参不再有任何联系。

函数调用时，系统为形参分配相应的存储单元，用于接收实参传递的数据。函数调用期间，形参和实参各自拥有独立的存储单元。函数调用结束，系统回收分配给形参的存储单元。

传值调用的优点：函数调用对其外界的变量无影响，最多只能用 return 返回一个值，函数独立性强。

📋 范例 8-3　　函数调用中参数按值传递

（1）在 Code::Blocks 16.01 中，新建名为"Value Trans.c"的【C Source Files】源程序。
（2）在代码编辑窗口中输入以下代码（代码 8-3.txt）。

```
01  #include <stdio.h>          // 包含输入、输出头文件
02  void swap(float x,float y)   // 仅交换形参 x 和 y
03  {
04    printf(" swap() 交换前：x= %f\ty= %f \n",x,y);        // 输出 x 和 y 的值
05    float t=x,x=y,y=t;        // 实现 x 与 y 的交换
06    printf(" swap() 交换后：x= %f\ty= %f \n",x,y);        // 输出 x 和 y 的值
07  }
08  int main( )
09  {
10    float a=40,b=70;// 声明变量
11    printf(" main() 调用前：a= %f\tb= %f \n",a,b);        // 输出 a 和 b 的值
12    swap(a,b);                // 调用 swap 函数
13    printf(" main() 调用后：a= %f\tb= %f \n",a,b);        // 输出 a 和 b 的值
14    return 0;
15  }
```

【运行结果】

编译、连接、运行程序，即可在命令行中输出如下图所示的结果。

【范例分析】

程序调用 swap 时，将实参 a 的值传给 x，将实参 b 的值传给 y，在 swap 函数中实现 x 和 y 的交换，但是形参 x 和 y 是实型变量，只在 swap 函数中存在。执行完 swap 函数后，程序又转移到 main 函数开始执行。实参 a 和实参 b 与形参 x 和形参 y，它们不是相同的空间，所以即使形参 x 与形参 y 交换了值，但返回到 main 函数，a 还是以前的 a，b 还是原来的 b，它们的值是不变的。

> **注意**
>
> 在值传递的过程中，实参传递给形参是由位置确定的，即第 1 个实参传给第 1 个形参，第 2 个实参传给第 2 个形参，它与名字无关，如范例中的两个形参即使写成 a 和 b 也仍然是不同的变量，各是各的存储单元。形参 x 和 y 交换，并不会影响实参 a 和 b 的值。

8.3.2 函数的返回值

通常情况下，通过函数调用，使主调函数得到一个确定的函数值，这就是函数的返回值。返回值也具有不同的数据类型，它是由函数类型决定的。函数类型可以是函数或数组之外的任何有效的数据类型。

对函数返回值的说明如下。

（1）函数的返回值是指由被调函数计算处理后向主调函数返回的一个计算结果，最多只能有一个，用 return 语句实现。

（2）无返回值的函数其返回值类型应说明为 void 类型，如 order( ) 函数，否则将返回一个不确定的值。

（3）执行被调函数时，可能有多个 return 语句，但遇到第 1 个 return 语句就结束函数的执行，返回到主调函数。若函数中无 return 语句，则会执行到函数体最后的 "}" 为止，返回到主调函数。

return 语句有以下两种形式。

（1）用于带有返回值的函数，形式如下。

return 表达式；

作用：先计算表达式的值。若表达式的值的类型与调用函数的类型不同，则将表达式的类型强制转换为调用函数的类型，再将表达式的值返回给调用函数，并将程序的流程由被调用函数转给调用函数。

return 后面的表达式可以加括号，也可以不加括号，例如 return z; 或者 return (z); 。

（2）用于无返回值的函数，形式如下。

return；

作用：将程序的流程由被调用函数转给调用函数。对于无返回值的函数，return 语句可以省略。若函数没有 return 语句，则执行完最后一条语句后将返回到调用函数。

📝 范例 8-4   编写cube( )函数用于计算x³

（1）在 Code::Blocks 16.01 中，新建名为 "Cube.c" 的【C Source Files】源程序。
（2）在代码编辑区域输入以下代码（代码 8-4.txt）。

```
01  #include<stdio.h>
02  long cube(long x) // 定义函数 cube()，返回类型为 long
03  {
04     long z;
05     z=x*x*x;
06     return z;              // 通过 return 返回所求结果，结果也应为 long*/
07  }
08  int main()
09  {
10     long a,b;
11     printf(" 请输入一个整数 :");
12     scanf("%ld",&a);
13     b=cube(a);
14     printf("%ld 的立方为：%ld",a,b);
15     return 0;
16  }
```

【运行结果】

编译、连接、运行程序，命令行中会出现提示信息，然后输入任意一个整数，即可输出这个数的立方值。

【范例分析】

本范例首先执行主函数，当主函数执行到 c=cube(a); 时调用 cube 子函数，把实际参数的值传递给被调用函数中的形参 x。在 cube() 函数的函数体中，定义变量 z 得到 x 的立方值，然后通过 return 将 z 的值（z 即函数的返回值）返回，返回到调用它的主调函数中，继续执行主函数，将子函数返回的结果赋给 b，最后输出。

函数是独立完成某个功能的模块，函数与函数之间主要是通过参数和返回值联系。函数的参数和返回值是该函数对内和对外联系的窗口，称为接口。

▶8.4 函数的调用

C 程序总是从主函数开始执行，以主函数体结束为止。在函数体的执行过程中，是通过不断地对函数的调用来执行的，调用者称为主调函数，被调用者称为被调函数。被调函数执行结束，从被调函数结束的位置再返回主调函数当中，继续执行主调函数后面的语句。下图所示是一个函数调用的简单例子。

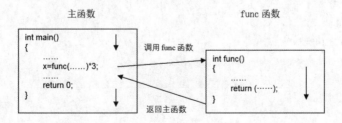

8.4.1 函数原型

定义一个函数就是为了以后调用。但如果函数定义在后，而调用该函数在前，就会产生错误。为了解决这个问题，必须将函数定义在主调函数的前面或在调用前进行函数的声明。函数的声明消除了函数定义的位置的影响，也就是说，不管函数是在何处定义的，只要在调用前进行声明，就可以保证函数调用的合法性。

函数声明使编译系统在编译阶段对函数的调用进行合法性检查，判断形参与实参的类型及个数是否匹配。函数声明可以放在所有函数的前面，也可以放在主调函数内调用被调函数之前。

函数的声明要和函数定义时的函数类型、函数名和参数类型一致，但形参名可以省略。

有参函数的声明形式如下。

函数类型 函数名 (形参列表);

无参函数的声明形式如下。

函数类型 函数名 ();

提示

函数声明包含函数的首部和一个分号 ";"，函数体不用写。有参函数声明时的形参列表只需要把一个个参数类型给出就可以了。

例如对 max 函数和 print 函数的声明如下。

```
int max (int i,int j); 或者 int max(int ,int );    // 它们的作用完全一样
int print();                // 这里 print 函数不需要传入参数
```

范例 8-5　编写一个函数，求半径为 r 的球的体积。球的半径 r 由用户输入

（1）在 Code::Blocks 16.01 中，新建名为 "Ball Volume.c" 的【C Source Files】源程序。

（2）在代码编辑区域输入以下代码（代码 8-5.txt）。

```
01  #include<stdio.h>
02  double volume(double);    // 函数的声明
03  int main()
04  {
05      double r,v;
06      printf(" 请输入半径： ");
07      scanf("%lf",&r);
08      v=volume(r);
09      printf(" 半径为 %f 的球的体积为： %lf\n\n",r,v);
10      return 0;
11  }
12  double volume(double x)
13  {
14      double y;
15      y=4.0/3*3.14*x*x*x;
16      return y;
17  }
```

【运行结果】

编译、连接、运行程序，根据提示信息输入一个半径的值，即可计算出此半径的球的体积。

【范例分析】

本范例中被调函数 volume() 的定义在调用之后，需要在调用该函数之前给出函数的声明，声明的格式只需要在函数定义的首部加上分号，且声明中的形参列表只需要给出参数的类型即可，参数名字可写可不写，假如有多个参数则用逗号隔开。

函数的声明在下面 3 种情况下是可以省略的。

（1）被调函数定义在主调函数之前。

（2）被调函数的返回值是整型或字符型（整型是系统默认的类型）。

（3）在所有的函数定义之前，已在函数外部进行了函数声明。

8.4.2 函数的一般调用

函数调用的一般形式有以下两种。

（1）函数语句

当 C 语言中的函数只进行了某些操作而不返回结果时，使用这种形式，该形式作为一条独立的语句，例如：

```
函数名 ( 实参列表 ); // 调用有参函数，实参列表中有多个参数，中间用逗号隔开
函数名 ();          // 调用无参函数
```

范例 8-2 中的 "order(x,y);" 就是这种形式，要求函数仅完成一定的操作，如输入、输出、排序等。

（2）函数表达式

当所调用的函数有返回值时，函数的调用可以作为表达式中的运算分量，参与一定的运算。例如：

```
m=max(a,b);          // 将 max() 函数的返回值赋给变量 m*/
m=3*max(a,b);        // 将 max() 函数的返回值乘以 3 赋给变量 m
printf("Max is %d",max(a,b)); // 输出也是一种运算，输出 max() 函数的返回值
```

注意

一般 void 类型的函数使用函数语句的形式，因为 void 类型没有返回值。对于其他类型的函数，在调用时一般采用函数表达式的形式。

范例 8-6　编写一个函数，求任意两个整数的最小公倍数

（1）在 Code::Blocks 16.01 中，新建名为 "Least Common Multiple.c" 的【C Source Files】源程序。

（2）在代码编辑区域输入以下代码（代码 8-6.txt）。

```
01  #include<stdio.h>
02  int sct(int m,int n) // 定义函数 sct 求最小公倍数
03  {
04    int temp,a,b;
05    if (m<n)        // 如果 m<n，交换 m,n 的值，使 m 中存放较大的值
06    {
07      temp=m;
08      m=n;
```

```
09        n=temp;
10      }
11    a=m;  b=n;      // 保存 m,n 原来的数值
12    while(b!=0)     // 使用 " 辗转相除 " 法求两个数的最大公约数
13      {
14        temp=a%b;
15        a=b;
16        b=temp;
17      }
18    return(m*n/a);  // 返回两个数的最小公倍数，即两数相乘的积除以最大公约数
19  }
20  int main()
21  {
22    int x,y,g;
23    printf(" 请输入两个整数："  );
24    scanf("%d%d",&x,&y);
25    g=sct(x,y);      // 调用 sct 函数
26    printf(" 最小公倍数为：%d\n",g); // 输出最小公倍数
27    return 0;
28  }
```

【运行结果】

编译、连接、运行程序，根据提示信息输入两个整数，即可计算出这两个数的最小公倍数。

【范例分析】

本范例调用了 sct( ) 函数，该函数有两个参数，因此在调用时实参列表也有两个参数，且这两个参数的个数、类型、位置是一一对应的。sct( ) 函数有返回值，因此在主调函数中，函数的调用参与一定的运算，这里参与了赋值运算，将函数的返回值赋给了变量 g。

提示

在学习变量时，要求遵循 " 先定义后使用 " 的原则，同样，在调用函数时也要遵循这个原则。也就是说，被调函数必须存在，而且在调用这个函数的地方，前面一定要给出这个函数定义，这样才能成功调用。如果被调函数的定义出现在主调函数之后，这时应给出函数的原型说明，以满足 " 先定义后使用 " 的原则。

8.4.3 函数的嵌套调用

在 C 语言中，函数之间的关系是平行的、独立的，也就是在函数定义时不能嵌套定义，即一个函数的定义函数体内不能包含另一个函数的完整定义。但是 C 语言允许进行嵌套调用，也就是说，在调用一个函数的过程中可以调用另一个函数。

例如在主函数中可以调用函数 A 和函数 B，而函数 A 和 B 又可以调用其他函数，这就是函数的嵌套调用。在程序中实现函数嵌套调用时，需要注意的是，在调用函数之前，需要对每一个被调用的函数作声明（除非定义在前，调用在后）。

📋 范例 8-7 　　**计算 $1^k+2^k+3^k+\cdots+n^k$**

从控制台输入 n，k，计算 1 到 n 的 k 次幂之和。
（1）在 Code::Blocks 16.01 中，新建名为 "Power Num.c" 的【C Source Files】源程序。
（2）在代码编辑窗口中输入以下代码（代码 8-7.txt）。

```
01  #include <stdio.h>
02  int powers(int n,int k)        //计算 n 的 k 次方
03  {
04      long m=1;       // 声明变量
05      int i;
06      for(i=1; i<=k; i++)
07        m*=n;         //m 为 n 的 k 次幂
08      return m;   // 返回结果
09  }
10  int sump(int k,int n)          // 计算 1k+2k+3k+…+nk
11  {
12      long sum=0;          // 声明变量
13      int i;
14      for(i=1; i<=n; i++)
15        sum+=powers(i,k);      // 调用 powers 函数，sum 做累加器
16      return sum;          // 返回结果
17  }
18  int main( )
19  {
20      int k=4,n=10;   // 声明变量
21      printf(" 从 1 到 %d 的 %d 次幂为 %d\n",n,k,sump(k,n));// 调用 sump 函数并输出结果
22      return 0;
23  }
```

【运行结果】

编译、连接、运行程序，即可在命令行中输出如下图所示的结果。

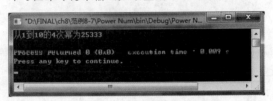

【范例分析】

在主程序中调用 sump 函数，在 sump 函数中又调用 powers 函数，如下图所示，powers 函数被反复调用了 10 次，sump 函数被调用了 1 次。

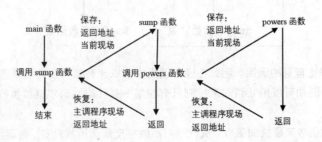

8.4.4 函数的递归调用

C 语言中允许在调用一个函数的过程中出现直接或间接调用函数本身，这种情况称为函数的"递归"调用，相应的函数称为递归函数。就像在数学中学习的递推式一样，当知道第一项的值后，就可以递推算出后面各项的值。而递归调用是先知道最后一项在哪里，然后依次向前找到前一项，直到找到有明确结果的那一项，停止调用返回结果，再利用递推式找到最后一项的结果。

递归调用有直接递归调用和间接递归调用两种形式。

直接调用本函数。如下例中，在调用函数 f 的过程中，又要调用 f 函数。

```
int func(int x)
{
  int y,z;
  z=func(y);
  return (2*z);
}
```

执行过程如下图所示。

间接调用本函数。如下例中，在调用 func1 函数的过程中要调用 func2 函数，而在调用 func2 函数的过程中又要调用 func1 函数。

```
int func1(int a)
{
  int b;
  b=func2(a+1);
}
int func2(int s)
{
  int c;
  c=func1(s-1);
}
```

执行过程如下图所示。

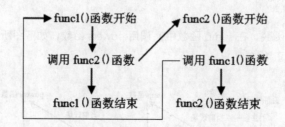

这两种递归都无法终止自身的调用。因此在递归调用中，应含有某种条件控制递归调用结束，使递归调用是有限的，可终止的。例如可以用 if 语句来控制只有在某一条件成立时才继续执行递归调用，否则不再继续。

在递归调用中，主调函数又是被调函数。执行递归函数将反复调用其自身。每调用一次就进入新的一层。

范例 8-8　求n的阶乘（n>0）

（1）在 Code::Blocks 16.01 中，新建名为"N Factorial.c"的【C Source Files】源程序。

（2）在代码编辑窗口中输入以下代码（代码 8-8.txt）。

```
01  #include <stdio.h>
02  int fac(int m)      // 定义函数 fac
03  {
04      int z;
05      if(m>1)
06          z=fac(m-1)*m;// 直接调用本身
07      else
08          z=1;                //m<=1 时退出返回到 main 函数
09      return z;
10  }
11  int main( )
12  {
13      int n, z;       // 声明变量
14      printf(" 请输入一个整数：\n");
15      scanf("%d",&n);
16      z=fac(n);       // 调用 fac 函数，并把结果赋值给 z
17      printf("%d 的阶乘为：%d\n",n,z); // 输出 z 的值
18      return 0;
19  }
```

【运行结果】

编译、连接、运行程序，即可在命令行中输出如下图所示的结果。

【范例分析】

在 main 函数中调用 fac 函数，这是函数的嵌套调用。在 fac 函数中，当 $m>1$ 时又调用本身，这是函数的递归调用，当 $m=1$ 时退出函数的调用。执行过程如下图所示。

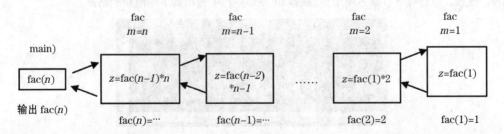

递归过程可以细分成两步，第一步是递推：从前往后执行，每一次是基于上一次执行下一次；第二步是回溯：遇到终止条件，从最后往前一级一级把值返回来。

接下来介绍一经典案例斐波那契数列以加深对函数递归调用的了解。

斐波那契数列指的是这样一个数列：1，1，2，3，5，8，13，21，34，55，89，144，……

这个数列从第 3 项开始，每一项都等于前两项之和。

求第 n 项，就要先求第 n-1 项和第 n-2 项，要求第 n-1 项，就要求第 n-2 项和第 n-3 项，所以该问题可以使用递归方法解决。

可以这样分解：

fib（n）=fib（n-1）+fib（n-2）

fib（n-1）=fib（n-2）+fib（n-3）

…

fib(3)=fib（2）+fib（1）

fib（2）=1，fib（1）=1

范例 8-9　　求斐波那契序列第 n 项

（1）在 Code::Blocks 16.01 中，新建名为 "Fibonacci.c" 的【C Source Files】源程序。

（2）在代码编辑窗口中输入以下代码（代码 8-9.txt）。

```
01  #include <stdio.h>
02  int fib(int n)      // 定义 fib 函数
03  {
04     int z; // 声明变量
05     if(n>2)
06        z=fib(n-1)+fib(n-2);    // 直接调用本身
07     else
08        z=1;           //n=2 时退出返回到 main 函数
09     return z;
10  }
11  int main( )
12  {
13     int n,z;         // 声明变量
14     printf(" 请输入一个整数：\n");
15     scanf("%d",&n);
16     z=fib(n);        // 调用 fib 函数，并把结果赋值给 z
17     printf("Fibonacci 数列第 %d 项为：%d\n",n,z);        // 输出 z 的值
18     return 0;
19  }
```

【运行结果】

编译、连接、运行程序，输入一个整数后即可在命令行中输出如下图所示的结果。

【范例分析】

本范例仍采用递归方法输出前 n 项的 Fibonacci 数列。Fibonacci 数列的前两项都为 1，从第 3 项开始，每一项都是前两项的和，例如 1，1，2，3，5，8，13，21，35……可以由下面的公式表示。

$$fib(n) \begin{cases} 1 & (n=1, 2) \\ fib(n-1)+fib(n-2) & (n>2) \end{cases}$$

其中，n 表示第几项，函数值 fib (n) 表示第 n 项的值。当 n 的值大于 2 时，每一项的计算方法都一样，因此，可以定义一个函数 fib(n) 来计算第 n 项的值，递归的终止条件是当 $n=1$ 或 $n=2$ 时。

▶8.5 数组作为函数参数

前面已经提到大多数数据类型均可作为函数参数，数组也不例外。数组可以作为函数的参数使用，进行数据传送。

数组用作函数参数有两种形式，一种是把数组元素作为实参使用，另一种是把数组名作为函数的形参和实参使用。

8.5.1 数组元素作为函数参数

由于实参可以是表达式形式，数组元素可以是表达式的组成部分，因此数组元素当然可以作为函数的实参，与用变量作实参一样，是单向传递，即"值传递"方式。

📝 **范例 8-10　　输出数组中小于0的元素**

（1）在 Code::Blocks 16.01 中，新建名为"Negu Num.c"的【C Source Files】源程序。
（2）在代码编辑窗口中输入以下代码（代码 8-10.txt）。

```
01  #include <stdio.h>
02  void putNega(int a)
03  {
04    if(a<0)
05      printf("%d ",a);
06  }
07  int main()
08  {
09    int num[10],i;
10    printf(" 请依次输入 10 个整数： \n");
11    for(i=0;i<10;i++)
12    {
13      scanf("%d",&num[i]);
14    }
15    for(i=0;i<10;i++)
16      putNega(num[i]);
17    return 0;
18  }
```

【运行结果】

编译、连接、运行程序，依次输入 10 个整数，即可在命令行中输出如下图所示的结果。

【范例分析】

本范例中主函数首先通过键盘得到 10 个整型数据，通过一个 for 循环存入一个数组中，然后再通过一个 for 循环，依次调用 putNegu( ) 函数，并传递数组中的一个元素，putNegu 函数判断此数组元素是否小于 0，小于 0 则输出该数组元素。由此得出数组中全部小于 0 的元素。

8.5.2 数组名作为函数参数

数组名也可以作为函数参数，如定义一个求数组和的函数 SumArr( )，参数列表中可以直接放入一个数组，函数原型如下。

int SumArr(int arr [ ],int n);

表示函数 SumArr() 期望用形参 array 来接收一个整型数组，用形参 n 来接收数组元素个数。在定义函数 SumArr ( ) 时，在形参列表中必须指明对应形参将要接收的数组类型，在声明形参数组时，数组元素的个数不需要写在方括号中，即便方括号中出现数字，编译器也将忽略该数字。在编译器看来，形参 array 不是一个真正的数组，只是一个可以存放地址的指针变量。而为了能够获取数组的大小，一般会将表示数组大小的值单独作为一个参数放在参数列表中，如 SumArr() 函数中的参数 n。

> **注意**
>
> 参数列表中的数组名后的 "[]" 中，一般不指定数字，即使指定数字如 int arr[10]，编译器也会忽略数组的长度值，并不会检查实参数组的长度是否超过 10，事实上，后一种定义还会产生误导，因为这种写法暗示只能把长度为 10 的 int 类型数组传递给 SumArr( ) 函数，但实际上可以传递任意长度的 int 类型数组。

若将一个数组作为实际参数传递给函数，只需不带方括号的数组名即可。如数组 a 的定义为：

int a[10];

若要将数组 a 作为实参传递给被调用函数 SumArr()，则调用语句可写为：

SumArr(a,10);

因为数组名代表数组首元素的地址，因此，数组名做参数就可以将数组的起始地址传递给形参，另外需要将数组元素的大小也传递给被调用函数。

一般变量做参数时，是把实参的值传递给形参，形参的改变不影响实参。但数组做参数完全不同，因为数组名做实参把首元素的地址传给了被调函数，这样被调函数就能准确知道数组存储在哪里，所以被调函数访问的是主调函数中的原数组。

接下来修改范例 8-10，利用数组名作为函数参数的方式来完成。

范例 8-11　输出数组中小于0的元素

（1）在 Code::Blocks 16.01 中，新建名为 "Negu Num1.c" 的【C Source Files】源程序。
（2）在代码编辑窗口中输入以下代码（代码 8-11.txt）。

```
01  #include <stdio.h>
02  void putNega(int arr[],int n)
03  {
04    int i;
05    for(i=0;i<n;i++)
06    {
07      if(arr[i]<0)
```

```
08        printf("%d ",arr[i]);
09      }
10  }
11  int main()
12  {
13      int num[10],i;
14      printf(" 请依次输入 10 个整数：\n");
15      for(i=0;i<10;i++)
16      {
17        scanf("%d",&num[i]);
18      }
19      putNega(num,10);
20      return 0;
21  }
```

【运行结果】

编译、连接、运行程序，依次输入 10 个整数，即可在命令行中输出如下图所示的结果。

【范例分析】

本范例中主函数首先通过键盘得到 10 个整型数据，通过一个 for 循环存入一个数组中，然后直接调用 putNegu( ) 函数，调用时直接传递一个数组名，putNegu( ) 函数根据此数组名就可获取全部数组元素，putNegu( ) 函数中通过 for 循环判断每个数组元素是否为小于 0，小于 0 则输出该数组元素，由此得出数组中全部小于 0 的元素。

▶8.6 变量的作用域

作用域又称作用范围，程序中的标识符，如变量或函数等都有一定的有效范围。一个标识符是否可以被引用，称为标识符的可见性。因此，一个标识符只能在声明或定义它的范围内可见，在此之外是不可见的。

变量有 4 种不同的作用域：文件作用域、函数作用域、块作用域和函数原型作用域。文件作用域是全局的，其他三者是局部的。

一些变量在整个程序中都是可见的，它们称为全局变量。一些变量只能在一个函数或块中可见，称为局部变量。要了解这些变量的特征，先看看程序中的变量在内存分布的区域，如下图所示。

可以看到，一个程序将操作系统分配给其运行的内存，分为 4 个区域。

（1）代码区：存放程序的代码，即程序中的各个函数代码块。

（2）全局数据区：存放程序的全局数据和静态数据。

（3）堆区：存放程序的动态数据。

（4）栈区：存放程序的局部数据，即各个函数中的数据。

8.6.1 ▶ 局部变量

在函数内或在块内定义的变量，它只在该函数或块的范围内有效，即只有在本函数内或块内才能使用它们，在此之外是不能使用这些变量的，这种变量称为局部变量。程序执行到该块时，系统自动为局部变量分配内存，在退出该块时，系统自动回收该块的局部变量占用的内存。

局部变量的类型修饰符是 auto，表示该变量在栈中分配空间，但习惯上都省略 auto。

```
char func(int x, int y)      // x、y 在函数 func 范围有效
{
  int i,j;         //i、j 在函数 func 有效
  …
}
int main( )      // m、n 在主函数范围有效
{
  int m,n;
  …
  {
    int i,j;      //i、j 在块中有效
    …
  }
}
```

下面是几点说明。

（1）主函数中定义的变量（m 和 n）也只在主函数中有效。由于函数间的关系是相互独立的和并行的，因此，主函数也不能使用其他函数中定义的变量。

（2）不同函数中可以使用同名的变量，它们代表不同的对象，互不干扰。例如在 f1 函数中定义了变量 m 和 n，那么即使在 main 函数中也定义了变量 m 和 n，但它们在内存中占据不同的单元，没有任何关系。

（3）如果是在函数的程序块中定义的变量，则这些变量仅仅在程序块中有效，离开程序块则无效。

（4）形式参数也是局部变量。例如 func 函数中的形参 x 和 y 也只在 func 函数中有效。

（5）在函数声明中出现的形参名，其作用范围只在本行的括号内。编译系统对函数声明中的变量名是忽略的。

（6）同一作用域的变量不允许重名，不同作用域的变量是可以重名的。不同作用域的局部变量同名的处理规则：内层变量在其作用域内，将屏蔽其外层作用块的同名变量。

8.6.2 ▶ 全局变量

在函数外部定义的变量，称为全局变量。全局变量存放在内存的全局数据区。全局变量由编译器建立，如果代码中没有进行赋初值，系统会自动进行初始化，数值型变量值为 0，char 类型为空，bool 类型为 0。例如：

```
int i=10;      // 全局变量
int main()
{
    int j=i;
    …
```

```
   return 0;
}
void func()
{
  int s;
  s = i;
  ...
}
```

变量 *i* 的定义是在所有函数外定义的，所以是全局变量，在程序的任何地方都是可见的。全局变量在主函数运行之前就存在了，所以在 main 函数中可以访问，在 func 函数中也可以访问。使用全局变量的作用是增加函数间数据联系的渠道。

建议尽量不要使用全局变量，理由有以下几点。

（1）全局变量在程序的执行中一直占用存储单元，程序结束才释放该空间，而不是仅在需要时才开辟单元。

（2）它使函数的通用性降低，因为在任何函数中都可以修改该变量。

（3）使用全局变量过多，会降低程序的清晰性。在各个函数执行时都可能改变全局变量的值，程序容易出错，因此要限制使用全局变量。

（4）局部变量与全局变量是在不同位置定义的，它们可以同名，使用规则是，局部变量在其作用域内，将屏蔽与其同名的全局变量。但是可以使用作用域运算符 "::" 访问同名的全局变量。例如：

```
int i=5;          // 全局变量 i
void  fn （ ）
int main(void)
{
   int i=10,j=15;
   i=i+2;         // 全局变量 i
   j=i + i ;      // 局部变量 i 和 j
   fn （ ）；
printf("i=%d,j=%d"，i,j);          // 局部变量 i 和 j
}
void  fn （    ）
{
printf("i=%d/n",i);        // 全局变量 i
}
```

▶ 8.7　变量的存储类别

变量的作用域是从空间的角度将变量划分为全局变量和局部变量。变量的存储期又称生命期，是从变量值在内存中存在的时间来分析的，即何时为变量分配内存，何时收回分给变量的内存，反映了变量占用内存的期限。存储类别是指数据在内存中存储的方法，在定义时指定。引入存储类别是为了提高内存的使用效率。

存储类别分为静态存储和动态存储两大类。所谓静态存储方式，是指在程序运行期间，系统对变量分配固定的存储空间。而动态存储方式则是在程序运行期间，系统对变量动态地分配存储空间。具体包含 4 种：自动的 (auto)、静态的 (static)、寄存器的 (register) 和外部的 (extern)。

8.7.1　自动变量

自动变量即自动类型变量，在说明局部变量时，用 auto 修饰。由于局部变量默认为自动类型变量，因此在说明局部变量时，通常不用 auto 修饰。自动变量只在所在块有效，在所在块被执行时获得内存单元，并在块终止时释放内存单元。

例如：

```
void func(void)
{
    int x;      // 默认为：auto int x;
    auto int y;
}
```

函数 func 中声明了一个具有自动存储周期的局部变量 y。自动类型变量为动态变量，若未赋初值，则其值不定，如上面的变量 x 和 y 都没有确定的初值。

自动存储是一种节约内存的手段，并且符合"最小权限原则"，因为自动变量只在需要它们的时候才占用内存。

8.7.2 静态变量

静态变量即静态类型变量，是用 static 修饰的局部变量，要求系统用静态存储方式为该变量分配内存。静态类型变量的特点是在程序开始执行时获得所分配的内存，生存期是全程的，作用域是局部的。在调用函数而执行函数体后，系统并不收回这些变量占用的内存，当下次执行函数时，变量仍使用相同的内存，因此这些变量仍保留原来的值。

范例 8-12   静态变量的使用

（1）在 Code::Blocks 16.01 中，新建名为 "Static Variable.c" 的【C Source Files】源程序。
（2）在代码编辑窗口中输入以下代码（代码 8-12.txt）。

```
01  #include <stdio.h>
02  void func(int a)    // 定义 func 函数，无返回值
03  {
04      printf(" 第 %d 次调用 !",a+1);
05      auto int  x=0;   // 定义 x 为自动变量
06      static int y=0;  // 定义 y 为静态局部变量
07      x=x+1;           //x 加 1
08      y=y+1;           //y 加 1
09      printf(" 自动变量 x=%d\n",x);
10      printf(" 静态变量 y=%d\n",y);
11  }
12  int main( )
13  {
14      int i; // 声明变量
15      for(i=0; i<3; i++)        // 循环 3 次
16          func(i);     // 调用 func 函数
17      return 0;
18  }
```

【运行结果】

编译、连接、运行程序，即可在命令行中输出如下图所示的结果。

【范例分析】

程序 3 次调用 fun 函数，自动变量 x 每次都是从 0 开始，所以结果都是 1；而静态变量 y 的值是在原来的基础上加 1，所以结果分别是 1、2 和 3。

静态局部变量是用 static 声明的局部变量，它具有静态存储周期，在整个程序运行周期都存在于内存，但只能在定义它的函数中被访问。定义格式如下。

---

static 类型名 变量名；

静态局部变量在函数执行结束后依然存在于内存中，当函数下次被调用时，静态局部变量中存储的是上一次这个函数执行结束时的数值。

范例 8-13　求1!+2!+…+10!的和并输出

（1）在 Code::Blocks 16.01 中，新建名为 "Factorial Sum.c" 的【C Source Files】源程序。
（2）在代码编辑窗口中输入以下代码（代码 8-13.txt）。

```
01  #include <stdio.h>
02  int func(int n)    // 定义 func 函数
03  {
04      static int s=1;  // 声明静态变量
05      s=s*n;           //s 是原来的 s 的 n 倍
06      return s;        // 返回 s 的值
07  }
08  int main( )
09  {
10      int i=1,n=10;    // 声明变量
11      int s=0;         // 保存结果
12      for(; i<=n; i++) // 循环 n 次
13      {
14          s+=func(i);  // 调用 func 函数，并用 s 保存和
15      }
16      printf("1!+2!+...+10!=%d\n",s);
17      return 0;
18  }
```

【运行结果】

编译、连接、运行程序，即可在命令行中输出如下图所示的结果。

【范例分析】

静态局部变量的特征，是能够保存函数运行后的结果，下次调用函数时，可以使用上次计算的结果。因此使用静态变量保存 (n-1)！的值，再乘以 n，就可求出 n 的阶乘。

在什么情况下需要用局部静态变量呢？

（1）需要保留函数上一次调用结束时的值。

（2）如果初始化后，变量只被引用而不改变其值，则这时用静态局部变量比较方便，以免每次调用时重新赋值。

（3）全局变量是静态存储类别。静态全局变量是用 static 修饰的全局变量，表示所说明的变量仅限于本程序文件内使用，特别是对于多文件构成的程序来说，能有效避免全局变量的重名问题。若一个程序仅由一个文件组成，在说明全局变量时，有无 static 修饰并无区别。

8.7.3　寄存器变量

寄存器变量即寄存器类型变量，是用 register 修饰的局部变量。使用寄存器类型变量的目的是将声明的变量存入 CPU 的寄存器内，而不是内存中。程序使用该变量时，CPU 直接从寄存器取出进行运算，不必再到内存中去存取，从而提高了执行的效率。另外，如果系统寄存器已经被其他数据占据，寄存器变量就会自动转为 atuo 变量。

例如：

```
register int i,j;
```

对寄存器类型变量的说明如下。

（1）寄存器类型变量主要用作循环变量，存放临时值。

（2）静态变量和全局变量不能定义为寄存器类型变量。

（3）有的编译系统把寄存器变量作为自动变量来处理，有的编译系统则会限制定义寄存器变量的个数。

在程序中定义寄存器变量对编译系统只是建议性（而不是强制性）的。当今的优化编译系统能够识别使用频繁的变量，自动地将这些变量放在寄存器中。

8.7.4　外部变量

外部变量即外部类型变量，是用 extern 修饰的全局变量。主要用于下列两种情况。

（1）同一文件中，全局变量使用在前，定义在后。

（2）多文件组成一个程序时，一个源程序文件中定义的全局变量要被其他若干个源程序文件引用时。

外部变量的作用范围是从定义开始到程序所在文件的结束，它对作用范围内的所有函数都起作用。一般情况下把外部变量定义在程序的最前面，即第一个函数的前面。

在多个函数必须共用一个变量或少数几个函数共享大量变量时，使用外部变量可以减少频繁地定义变量。但在大多数情况下，通过形式参数进行传递比通过共享变量要好，因为外部变量使得这些函数依赖这些外部变量，因而使得这些函数的独立性降低，很难在其他程序中复用。在程序运行期间，如果改变外部变量，那么需要检查同一文件中的每个函数，以确认该变化对函数会产生什么影响。通常情况下，不推荐使用外部变量，除非为了满足某种特殊性能方面的要求。对于仅在一个特定函数内部使用的变量，一定要在这个函数内部将其定义为局部变量，而不能定义成外部变量。

📝 **范例 8-14　定义两个外部变量，并交换两个变量的值**

（1）在 Code::Blocks 16.01 中，新建名为 "Swap Value.c" 的【C Source Files】源程序。

（2）在代码编辑窗口中输入以下代码（代码 8-14.txt）。

```
01    #include <stdio.h>
02    int num1,num2; // 定义两个外部变量
03    void swap()    // 定义 swap 函数
04    {
05        int num;
```

```
06      num=num1;   // 交换两个变量的值
07      num1=num2;
08      num2=num;
09      printf("swap 函数中：num1 = %d , num2 = %d\n",num1,num2);  // 输出两个外部变量的值
10   }
11   int main()
12   {
13      printf(" 请输入两个整数：\n");
14      scanf("%d%d",&num1,&num2);  // 给两个外部变量赋值
15      swap();
16      printf("main 函数中：num1 = %d , num2 = %d\n",num1,num2);  // 输出两个外部变量的值
17      return 0;
18   }
```

【运行结果】

编译、连接、运行程序，按照提示输入两个整数后即可在命令行中输出如下图所示的结果。

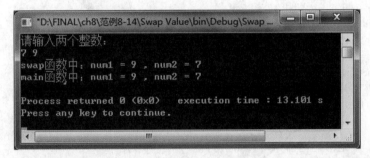

【范例分析】

根据运行后的结果可以发现，在 swap 函数中交换两个数的值，而 main 函数中两个变量的值在调用 swap 函数后也发生了交换。说明外部变量在任意函数中都起作用。

▶8.8 内部函数和外部函数

变量根据不同的类型有不同的作用域，决定其可以在哪些函数甚至哪些文件中使用。函数同样有"作用范围"，作用范围决定函数除了能被本文件中的函数调用之外，是否还能被其他文件中的函数调用。根据作用范围的不同，函数分为内部函数和外部函数两类。

01 内部函数

如果一个函数只能被本文件中的其他函数所调用，则称为内部函数。在定义内部函数时，在函数名和函数类型的前面加 static，所以内部函数又称静态函数。因为内部函数只局限于所在文件，所以在不同的文件中可以使用同名的内部函数，它们之间互不干扰。

格式如下。

static 类型标识符 函数名 (形参表) ;

例如：

static int fun(int a,int b) ;

02 外部函数

外部函数是函数的默认类型，没有用 static 修饰的函数均为外部函数，外部函数也可以用关键字 extern 进行说明。外部函数除了可以被本文件中的函数调用，还可以被其他源文件中的函数调用，但在需要调用外部函数的其他文件中，先用 extern 对该函数进行说明。

格式如下。

extern 函数名 (形参表);

范例 8-15 外部函数的使用

（1）在 Code::Blocks 16.01 中，单击【project】→【Console application】→【C】，新建名为"Ex8_15"的项目文件。

（2）在工作区【Workspace】视图中，重命名"main.c"为"Ex8_15_1.c"，双击【Ex8_15_1.c】，在代码编辑窗口中输入以下代码（代码 8-15-1.txt）。

```
01  #include <stdio.h>
02  int main()
03  {
04    extern int func(int i);    // 声明为外部函数
05    extern int a;    // 声明为外部变量
06    printf(" 请输入一个整数：\n");
07    scanf("%d",&a);
08    long s=0;
09    s=func(a);    // 调用外部函数
10    printf("%d != %d\n",a,s);
11    return 0;
12  }
```

（3）新建名为"Ex8_15_2.c"的【C Source Files】源程序，添加到当前工程。

（4）在代码编辑窗口输入以下代码（代码 8-15-2.txt）。

```
01  #include <stdio.h>
02  int a=0; // 全局变量
03  int func(int n)    // 定义函数
04  {
05    int s=1;    // 声明变量
06    for(int i=1;i<=n;i++)
07      s*=i; // 求 n 的阶乘
08    return s;    // 返回 n 的阶乘值
09  }
```

【运行结果】

编译、连接、运行程序。在命令行中根据提示输入任意 1 个整数，按回车键即可输出这个数的阶乘，如下图所示。

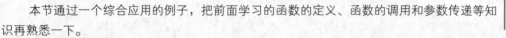

【范例分析】

在 Ex8_15_1.cpp 中要使用 Ex8_15_2.cpp 中的函数，所以要将 func 函数声明为外部函数。全局变量 a 是在 Ex8_15_2.cpp 中定义的，所以在 Ex8_15_1.cpp 中使用要将 a 声明为外部变量。

▶8.9 综合案例——在给定区间内解方程

本节通过一个综合应用的例子，把前面学习的函数的定义、函数的调用和参数传递等知识再熟悉一下。

📝 范例 8-16　　编写一个程序，实现用截弦法求方程 $x^3-5x^2+16x-80=0$ 在区间 [-3,6] 内的根

（1）在 Code::Blocks 16.01 中，新建名为 "Equation Root.c" 的【C Source Files】源程序。
（2）在代码编辑窗口中输入以下代码（代码 8-16.txt）。

```
01   #include<stdio.h>
02   #include<math.h>/* 下面程序中使用了 pow 等函数，需要包含头文件 math.h*/
03   float func(float x) /* 定义 func 函数，用来求函数 funx(x)=x*x*x-5*x*x+16x-80 的值 */
04   {
05      float y;
06      y=pow(x,3)-5*x*x+16*x-80.0f;        /* 计算指定 x 值的 func(x) 的值，赋给 y*/
07      return y; /* 返回 y 的值 */
08   }
09   float point_x(float x1,float x2)// 定义 point_x 函数，用来求出弦在 [x1,x2] 区间内与 X 轴的交点
10   {
11      float y;
12      y=(x1*func(x2)-x2*func(x1))/(func(x2)-func(x1));
13      return y;
14   }
15   float root(float x1,float x2) // 定义 root 函数，计算方程的近似根
16   {
17      float x,y,y1;
18      y1=func(x1);    // 计算 x 值为 x1 时的 func(x1) 函数值
19      do
20      {
21        x=point_x(x1,x2);      // 计算连接 func(x1) 和 func(x2) 两点弦与 X 轴的交点
22        y=func(x);    // 计算 x 点对应的函数值
23        if(y*y1>0)    //func(x) 与 func(x1) 同号，说明根在区间 [x,x2] 之间
24        {
25           y1=y;      // 将此时的 y 作为新的 y
26           x1=x;      // 将此时的 x 作为新的 y
27        }
28        else // 否则将此时的 x 作为新的 x
29        {
```

```
30          x2=x;
31       }
32    }
33    while(fabs(y)>=0.0001);
34    return x;         // 返回根 x 的值
35  }
36  int main()
37  {
38    float x1=-3,x2=6;
39    float t=root(x1,x2);
40    printf(" 方程：x^3-5*x^2+16*x-80=0 的根为：%f\n",t);
41    return 0;
42  }
```

【运行结果】

编译、连接、运行程序，即可在命令控制台显示出方程的根。

【范例分析】

本范例用弦截法求方程的根，方法如下。

（1）取两个不同的点 $x1$ 和 $x2$，如果 f($x1$)、f($x2$) 符号相反，则 ($x1$，$x2$) 区间内必有一个根；但如果 f($x1$)、f($x2$) 符号相同，就应该改变 $x1$ 和 $x2$ 直到上述条件成立为止。

（2）连接 f($x1$)、f($x2$) 两点，这个弦就交 x 轴于 x 处，那么求 x 点的坐标就可以用下面的公式求解。x=($x1$*func($x2$)-$x2$*func($x1$))/(func($x2$)-func($x1$))，由此可以进一步求 -5 x 点对应的 f(x)。

（3）如果 f(x)、f($x1$) 同号，则根必定在 (x，$x2$) 区间内，此时将 x 作为新的 $x1$。如果 f(x)、f($x1$) 异号，表示根在 ($x1$，x) 区间内，此时可将 x 作为新的 $x2$。

（4）重复步骤（2）、（3），直到 |f(x)|< ε 为止，ε 为一个很小的数，程序中设为 0.0001，此时可认为 f(x) ≈ 0。

▶8.10 疑难解答

问题 1：函数声明和函数定义有何区别？

解答：函数的声明是在调用该函数前，说明函数类型和参数类型；函数的定义由语句来描述函数的功能。要求函数在被调用之前，应当让编译器知道该函数的原型，以便编译器利用函数原型提供的信息去检查调用的合法性。对于标准库函数，用 #include 宏命令将其声明在头文件中。对于用户自定义的函数，先定义后用的函数可以不用声明。但后定义先调用的函数必须声明。

问题 2：什么情况下可以省去主调函数中对被调函数的函数说明？

解答：（1）如果被调函数的返回值是整型或字符型时，可以不对被调函数作说明，而直接调用。这时系统将自动对被调函数返回值按整型处理。

（2）当被调函数的函数定义出现在主调函数之前时，在主调函数中也可以不对被调函数再作说明而直接调用。例如，函数 max( ) 的定义放在 main( ) 函数之前，因此可在 main( ) 函数中省去对 max( ) 函数的函数说明 int max(int a,int b)。

（3）如在所有函数定义之前，在函数外预先说明了各个函数的类型，则在以后的各主调函数中，可不再对被调函数作说明。例如以下形式。

```
char str(int a);
float f(float b);
int main(){
  ...
  return 0;
}
char str(int a){
  ...
}
float f(float b){
  ...
}
```

其中，第 1 行、第 2 行对 str( ) 函数和 f( ) 函数预先做了说明。因此在以后各函数中无须对 str( ) 和 f( ) 函数再作说明就可直接调用。对库函数的调用不需要再作说明，但必须把该函数的头文件用 include 命令包含在源文件前部。

问题 3：传递函数参数时需要注意什么问题？

解答：参数传递时，形参和实参个数必须相同，形参和实参之间数据类型必须相同，形参和实参的顺序必须一一对应。如果与函数中的参数列表不同，则编译便会报错。形参出现在函数定义中，在整个函数体内都可以使用，离开该函数则不能使用。实参出现在主调函数中，进入被调函数后，实参变量也不能使用。形参和实参的功能是作数据传送。函数调用中发生的数据传送是单向的，即只能把实参的值传送给形参，而不能把形参的值反向地传送给实参。因此在函数调用过程中，形参的值发生改变，而实参中的值不会变化。例如以下形式。

```
int main()
{
  int n;
  printf("input number\n");
  scanf("%d",&n);
  s(n);
  printf("n=%d\n",n);
  return 0;
}
void s(int n)
{
  int i;
  for(i=n-1;i>=1;i--)
  n=n+i;
  printf("n=%d\n",n);
}
```

本程序中定义了一个函数 s，该函数的功能是求∑ni 的值。在主函数中输入 n 值，并作为实参，在调用时传送给 s 函数的形参量 n。在主函数中用 printf 语句输出一次 n 值，这个 n 值是实参 n 的值。在函数 s 中也用

printf 语句输出了一次 *n* 值，这个 *n* 值是形参最后取得的 *n* 值 0。从运行情况看，输入 *n* 值为 100。即实参 *n* 的值为 100。把此值传给函数 s 时，形参 *n* 的初值也为 100，在执行函数过程中，形参 *n* 的值变为 5050。返回主函数之后，输出实参 *n* 的值仍为 100。可见实参的值不随形参的变化而变化。

问题 4：对函数的返回值需要注意哪些问题？

解答：对于函数返回值有需要注意以下几点。

（1）函数的值只能通过 return 语句返回主调函数，在函数中允许有多个 return 语句，但每次调用只能有一个 return 语句被执行，因此只能返回一个函数值。

（2）函数值的类型和函数定义中函数的类型应保持一致。如果两者不一致，则以函数类型为准，自动进行类型转换。

（3）如函数值为整型，在函数定义时可以省去类型说明。

（4）不返回函数值的函数，可以明确定义为"空类型"，类型说明符为"void"。一旦函数被定义为空类型，就不能在主调函数中使用被调函数的函数值了。例如，在定义一个 s( ) 函数为空类型后，在主函数中写语句 sum=s(n); 就是错误的。

第 **III** 篇

进阶提高

第 **9** 章

内存的快捷方式

——指针

指针就是内存地址，访问不同的指针就是访问内存中不同地址中的数据，正确地使用指针可以提高程序的执行效率。认真学习本章内容，深刻领会指针的用法，将会给程序开发带来巨大的帮助。

本章要点（已掌握的在方框中打钩）

- □ 指针和地址
- □ 指针变量
- □ 指针与数组
- □ 指针与字符串
- □ 指针与函数
- □ 指针的指针
- □ 使用 const 修饰指针变量
- □ 使用指针的注意事项

▶9.1　指针和地址

在现实生活中，指针的概念也比较常见。例如，高速公路上的交通指示牌指示了某地的地理位置，这就是指针，而这个指示牌就是指针变量，用于存储指针。

在 C 语言中，指针并不是用来存储数据的，而是用来存储数据在内存中的地址，它是内存数据的快捷方式，通过这个快捷方式，即使你不知道这个数据的变量名也可以操作它。

要正确使用指针，先要了解指针到底是什么，而要了解指针是什么，则需要知道计算机内存是怎么被划分的。

如何建立起来指针和变量的联系？本小节通过几个具体的例子，说明如何正确使用指针，以及在使用过程中需要注意的问题。

9.1.1　指针的含义

计算机内存被划分成按顺序编号的内存单元，这就是地址。如果在程序中定义了一个变量，在对程序进行编译时，系统就会给这个变量分配内存单元。

不同的计算机使用不同的复杂的方式对内存进行编号，通常程序员不需要了解给定变量的具体地址，编译器会处理细节问题，只需要使用操作运算符 &，它就会返回一个对象在内存中的地址。

内存单元	······	2000	2004	2008	······
		变量 i	变量 j		

图中变量 i 的地址是 2000，变量 j 的地址是 2004（Code::Blocks 16.01 中整型占 4 个字节）。变量 i 的地址可以通过 & 表达式获得。

指针是一个变量在内存中的地址。从指针指向的内存读取数据称作指针的取值。指针可以指向某些具体类型的变量地址，例如 int、long 和 double。指针也可以是 void 类型、NULL 指针和未初始化指针。本文会对上述所有指针类型进行探讨。

根据出现的位置不同，操作符 * 既可以用来声明一个指针变量，也可以用作指针的取值。当用在声明一个变量时，* 表示这里声明了一个指针。其他情况用到 * 时表示指针的取值。

& 是地址操作符，用来引用一个内存地址。通过在变量名字前使用 & 操作符，可以得到该变量的内存地址。

9.1.2　目标单元与间接存取

访问内存中的数据有两种方式：直接访问和间接访问。直接访问就是通过变量来实现，因为变量是内存中某一块存储区域的名称；间接访问就是通过指针来实现，前面已经知道每一个数据是有地址的，那么通过地址就可以找到所需的内存空间，所以通常把这个记录地址的标识符称为指针。它相当于旅馆中的房间号。在地址所对应的内存空间中存放数据，就好比旅馆各个房间中居住的旅客。指针并不是用来存储数据的，而是用来存储数据在内存中的地址，可以通过访问指针达到访问内存中数据的目的。

📝 范例 9-1　　直接访问和间接访问示例

（1）在 Code::Blocks 16.01 中，新建名为"直接访问与间接访问 .c"的【C Source File】源程序。

（2）在代码编辑窗口输入以下代码（代码 9-1.txt）。

```
01   #include <stdio.h>
02   int main(void)
```

```
03  {
04      int a=3,*p;                    //定义整型变量 a 和整型指针 p
05      p=&a;                          //把变量 a 的地址赋给指针 p，即 p 指向 a
06      printf("a=%d,*p=%d\n",a,*p);   //输出变量 a 的值和指针 p 所指向变量的值
07      *p=10;                         //对指针 p 所指向的变量赋值，相当于对变量 a 赋值
08      printf("a=%d,*p=%d\n",a,*p);
09      printf("Enter a:");
10      scanf("%d",&a);                //输入 a
11      printf("a=%d,*p=%d\n",a,*p);
12      (*p)++;                        //将指针所指向的变量加 1
13      printf("a=%d,*p=%d\n",a,*p);
14      return 0;
15  }
```

【运行结果】

编译、连接、运行程序，当输入 *a* 的值为 5 时，输出结果如下图所示。

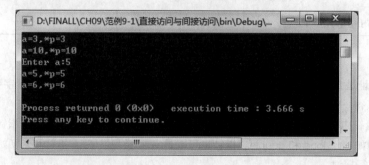

【范例分析】

第 04 行的"int a=3,*p"和其后出现的 *p，尽管形式是相同的，但两者的含义完全不同。第 04 行定义了指针变量，p 是变量名，* 表示其后的变量是指针；而后面出现的 *p 代表指针 p 所指向的变量。本例中，由于 p 指向变量 *a*，因此，*p 和 a 的值一样。

再如表达式 *p=*p+1、++*p 和 (*p)++，分别将指针 p 所指向变量的值加 1。而表达式 *p++ 等价于 *(p++)，先取 *p 的值作为表达式的值，再将指针 p 的值加 1，运算后，p 不再指向变量 *a*。同样，在下面这几条语句中：

```
int a=1,x,*p; p=&a; x=*p++;
```

指针 p 先指向 *a*，其后的语句 x=*p++，将 p 指向的变量 *a* 的值赋给变量 x，然后修改指针的值，使得指针 p 不再指向变量 *a*。

从以上例子可以看到，要正确理解指针操作的意义，带有间接地址访问符 * 的变量的操作在不同的情况下会有完全不同的含义，这既是 C 的灵活之处，也是初学者比较容易出错的地方。

▶9.2 指针变量

在 C 语言中，允许用一个变量来存放指针，这种变量称为指针变量。指针变量的值就是某份数据的地址，这样的一份数据可以是数组、字符串、函数，也可以是另外的一个普通变量或指针变量。假设有一个 char 类型的变量 *c*，它存储了字符 'K'（ASCII 码为十进制数 75），并占用了

地址为 0X11A 的内存（地址通常用十六进制表示）。另外有一个指针变量 p，它的值为 0X11A，正好等于变量 c 的地址，这种情况就称 p 指向了 c，或者说 p 是指向变量 c 的指针。

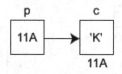

9.2.1 定义指针变量

（1）定义指针变量

定义指针变量与定义普通变量非常类似，不过要在变量名前面加星号 *，定义指针变量的一般形式如下。

数据类型 * 指针变量名；
或者
数据类型 * 指针变量名 = 值；

* 表示这是一个指针变量，datatype 表示该指针变量所指向的数据的类型。例如：

int *p1;

p1 是一个指向 int 类型数据的指针变量，至于 p1 究竟指向哪一个数据，应该由赋予它的值决定。再如：

int a = 100;
int *p_a = &a;

在定义指针变量 p_a 的同时对它进行初始化，并将变量 a 的地址赋予它，此时 p_a 就指向了 a。值得注意的是，p_a 需要的一个地址，a 前面必须要加取地址符 &，否则是不对的。和普通变量一样，指针变量也可以被多次写入，只要你想，随时都能够改变指针变量的值，请看下面的代码。

```
// 定义普通变量
float a = 99.5, b = 10.6;
char c = '@', d = '#';
// 定义指针变量
float *p1 = &a;
char *p2 = &c;
// 修改指针变量的值
p1 = &b;
p2 = &d;
```

* 是一个特殊符号，表明一个变量是指针变量，定义 p1、p2 时必须带 *。而给 p1、p2 赋值时，因为已经知道了它是一个指针变量，就没必要多此一举再带上 *，后边可以像使用普通变量一样来使用指针变量。也就是说，定义指针变量时必须带 *，给指针变量赋值时不能带 *。

假设变量 a、b、c、d 的地址分别为 0X1000、0X1004、0X2000、0X2004，下面的示意图很好地反映了 p1、p2 指向的变化。

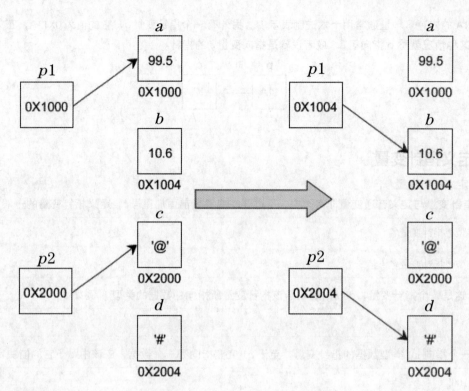

需要强调的是，$p1$、$p2$ 的类型分别是 float* 和 char*，而不是 float 和 char，它们是完全不同的数据类型，读者要引起注意。

指针变量也可以连续定义，例如：

```
int *a, *b, *c;  //a、b、c 的类型都是 int*
```

注意每个变量前面都要带 *。如果写成下面的形式，那么只有 a 是指针变量，b、c 都是类型为 int 的普通变量。

```
int *a, b, c;
```

（2）指针变量的类型

从语法的角度看，只要把指针声明语句里的指针名字去掉，剩下的部分就是这个指针的类型。这是 指针本身所具有的类型。下面是一些简单的指针类型。

```
int * ptr;     // 指针的类型是 int *
float * ptr;   // 指针的类型是 float *
char * ptr;    // 指针的类型是 char *
```

（3）指针所指向的类型

通过指针来访问指针所指向的内存区时，指针所指向的类型决定了编译器将把那片内存区里的内容当作什么来看待。

从语法上看，只需把指针声明语句中的指针名字和名字左边的指针声明符 "*" 去掉，剩下的就是指针所指向的类型。例如：

```
int * ptr;     // 指针所指向的类型是 int
float * ptr;   // 指针所指向的类型是 float
char * ptr;    // 指针所指向的类型是 char
```

在指针的算术运算中，指针所指向的类型有很大的作用。指针的类型（即指针本身的类型）和指针所指向的类型是两个概念。对 C 语言越来越熟悉时会发现，把与指针容易混淆的"类型"这个概念分成"指针的类型"和"指针所指向的类型"两个概念，是精通指针的关键点之一。

（4）指针的值

指针的值是指针本身存储的数值，这个值将被编译器当作一个地址，而不是一个一般的数值。在 32 位程序里，所有类型指针的值都是一个 32 位整数，因为 32 位程序里内存地址全都是 32 位的。

指针所指向的内存区是从指针的值所代表的那个内存地址开始的，长度为 sizeof（指针所指向的类型）的一片内存区。以后，再说一个指针的值是 ×，就相当于说该指针指向了以 × 为首地址的一片内存区域；说一个指针指向了某块内存区域，就相当于说该指针的值是这块内存区域的首地址。

指针所指向的内存区和指针所指向的类型是两个完全不同的概念。如果指针所指向的类型已经有了，但由于指针还未初始化，那么它所指向的内存区是不存在的，或者说是无意义的。

9.2.2 引用指针变量

指针变量存储了数据的地址，通过指针变量能够获得该地址上的数据，格式如下。

```
*pointer;
```

这里的 * 称为指针运算符，用来取得某个地址上的数据。

范例 9-2　引用指针变量

（1）在 Code::Blocks 16.01 中，新建名为"引用指针变量 .c"的【C Source File】源程序。
（2）在代码编辑窗口输入以下代码（代码 9-2.txt）。

```
01  #include <stdio.h>
02  int main(){
03      int a = 15;
04      int *p = &a;
05      printf("%d, %d\n", a, *p); // 两种方式都可以输出 a 的值
06      return 0;
07  }
```

【运行结果】

编译、连接、运行程序，输出结果如下图所示。

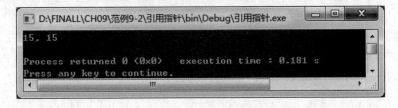

【范例分析】

假设 a 的地址是 0X1000，p 指向 a 后，p 本身的存储值会变为 0X1000，*p 表示获取地址 0X1000 上的数据，即变量 a 的值。从运行结果看，*p 和 a 是等价的。CPU 读写数据必须要知道数据在内存中的地址，普通变量和指针变量都是地址的助记符，虽然通过 *p 和 a 获取的数据一样，但它们的运行过程稍有不同：a 只需要一次运算就能够取得数据，而 *p 要经过两次运算，多了一层"间接"。

假设变量 a、p 的地址分别为 0X1000、0XF0A0，它们的指向关系如下图所示。

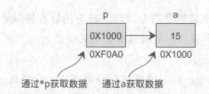

通过*p获取数据   通过a获取数据

程序被编译和连接后，a、p被替换成相应的地址。使用 *p 的话，要先通过地址 0XF0A0 取得变量 p 本身的值，这个值是变量 a 的地址，然后再通过这个值取得变量 a 的数据，前后共有两次运算；而使用 a 的话，可以通过地址 0X1000 直接取得它的数据，只需要一步运算。

也就是说，使用指针是间接获取数据，使用变量名是直接获取数据，前者比后者的代价要高。

指针除了可以获取内存上的数据，也可以修改内存上的数据。

📝 范例 9-3   通过指针修改内存上的数据

（1）在 Code::Blocks 16.01 中，新建名为"通过指针修改内存上的数据 .c"的【 C Source File 】源程序。
（2）在代码编辑窗口输入以下代码（代码 9-3.txt）。

```
01   #include <stdio.h>
02   int main(){
03       int a = 15, b = 99, c = 222;
04       int *p = &a; // 定义指针变量
05       *p = b; // 通过指针变量修改内存上的数据
06       c = *p; // 通过指针变量获取内存上的数据
07       printf("%d, %d, %d, %d\n", a, b, c, *p);
08       return 0;
09   }
```

【运行结果】

编译、连接、运行程序，输出结果如下图所示。

【范例分析】

*p 代表的是 a 中的数据，它等价于 a，可以将另外的一份数据赋值给它，也可以将它赋值给另外的一个变量。

* 在不同的场景下有不同的作用：* 可以用在指针变量的定义中，表明这是一个指针变量，以和普通变量区分；使用指针变量时在前面加 * 表示获取指针指向的数据，或者说表示的是指针指向的数据本身。也就是说，定义指针变量时的 * 和使用指针变量时的 * 意义完全不同。以下面的语句为例。

```
int *p = &a;
*p = 100;
```

第 1 行代码中 * 用来指明 p 是一个指针变量，第 2 行代码中 * 用来获取指针指向的数据。需要注意的是，给指针变量本身赋值时不能加 *。修改上面的语句如下。

```
int *p;
p = &a;
*p = 100;
```

第 2 行代码中的 p 前面就不能加 *。

指针变量也可以出现在普通变量能出现的任何表达式中，例如：

```
int x, y, *px = &x, *py = &y;
y = *px + 5; // 表示把 x 的内容加 5 并赋给 y，*px+5 相当于 (*px)+5
y = ++*px; //px 的内容加上 1 之后赋给 y，++*px 相当于 ++(*px)
y = *px++; // 相当于 y=(*px)++
py = px; // 把一个指针的值赋给另一个指针
```

9.2.3 指针变量作为函数参数

在 C 语言中，函数的参数不仅可以是整数、小数、字符等具体的数据，还可以是指向它们的指针。用指针变量作函数参数可以将函数外部的地址传递到函数内部，使得在函数内部可以操作函数外部的数据，并且这些数据不会随着函数的结束而被销毁。

像数组、字符串、动态分配的内存等都是一系列数据的集合，没有办法通过一个参数全部传入函数内部，只能传递它们的指针，在函数内部通过指针来影响这些数据集合。

有时，对于整数、小数、字符等基本类型数据的操作也必须要借助指针，一个典型的例子就是交换两个变量的值。

有些初学者可能会使用下面的方法来交换两个变量的值。

📝 **范例 9-4　　交换两个变量的值**

（1）在 Code::Blocks 16.01 中，新建名为"交换两个变量的值 .c"的【C Source File】源程序。

（2）在代码编辑窗口输入以下代码（代码 9-4.txt）。

```
01  #include <stdio.h>
02  void swap(int a, int b){
03      int temp; // 临时变量
04      temp = a;
05      a = b;
06      b = temp;
07  }
08  int main(){
09      int a = 66, b = 99;
10      swap(a, b);
11      printf("a = %d, b = %d\n", a, b);
12      return 0;
13  }
```

【运行结果】

编译、连接、运行程序，输出结果如下图所示。

【范例分析】

从结果可以看出，a、b 的值并没有发生改变，交换失败。这是因为 swap() 函数内部的 a、b 和 main() 函数内部的 a、b 是不同的变量，占用不同的内存，它们除了名字一样，没有其他任何关系，swap() 交换的是它

内部 *a*、*b* 的值，不会影响它外部（main()内部）*a*、*b* 的值。

改用指针变量作参数后就很容易解决上面的问题。

范例 9-5   通过指针交换两个变量的值

（1）在 Code::Blocks 16.01 中，新建名为"通过指针交换两个变量的值 .c"的【C Source File】源程序。
（2）在代码编辑窗口输入以下代码（代码 9-5.txt）。

```
01  #include <stdio.h>
02  void swap(int *p1, int *p2){
03      int temp;  // 临时变量
04      temp = *p1;
05      *p1 = *p2;
06      *p2 = temp;
07  }
08
09  int main(){
10      int a = 66, b = 99;
11      swap(&a, &b);
12      printf("a = %d, b = %d\n", a, b);
13      return 0;
14  }
```

【运行结果】

编译、连接、运行程序，输出结果如下图所示。

```
D:\FINALL\CH09\范例9-5\通过指针交换两变量的值\bin\...

a = 99, b = 66

Process returned 0 (0x0)   execution time : 0.203 s
Press any key to continue.
```

【范例分析】

调用 swap() 函数时，将变量 *a*、*b* 的地址分别赋值给 *p1*、*p2*，这样 *p1、*p2 代表的就是变量 *a*、*b* 本身，交换 *p1、*p2 的值也就是交换 *a*、*b* 的值。函数运行结束后虽然会将 *p1*、*p2* 销毁，但它对外部 *a*、*b* 造成的影响是"持久化"的，不会随着函数的结束而恢复原样。

需要注意的是临时变量 temp，它的作用特别重要，因为执行 *p1 = *p2; 语句后 *a* 的值会被 *b* 的值覆盖，如果不先将 *a* 的值保存起来以后就找不到了。

▶9.3 指针与数组

掌握了指针变量后，下一步是挖掘指针和数组的关系。根据数组占据内存中连续存储区域的性质，使用指针将使操作数组元素的手段更加丰富。

9.3.1 指向数组元素的指针

在程序实际开发中，数组的使用非常普遍，如何建立起指针和数组的关系，又如何使用这样的指针，如何更大限度地发挥指针的作用，将是本章要讲解的内容。

利用指针指向数组元素示例如下。

```
int a[ ] = { 1, 3, 5, 7 };
int * p1 = &a[0];
int * p2 = &a[1];
int * p3 = &a[2];
int * p4 = &a[3];
```

通过指针引用数组元素：*p1 就是 a[0]，*p2 就是 a[1]，*p3 就是 a[2]，*p4 就是 a[3]。

指针指向数组元素时，允许以下运算。

① 加一个整数，如 p+n，表示指针 p 向地址增加方向移动 n 个元素单元。

② 减一个整数，如 p-n，表示指针 p 向地址减小方向移动 n 个元素单元。

③ 自加运算，如 p++，++p。

④ 自减运算，如 p--，--p。

⑤ 两个指针相减，如 p1-p2（只有 p1 和 p2 都指向同一数组中的元素时才有意义），表示两个指针在数组中的距离，如果 p1 指向 array[i] 而 p2 指向 array[j]，那么 p2-p1 的值就是 j-i 的值。

9.3.2 指向数组的指针

当指针变量里存放一个数组的首地址时，此指针变量称为指向数组的指针变量，简称数组的指针。可以定义指针变量指向任意一个数组元素。

声明与赋值示例如下。

```
int a[ 5 ],*p;
p = &a[ 0 ]; 或 p = a;
```

这里 p 指向 a[0]，p+1 指向 a[1]，p+2 指向 a[2]，p+i 指向 a[i]。

在 C 语言中，引用数组元素的方式有三种。

第一种是我们之前学过的通过下标引用数组元素，如 a[2]。

第二种是通过数组名计算数组元素地址，引用数组元素。在 C 语言中，&a[0]=a，&a[1]=a+1，&a[2]=a+2，…，&a[i]=a+i，*a 就是 a[0]，*(a + 1) 就是 a[1]，…，*(a + i) 就是 a[i]。

第三种是通过指针变量引用数组元素。*p 就是 a[0]，*(p + 1) 就是 a[1]，…，*(p +i) 就是 a[i]。*p 就是 a[0]，*(p + 1) 就是 a[1]，…，*(p +i) 就是 a[i]。

C 编译系统是将 a[i] 转换为 *(a+i) 处理的，即先计算元素地址。因此，第一种和第二种方式执行效率相同，每次要重新计算地址，比较费时。第三种用指针变量指向元素，不用每次重新计算地址，像 p++ 这样的操作比较快。

📋 范例 9-6　　通过指针输出数组中元素的值

（1）在 Code::Blocks 16.01 中，新建名为 "通过指针输出数组中元素的值 .c" 的【C Source File】源程序。

（2）在代码编辑窗口输入以下代码（代码 9-6.txt）。

```
01  #include<stdio.h>
02  int main( void)
03  {
04      int i, a[ ] = { 1, 3, 5, 7, 9 };
05      int * p = a ;
06      for ( i = 0; i < 5; i++ ) printf( "%d\t", *( p + i ) );
07      printf( "\n" );
08      return 0;
09  }
```

【运行结果】

编译、连接、运行程序，输出结果如下图所示。

【范例分析】

数组 *a* 中元素与指针 *p* 的关系见下表。

1	p
3	p+1
5	p+2
7	p+3
9	p+4

9.3.3　通过指针引用多维数组

01 多维数组元素的地址

一个二维数组 a，它的定义为 int a[4][3] = {{1,2,3}, {4,5,6},{7,8,9}, {10,11,12}};。

数组 a 每一行可以看成一个元素，a[0]，a[1]，a[2]，a[3]。而每个元素又被看成是一个一维数组，它包含 3 个元素。

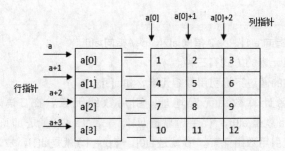

行指针是每行的行首地址，即指向每个一维数组的地址，行指针每加 1，往下移动一行。a 代表第 0 行首地址，a+1 代表第 1 行首地址，a+2 代表第 2 行首地址，a+3 代表第 3 行首地址，a+*i* 代表行号为 *i* 的行首地址。*(a+*i*) 相当于 a[*i*]。

因为 a[0]，a[1]，a[2]，a[3] 被看成是一维数组名，因此 a[0] 代表一维数组 a[0] 中第 0 列元素的地址，这就是列指针。列指针每加 1，往后移动一列。a[0] 代表 a[0][0] 的地址，a[0]+1 代表 a[0][1] 的地址，a[0]+2 代表 a[0][2] 的地址，a[0]+3 代表 a[0][3] 的地址，a[*i*]+*j* 代表 a[*i*][*j*] 的地址，就是 &a[*i*][*j*]。*(a[*i*]+*j*) 相当于元素 a[*i*][*j*]，等价于 *(*(a+*i*)+*j*)。

02 指向多维数组元素的指针变量

二维数组的元素在内存中是按行顺序存放的，即存放完序号为 0 的行中的全部元素后，接着存放序号为 1 的行中的全部元素，依此类推。

因此第一种方式是用一个指向元素的指针变量，依次指向各个元素。

例如：

```
int a[4][3]={1,2,3,4,5,6,7,8,9,10,11,12};
int *p;
for(p=a[0];p<a[0]+12;p++)
printf("%4d",*p);
```

第二种方式是用指向由 m 个元素组成的一维数组的指针变量。

例如：int (*p)[3]。*p 是个指针，剩下的"int [3]"作为补充说明，说明指针 p 指向一个长度为 3 的数组。

```
int a[4][3]={1,2,3,4,5,6,7,8,9,10,11,12};
int (*p)[3],i,j;
p=a;
printf("a[%d,%d]=%d\n",1,2,*(*(p+1)+2));// 输出 a[1][2]
```

9.3.4　指向数组的指针作为函数参数

指向数组的指针可以作为函数形参，对应实参为数组名或已有值的指针变量，此时仍然进行单向地址传递。

形参	实参
数组名	数组名
数组名	指针变量
指针变量	数组名
指针变量	指针变量

📝 范例 9-7　　利用数组名作为参数，将数组中的10个整数完全颠倒顺序

（1）在 Code::Blocks 16.01 中，新建名为"数组名作为函数参数 .c"的【C Source File】源程序。

（2）在代码编辑窗口输入以下代码（代码 9-7.txt）。

```
01  #include <stdio.h>
02  void inv( int *x, int n );
03  int main( )
04  {
05      int i,a[ ] = { 3, 7, 9, 11, 0, 6, 7, 5, 4, 2 };
06      printf(  "The original array:\n" );
07      for( i = 0; i < 10;  i++)
08          printf( "%3d", a[i] );
09      printf(  "\n" );
10      inv( a,10 );
11      printf(  "The array has been inverted:\n" );
12      for( i = 0; i < 10; i++  )
13          printf( "%3d", a[i] );
14      printf( "\n" );
15      return 0;
16  }
17  void inv( int *x, int n )
18  {
19      int t,*i,*j;
20      for(i = x, j = x + n - 1; i <= j; i++, j--  )
21      {
22          t = *i;
23          *i = *j;
24          *j = t;
25      }
26
27  }
```

【运行结果】

编译、连接、运行程序，输出结果如下图所示。

【范例分析】

本范例的颠倒顺序采取从首尾开始，数组前后相对元素互换数值的方法。定义两个指针变量 *i* 和 *j*，分别指向数组开头和结尾，指针变量 *i* 从左向右扫描，指针变量 *j* 从右向左扫描，并交换对应的数值。当 *i* >= *j* 时扫描结束。

▶9.4 指针与字符串

前面已经介绍了数组和指针的关系，其中用到的数组都是数值类型的数组，为什么没有涉及字符类型的数组呢？原因是使用指针处理字符串有它的特殊性，本节详细讲述指针与字符串的关系。

9.4.1 字符串指针

C 语言中许多字符串的操作都由指向字符数组的指针及指针的运算来实现。对字符串来说一般都是严格按顺序存取，使用指针可以打破这种存取方式，使字符串的处理更加灵活。

字符串的定义自动包含了指针，例如定义 char message1[100]；为 100 个字符声明存储空间，并自动地创建一个包含指针的常量 message1，存储的是 message1[0] 的地址。与一般的常量一样，指针常量的指向是明确的，不能被修改。

对于字符串，可以不按照声明一般数组的方式定义数组的维数和每一维的个数，可以使用新的方法，即用指针创建字符串。例如下面的代码。

char *message2="how are you?";

message2 和 message1 是不同的。message1 是按照数组定义方式定义的，例如：

char message1[100]= "how are you?";

这种形式要求 message1 有固定的存储该数组的空间，而且，因为 message1 本身是数组名称，一旦被初始化后，再执行下面的语句就是错误的。例如：

message1= "fine,and you?";

message2 本身就是一个指针变量，它通过显式的方式明确了一个指针变量，对 message2 执行了初始化后，再执行下面的代码就是正确的。

message2= "fine,and you?";

从分配空间的角度来分析，二者也是不同的。message1 指定了一个存储 10 个字符位置的空间。而对于 message2 就不同了，它只能存储一个地址，只能保存指定字符串的第 1 个字符的地址。

字符串指针变量与字符数组的区别如下。

用字符数组和字符指针变量都可实现字符串的存储和运算。但两者是有区别的，在使用时应注意以下几个问题。

（1）字符指针变量本身是一个变量，用于存放字符串的首地址。字符数组是由若干个数组元素组成的静态的连续存储空间，它可用来存放整个字符串。

> **注意**
>
> 字符指针变量存放的地址可以改变，而字符数组名存放的地址不能改变。例如：
>
> char *p ="hello",*q; char a[]="aaaaaaaaa"; char b[]="bbbbbbbb";
> 合法的语句：
> q=p p=a;
> a=p;

（2）赋值操作不同。对于字符指针变量来说，随时可以把一个字符串的开始地址赋值给该变量。而对于字符数组来说，只能在声明字符数组时，把字符串的开始地址初始化给数组名，在后面只能逐个字符赋值。例如：

合法的语句：
char *s1="C Language"; char *s2; s2="Hello!";
char a[]="good";
不合法的语句：
Char a[100] ;
a="good";

有些同学在数组编程时编写了类似下面的代码 .

int s[],x,y; for(i=0;i<10;++i) s[i]=i;

这段代码的错误在于声明 s 数组时没有给出长度，因此系统无法为 s 开辟一定长度的空间。

📝 范例 9-8　　八进制转换成十进制

（1）在 Code::Blocks 16.01 中，新建名为 "数组名作为函数参数 .c" 的【C Source File】源程序。
（2）在代码编辑窗口输入以下代码（代码 9-8.txt）。

```
01  #include <stdio.h>
02  int main(void)
03  {
04    char *p,s[6];
05    int n;
06    n=0;
07    p=s;                    // 字符指针 p 指向字符数组 s
08    printf(" 输入你要转换的八进制数：\n");
09    gets(p);               // 输入字符串
10    while(*(p)!='\0')       // 检查指针是否都以字符数组结尾
11    {
12      n=n*8+*p-'0';         // 八进制转十进制计算公式
13      p++;                 // 指针后移
14    }
15    printf(" 转换的十进制是：\n%d\n",n);
16    return 0;
17  }
```

【运行结果】
编译、连接、运行程序，输入 5724，输出结果如下图所示。

【范例分析】

实现八进制到十进制的转换很简单，但是本范例需要注意的地方是 *p=s;* 字符指针 *p* 指向字符串 *s*，为什么呢？之前介绍过，字符指针 *p* 只是一个指针变量，它能存储的仅是一个地址，所以执行了 *p=s*，再用 *p* 接收输入的字符串时，该字符串存储到 *s* 所代表的存储区域，之后的代码才能正常运行。

9.4.2 指针访问字符串

指针访问字符串的方法，通过 3 个范例来学习。

📝 范例 9-9　　字符串复制

（1）在 Code::Blocks 16.01 中，新建名为"字符串复制 .c"的【C Source File】源程序。
（2）在代码编辑窗口输入以下代码（代码 9-9.txt）。

```
01  #include <stdio.h>
02  int main(void)
03  {
04      char str1[10],str2[10];
05      char *p1,*p2;
06      p1=str1;
07      p2=str2;
08      printf(" 请输入原字符串： \n");
09      gets(p2);
10      for (; *p2!='\0'; p1++,p2++)    // 循环复制 str2 中的字符到 str1
11          *p1=*p2;
12      *p1='\0';                       //str1 结尾补 \0
13      printf(" 原字符串是： %s\n 复制后字符串是： %s\n",str2,str1);
14      return 0;
15  }
```

【运行结果】

编译、连接、运行程序，输入任意字符串，输出结果如下图所示。

【范例分析】

本范例声明了两个字符串的指针，通过指针移动，赋值字符串 str2 中的字符到 str1，并且在 str1 结尾添加了字符串结束标志。在这里需要说明以下两点。

（1）如果题目中没有使用指针变量，而是直接在 for 循环中使用了 "str1++"这样的表达式，程序就会出错，因为 str1 是字符串的名字，是常量。

（2）如果没有写"*p1='\0';"这行代码，输出的目标字符串长度是9位，而且后面的字符很可能是乱码，因为str1没有结束标志，直至遇见了声明该字符串时设置好的结束标志"\0"。

范例 9-10　字符串连接

（1）在 Code::Blocks 16.01 中，新建名为"字符串连接 .c"的【C Source File】源程序。
（2）在代码编辑窗口输入以下代码（代码 9-10.txt）。

```
01  #include <stdio.h>
02  int main(void)
03  {
04    char  str1[10],str2[10],str[20];
05    char *p1,*p2,*p;
06    int i=0;
07    p1=str1;
08    p2=str2;
09    p=str;
10    printf(" 请输入字符串 1：\n");
11    gets(p1);
12    printf(" 请输入字符串 2：\n");
13    gets(p2);
14    while(*p1!='\0')          // 复制 str1 到 str
15    {
16      *p=*p1;
17      p+=1;
18      p1+=1;
19      i++;
20    }
21    for (; *p2!='\0'; p1++,p2++,p++)          // 复制 str2 到 str
22      *p=*p2;
23    *p='\0';              //str 结尾补 \0*/
24    printf(" 字符串 1 是：%s\n 字符串 2 是：%s\n 连接后是：%s\n",str1,str2,str);
25    return 0;
26  }
```

【运行结果】
编译、连接、运行程序，输入 abc、def，输出结果如下图所示。

【范例分析】
本范例声明了 3 个字符串指针，通过指针的移动，先把 str1 复制到 str 中，然后把 str2 复制到 str 中。需要注意的是，复制完 str1 后，指针变量 p 的指针已经移到了下标为 5 的地方，再复制时指针继续向后移动，实现字符串连接。

范例 9-11　已知一个字符串，使用返回指针的函数，实现这样的功能：把该字符串中的"*"号删除，同时把后面连接的字符串前移

（1）在 Code::Blocks 16.01 中，新建名为"删除字符串中指定字符 .c"的【C Source File】源程序。
（2）在代码编辑窗口输入以下代码（代码 9-11.txt）。

```
01  #include <stdio.h>
02  #include <string.h>
03  char *strarrange(char *arr)
04  {
05      char *p=arr;                //p 指向数组
06      char *t;
07      while(*p!='\0')         // 数组没有到结束就循环
08      {
09        p++;          // 指针后移
10        if(*p=='*')          // 当指针指向的值是 *
11        {
12          t=p;            //t 指向数组
13          while(*t!='\0')            // 数组没有到结束就循环
14          {
15            *t=*(t+1);// 数组前移一位
16            t++;            // 指针后移
17          }
18          p--;          // 指针前移，重新检查该位置值
19        }
20      }
21      return arr;
22  }
23  int main(void)
24  {
25      char s[]="abc*def***ghi*jklmn*";
26      char *p;
27      p=s;
28      printf(" 删除前字符串为：%s\n",p);
29      printf(" 删除后字符串为：%s\n",strarrange(p));
30      return 0;
31  }
```

【运行结果】

编译、连接、运行程序，输出结果如下图所示。

【范例分析】

本范例中需要考虑的有以下几点。

保留当前地址：如代码中的 p=arr 和 t=p，都是这样的含义，用于恢复到当前位置。针对连续出现"*"的问题，采用了先向前移动，然后再重新检查该位置字符的办法，如代码 p--。范例中的 strarrange() 函数返回了字符指针，该指针始终指向该字符串 s 的首地址。

指针字符串的输出包括字符数组的输出和字符指针的输出，下面来看一下它们分别是怎么输出的。

字符数组的输出如下。

printf("%s\n", string);

或：

for (i = 0; i < 5; i++) printf("%c", string[i]);

字符指针的输出如下。

（1）整体输出：

printf("%s\n", p);

（2）单字符输出：

while (*p != '\0') printf("%c", *p++) ;

（3）直接指针的输出：

printf("%s\n", p); 数组

9.4.3 字符串指针作为函数参数

将一个字符串从一个函数传递到另外一个函数，可以用地址传递的方法，即用字符数组名作参数或用指向字符的指针变量作参数。在被调用的函数中可以改变字符串内容，在主调函数中可以得到改变了的字符串。

字符指针作函数参数与一维数组名作函数参数一致，但指针变量作形参时实参可以直接给字符串。 实参和形参的用法十分灵活，可以慢慢去熟悉，这里列出一个表格便于大家记忆。

实参	形参
数组名	数组名
数组名	字符指针变量
字符指针变量	字符指针变量
字符指针变量	数组名

范例 9-12   字符串比较

（1）在 Code::Blocks 16.01 中，新建名为 "字符串比较 .c" 的【C Source File】源程序。

（2）在代码编辑窗口输入以下代码（代码 9-12.txt）。

```
01  #include<stdio.h>
02  #include<string.h>
03  int comp_string (char *s1,char *s2)      // 字符串指针 *s1 和 *s2 作为函数参数
04  {
05      while (*s1==*s2)
06      {
07        if(*s1=='\0')                // 遇到 '0', 则停止比较, 返回 0
08          return 0;
09        s1++;
10        s2++;
11      }
12      return *s1-*s2;
13  }
14  int main(void)
15  {
16      char *a="I am a teacher.";
17      char *b="I am a student.";              // 定义两个字符串指针 *a 和 *b
18      printf("%s\n%s\n",a,b);
19      printf(" 比较结果 : %d\n",comp_string(a,b));
20      return 0;
21  }
```

【运行结果】

编译、连接、运行程序，输出结果如下图所示。

【范例分析】

本例主要定义了一个字符串比较函数，当 *s1<s2* 时，返回为负数；当 *s1=s2* 时，返回值＝0。当 *s1>s2* 时，返回正数。即两个字符串自左向右逐个字符相比（按 ASCII 值大小相比较），直到出现不同的字符或遇到 '\0' 为止。本例中，两个字符串比较到 't' 和 's' 的时候，跳出 while 循环，执行 't'-'s' 的 操作，返回正数 1，即得到字符 't' 和字符 's' 的 ASCII 码的差。

字符串指针变量与字符数组的区别

用字符数组和字符指针变量都可实现字符串的存储和运算。但是两者是有区别的，在使用时应注意以下几个问题。

（1）字符指针变量本身是一个变量，用于存放字符串的首地址。字符数组是由于若干个数组元素组成的静态的连续存储空间，它可用来存放整个字符串。

> **注意**
>
> 字符指针变量存放的地址可以改变，而字符数组名存放的地址不能改变。例如：
>
> char *p ="hello",*q; char a[]="aaaaaaaaa"; char b[]="bbbbbbbb";
> 合法的语句：
> q=p p=a;
> a=p;

（2）赋值操作不同。对于字符指针变量来说，随时可以把一个字符串的开始地址赋值给该变量。而对于字符数组来说，只能在声明字符数组时，把字符串的开始地址初始化给数组名，在后面只能逐个字符赋值。

合法的语句示例如下。

char *s1="C Language"; char *s2; s2="Hello!";
char a[]="good";

不合法的语句示例如下。

char a[100] ;
a="good";

在数组编程时有可能编写出类似下面的代码。

int s[],x,y; for(i=0;i<10;++i) s[i]=i;

这段代码的错误在于声明 s 数组时没有给出长度，因此系统无法为 s 开辟一定长度的空间。

▶ 9.5 指针与函数

函数有地址吗？如何用指针方便地访问函数？本节介绍指针和函数的关系。

9.5.1 ▶ 函数指针

函数指针是指向函数的指针变量。因而"函数指针"本身首先应是指针变量，只不过该指针变量指向函数。这正如用指针变量可指向整型变量、字符型、数组一样，这里是指向函数。如前所述，C 程序在编译时，每个函数都有一个入口地址，该入口地址就是函数指针所指向的地址。

用指针变量可以指向一个函数。函数在程序编译时被分配了一个入口地址，这个函数的入口地址就称为函数的指针。

函数指针的定义如下。

数据类型 (* 函数指针名) (形参类型表);

> **注意**
>
> "函数类型"说明函数的返回类型，"(标志符指针变量名)"中的括号不能省，若省略整体则成为一个函数说明，说明了一个返回的数据类型是指针的函数，后面的"形参列表"表示指针变量指向的函数所带的参数列表。
>
> 例如：
>
> int (*p) (int, float);

上面的代码定义指针变量 *p* 可以指向一个整型函数，这个函数有 2 个形参，即 int 和 float。函数指针变量常见的用途之一是把指针作为参数传递到其他函数。指向函数的指针也可以作为参数，以实现函数地址的传递，这样就能够在被调用的函数中使用实参函数。

范例 9-13　指向函数的指针

（1）在 Code::Blocks 16.01 中，新建名为"指向函数的指针 .c"的【 C Source File 】源程序。
（2）在代码编辑窗口输入以下代码（代码 9-13.txt）。

```
01  #include <stdio.h>
02  // 求 x 和 y 中的较大的值
03  int max(int x,int y)
04  {
05      int z;
06      if(x>y)
07        z=x;
08      else
09        z=y;
10      return z;
11  }
12  int main(void)
13  {
14      int (*p)(int,int);  // 指向函数的指针
15      int a,b,c;
16      p=max;          // 指向函数的指针 max 函数
17      printf(" 输入 a 和 b 的值 \n");
18      scanf("%d %d",&a,&b);
19      c=(*p)(a,b);     //max 函数返回值
20      printf("%d 和 %d 中较大的值是 %d\n",a,b,c);
21      return 0;
22  }
```

【运行结果】

编译、连接、运行程序，输出结果如下图所示。

【范例分析】

第 14 行 int (*p)(int,int); 用来定义 p 是一个指向函数的指针变量，该函数有两个整型参数，函数值为整型。注意，*p 两侧的括号不可省略，表示 p 先与 * 结合，是指针变量，然后再与后面的 ( ) 结合，表示此指针变量指向函数，这个函数值（即函数的返回值）是整型的。如果写成 int*p(int,int)，由于 ( ) 的优先级高于 *，它就成了声明一个函数 P（这个函数的返回值是指向整型变量的指针）。

赋值语句 p=max; 的作用是将函数 max() 的入口地址赋给指针变量 p。与数组名代表数组首元素地址类似，函数名代表该函数的入口地址。这时 p 就是指向函数 max() 的指针变量，此时 p 和 max() 都指向函数开头，调用 *p 就是调用 max() 函数，相当于调用了 c=max(a,b)。但是 p 作为指向函数的指针变量，它只能指向函数入口处而不可能指向函数中间的某一处指令处，因此不能用 *(p + 1) 来表示指向下一条指令。

9.5.2　指针型函数

如果函数可以返回数值型、字符型、布尔型等数据，也可以带回指针型的数据，这种函数叫作返回指针值的函数，又称指针型函数。定义形式如下。

类型名 * 函数名 (参数表列);

例如，下式表示的含义是，max() 函数调用后返回值的数据类型是整型指针。

int *max(int *x, int *y);

范例 9-14　返回指针的函数

（1）在 Code::Blocks 16.01 中，新建名为 "返回指针的函数 .c" 的【C Source File】源程序。
（2）在代码编辑窗口输入以下代码（代码 9-14.txt）。

```
01   #include <stdio.h>
02   /* 返回指针的函数 */
03   int *max(int x[],int y[],int *p, int *c)
04   {
05     int i;
06     int *m=&x[0];
07     for(i=0;i<9;i++){
08       if(*m<x[i]){
09         *m=x[i];
10         *p=i;
11         *c=1;
12       }
13     }
14     for(i=0;i<9;i++){
15       if(*m<y[i]){
16         *m=y[i];
17         *p=i;
18         *c=2;
19       }
20     }
```

```
21      return m;
22  }
23  int main(void)
24  {
25      int c1[10]={1,2,3,4,5,6,7,8,9,0};
26      int c2[10]={11,12,13,14,15,16,17,18,19,10};
27      int n;
28      int c;
29      int *p;
30      p=max(c1,c2,&n,&c);
31      printf(" 两个数组中最大的是 %d, 在 %d 中位置是 %d\n",*p,c,n); /* 函数 max 返回最大值 */
32      return 0;
33  }
```

【运行结果】

编译、连接、运行程序，输出结果如下图所示。

【范例分析】

函数 max() 接收两个数组，求这两个数组中的最大值，并使用指针作为 max() 函数返回值。函数只能有一个返回值，然而我们却偏偏希望返回给主函数三个值，还有两个表示是哪个数组哪个值最大，使用的方法叫作引用。

```
int n,c;
p=max(c1,c2,&n,&c); /* 参数 &n 就是引用，用来接收形参 *p*/
```

在函数 max() 中，"*p=i;" 就是把 i 的值存放在指针变量 p 所指向的存储单元中，也就是存放在实参 n 中。

本范例提出的引用方法可以给我们开发程序带来很大的便利，特别是需要调用函数返回多个返回值时，读者可以根据需要灵活使用。

9.5.3　函数指针作为函数参数

前面已经介绍过，C 语言中的函数参数包括实参和形参，两者的类型要一致。函数的参数可以是变量、指向变量的指针变量、数组名、指向数组的指针变量，当然也可以是指向函数的指针。指向函数的指针可以作为参数，以实现函数地址的传递，这样就能够在被调用的函数中使用实参函数。

范例 9-15　使用函数实现对输入的两个整数按从大到小的顺序排序输出

（1）在 Code::Blocks 16.01 中，新建名为 "函数交换指针 .c" 的【C Source File】源程序。
（2）在代码编辑窗口输入以下代码（代码 9-15.txt）。

```
01  #include <stdio.h>      // 包含标准输入输出头文件
02  void swap(int *p1,int *p2)  // 形参为指针变量
```

```
03  {
04      int temp;                    //临时量
05      temp=*p1;                    //把指针 p1 所指向的地址中的值暂存在 temp 中
06      *p1=*p2;                     //把指针 p2 所指向的地址中的值存在 p1 指向的地址中
07      *p2=temp;                    //把 temp 中的值存储到 p2 所指向的地址中
08      printf("swap 函数中的输出 \n");
09      printf("*p1=%d,*p1=%d\n",*p1,*p2);
10  }
11  int main(void)
12  {
13      int a,b;
14      int  *point1=&a,*point2=&b;            // 声明两个指针变量
15      printf(" 请输入变量 a 和 b\n");
16      scanf("%d %d",&a,&b);
17      if(a<b)
18        swap( point1,point2 );        // 调用 swap 函数
19      printf(" 主函数中的输出 \n");
20      printf("a=%d,b=%d\n",a,b);
21      printf("*point1=%d,*point2=%d\n",*point1,*point2);
22      return 0;
23  }
```

【运行结果】

编译、连接、运行程序，输出结果如下图所示。

【范例分析】

调用 swap( ) 函数前，指针指向如下图所示。

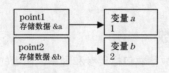

调用 swap( ) 函数，把实参 point1 和 point2 传递给了形参 p1 和 p2 后，执行 swap( ) 函数前，指针指向如下图所示。

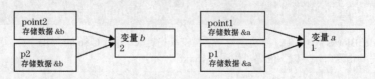

交换函数执行后，调用并执行 swap() 函数，在还没有返回主函数前，这里交换的变量 *a* 和 *b* 的值、point1 和 point2、p1 和 p2 的指向并没有变，还是指向原来的存储单元，但是变量 *a* 和 *b* 的值发生了交换，指针指向如下图所示。

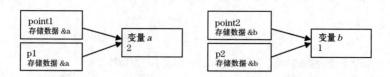

调用 swap( ) 函数后，主函数输出结果，指针指向如下图所示。

从这几个图中数据的变化，可以很清楚地看到指针变量 *point*1 和 *point*2 发生的变化。本范例可以帮助读者很好地理解指针变量以及指针变量是如何作为参数进行传递的。

9.5.4　void 指针

void 指针类型是什么？ void 指针类型可以用来指向一个抽象的类型的数据，在将它的值赋给另一个指针变量时，要进行强制类型转换使之适合于被赋值的变量的类型。参考指针的定义和使用，所定义指针的数据类型同指针所指的数据类型是一致的，所分配给指针的地址也必须跟指针类型一样。

例如：

```
int i;
float f;
int* exf;
float* test;
then
exf=&i;
```

int 类型指针指向 int 变量的地址空间，所以是对的。

如果写成如下形式。

```
exf=&f;
```

这条语句就会产生错误。因为 int 类型的指针指向的是一块 float 变量的地址空间。同样，如果试图把 float 类型的指针指向一块 int 类型的地址空间，也是错误的，例如：

```
test=&i;
```

void 类型指针是可以用来指向任何数据类型的特殊指针。

使用前面的例子，手动声明一个 void 类型指针。

```
void* sample;
```

在前面的例子中，如果定义的一个 void 类型指针去指向一个 float 变量的地址空间是完全正确的。

```
sample=&f;
```

同样地，如果把这个 void 类型指针去指向一个 int 类型的地址空间也是正确的。

```
sample=&i;
```

void 指针类型还可以通过强制类型转换使用。

```
char *p1;
void *p2;
…
p1=(char *)p2;//（char *）表示强制转换，强制将空指针转换成字符型指针
```

同样可以使用 (void *)p1 将 p1 转换成 void * 类型。

```
p1=(void *)p2;
```

也可以将一个函数定义为 void * 类型。
例如：

```
void * fun(char ch1,char ch2);
```

表示函数 fun 返回的是一个地址，它指向空类型。如需要引用此地址，则需要根据情况对其进行类型转换，如对该函数调用得到的地址要进行以下转换。

```
p1=(char *)fun(ch1,ch2);
```

void(类型) 指针是一种特殊的指针，它足够灵巧地指向任何数据类型的地址空间。当然它也具有一定的局限：在要取得指针所指地址空间的数据时使用的是 '*'操作符，程序员必须清楚了解对于 void 指针不能使用这种方式来取得指针所指的内容。因为直接取内容是不允许的。而必须把 void 指针转换成其他任何 valid 数据类型的指针，如 char、int、float 等类型的指针，之后才能使用 '*'取出指针的内容。这就是所谓的类型转换的概念。

▶9.6 指针的指针

一个指针变量内部可以存储一个值，这个值是另外一个对象的地址，所以说一个指针变量可以指向一个普通变量，同样这个指针变量也有一个地址，也就是说有一个东西可以指向这个指针变量，然后再通过这个指针变量指向这个对象。那么如何来指向这个指针变量呢？由于指针变量本身已经是一个指针了（右值），那么这里就不能用一般的指针了，需要在指针上体现出来这些特点，需要定义指针的指针（二重指针）。例如：

```
int i;
int *p1 = &i;
int **p2 = p1;
```

上述 *p2* 就是一个指向指针的指针。
下面通过一个范例来讲述如何使用指针的指针。

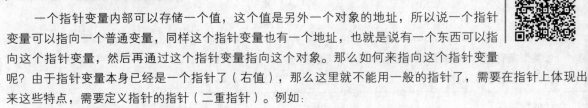

📝 范例 9-16   使用指针的指针访问字符串数组

（1）在 Code::Blocks 16.01 中，新建名为"使用指针的指针 .c"的【C Source File】源程序。
（2）在代码编辑窗口输入以下代码（代码 9-16.txt）。

```
01   #include <stdio.h>
02   int main(void)
03   {
04     char *seasons[]= {"Winter","Spring","Summer","Fall"};
05     char **p;          // 指针的指针
06     int i;
07     for(i=0; i<4; i++)
08     {
09       p= seasons +i; // 指针的指针 p 指向 array+i 所指向的字符串的首地址
```

```
10        printf("%s\n",*p);          // 输出数组中的每一个字符串
11     }
12     return 0;
13  }
```

【运行结果】

编译、连接、运行程序，输出结果如下图所示。

【范例分析】

seasons 是指针数组，也就是说，seasons 的每个元素都是指针。例如，seasons[0] 是一个指向字符串 "Winter" 的指针，seasons+i 等价于 &seasons[i]，也就是每个字符串首字符的地址。这里的 seasons[i] 已经是指针类型，那么 seasons+i 就是指针的指针，和变量 p 的类型一致，所以写成 p=seasons+i，*p 等价于 *(seasons+i)，也就等价于 seasons[i]，表示的含义是第 i 个字符串的首地址，对应输出每一个字符串。

▶9.7 使用 const 修饰指针变量

用 const 修饰的变量表示变量值只读。

以下是 const 修饰指针变量的用法。

（1）const 类型 * 变量名：可以改变指针的指向，不能改变指针指向的内容。

```
int x = 1;
int y = 2;
const int *px = &x;      // 让指针 px 指向变量 x
px = &y;                 // 改变指针 px 的指向，使其指向变量 y
*px = 3;                 // 改变 px 指向的变量 x 的值，出错：只读变量不可分配
```

（2）类型 * const 变量名：可以改变指针指向的内容，不能改变指针的指向。

```
int x = 1;
int y = 2;
int* const px = &x;      // 让指针 px 指向变量 x
px = &y;                 // 改变 px 的指向，出错：只读变量不可分配
(*px) += 2;              // 改变 px 指向的变量 x 的值
```

（3）const 类型 * const 变量名：指针的指向、指针指向的内容都不可以改变。

```
int x = 1;
int y = 2;
const int* const px = &x;  // 让指针 px 指向变量 x
px = &y;                    // 改变 px 的指向，出错：只读变量不可分配
```

```
(*px) += 2;            //改变 px 指向的变量 x 的值，出错：只读变量不可分配
```

注意

一旦一个变量被 const 修饰，在程序中除初始化外对这个变量进行的赋值都是错误的。例如：

```
const int n=5;
 n=3;            // 错误
```

9.8 使用指针的注意事项

大家对指针的用法已经很熟悉了，这里只介绍一下指针使用中的注意事项。

（1）在定义指针的时候注意连续声明多个指针时容易犯的错误，例如 int * a,b; 这种声明是声明了一个指向 int 类型变量的指针 *a* 和一个 int 型的变量 *b*，这时候要清醒地记着，而不要混淆成是声明了两个 int 型指针。

（2）要避免使用未初始化的指针。很多运行时错误都是由未初始化的指针导致的，而且这种错误又不能被编译器检查出来，所以很难被发现。这时的解决办法就是尽量在使用指针的时候定义它，如果早定义的化一定要记得初始化，当然初始化时可以直接使用 cstdlib 中定义的 NULL 也可以直接赋值为 0，这是很好的编程习惯。

（3）指针赋值时一定要保证类型匹配，由于指针类型确定指针所指向对象的类型，因此初始化或赋值时必须保证类型匹配，这样才能在指针上执行相应的操作。

（4）void * 类型的指针，其实这种形式只是记录了一个地址，如上所述，由于不知道所指向的数据类型是什么，所以不能进行相应的操作。其实 void * 指针仅仅支持几种有限的操作：与另外的指针进行比较，因为 void * 类型里面存的是一个地址，所以这点很好理解；向函数传递 void * 指针或从函数返回 void * 指针，例如，平时常用的库函数 qsort 中的比较函数 cmp 中传递的两个参数就是 const void * 类型的；给另一个 void * 类型的指针赋值。这里强调一下不能使用 void * 指针操纵它所指向的对象。

（5）不要将两个指针变量指向同一块动态内存。如果将两个指针变量指向同一块动态内存，而其中一个生命期结束释放了该动态内存，这时候就会出现问题，另一个指针所指向的地址虽然被释放了但该指针并不等于 NULL，这就是所谓的悬垂指针错误，这种错误很难被察觉，而且非常严重，因为这时该指针的值是随机的，可能指向一个系统内存而导致程序崩溃。但是因为值是随机的，所以运行程序时有时正常、有时崩溃，这一点要特别注意。

（6）在动态释放一个指针所指向的内存后，注意将该指针置空。

（7）在为一个指针再次分配内存之前一定要保证它原先没有指向其他内存，防止出现内存泄漏。解决的方法是必须判断该指针是否为空，这时就显示出第六条的优势，因为如果释放某内存后相应指针不置空的话就不能为其分配新内存了。

（8）虽然程序在退出 main 函数时会释放所有内存空间，但对于大型程序建议还是某块内存不用就立刻释放，而不要靠系统最后的回收，因为内存泄漏会慢慢消耗系统资源直到内存不足而使程序死机。

（9）在用 new 动态分配完内存之后一定要判断是否分配成功，分配成功后才能使用。

最后提醒两条：任何指针声明后一定要初始化；任何指针用 free 或 delete 释放之后一定要置空。

9.9 综合案例——数值排序

范例 9-17　实现将3个数值进行降序排列

（1）在 Code::Blocks 16.01 中，新建名为 "降序排列 .c" 的【C Source File】源程序。
（2）在代码编辑窗口输入以下代码（代码 9-17 .txt）。

```
01  #include <stdio.h>
```

```
02  #include <stdlib.h>
03  void fun(int *a,int *b)          // 定义参数为指针的函数 fun
04  {
05      int temp;
07      *a=*b;
06      temp=*a;                     // 交换参数的值
08      *b=temp;
09  }
10  void exchange(int *a,int *b,int *c)      // 定义参数为指针的函数 exchange
11  {
12      if (*a<*b)                   // 指针 a 指向的参数小于 b 指向的参数
13          fun(a,b);                // 调用函数 fun 进行交换
14      if (*a<*c)
15          fun(a,c);                // 交换 a、c 的值
16      if (*b<*c)
17          fun(b,c);                // 交换 b、c 的值
18  }
19  void main()
20  {
21      int *p1=(int *)malloc(sizeof(int));      // 定义指针并分配空间
22      int *p2=(int *)malloc(sizeof(int));
23      int *p3=(int *)malloc(sizeof(int));
24      printf ("Please input 3 numbers:\n");
25      scanf ("%d%d%d",p1,p2,p3);               // 输入 3 个指针指向的整型值
26      exchange(p1,p2,p3);                      // 以指针为实参调用 exchange 函数
27      printf ("Output:\n");
28      printf ("*p1= %%\d\t*p2= %d\t*p3= %d\n",*p1,*p2,*p3);   // 输出交换后的值
29      free(p1);               /* 释放内存空间 */
30      free(p2);
31      free(p3);
32  }
```

【运行结果】

编译、连接、运行程序，输入 858、9637、8493，输出结果如下图所示。

【范例分析】

上述代码中，首先定义了包含两个引用作为参数的函数 fun( )，用于交换两个变量的值，然后定义了包含 3 个引用作为参数的函数 exchange( )，在该函数中又调用了 fun( ) 函数，实现 3 个变量值的交换。执行该函数时读者可以看出，其结果是 3 个变量中最大的值存储在 p1 所指向的地址中，次大的值存储在 p2 所指向的地址中，而最小的值存储在 p3 所指向的地址中。程序一开始就分配了 3 个内存空间，并为其赋值，交换后输出，最后释放这 3 个空间。

利用指针变量可以表示各种数据结构，能很方便地使用数组和字符串，并能像汇编语言一样处理内存地址，从而编写出精练而高效的程序。指针极大地丰富了 C 语言的功能。学习指针是学习 C 语言中非常重要的一环，能否正确理解和使用指针是用户是否掌握 C 语言的一个标志。同时，指针也是 C 语言中较为困难的一部分，在学习中除了要正确理解基本概念，还必须要多编 程，多上机调试。只要做到这些，指针是不难掌握的。

▶9.10 疑难解答

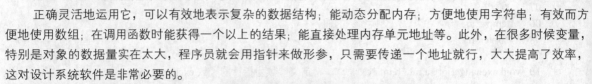

问题 1：C 语言中引用指针有什么好处？

解答：通俗地说，指针就是地址，意思是通过它能找到以它为地址的内存单元。

正确灵活地运用它，可以有效地表示复杂的数据结构；能动态分配内存；方便地使用字符串；有效而方便地使用数组；在调用函数时能获得一个以上的结果；能直接处理内存单元地址等。此外，在很多时候变量，特别是对象的数据量实在太大，程序员就会用指针来做形参，只需要传递一个地址就行，大大提高了效率，这对设计系统软件是非常必要的。

问题 2：能否用 void** 指针作为参数，使函数按引用接收一般指针？

解答：不可以。C 语言中没有一般的指针的指针类型。void* 可以用作一般指针只是因为当它和其他类型相互赋值的时候，如果需要，它可以自动转换成其他类型；但是，如果试图这样转换所指类型为 void* 之外的类型的 void** 指针时，这个转换不能完成。

问题 3：空指针是什么？

解答：语言定义中说明每种指针类型都有一个特殊值——"空指针"。空指针与同类型的其他所有指针值都不相同，它与任何对象或函数的指针值都不相等。也就是说，取地址操作符 & 永远也不能得到空指针，同样对 malloc( ) 的成功调用也不会返回空指针，如果失败，malloc( ) 的确返回空指针，这是空指针的典型用法：表示"未分配"或者"尚未指向任何地方"的指针。空指针在概念上不同于未初始化的指针。空指针可以确保不指向任何对象或函数；而未初始化指针则可能指向任何地方。如上文所述，每种指针类型都有一个空指针，而不同类型的空指针的内部表示可能不尽相同。尽管程序员不必知道内部值，但编译器必须时刻明确需要哪种空指针，以便在需要的时候加以区分。

问题 4：为什么作为函数形参的数组和指针的声明可以互换？

解答：这是一种便利。由于数组会马上蜕变为指针，数组事实上从来没有传入过函数。允许指针参数声明为数组只不过是为了让它看起来好像传入了数组，因为该参数可能在函数内当作数组使用。任何声明"看起来像"数组的参数，例如：

```
void f(char a[])
    { ... }
```

在编译器里都被当作指针来处理，因为在传入数组的时候正是函数接收到的。

```
void f(char *a)
    { ... }
```

这种转换仅限于函数形参的声明，别的地方并不适用。如果这种转换令你困惑，请避免它；很多程序员得出结论，让形参声明"看上去像"调用或函数内的用法所带来的困惑远大于它所提供的方便。

问题 5：如何在运行期设定数组的大小，怎样才能避免固定大小的数组？

解答：由于数组和指针的等价性（参见问题 6.3），可以用指向 malloc 分配的内存的指针来模拟数组。执行下面语句。

```
#include <stdlib.h>
int *dynarray;
dynarray = malloc(10 * sizeof(int));
```

（如果 malloc 调用成功），你可以像传统的静态分配的数组那样引用 dynarry[i]（i 从 0 到 9）。唯一的区别是 sizeof 不能给出"数组"的大小。

第10章
结构体与联合体

在实际的信息处理中，有许多信息是由不同类型并且相互关联的数据组合为有机的整体。例如，编写一个学生成绩管理系统，就需要每个学生的姓名、学号、性别、成绩等信息，如何将这些有关信息集中在一起，进行统一管理呢？对此，C语言提供了能够描述此类数据的结构数据类型，即结构体与联合体。

本章要点（已掌握的在方框中打钩）

☐ 结构体的使用场景

☐ 结构体类型与变量

☐ 结构体数组

☐ 结构体与函数

☐ 联合体

☐ 枚举类型

▶ 10.1 结构体的使用场景

在程序中表示一个人的姓名、年龄等信息很简单，姓名用字符数组表示，年龄用整型变量表示。但如果要表示多个人的信息呢？例如某班级 30 名学生信息见下表，如何表示表中的所有数据？如何用程序管理该表中信息？

学号	姓名	性别	年龄
20170101	李龙飞	19	M
20170102	赵凯歌	20	M
20170103	肖涵	18	F
…	…	…	…
20170129	王浩宇	20	M
20170130	李珊	19	F

根据前面所学知识，首先想到的就是数组，但数组中的元素类型必须相同，所以只能对数据表中的每一列定义相应类型的数组，例如分别用 ID[*i*]、name[*i*]、sex[*i*]、age[*i*] 存储第 *i* 个学生的学号、姓名、性别、年龄，则可以定义如下数组：

```
char ID[30][15];      // 数组 ID 存储学生学号
char name[30][20];    // 数组 name 存储学生姓名
char sex[30];         // 数组 sex 存储学生性别
int age[30];          // 数组 age 存储学生年龄
```

通过前面对数组的学习，知道同一数组中的元素在内存中是相邻存储的，而不同数组中的元素在内存中的存储并不相邻，显然这种方法会造成内存分配不集中，局部数据关联性不强以及寻址效率较低的问题。另外，逻辑上紧密相关的数据（如同一个学生的几个属性），存储位置不相邻，结构就会显得比较零散，并且极不容易管理。

解决此问题的方法是将每个同学的相关信息集中在一起，统一管理。结构是同一个名字下的一组相关变量的集合。与只包含相同数据类型元素的数组不同，结构可以包含不同数据类型的变量。例如上表中学生的学号、姓名、性别、年龄都可以放在同一个结构变量中进行存储，可定义成如下结构体，此处不做讲解，将在接下来的内容中进行详解。

```
struct student    // 定义结构体名为 student
{
  char ID[15];      // 成员 ID 存储学号
  char name[20];    // 成员 name 存储姓名
  char sex;         // 成员 sex 存储性别
  int age;          // 成员 age 存储年龄
};
```

结构体的使用场景总结如下。

当描述一个对象整体包含多个属性时，一个变量不能满足要求，多个变量体现不出关联性且不易于管理，则使用结构体将多个变量整合到一起。

当需要传递多个参数时，例如函数返回值为多个值，则可以将多个变量定义为结构体，函数返回该结构体类型。

基本数据类型难以满足需求，用户需要根据自身需求构造新的数据类型，可以选择使用结构体来实现。

▶ 10.2 结构体类型与结构体变量

前面学习的字符型、整型、浮点型等基本数据类型都是由 C 语言编译系统事先定义好的，可以直接用来声明变量。而结构体作为一种用户根据实际需要自己构造的数据类型，必须要"先定义，后使用"。即用户必须先构造一个结构体类型，然后才能使用该结构体类型来定义变量或数组。

10.2.1 定义结构体类型

"结构体类型"是一种构造数据类型，它由若干个"成员"组成，每一个成员可以是完全相同、部分相同或者完全不同的数据类型。对每个特定的结构体都需要根据实际情况进行结构体类型的定义，也就是构造，以明确该结构体的成员及其所属的数据类型。

C 语言中提供的定义结构体类型的语句格式如下。

```
struct 结构体类型名
{
    数据类型 1 成员名 1;
    数据类型 2 成员名 2;
    …
    数据类型 n 成员名 n;
};
```

其中，struct 是 C 语言中的关键字，表明是在进行一个结构体类型的定义。结构体类型名是一个合法的 C 语言标识符，对它的命名要尽量做到"见名知义"。例如，描述一个学生的信息可以用"stu"，描述一本图书的信息可以使用"bookcard"等。由定义格式可以看出，结构体数据类型由若干个数据成员组成，每个数据成员可以是任意一个数据类型，最后的分号表示结构体类型定义的结束。例如，定义一个教师信息的结构体数据类型如下。

```
struct teacher
{
    char id[12];      // 教师工号
    char name[16];    // 姓名
    char sex;         // 性别，m 代表男，f 代表女
    int age;          // 年龄
    char title[16];   // 职称
};
```

在这个结构体中共定义了 5 个数据成员，分别为 id、name、sex、age、title，根据它们的特征选定了相应的数据类型，前 2 个是字符数组，分别存放教师的工号和姓名；sex 是字符型，用来存放性别；age 是整数型，用来存放教师年龄；title 也是字符数组，用来存放教师职称。而在结构体的定义中并不限制所包含变量的个数。

另外，结构体可以嵌套定义，即一个结构体内部成员的数据类型可以是另一个已经定义过的结构体类型。例如：

```
struct date
{
    int year;
    int month;
    int day;
};
struct student
{
    char name[16];
    char sex;
    struct date birthday; // 定义生日
    int age;
    float score;
};
```

在这个代码段中，先定义了一个结构体类型 struct date，然后在定义第 2 个结构体类型时，其成员

birthday 被声明为 struct date 结构体类型。这就是结构体的嵌套定义。

> **注意**
>
> 在定义嵌套的结构类型时，必须先定义成员的结构类型，再定义主结构类型。

关于结构体的说明如下。

（1）结构体的成员名可以与程序中其他定义为基本类型的变量名同名，同一个程序中不同结构体的成员名也可以相同，它们代表的是不同的对象，不会出现冲突。

（2）如果结构体类型的定义在函数内部，则这个类型名的作用域仅为该函数；如果是定义在所有函数的外部，则可在整个程序中使用。

10.2.2 结构体变量的定义

结构体类型的定义只是由用户构造了一个结构体，但定义结构体类型时系统并不为其分配存储空间。结构体类型定义好后，可以像 C 语言中提供的基本数据类型一样使用，即可以用它来定义变量、数组等，称为结构体变量或结构体数组，系统会为该变量或数组分配相应的存储空间。

在 C 语言中，定义结构体类型变量的方法有以下 3 种。

（1）先定义结构体类型，后定义变量

语法形式如下。

```
struct 结构体标识符
{
    数据类型 1 成员名 1；
    数据类型 2 成员名 2；
    …
    数据类型 n 成员名 n ；
};
struct 结构体标识符 变量名；
```

例如，先定义一个结构体类型。

```
struct student
{
    char id[12] ;    // 学号
    char name[16];   // 姓名
    float eng;       // 英语成绩
    float math;      // 数学成绩
    float ave ;      // 平均成绩
};
```

可以用定义好的结构体类型 struct student 来定义变量，该变量就可以用来存储一个教师的信息。定义如下。

```
struct student stu[30];    // 定义结构体类型的数组
```

这里定义了一个包含 30 个元素的数组，每个数组元素都是一个结构体类型的数据，可以保存 30 个学生的信息。

```
struct student stu1;    // 定义一个结构体类型的变量
```

说明：当一个程序中多个函数内部需要定义同一结构体类型的变量时，应采用此方法，而且应将结构体类型定义为全局类型。

（2）定义结构体类型的同时定义变量

语法形式如下。

```
struct 结构体标识符
{
    数据类型 1 成员名 1;
    数据类型 2 成员名 2;
    …
    数据类型 n 成员名 n;
} 变量 1, 变量 2, …, 变量 n;
```

其中，变量 1，变量 2，…，变量 n 为变量列表，遵循变量的定义规则，彼此之间通过逗号分隔。

例如用此定义方法定义上例中的学生信息结构体，则语句形式如下。

```
struct student
{
    char id[12] ;      // 学号
    char name[16];    // 姓名
    float eng;        // 英语成绩
    float math;       // 数学成绩
    float ave ;       // 平均成绩
}stu[30],stu1;
```

此例中定义学生信息结构体的同时定义了 2 个结构体变量，分别为结构体数组变量 stu[30] 和变量 stu1，实现了和上种方法同样的变量定义。

说明：在实际应用中，定义结构体的同时定义结构体变量适合于定义局部使用的结构体类型或结构体类型变量，例如在一个文件内部或函数内部。

（3）直接定义结构体类型变量

这种定义方式是不指出具体的结构体类型名，而直接定义结构体成员和结构体类型的变量。此方法的语法形式如下。

```
struct
{
    数据类型 1 成员名 1;
    数据类型 2 成员名 2;
    …
    数据类型 n 成员名 n;
} 变量 1, 变量 2, …, 变量 n;
```

例如，用此定义方法定义上面的学生信息结构体，则语句形式如下。

```
struct
{
    char id[12] ;      // 学号
    char name[16];    // 姓名
    float eng;        // 英语成绩
    float math;       // 数学成绩
    float ave ;       // 平均成绩
}stu[30],stu1;
```

此例中直接定义了结构体变量 stu[30] 和 stu1，这两个变量能同前面两种方法定义的变量一样使用，但是由于此结构体没有标识符，所以无法采用定义结构体变量的第 1 种方法再来定义其他变量。只因这种定义的实质是先定义一个匿名结构体，之后再定义相应的变量。

> **注意**
>
> 在实际应用中，此方法适合于临时定义局部变量或结构体成员变量。

10.2.3 结构体变量的初始化

定义结构体变量的同时就对其成员赋初值的操作，就是对结构体变量的初始化。结构体变量的初始化方式与数组的初始化类似，在定义结构体变量的同时，把赋给各个成员的初始值用 "{}" 括起来，称为初始值表，其中各个数据以逗号分隔。与定义结构体变量的三种方法相对应，初始化结构体变量的方法也有三种。

（1）先定义结构体类型，后定义变量并初始化

例如，上节中已定义好学生信息的结构体类型，则定义变量并初始化如下。

```
struct student stu1={"20170101","zhangsan",95.5,84.5,90.0};
```

结构变量 *stu*1 的 id 成员被初始化为 "20170101"，name 成员被初始化为字符串 "zhangsan"，eng 成员被初始化为 95.5，math 成员被初始化为 84.5，ave 成员被初始化为 90.0，即结构变量 *stu*1 已被初始化。

（2）定义结构体类型的同时定义变量并初始化

具体形式如下。

```
struct 结构体标识符
{
    数据类型 1 成员名 1；
    数据类型 2 成员名 2；
    …
    数据类型 n 成员名 n；
} struct 结构体标识符 变量名 ={ 初始化值 1，初始化值 2，…，初始化值 n };
```

例如，定义并初始化学生信息结构体如下。

```
struct student
{
    char id[12]；    // 学号
    char name[16];  // 姓名
    float eng;      // 英语成绩
    float math;     // 数学成绩
    float ave；      // 平均成绩
}stu[30],stu1={"20170101","zhangsan",95.5,84.5,90.0},stu2;
```

此代码在定义结构体类型 struct student 的同时定义了结构体数组和两个结构体变量，并对变量 *stu*1 进行了初始化，变量 *stu*1 的 4 个成员分别得到了一个对应的值，即 name 数组中初始化了一个学生的 id 为 "20170101"，name 为 "zhangsan"，eng 为 95.5，math 为 84.5，而 ave 为 90.0，这样，变量 *stu*1 中就存放了一个学生的信息。

（3）直接定义结构体类型变量并初始化

此方法与第 2 种初始化基本相似，不同点在于定义结构体时没有结构体标识符，仅能使用一次定义并初始化变量，此处不再举例。

思考：在定义结构体类型时，曾讲到结构体可以嵌套定义，即一个结构体内部成员的数据类型可以是另一个已经定义过的结构体类型，那么对于嵌套后的结构体如何初始化呢？

解答：前面已提到，结构体变量的初始化与数组的初始化类似，二维数组的初始化分为分行初始化和顺序初始化，分行初始化是以行分开，每一行用 {} 括起来，然后将所有行再用 {} 括起来。以二维数组的分行初

始化来类推嵌套后的结构体初始化便很简单（用已学过知识去类推新知识，是很好的学习方法），以 10.2.1 中的嵌套结构体为例，则初始化如下。

```
struct student stu = {"zhangsan",'M',{1997,12,21},20,88.0};
```

10.2.4 结构体变量的引用

结构体变量的引用分为结构体成员变量的引用和将结构体变量本身作为操作对象的引用两种。

（1）结构体变量成员的引用

结构体变量包括一个或多个结构体成员变量，引用其成员变量的语法格式如下。

结构体变量名 . 成员名

其中，"."是专门的结构体成员运算符（也称成员选择运算符），用于连接结构体变量名和成员名，属于最高级运算符，结构成员的引用表达式在任何地方出现都是一个整体，如 stu1.age、stu1.score 等。嵌套的结构体定义中成员的引用也一样。例如：

```
struct date
{
    int year;   // 年
    int month;  // 月
    int day;    // 日
};
struct student
{
    char name[16];
    char sex;
    struct date birthday;
    int age;
    float score;
}stu1;
```

其中，结构体变量 *stu*1 的成员 *birthday* 也是一个结构体类型的变量，这是嵌套的结构体定义。对该成员的引用，要用结构体成员运算符进行分级运算。也就是说，对成员变量 *birthday* 的引用是这样的：stu1.birthday.year、stu1.birthday.month、stu1.birthday.day。

结构体成员变量和普通变量一样使用，例如，可以对结构体成员变量进行赋值操作，如下列代码都是合法的。

```
scanf("%s",stu1.name);
stu1.sex='M';
stu1.age=20;
stu1.birthday.year=1999;
```

（2）对结构体变量本身的引用

结构体变量本身的引用是否遵循基本数据类型变量的引用规则呢？下面先来看一下对结构体变量的赋值运算。

```
struct student
{
    char name[16];
    char sex;
    int age;
    float score;
};
struct student stu1={"zhangsan",1,20,88.8},stu2;
```

C 语言规定，同类型的结构体变量之间可以进行赋值运算，因此，这样的赋值是允许的。

```
stu2=stu1;
```

此时，系统将按成员一一对应赋值。也就是说，上述赋值语句执行完后，*stu*2 中的 4 个成员变量分别得到数值 zhangsan、M、20 和 88.8。

但是，在 C 语言中规定，不允许将一个结构体变量作为整体进行输入或输出操作。因此以下语句是错误的。

```
scanf("%s,%d,%d,%f",&stu1);
printf("%s,%d,%d,%f",stu1);
```

将结构体变量作为操作对象时，还可以进行以下 2 种运算。

（1）用 sizeof 运算符计算结构体变量所占内存空间

定义结构体变量时，编译系统会为该变量分配内存空间，结构体变量所占内存空间的大小等于其各成员所占内存空间之和。C 语言中提供了 sizeof 运算符来计算结构体变量所占内存空间的大小，其一般使用形式如下。

```
sizeof( 结构体变量名 )
```

或者：

```
sizeof( 结构体类型名 )
```

（2）用 "&" 运算符对结构体变量进行取址运算

前面介绍过对普通变量的取址，例如，&a 可以得到变量 a 的首地址。对结构体变量的取址运算也是一样的，例如，上面定义了一个结构体变量 *stu*1，那么利用 &*stu*1 就可以得到 *stu*1 的首地址。后面介绍指向结构体变量的指针和指向结构体数组的指针操作时，就需要用到对结构体变量的取址运算。

📝 范例 10-1   结构体类型与变量的定义、初始化及引用综合练习

本例演示学生结构体的使用，首先定义 date 结构体表示出生日期，用其代替 age 成员，然后对其定义并初始化，并将学生信息显示出来。

（1）在 Code::Blocks 16.01 中，新建名为 "studentStruct.c" 的【C Source File】源程序。

（2）在编辑窗口中输入以下代码（代码 10-1.txt）。

```
01   #include <stdio.h>
02   #include <stdlib.h>
03   struct date // 定义 date 结构体
04   {
05       int year;   // 年份
06       int month;  // 月份
07       int day;    // 日数
08   };
09   struct student // 定义 student 结构体
10   {
11       char id[12];        // 学号
12       char name[10];      // 姓名
13       char sex;           // 性别
14       struct date birthday; // 出生日期
15       float score;        // 成绩
16   } stu1= {"20170101","zhangsan",'M',{1997,12,21},88.0}; // 定义变量并初始化
17   int main()
18   {
```

```
19    struct student stu2=stu1;       // 定义变量并初始化赋值
20    printf(" 学号：%s\n",stu2.id);     // 输出变量的引用
21    printf(" 姓名：%s\n",stu2.name);
22    printf(" 性别：%c\n",stu2.sex);
23    printf(" 生日：%d 年 %d 月 %d 日 \n",stu2.birthday.year,stu2.birthday.month,stu2.birthday.day); // 输出
嵌套变量的引用
24    printf(" 成绩：%4.1f\n",stu2.score);
25    return 0;
26  }
```

【运行结果】

编译、连接、运行程序，根据提示输入内容，即可在命令行中输出如下图所示的结果。

【范例分析】

编写本程序的步骤如下。

（1）首先定义结构体 date 用来存储出生日期的三个成员。

（2）其次定义结构体 student，并将 date 结构体作为它的一个成员，来说明可以将一个结构体作为另一个结构体的成员，结构体定义的最后定义一个结构体变量 *stu*1，并对其初始化赋值。

（3）主函数中定义一个学生为 *stu*2，并将 *stu*1 初始化赋值给 *stu*2，体现了同类型结构体可直接赋值。

（4）使用结构体变量的引用，输出显示学生的学号、姓名、性别、出生日期、成绩等信息。

10.2.5 指向结构体变量的指针

当一个指针变量用来指向一个结构体变量时，称为结构体指针变量。结构体指针变量中的值是所指向的结构体变量的首地址。通过结构体指针可访问该结构变量、初始化结构体成员变量，这与数组指针和函数指针的情况是相同的。

（1）结构体指针变量的定义

和其他的指针变量一样，指向结构体变量的指针在使用前必须先定义，并且要初始化一个确定的地址值后才能使用。

定义结构体指针变量的一般形式如下。

struct 结构体名 * 指针变量名；

例如：

struct student *p, stu1。

其中，struct student 是一个已经定义过的结构体类型，这里定义的指针变量 *p* 是 struct student 结构体类型的指针变量，可以指向一个 struct student 结构体类型的变量，例如 *p*=& *stu*1。

定义结构体变量类型的指针也有 3 种方法，和定义结构体类型的变量和数组基本一致，这里不再赘述。

（2）结构体指针变量的初始化

结构体指针变量在使用前必须进行初始化，其初始化的方式与基本数据类型指针变量的初始化相同，在定义的同时赋予其一个结构体变量的首地址，即让结构体指针指向一个确定的地址值。例如：

```
struct student
{
    char name[10];
    char sex;
    struct date birthday;
    int age;
    float score;
}stu,*p=&stu;
```

这里定义了一个结构体类型的变量 *stu* 和一个结构体类型的指针变量 *p*，定义的时候编译系统会为 *stu* 分配该结构体类型所占字节数大小的存储空间，通过 "*p=&stu" 使指针变量 *p* 指向结构体变量 *stu* 存储区域的首地址。这样，指针变量 *p* 就有了确定的值，即结构体变量 *stu* 的首地址，以后就可以通过它对该结构体变量进行操作。

（3）使用结构体指针变量访问成员

定义并初始化结构体类型的指针变量后，通过指针变量可以访问它所指向的结构体变量的任何一个成员。例如：

```
struct
{
    int a;
    char b;
}m, *p;
p=&m;
```

此处，*p* 是指向结构体变量 *m* 的结构体指针，使用指针 *p* 访问变量 *m* 中的成员有以下 3 种方法。

（1）使用运算符 "."，如 *m.a*、*m.b*。

（2）使用 "." 运算符，通过指针变量访问目标变量，如 (*p).a、(*p).b。

注意

由于运算符 "." 的优先级高于 "*"，因此必须使用圆括号把 *p 括起来，即把 (*p) 作为一个整体。

（3）使用 "->" 运算符，通过指针变量访问目标变量，如 p->a、p->b。

说明：结构体指针在程序中使用得很频繁，为了简化引用形式，C 语言提供了结构成员运算符 "->"，利用它可以简化用指针引用结构成员的形式。并且，结构成员运算符 "->" 和 "." 的优先级相同，在 C 语言中属于最高级运算符。

范例 10-2　结构体指针变量的定义、初始化及成员引用综合练习

（1）在 Code::Blocks 16.01 中，新建名为 "structPoint.c" 的【C Source File】源程序。

（2）在编辑窗口中输入以下代码（代码 10-2.txt）。

```
01  #include <stdio.h>
02  #include <string.h>
03  struct student    //定义 student 结构体
04  {
05      long id;
06      char name[20];
07      float score;
08  };
09  int main()
```

```
10  {
11      struct student stu1;  // 声明结构体变量 stu1
12      struct student * p;  // 声明结构体类型指针变量 p
13      p=&stu1;  //p 指向结构体变量 stu1
14      stu1.id=20170101;
15      strcpy(stu1.name,"zhangsan");
16      stu1.score=88.0;
17      // 三种引用成员变量方法
18      printf("ID:%ld\nname:%s\nscore:%.2f\n\n",stu1.id,stu1.name,stu1.score);
19      printf("ID:%ld\nname:%s\nscore:%.2f\n\n",(*p).id,(*p).name,(*p).score);
20      printf("ID:%ld\nname:%s\nscore:%.2f\n",p->id,p->name,p->score);
21      return 0;
22  }
```

【运行结果】

编译、连接、运行程序，即可在命令行中输出如下图所示的结果。

【范例分析】

编写本程序的步骤如下。

主函数前声明了 struct student 类型，然后定义一个 struct student 类型的变量 *stu*1 和同样指向 struct student 类型的指针变量 *p*。

函数的执行部分将结构体变量的起始地址赋给指针变量 *p*，即使 *p* 指向 *stu*1，然后对 *stu*1 的各成员赋值。

第 1 个 printf( ) 函数的功能是输出 *stu*1 各成员的值。用 stu1.id 表示 *stu*1 中的成员 id，依此类推。第 2 个 printf( ) 函数也用来输出 *stu*1 各成员的值，但使用的是 (＊p).id 这样的形式。(＊p) 表示 *p* 指向的结构体变量，(*p). id 是 *p* 指向的结构体变量中的成员 id。

第 3 个 printf( ) 函数也用于输出 *stu*1 各成员的值，但使用的是 p->id 的形式。

总结：本程序主要为巩固结构体指针变量的定义、初始化及成员引用等知识点，利用三种成员访问方式对比使用，帮助理解和使用。

▶10.3　结构体数组

数组是一组具有相同数据类型变量的有序集合，可以通过下标获得其中的任意一个元素。结构体类型数组与基本类型数组的定义与引用规则是相同的，区别在于结构体数组中的所有元素均为结构体变量。

10.3.1　结构体数组的定义

结构体数组的定义和结构体变量的定义一样，有以下 3 种方式。
（1）先定义结构体类型，再定义结构体数组

struct 结构体标识符

```
{
    数据类型 1 成员名 1；
    数据类型 2 成员名 2；
    …
    数据类型 n 成员名 n；
};
struct 结构体标识符 数组名 [ 数组长度 ];
```

（2）定义结构体类型的同时，定义结构体数组

```
struct 结构体标识符
{
    数据类型 1 成员名 1；
    数据类型 2 成员名 2；
    …
    数据类型 n 成员名 n；
} 数组名 [ 数组长度 ];
```

（3）不给出结构体类型名，直接定义结构体数组

```
struct
{
    数据类型 1 成员名 1；
    数据类型 2 成员名 2；
    …
    数据类型 n 成员名 n；
} 数组名 [ 数组长度 ];
```

其中，"数组名"为数组名称，遵循变量的命名规则，"数组长度"为数组的长度，要求为大于 0 的整型常量。例如，定义长度为 10 的 struct student 类型数组 stu[10] 的方法有如下 3 种形式。

方式 1：

```
struct student
{
    char name[10];
    char sex;
    int age;
    float score;
};
struct student stu[10];
```

方式 2：

```
struct student
{
    char name[10];
    char sex;
    int age;
    float score;
}stu[10];
```

方式 3：

```
struct
{
```

```
    char name[10];
    char sex;
    int age;
    float score;
}stu[10];
```

结构体数组定义好后，系统即为其分配相应的内存空间，数组中的各元素在内存中连续存放，每个数组元素都是结构体类型，分配相应大小的存储空间。例子中的 stu 在内存中的存放顺序如下图所示。

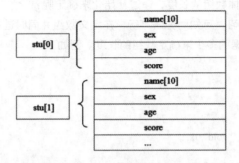

关键字 struct 和它后面的结构名一起组成一个新的数据类型名。结构的定义以分号结束，这是由于 C 语言中把结构的定义看作一条语句。

10.3.2 结构体数组的初始化和引用

结构体类型数组的初始化遵循基本数据类型数组的初始化规律，在定义数组的同时，对其中的每个元素进行初始化。与定义结构体数组的三种方法相对应，初始化结构体数组的方法也有三种。

（1）先定义结构体类型，再定义结构体数组并初始化。

```
struct student    //定义结构体 struct student
{
    char Name[20]; //姓名
    float Math;    //数学
    float English; //英语
    float Physical; //物理
};
struct student stu[2]={{"zhang"，78，89，95}，{"wang"，87，79，92}};
```

（2）定义结构体类型的同时，定义并初始化结构体数组。

```
struct student    //定义结构体 struct student
{
    char Name[20]; //姓名
    float Math;    //数学
    float English; //英语
    float Physical; //物理
}stu[2]={{"zhang",78,89,95}，{"wang",87,79,92}};
```

（3）不给出结构体类型名，直接定义并初始化结构体数组。

```
struct    //定义结构体
```

```
{
    char Name[20];  // 姓名
    float Math;     // 数学
    float English;  // 英语
    float Physical; // 物理
}stu[2]={{"zhang",78,89,95}，{"wang",87,79,92}};
```

以上三种方法都初始化定义了长度为 2 的结构体数组 stu[2]，并分别对每个元素进行初始化。

思考一：是否可以省略结构体数组的长度，通过初始化来确定呢？

解答：通过前面对数组的学习，可知此方法可行，在定义数组并同时进行初始化的情况下，可以省略数组的长度，系统会根据初始化数据的多少来确定数组的长度。例如：

```
struct key
{
    char name[20];
    int count;
}key1[]={{"break",0},{"case",0},{"void",0}};
```

上例中，系统会自动确认结构体数组 key1 的长度为 3。

思考二：当定义结构体数组长度大于实际初始化结构体元素个数，剩余部分是什么情况？

解答：结构体数组长度大于实际初始化元素个数，举例如下。

```
struct student stu[5]={{"zhang",78,89,95}，{"wang",87,79,92}};
```

上面的语句在定义结构数组 stu 的同时对数组的前两个元素进行了初始化，其他元素没有显示赋值，系统则自动赋值为 0。

通过前面对数组的学习，知道对于数组元素的引用，其实质为简单变量的引用。对结构体类型的数组的引用也是一样的，其语法形式如下。

```
数组名 [ 数组下标 ];
```

和前面介绍的基本类型的数组定义一样，"[ ]"为下标运算符，数组下标的取值范围为（0，1，2，…，$n-1$），n 为数组长度。对于结构体数组来说，每个数组元素都是一个结构体类型的变量，对结构体数组元素的引用遵循对结构体变量的引用规则。

📝 范例 10-3　结构体数组的定义和数组元素的引用

（1）在 Code::Blocks 16.01 中，新建名为 "stuscore.c" 的【C Source File】源程序。

（2）在编辑窗口中输入以下代码（代码 10-3.txt）。

```
01  #include <stdio.h>
02  #include <stdlib.h>
03  struct student    // 定义结构体类型
04  {
05      char name[10];
06      char sex;     // 定义性别，m 代表男，f 代表女
07      int age;
08      float score;
09  } stu[5];         // 定义结构体数组
10  int main()
11  {
```

```
12    int i;
13    printf(" 输入数据 : 姓名 性别 年龄 分数 \n"); // 提示信息
14    for(i=0; i<5; i++)              // 输入结构体数组各元素的成员值
15      scanf("%s %c %d %f",stu[i].name,&stu[i].sex,&stu[i].age,&stu[i].score);
16    printf(" 输出数据 : 姓名 年龄 分数 \n");
17    for(i=0; i<5; i++)              // 输出结构体数组元素的成员值
18      if(stu[i].sex=='f')
19        printf("%s %d %4.1f\n",stu[i].name,stu[i].age,stu[i].score);
20    return 0;
21  }
```

【运行结果】

编译、连接、运行程序，根据提示输入 5 组数据，按回车键后，即可在命令行中输出如下图所示的结果。

【范例分析】

本范例定义了包含 5 个元素的结构体类型的数组，对其中数组元素的成员进行了输入、输出操作，程序很简单，但要特别注意其中格式的书写。例如，在 scanf 语句中，成员 stu[i].name 是不加取地址运算符 & 的，因为 stu[i].name 是一个字符数组名，本身代表的是一个地址值；而其他如整型、字符型等结构体成员变量，则必须和普通变量一样，在标准输入语句中要加上取地址符号 &。

10.3.3　指向结构体数组的指针

结构体指针变量的使用与其他普通变量的指针使用方法和特性是一样的。结构体变量指针除了指向结构体变量，还可以用来指向一个结构体数组。此时，指向结构体数组的结构体指针变量加 1 的结果是指向结构体数组的下一个元素，那么结构体指针变量地址值的增量大小就是 "sizeof(结构体类型)" 的字节数。

例如，有如下代码。

```
struct student
{
    char name[10];
    char sex;
    int age;
    float score;
}stu[10],*p=stu;
```

这里定义了一个结构体类型的数组 *stu* 和一个结构体类型的指针变量 *p*，通过 "*p=stu*" 使指针变量 *p* 指向结构体数组变量 *stu* 存储区域的首地址，即初始时指向数组的第 1 个元素，那么 (*p).name 等价于 stu[0].name，(*p).sex 等价于 stu[0].sex。如果对 *p* 进行加 1 运算，则指针变量 *p* 指向数组的第 2 个元素，即 stu[1]，那么 (*p).name 等价于 stu[1].name，(*p).sex 等价于 stu[1].sex，依此类推。如果 *p* 已定义为结构体类型的指针，则它只能指向该结构体类型对象，而不能指向结构对象中的某一个成员。指向结构体类型数组的结构体指针变量使用起来并不复杂，但要注意区分以下情况。

p->name++ 等价于 (p->name)++，先取成员 name 的值，再使 name 自增 1。

++p->name 等价于 ++(p->name)，先对成员 name 进行自增 1，再取 name 的值。

(p++)->name 等价于先取成员 name 的值，用完后再使指针 p 加 1。

(++p)->name 等价于先使指针 p 加 1，然后再取成员 name 的值。

通过以上 4 种情况可知，C 语言提供的结构成员运算符 "->"，在 C 语言中属于最高级运算符。

范例 10-4　指向结构体数组的指针的应用

（1）在 Code::Blocks 16.01 中，新建名为 "structArrPoint.c" 的【C Source File】源程序。

（2）在编辑窗口中输入以下代码（代码 10-4.txt）。

```
01  #include <stdio.h>
02  #include <stdlib.h>
03  struct ucode   // 定义 ucode 结构体类型
04  {
05      char u1;
06      int u2;
07  } tt[4]= {{'a',97},{'b',98},{'c',99},{'d',100}}; // 声明结构体类型的数组并初始化
08  int main()
09  {
10      struct ucode *p=tt;        // 将结构体指针 p 指向结构体数组 tt
11      printf("%c %d\n",p->u1,p->u2);  // 输出语句
12      printf("%c\n",(p++)->u1);
13      printf("%c %d\n",p->u1, p->u2++);
14      printf("%d\n",p->u2);
15      printf("%c %d\n",(++p)->u1,p->u2);
16      p++;                // 结构体指针变量增 1
17      printf("%c %d\n",++p->u1,p->u2);
18      return 0;
19  }
```

【运行结果】

编译、连接、运行程序，即可在命令行中输出如下图所示的结果。

【范例分析】

编写本程序的步骤如下。

主函数先声明了 struct ucode 类型并定义和初始化结构体数组 tt，然后在主函数中定义了指向 struct ucode 类型的指针变量 *p* 并初始化赋值给 tt 结构体数组，此时 *p* 指向 tt[0]。

第 11 行的 printf() 函数的功能是输出 tt[0] 各成员的值，即输出结果为 a 97。第 12 行的输出项 (p++)->u1 是先取成员 u1 的值，再使指针 p 增 1，因此输出 a，p 指向 tt[1]。

第 13 行执行前 p 已经指向 tt[1]，而此行中 p->u2++ 与 (p->u2)++ 等价，输出 tt[1] 的成员 u2 的值，再使 u2 增 1，因此输出结果是 b 98，同时 u2 的值增 1 后变为 99，故第 14 行输出为 99。

第 15 行 (++p)->u1 先使 p 自增 1，此时指向 tt[2]，输出结果为 c 99。第 16 行 p 自增 1，指向 tt[3]。

第 17 行的 ++p->u1 等价于 ++(p->u1)，成员 u1 的值增加 1，因此输出结果为 e 100。

总结：本程序主要为巩固指向结构体数组的指针变量的定义、初始化及使用等知识点，利用多种情况的举例，帮助读者理解结构体数组指针的应用。

▶ 10.4　结构体与函数

本节重点学习如何将结构体、结构体数组和结构体指针作为参数传递给函数，以及如何从函数中返回结构体。

10.4.1　结构体作为函数的参数

结构体作为函数的参数，有以下两种形式。

（1）函数之间直接传递结构体类型的数据——传值调用方式

由于结构体变量之间可以进行赋值，所以可以把结构体变量作为函数的参数使用。具体应用中，把函数的形参定义为结构体变量，函数调用时，将主调函数的实参传递给被调函数的形参。

📝 范例 10-5　利用结构体变量作函数的参数的传值调用方式计算三角形的面积

（1）在 Code::Blocks 16.01 中，新建名为 "area_value.c" 的【C Source File】源程序。

（2）在编辑窗口中输入以下代码（代码 10-5.txt）。

```
01  #include "math.h"
02  #include "stdio.h"
03  struct triangle    // 定义结构体类型
04  {
05      float a,b,c;
06  };
07  float area(struct triangle side1)    // 自定义函数，利用海伦公式计算三角形的面积
08  {
09      float l,s;
10      l=(side1.a+side1.b+side1.c)/2; // 计算三角形的半周长
11      s=sqrt(l*(l-side1.a)*(l-side1.b)*(l-side1.c)); // 计算三角形的面积公式
12      return s;         // 返回三角形的面积 s 的值到主调函数中
13  }
14  void main()
15  {
16      float s;
17      struct triangle side;
18      printf(" 输入三角形的 3 条边长：\n");    // 提示信息
19      scanf("%f %f %f",&side.a,&side.b,&side.c); // 从键盘输入三角形的 3 条边长
20      s=area(side);                 // 调用自定义函数 area 求三角形的面积
21      printf(" 面积是：%f",s);
22  }
```

【运行结果】

编译、连接、运行程序，根据提示从键盘输入三角形的 3 条边长（如 3、4、5)，按回车键后即可输出三角形的面积，如下图所示。

【范例分析】

本范例中首先定义 struct triangle 为一个全局结构体类型，以便程序中所有的函数都可以使用该结构体类型来定义变量。这是一个利用结构体变量作函数参数的范例，调用时，主调函数中的实参 side 把它的成员值一一对应传递给自定义函数中的形参 side1，在自定义函数中求出三角形的面积，并把值带回到主调函数中输出。

本范例中，在发生参数传递时，实质上是传递作实参的结构体变量的成员值到作形参的结构体变量，这是一种传值的参数传递方式。此种方式有以下几个特点。

在实参和形参之间复制所有结构成员的内容。

内容传递更直观，但是开销大，特别是当结构复杂时。

（2）函数之间传递结构体指针——传址调用方式

运用指向结构体类型的指针变量作为函数的参数，将主调函数的结构体变量的指针（实参）传递给被调函数的结构体指针（形参），利用作为形参的结构体指针来操作主调函数中的结构体变量及其成员，达到数据传递的目的。

📝 范例 10-6   利用结构体变量作函数的参数的传址调用方式计算三角形的面积

（1）在 Code::Blocks 16.01 中，新建名为"area_point.c"的【C Source File】源程序。

（2）在编辑窗口中输入以下代码（代码 10-6.txt）。

```
01  #include "math.h"
02  #include "stdio.h"
03  struct triangle    //定义结构体类型
04  {
05      float a;
06      float b;
07      float c;
08  };
09  float area(struct triangle *p)    //自定义函数，利用结构体指针作参数求三角形的面积
10  {
11      float l,s;
12      l=(p->a+p->b+p->c)/2;        //计算三角形的半周长
13      s=sqrt(l*(l-p->a)*(l-p->b)*(l-p->c)); //计算三角形的面积公式
14      return s;
15  }
16  void main()
17  {
18      float s;
19      struct triangle side;
20      printf(" 输入三角形的 3 条边长：\n");    //提示信息
21      scanf("%f %f %f",&side.a,&side.b,&side.c); //从键盘输入三角形的 3 条边长
22      s=area(&side);                    //调用自定义函数 area 求三角形的面积
23      printf(" 面积是：%f\n",s);
24  }
```

【运行结果】

编译、连接、运行程序，根据提示从键盘输入三角形的 3 条边长（如 6、7、8），按回车键后即可输出三角形的面积，如下图所示。

【范例分析】

本范例中，自定义函数的形参用的是结构体类型的指针变量，函数调用时，在主调函数中，通过语句"s=area(&side)"把结构体变量 *side* 的地址值传递给形参 *p*，由指针变量 *p* 操作结构体变量 *side* 中的成员，在自定义函数中计算出三角形的面积，返回主调函数中输出。

本范例中由结构体指针变量作为函数的形参来进行参数传递，实质是把实参的地址值传递给形参，这是一种传址的参数传递方式。

C 语言用结构体指针作函数参数，这种方式比用结构体变量作函数参数的效率高，因为无须传递各个成员的值，只须传递一个地址，且函数中的结构体成员并不占据新的内存单元，而与主调函数中的成员共享存储单元。这种方式还可通过修改形参所指的成员影响实参所对应的成员值。

10.4.2 结构体作为函数的返回值

通常情况下，一个函数只能有一个返回值。但是如果函数确实需要带回多个返回值的话，根据前面的学习，可以利用全局变量或指针来解决。而学习了结构体以后，就可以在被调函数中利用 return 语句将一个结构体类型的数据结果返回到主调函数中，从而得到多个返回值，这样更有利于对这个问题的解决。

函数返回结构体和返回一般数值一样，只是在函数原型中，要以正确的方式指出函数返回的结构体类型，下面通过范例加以理解和运用。

范例 10-7　编写一个程序，给出三角形的 3 条边，计算三角形的半周长和面积，要求在自定义函数中用结构体变量返回多个值

（1）在 Code::Blocks 16.01 中，新建名为"cir_area.c"的【C Source File】源程序。
（2）在编辑窗口中输入以下代码（代码 10-7.txt）。

```
01  #include <stdio.h>
02  #include <stdlib.h>
03  #include "math.h"
04  struct cir_area   // 定义 cir_area 结构体
05  {
06      float l;
07      float s;
08  };
09  struct cir_area c_area(float a,float b,float c) // 根据 3 条边求三角形的半周长和面积
10  {
11      struct cir_area result;
12      result.l=(a+b+c)/2;
13      result.s=sqrt(result.l*(result.l-a)*(result.l-b)*(result.l-c));
14      return result;
15  }
16  void main()
```

```
17  {
18      float a,b,c;
19      struct cir_area triangle;          //定义结构体类型的变量
20      printf(" 输入三角形的 3 条边长：\n"); //提示信息
21      scanf("%f %f %f",&a,&b,&c);         // 从键盘输入三角形的 3 条边
22      triangle=c_area(a,b,c);            // 调用自定义函数，把返回值赋给结构体变量 triangle
23      printf(" 半周长是：%f \n 面积是：%f\n",triangle.l,triangle.s);
24  }
```

【运行结果】

编译、连接、运行程序，根据提示从键盘输入三角形的 3 条边长（如 7、8、9），按回车键，即可输出三角形的半周长和面积，如下图所示。

【范例分析】

本范例在第 09 行定义了一个名为 "c_area" 的自定义函数，用于计算并返回三角形的半周长和面积值，注意这里必须将自定义函数 c_area 定义为 struct cir_area 结构体类型，用于返回结构体变量的两个成员值，即半周长和面积。函数调用时，作参数的是普通变量，参数传递方式是值传递方式。

▶ 10.5 联合体

C 语言中，可以定义不同数据类型的数据共占同一段内存空间，以满足某些特殊的数据处理需要，这种数据结构类型就是联合体。

10.5.1 联合体类型

联合体也是一种构造数据类型，和结构体类型一样，它也是由各种不同类型的数据组成的，这些数据叫作联合体的成员。不同的是，在联合体中，C 语言编译系统使用了覆盖技术，使联合体的所有成员在内存中具有相同的首地址，共同占用一段内存空间，这些数据可以相互覆盖，因此联合体也常被称作共用体，在不同的时间保存不同的数据类型和不同长度的成员的值。也就是说，在某一时刻，只有最新存储的数据是有效的。运用此种类型数据的优点是节省存储空间。

联合体类型定义的一般形式如下。

```
union 联合体名
{
    数据类型 1 成员名 1;
    数据类型 2 成员名 2;
    …
    数据类型 n 成员名 n;
};
```

其中，union 是 C 语言中的关键字，表明进行一个联合体类型的定义。联合体类型名是一个合法的 C 语言标识符，联合体类型成员的数据类型可以是 C 语言中的任何一个数据类型，最后的分号表示联合体定义的结束。例如：

```
union ucode
{
    char u1;
    int u2;
    long u3;
};
```

这里定义了一个名为"union ucode"的联合体类型，它包括 3 个成员，分别是字符型、整型和长整型。

说明：联合体类型的定义只是由用户构造了一个联合体，定义好后可以像 C 语言中提供的基本数据类型一样使用，即可以用它来定义变量、数组等。但定义联合体类型时，系统并不为其分配存储空间，而是为由该联合体类型定义的变量、数组等分配存储空间。

10.5.2 联合体变量的定义

在一个程序中，一旦定义了一个联合体类型，也就可以用这种数据类型定义联合体变量。和定义结构体变量一样，定义联合体类型变量的方法有以下 3 种。

（1）先定义联合体类型，再定义变量

```
union 联合体名
{
    数据类型 1 成员名 1；
    数据类型 2 成员名 2；
    …
    数据类型 n 成员名 n；
};
union 联合体名 变量名 1，变量名 2，…，变量名 n；
```

（2）定义联合体类型的同时定义变量

```
union 联合体名
{
    数据类型 1 成员名 1；
    数据类型 2 成员名 2；
    …
    数据类型 n 成员名 n；
} 变量名 1，变量名 2，…，变量名 n；
```

说明：在实际应用中，定义联合体的同时定义联合体变量适合于定义局部使用的联合体类型或联合体类型变量，例如在一个文件内部或函数内部。

（3）直接定义联合体类型变量

这种定义方式不指出具体的联合体类型名，而直接定义联合体成员和联合体类型的变量。

```
union
{
    数据类型 1 成员名 1；
    数据类型 2 成员名 2；
    …
    数据类型 n 成员名 n；
} 变量名 1，变量名 2，…，变量名 n；
```

定义类型的匿名联合体之后，再定义相应的变量。由于此联合体没有标识符，所以无法采用定义联合体变量的第 1 种方法来定义变量。在实际应用中，此方法适合于临时定义局部使用的联合体类型变量。

例如，采用上述 3 种方法定义名为 unnode 的联合体类型变量，则代码如下。

方式 1：

```
union unnode
{
    int n;
    double a;
    char ch;
};
union unnode u;
```

方式 2：

```
union unnode
{
    int n;
    double a;
    char ch;
}u;
```

方式 3：

```
union
{
    int n;
    double a;
    char ch;
}u;
```

以上 3 种方式语句都定义了一个联合体变量，即 u，该语句为 u 分配存储单元时，编译器按联合体的成员中最长的那一个类型为联合体分配存储空间，所以为 u 分配 8 个字节，其中 u.n 占前 4 个字节，u.a 占全部 8 个字节，u.ch 占前 1 个字节。由于同一内存单元在每一瞬间只能存放其中一个类型的成员，也就是说同一时刻只有一个成员有意义的，因此，在每一瞬时起作用的成员就是最后一次被赋值的成员。

10.5.3 联合体变量的引用

联合体变量中的成员共用一个首地址，共占同一段内存空间，所以在任意时刻只能存放其中一个成员的值。也就是说，每一瞬时只能有一个成员起作用，所以对联合体变量不能整体引用，不允许在定义联合体类型的变量的同时进行初始化。

比如不能用下面的语句对联合体变量赋值。

```
union unode    //定义联合体类型
{
    int n;
    double a;
    char ch;
};
union unode u= {12,8.5,'a'};
printf("n=%d  a=%lf  ch=%c",u.n,u.a,u.ch);
```

输出的结果和设想不符。

```
n=12   a=0.000000   ch=♀
```

对联合体变量的赋值、使用都只能对变量的成员进行，联合体变量引用其成员的方法与访问结构体变量成员的方法相同。例如，有如下程序段。

```
union unnode
{
  int n;
  double a;
  char ch;
};
union unnode u,*p=&u;
```

对其中的联合体中成员的引用方法如下。

（1）使用运算符 "." 访问联合体成员。

```
u.n=1;
u.a=8.5;
u.ch='a';
```

（2）使用指针变量访问联合体的成员。

```
(*p).n, (*p).a, (*p).ch
p->n, p->a, p->ch
```

📝 范例 10-8　用联合体类型表示班级信息

（1）在 Code::Blocks 16.01 中，新建名为 "union_init.c" 的【C Source File】源程序。
（2）在编辑窗口中输入以下代码（代码 10-8.txt）。

```
01   #include "math.h"
02   #include "stdio.h"
03   union unnode   // 定义联合体类型
04   {
05     char classname[15];// 班名
06     int num;// 班级人数
07     double fee;// 班费
08   };
09   int main()
10   {
11     union unnode u;
12   strcpy(u.classname," 信息 1701 班 ");
13     printf("%s\n",u.classname);
14     u.num=30;
15     printf(" 班级人数是 %d\n",u.num);
17     u.fee=382.5;
16     printf(" 班费是 %f\n",u.fee);
17     printf("u size=%d",sizeof(u)); // 输出联合体变量 u 的内存大小
18     printf("\nclassname size=%d  num size=%d  fee size=%d",
     sizeof(u.classname),sizeof(u.num),sizeof(u.fee));// 输出各成员的内存大小
19     return 0;
20   }
```

【运行结果】

编译、连接、运行程序，即可在命令行中输出如下图所示的结果。

【范例分析】

本范例主要是为了验证之前对联合体内存大小的解释部分。unnode 大小至少要容纳最大的 classname[15]，就是 15 字节，同时要是成员变量数据类型最大值得整数倍，即 sizeof(double)=8 的整数倍，所以 sizeof(u)=16。一个联合体变量，每次只能给一个成员赋值，联合体变量中起作用的成员是最后一次存放的成员。

▶ 10.6 枚举类型的定义和使用

程序在解决许多问题时，会发现程序中的变量只需要具有少量有意义的值。例如，用来存储一年中的某个月的变量只有 12 种情况的值：January、February、March、April、May、June、July、August、September、October、November、December；用来存储一周中的某一天的变量应该只有 7 种可能的值：Mon、Tue、Wed、Thu、Fri、Sat、Sun。C 语言提供了枚举类型来定义这种变量。枚举即一一列举之意，枚举类型是一种由程序员列出的类型的值，而且程序员必须为每个值命名（枚举常量），且需要用到关键字 enum 来定义。例如：

```
enum Weekday {Mon,Tue,Wed,Thu,Fri,Sat,Sun};
enum Weekday someDay;
```

以上语句声明了名为 Weekday 的枚举类型，它的可能取值为 Mon、Tue、Wed、Thu、Fri、Sat、Sun。这种定义形式和结构体很相似，第二条语句定义了一个 Weekday 类型的变量 *someDay*。

上面语句也可以省略枚举标签直接声明变量，例如：

```
enum Weekday {Mon,Tue,Wed,Thu,Fri,Sat,Sun}  someDay;
```

在枚举类型声明语句中，花括号 {} 内的标识符都是整型常量，称为枚举常量。除非特别指定，一般情况下第 1 个枚举常量的值为 0，第 2 个枚举常量的值为 1，依此类推。使用枚举类型的目的是提高程序的可读性。例如，本例中使用 Mon、Tue、Wed 比使用 0、1、2 的程序可读性更好。

可以使用 Mon、Tue、Wed、Thu、Fri、Sat、Sun 中的任意一个值给变量 someDay 赋值，例如：

```
someDay = Sun;
```

变量 someDay 还可以用于条件语句中，例如：

```
if(someDay == Wed)
{
    语句序列
}
```

📋 范例 10-9   枚举类型的定义和使用实例

本范例利用枚举类型实现查课表功能，输入星期几，即可查询当日课表。

（1）在 Code::Blocks 16.01 中，新建名为 "classSche_enum.c" 的【C Source File】源程序。

（2）在编辑窗口中输入以下代码（代码 10-9.txt）。

```
01  #include <stdio.h>
02  #include <stdlib.h>
03  enum Weekday {Mon,Tue,Wed,Thu,Fri,Sat,Sun};// 定义枚举类型
04  int main()
05  {
06      enum Weekday someDay;// 定义枚举类型常量
07      int temp=0;
08      printf(" 请输入星期几 ( 星期一则输入 1，星期日则输入 7)：");
09      scanf("%d",&temp);
10      someDay=temp-1;// 将输入的整数转化为枚举类型中的值
11      switch(someDay)
12      {
13      case Mon:
14          printf(" 第一大节：英语 \n 第二大节：数学 \n 第三大节：物理 \n 第四大节：生物 ");
15          break;
16      case Tue:
17          printf(" 第一大节：语文 \n 第二大节：化学 \n 第三大节：数学 \n 第四大节：体育 ");
18          break;
19      case Wed:
20          printf(" 第一大节：数学 \n 第二大节：英语 \n 第三大节：物理 \n 第四大节：化学 ");
21          break;
22      case Thu:
23          printf(" 第一大节：语文 \n 第二大节：生物 \n 第三大节：物理 \n 第四大节：数学 ");
24          break;
25      case Fri:
26          printf(" 第一大节：英语 \n 第二大节：数学 \n 第三大节：计算机 \n 第四大节：化学 ");
27          break;
28      case Sat:
29          printf(" 今日无课！");
30          break;
31      case Sun:
32          printf(" 今日无课！");
33          break;
34      }
35      return 0;
36  }
```

【运行结果】

编译、连接、运行程序，根据提示从键盘输入相应的值，即可在命令行中输出如下图所示的结果。

【范例分析】

本范例运用枚举类型数据实现查课表的功能，结构简单易懂，目的是熟悉枚举类型数据的使用。首先，语句声明了名为 Weekday 的枚举类型，将其可能的 7 个取值全部列出，其次在主函数中，定义了 Weekday 枚举类型的变量 *someday*，并定义了整型变量 *temp*，用于接收用户输入的星期几。之前的讲解中提到枚举类型中花括号 {} 内的整型常量是从 0 开始的，所以将 *temp* 进行减 1 操作，然后通过 switch-case 语句实现条件选择，从而输出相应的课表。

10.7 综合案例——教师基本信息的组织与管理

通过下面一个案例，巩固本章所学内容，在本案例中涉及了结构体类型的定义、结构体变量的定义、结构变量的引用、结构体数组的定义、引用、联合体类型的定义、联合体类型变量的定义、应用等知识点。案例是以教师信息为背景，输入教师信息，通过程序将其格式化并输出到屏幕中。

范例10-10 使用结构体和联合体实现教师信息的输出管理

（1）在 Code::Blocks 16.01 中，新建名为"teacherInfoManage.c"的【C Source File】源程序。

（2）在编辑窗口中输入以下代码（代码 10-10.txt）。

```
01  #include <stdio.h>
02  #include <stdlib.h>
03  #include <string.h>
04  #define N 2
05  struct date  // 定义日期结构体类型
06  {
07      int year;
08      int month;
09      int day;
10  };
11  union education  // 定义学位联合体类型
12  {
13      char bachelor[12];    // 学士
14      char master[12];      // 硕士
15      char doctor[12];      // 博士
16  };
17  struct teacher  // 定义教师结构体类型
18  {
19      char id[12];          // 教师工号
20      char name[16];        // 姓名
21      char sex;             // 性别，m 代表男，f 代表女
22      struct date birthday; // 年龄
23      union education degree; // 学历
24      char title[16];       // 职称
25  } teach[N];
26  void input() // 输入函数
27  {
28      int i=0;
29      char ch[12];
30      printf("=====================================\n");
31      for(i=0; i<N; i++)    // 循环输入教师信息
32      {
33          printf(" 请输入教师工号：");
34          gets(teach[i].id);
35          printf(" 请输入教师姓名：");
36          gets(teach[i].name);
37          printf(" 请输入教师性别 (m 或 f)：");
38          scanf("%c",&teach[i].sex);
39          printf(" 请输入教师生日：");
40          scanf("%d%d%d",&teach[i].birthday.year,&teach[i].birthday.month,&teach[i].birthday.day);
41          printf(" 请输入教师学位 ( 学士或硕士或博士 )：");
42          getchar(); // 吸收换行符
```

```
43          gets(ch);
44          if(strcmp(ch," 学士 ")==0)
45              strcpy(teach[i].degree.bachelor,ch);
46          else if(strcmp(ch," 硕士 ")==0)
47              strcpy(teach[i].degree.master,ch);
48          else if(strcmp(ch," 博士 ")==0)
49              strcpy(teach[i].degree.doctor,ch);
50          else
51              printf(" 输入学位错误！ ");
52          printf("\n 请输入教师职称：");
53          gets(teach[i].title);
54          printf("==================================\n");
55      }
56  }
57  int main()
58  {
59      int i=0;
60      input();
61      printf(" 教师信息如下：\n");
62      printf(" 工 号   姓名 性别 生日        学位 职称 \n");
63      for(i=0; i<N; i++)
64      {
65          printf("%-8s%-6s%-6c%-4d 年 %-2d 月 %-2d 日 ",teach[i].id,teach[i].name,teach[i].sex,teach[i].birthday.
    year,teach[i].birthday.month,teach[i].birthday.day);
66          if(strcmp(teach[i].degree.bachelor," 学士 ")==0)
67              printf("%-6s %-6s\n",teach[i].degree.bachelor,teach[i].title);
68          else if(strcmp(teach[i].degree.master," 硕士 ")==0)
69              printf("%-6s %-6s\n",teach[i].degree.master,teach[i].title);
70          else if(strcmp(teach[i].degree.doctor," 博士 ")==0)
71              printf("%-6s %-6s\n",teach[i].degree.doctor,teach[i].title);
72          else
73              printf("%-6s %-6s\n"," 无信息 ",teach[i].title);
74      }
75      return 0;
76  }
```

【运行结果】

编译、连接、运行程序，根据提示从键盘输入 2 名教师信息，按回车键，即可在命令行中输出如下图所示的结果。

【范例分析】

本范例是对结构体和联合体知识的一个综合运用，编写本程序步骤如下。

程序定义了日期类结构体作为教师信息的出生日期，并定义了学位联合体实现教师学历信息的存储。

定义教师信息结构体，将日期结构体和学位联合体作为其的成员，其余还有工号、姓名、性别、职称等信息。

自定义函数 Input() 实现教师信息的输入，输入时根据输入的学历选择相应的联合体成员进行赋值。

程序入口，首先调用信息输入函数，然后格式化输出教师信息。

总结：本程序结构简单易懂，主要目的是巩固结构体和联合体知识，其次学习如何将结构体和联合体结合到一起使用。对于学位联合体的定义可换作枚举类型，具体实现此处不再赘述，希望读者自行进行实现，加深对枚举类型的认识和使用。

▶10.8 疑难解答

问题 1：结构体和联合体的区别与联系？

解答：结构体和联合体都是根据实际需要，由用户自己定义的数据类型，可以包含多个不同类型的成员变量，属于构造数据类型。定义好后，可以和 C 语言提供的其他标准数据类型一样使用。结构体和联合体主要有以下区别。

（1）结构体和联合体都是由多个不同的数据类型成员组成的。结构体用来描述同一事物的不同属性，所以任意时候结构的所有成员都存在，对结构的不同成员赋值是互不影响的。而联合体中虽然也有多个成员，但在任何同一时刻，对联合体的不同成员赋值，将会对其他成员重写，原来成员的值就不存在了，也就是说在联合体中任一时刻只存放一个被赋值的成员。

（2）实际应用中，结构体类型用得比较多，而联合体的诞生主要是为了节约内存，这一点在如今计算机硬件技术高度发达的时代已经显得不太重要，所以，联合体目前使用得并不多。

问题 2：联合体和结构体能相互嵌套吗？

解答：基本数据类型、数组、结构体以及另一个联合体都可以作为一个联合体的成员，反之，联合体也可以作为结构体的成员，故二者是可以相互嵌套的。合理使用结构体和联合体可以定义出各种各样满足实际需要的数据类型。

问题 3：为什么 sizeof 返回的值大于结构的期望值，是不是尾部有填充？

解答：为了确保分配连续的结构数组时正确对齐，结构可能有这种尾部填充（也可能是内部填充）。即使结构不是数组的成员，尾部填充也会保持，以便 sizeof 能够总是返回一致的大小。

问题 4：枚举和一组预处理的 #define 有什么不同？

解答：区别很小，C 语言标准中允许枚举和其他整形类别自由混用而不会出错。但是，假如编译器不允许在未经明确类型转换的情况下混用这些类型，则使用枚举可以捕捉到某些程序错误。

枚举的优点：自动赋值；调试器在检验枚举变量时，可以显示符号值；它们服从数据块作用域规则。（编译器也可以对在枚举变量被任意地和其他类型混用时，产生非重要的警告信息，因为这被认为是坏风格。）其缺点是程序员不能控制这些对非重要的警告，有些程序员则反感于无法控制枚举变量的大小。

第 **11** 章

链表

链表是采用链式的方式存储线性表。一方面，它克服数组需要预先知道数据大小的缺点，动态分配存储空间；另一方面，它解决了数组在增加或删除数据时需要移动大量元素的问题。链表作为栈、队列、集合、散列表和图等数据结构实现的基础。

本章要点（已掌握的在方框中打钩）

□ 链表的特点和原理
□ 链表的定义
□ 单链表的操作

11.1 链表的特点和原理

前面章节讲解了数组，数组就是用顺序存储的方法来存储一组有序的结构相同的数据。由 n 个数据元素（结点）组成的有限序列，称为线性表，记作（$a1$, $a2$, …, an），数据元素可以是数字，可以是字符，或者是其他信息，如一个班的学生某门课的成绩。英文字母表、线性表的特征是有且仅有一个开始结点 $a1$ 和一个终端结点 an，其余结点 ai（$2 \leq i \leq n-1$）都有且仅有一个直接前驱 $a(i-1)$ 和一个直接后继 $a(i+1)$。首先分析一下采用数组顺序存储线性表的优缺点。

11.1.1 为什么使用链表

如用一个长度为 MAXSIZE 的数组 a 存储一个线性表，如下图所示。

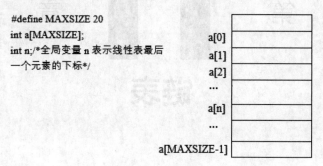

数组的特点：将一组元素依次存放在一组地址连续的存储单元里。对于数组的主要操作包括定位、插入、删除。

定位操作是将查找数据依次和数组中的每一个元素比较，若相同，返回比较数组的下标，比较到数组尾部，若没有相同的则返回 0。

```
int locate(int  x)
{
  int i;
  for (i=0; i<n; i++)
  if (a[i]==x)  return i ; // 下标为 i 的元素等于 x，返回其下标
  return 0; // 退出循环，说明查找失败
}
```

插入操作是首先找到要插入的位置，然后将该位置后的所有元素都后移一个位置，将要插入的数据插入该位置。

$$（a0, a1, …, ai-1, ai, …, an）$$
⇧ 插入 x
$$（a0, a1, …, ai-1, x, ai, …, an）$$

```
void insert(int x,int pos) /* 参数 x 是要插入的数据，参数 pos 是要插入的位置下标 */
{
  int j;
  if(pos < 0 || pos > n )
  printf(" 所插入的位置超出数列的范围 \n");
  else{
  for(j =n; j >= pos; j--) /* 逆向遍历数列 */
  a[j+1] = a[j]; /* 元素后移 */
  a[pos] = x; /* 指向结点赋值 */
  n++; /* 数列长度加 1 */
```

```
    }
}
```

删除操作是首先找到要删除的位置，然后将该位置后的所有元素都前移一个位置。

$$(a0, a1, \cdots, a(i\text{-}1), ai, a(i\text{-}1), \cdots, an)$$

⇑ 删除 ai

$$(a0, a1, \cdots, ai\text{-}1, ai\text{+}1, \cdots, an)$$

```
void Delete(int pos) /* 参数 pos 是要删除的位置下标 */
{
    int j;
    if((pos < 0) || (pos > n )) /* 删除位置超出数列的范围 */
    printf(" 所要删除的位置超出数列的范围 \n");
    else{
        for(j = pos; j < n; j++) /* 遍历数列 */
        a[j] = a[j+1]; /* 元素前移 */
        n--; /* 数列长度减 1 */
    }
}
```

数组的优点是，各元素存储物理位置上的邻接关系表示了元素间的逻辑关系，因此，无须增加额外的存储空间表示元素间的逻辑关系。

但是数组的缺点是，插入和删除操作不方便，通常需要移动大量元素，效率比较低。另外当数据量难以确定或变化较大时，难以进行连续的存储空间的预分配。

因此，链表采用动态内存分配和链式存储的方式，解决数组存在的上述问题。

11.1.2 动态内存分配

01 内存分配方式

事实上，在 C 语言中有 3 种内存的分配方式，在具体应用中，程序员可以根据不同的需要选择不同的分配方式。

（1）从静态存储区域分配

该方式是指内存在程序编译是已经分配好的，这块内存在程序的整个运行期间都存在。如全局变量、static 变量等就属于该方式。

（2）在栈上创建

在执行函数时，函数内部、局部变量的存储单元都可以在栈上创建，函数执行结束时这些存储单元自动被释放。栈内存分配运算内置于处理器的指令集中，效率很高，但是分配的内存容量有限。

（3）从堆上分配

该方式也称动态内存分配。程序在运行的时候用 malloc() 函数申请任意的内存，程序员自己负责在何时用 free() 函数释放内存。动态内存的生存期由用户自己决定，使用非常灵活。

读者可以看出，第 1 种方式和第 2 种方式都是通过变量的定义、类型和变量的作用域来决定其采用哪一种分配方式，这些操作在前面章节的声明变量中已经具体讲解。

02 为什么用动态内存分配

如存储一个公司的职工工资，定义一个 float 类型的数组—— float salary[50];。但是，在使用数组的时候，总有一个问题困扰着用户：数组应该有多大？在很多实际应用中，并不能确定数组的长度，如上面的例子，不知道公司职工的人数，就要把数组定义得足够大。或者职工人数有增加或减少，又必须重新修改程序，扩大数组的长度。前两种分配方式的缺陷是，在大多数情况下会浪费大量内存空间，在少数情况下，当定义的数组不够大，可能会引起下标越界错误，甚至导致严重后果。

用什么方法来解决这样的问题呢？那就是采用动态内存分配。此处将具体介绍动态内存分配。

03 如何实现动态内存分配及其管理

要实现根据程序的需要动态分配存储空间，就必须用到以下几个函数。

（1）malloc 函数 /calloc 函数

malloc 函数的原型为：void *malloc (unsigned int size)。

calloc 函数的原型为：void *calloc (int num,unsigned int size)。

其中，参数 size 表示分配内存块的大小，参数 num 表示分配内存块的个数。这两个函数的返回类型都是 void 指针型，也即其返回后的结果可赋值给任意类型的指针。这两个函数执行成功返回分配内存块的首地址，失败则返回 NULL。

范例 11-1　动态分配了10个整型存储区域，然后进行赋值并打印

（1）在 Code::Blocks 16.01 中，新建名为 "分配内存空间 .c" 的【 C Source File 】源程序。
（2）在代码编辑窗口输入以下代码（代码 11-1.txt）。

```
01 #include "malloc.h"
02 #include "stdlib.h"
03 main(void)
04 {
05   /*count 是一个计数器，array 是一个整型指针，也可以理解为指向一个整型数组的首地址 */
06   int count;
07   int *array;
08   array=malloc(10 * sizeof(int));
09   if(array==NULL) {
10     printf("Out of memory!\n");
11     exit(1);
12   }
13   /* 给数组赋值 */
14   for(count=0;count<10;count++) {
15     array[count]=count;
16   }
17   /* 打印数组元素 */
18   for(count=0;count<10;count++) {
19     printf("%2d\n",array[count]);
20   }
21}
```

【运行结果】

编译、连接、运行程序，输出结果如下图所示。

【范例分析】

本范例分配 10 个整型变量的空间给指针 array，其空间大小为 10*sizeof(int)，即该计算机中整型数据类型 int 的长度。为使返回值为 int 类型指针，在前面使用强制类型转换 (int)，使用 malloc() 函数进行动态内存分配。

如果分配不成功，则输出错误提示信息并退出程序，否则将 10 个数赋值到这个连续空间。

此外，malloc() 和 calloc() 都可以分配内存区，但 malloc() 一次只能申请一个内存区，calloc() 一次可以申请多个内存区。另外，calloc() 会把分配来的内存区初试化为 0，malloc() 不会进行初始化。

（2）free 函数

由于内存区域总是有限的，不能无限制地分配下去，而且一个程序要尽量节省资源，所以当所分配的内存区域不用时，就要释放它，以便其他的变量或者程序使用。这时就要用到 free 函数。

free 函数的原型为：void free(void *p)。

其作用是释放指针 p 所指向的内存区。

其参数 p 必须是先前调用 malloc 函数或 calloc 函数（另一个动态分配存储区域的函数）时返回的指针。给 free 函数传递其他的值很可能造成死机或其他灾难性的后果。

> **注意**
>
> 这里重要的是指针的值，而不是用来申请动态内存的指针本身。

```
int *p1,*p2;
p1=malloc(10*sizeof(int));
p2=p1;
…
free(p2) /* 或者 free(p2)*/
```

free() 函数可以释放由 malloc() 或 calloc() 等内存分配函数分配的内存。当程序很大时，期间可能要多次动态分配内存，如果不及时释放，程序将要占用很大内存。因此，free() 函数一般都是和 malloc() 函数或 calloc() 函数等成对出现的。

范例 11-2　定义一个字符串，输入字符串长度，通过动态分配内存，生成指定长度的随机字符串

（1）在 Code::Blocks 16.01 中，新建名为"动态内存分配的举例 .c"的【C Source File】源程序。
（2）在代码编辑窗口输入以下代码（代码 11-2.txt）。

```
01  #include <stdio.h>          // printf, scanf, NULL
02  #include <stdlib.h>         // malloc, free, rand, system
03  int main ()
04  {
05    int i,n;
06    char * buffer;
07    printf (" 输入字符串的长度：");
08    scanf ("%d", &i);
09    buffer = (char*)malloc(i+1); // 字符串最后包含 \0
10    if(buffer==NULL) exit(1); // 判断是否分配成功
11    // 随机生成字符串
12    for(n=0; n<i; n++)
13    buffer[n] = rand()%26+'a';
14    buffer[i]='\0';
15    printf (" 随机生成的字符串为：%s\n",buffer);
16    free(buffer); // 释放内存空间
17    return 0;
18  }
```

【运行结果】

编译、连接、运行程序，输出结果如下图所示。

【范例分析】

因为字符串默认最后一个字符为 '\0'，所以代码第 09 行多开辟一个空间用来存储 '\0'，第 13 行 rand()%26 表示随机生成从 0~25 的任意整数，rand()%26+'a' 表示随机生成从 'a' 到 'z' 的任意字符。

▶ 11.2　链表的定义

链表是用一组任意的存储单元存储线性表，逻辑上相邻的结点在物理位置不一定相邻，结点间的逻辑关系由存储结点时附加的指针字段表示。链表又分为单链表、双向链表和循环链表等。

01 单链表

单链表是由各个元素之间通过指向下一个元素的指针彼此连接起来而组成的。每个元素，又叫作一个单链表的结点，其结点结构包含以下两部分。

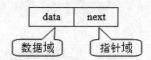

（1）数据域（data）：用来存储本身数据。

（2）链域或称为指针域（next）：用来存储下一个结点地址或者说指向其直接后继的指针。

单链表的每个结点的存储地址是放在他的前驱结点的 next 域中，开始结点没有前驱，要设置一个头指针 head 指向开始结点，终端结点没有后继，所以终端结点的 next 域为空，即为 NULL（图示中也可以用 ^ 表示）。例如，线性表（3，8，2，5，6，1）在内存中链式存储的示意图，数据域和指针域各占四个字节的存储空间，如下图所示。

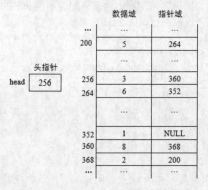

单链表注重的是结点间的逻辑顺序，对结点的实际存储位置并不关心，因此一般用箭头来表示链域中的指针，这样链表就可以画成箭头链接起来的结点序列，如下图所示。

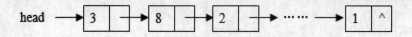

02 循环链表

循环链表是与单链表一样，是一种链式的存储结构，所不同的是，循环链表的最后一个结点的指针是指向该循环链表的第一个结点或者表头结点，从而构成一个环形的链，如下图所示。

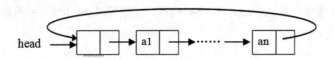

需要注意的是

循环链表的运算与单链表的运算基本一致。所不同的有以下几点。

在建立一个循环链表时，必须使其最后一个结点的指针指向表头结点，而不是像单链表那样置为 NULL。此种情况还使用于在最后一个结点后插入一个新的结点。

在判断是否到表尾时，是判断该结点链域的值是否是表头结点，当链域值等于表头指针时，说明已到表尾。而非像单链表那样判断链域值是否为 NULL。

03 双向链表

双向链表其实是单链表的改进。

当对单链表进行操作时，有时要对某个结点的直接前驱进行操作，则必须从表头开始查找。这是由单链表结点的结构所限制的，因为单链表每个结点只有一个存储直接后继结点地址的链域。那么能不能定义一个既有存储直接后继结点地址的链域，又有存储直接前驱结点地址的链域的这样一个双链域结点结构呢？这就是双向链表。

在双向链表中，结点除含有数据域外，还有两个链域，一个用于存储直接后继结点地址，一般称为右链域；另一个用于存储直接前驱结点地址，一般称为左链域。

空双向链表如下图所示。

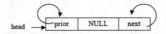

非空双向链表如下图所示。

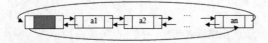

▶11.3 单链表的操作

下面将讨论用单链表做存储结构时，如何实现几种基本运算，首先介绍一下这里的示例单链表的结构体，设置结点的数据的类型是字符型，代码如下。

```
typedef char datatype;
typedef struct node                    /* 结点类型定义 */
{
    datatype data;
    struct node *next;
}linklist;
linklist *head, *p;                     /* 指针类型说明 */
```

通过 malloc 函数动态分配一个 linklist 类型的结点变量的空间，并把该空间的地址放入指针变量 *p* 中，即 p=malloc(sizeof(linklist));。当不再需要该结点，就通过 free 函数释放这个空间，即 free(p)。

当引用该结点的数据域，即 (*p).data，但不够精练，一般写成 p->data，引用该结点的链域，一般写成 p->next。

11.3.1　创建链表

逐个输入字符型数据到链表中，并以"$"作为输入的结束标志符。动态地建立单链表的常用方法有如下两种。

01 头插法建表

该方法从一个空表开始，重复读入数据，生成新结点，将读入数据存放到新结点的数据域中，然后将新结点插入到当前链表的表头上，直到读入结束标志位置。

下图所示为在空链表 head 中依次插入 a、b、c 之后，将 d 插入当前链表表头时指针的修改情况。

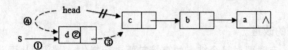

具体步骤如下。

① 生成一个新结点，s 指针存放该结点的地址。

② 将输入的数据放入到新结点的数据域中。

③ 将当前 head 指针的值存入该新结点的链域。

④ head 指向该结点，该结点即为链表的第一个结点。

头插法建立单链表 C 语言代码具体实现如下。

```c
linklist *CREATLISTF()
{
    char ch;
    linklist *head,*s;
    head = NULL;
    ch = getchar();                          /* 读入第一个结点的值 */
    while ( ch != '$' )
    {
        s = malloc(sizeof(linklist));        /* 生成新结点 */
        s->next = head;
        head = s;                            /* 将新结点插入到表头上 */
        ch = getchar();                      /* 读入下一个结点的值 */
    }
    return head;                             /* 返回链表头指针 */
}
```

02 尾插法建表

头插法建立链表虽然算法简单，但是生成的链表中结点的次序和输入的顺序相反。若希望二者次序一致，可采用尾插法建表。该方法是将新结点插到当前链表的表尾上，为此必须增加一个尾指针 r，使其始终指向当前链表的表尾。例如，在空链表 head 中插入 a，b，c 之后，将 d 插入到当前链表的表尾，其指针修改情况如下图所示。

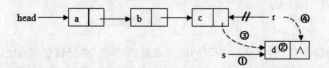

具体步骤如下。

生成一个新结点，s 指针存放该结点的地址。

将输入的数据放入到新结点的数据域中。

将该结点的地址存入当前链表最后一个结点的链域。

尾指针 r 指向该结点，该结点即为链表的最后一个结点。

尾插法建表 C 语言代码具体实现如下。

```
linklist *CREATLISTR()              /* 尾插法建立单链表，返回头指针 */
{
    char ch;
    linklist *head, *s, *r;
    head = NULL;                         /* 链表初值为空 */
    r = NULL;                            /* 为指针初值为空 */
    ch = getchar();                      /* 读入第一个结点值 */
    while ( ch != '$' )              /*"$" 为输入结束标志符 */
    {
        s = malloc(sizeof(linklist));  /* 生成新结点 *s */
        s->data = ch;
        if ( head == NULL)
                head = s;                    /* 新结点 *s 插入空表 */
        else
                r->next = s;                 /* 非空表，新结点 *s 插入到为结点 *r 之后 */
        ch = getchar();                  /* 读入下一个结点值 */
    }
    if ( r != NULL )
        r->next = NULL;            /* 对于非空表，将尾结点的指针域置空 */
    return head;                         /* 返回单链表头指针 */
}                                        /*CREATLISTR*/
```

在上述算法中，第一个生成的结点是开始结点，将开始结点插入到空表中，是在当前链表的第一个位置上插入，该位置上的插入操作和链表中其他位置上的插入操作处理是不一样的（实际上对其他结点操作亦可如此），原因是开始结点的位置是存放在头指针（指针变量）中，而其余结点的位置是在其前趋结点的指针域中。因此必须对第一个位置上的插入操作做特殊处理，为此上述算法使用了第一个 if 语句。算法中第二个 if 语句的作用是分别处理空表和非空表这两种不同的情况，若读入的第一个字符就是结束标志符，则链表 head 是空表，尾指针 r 亦为空，结点 r 不存在；否则链表 head 非空，最后一个尾结点 r 是终端结点，应将其指针域置空。如果在链表的开始结点之前附加一个结点，并称它为头结点，那么会带来以下两个优点。

① 由于开始结点的位置被存放在头结点的指针域中，所以在链表的第一个位置上的操作就和在表的其他位置上的操作一致，无须进行特殊处理。

② 无论链表是否为空，其头指针是指向头结点的非空指针（空表中头结点的指针域空），因此空表和非空表的处理也就统一了。

带头结点的单链表如下图所示，图中阴影部分表示头结点的数据域不存储信息，但是在有的应用中，可以利用该域来存放表的长度等附加信息。

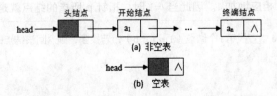

(a) 非空表

(b) 空表

引入头结点后，尾插法建立单链表的算法可简化如下。

```
linklist *CREATLISTR1()              /* 尾插法建立带头结点的单链表，返回头指针 */
{
```

```
    char ch;
    linklist *head, *s , *r;
    head = malloc(sizeof(linklist));  /* 生成头结点 *head*/
    r = head;   /* 尾指针初值指向头结点 */
    ch = getchar();      /* 读入第一个结点的值 */
    while ( ch != '$' )    /*"$" 为输入结束符 */
    {
        s = malloc(sizeof(linklist));  /* 生成新结点 *s*/
        s->data = data;
        r->next = s;      /* 新结点插入表尾 */
        r = s;  /* 尾指针 r 指向新的表尾 */
        ch = getchar();    /* 读入下一个结点的值 */
    }
    r->next = NULL;
    return head;            /* 返回表头指针 */
}

    /*CREATLISTR1*/
```

显然算法 CREATLIST1 比 CREATLISTR 简洁，因此，链表中一般都附加一个头结点。

11.3.2 输出链表

链表的输出实际上也是对链表的一次遍历，按从头结点到尾结点的顺序读取数据，然后输出。具体代码实现如下。

```
void PRINT(head)
linklist *head;
{
    linklist *p;
    p = head;
    if( p->next == NULL )                                /* 检查链表是否为空链表 */
    printf( "linklist is empty! \n");
    while( p->next != NULL)
    printf( "%c\n", p->data );                           /* 这里假设存储的数据类型是字符型 */
}
```

11.3.3 查找操作

（1）按序号查找

在链表中，即使知道被访问的结点序号 i，也不能像数组那样直接按序号 i 访问结点，而只能从链表的头指针出发，逐个往下搜索，直至搜索到第 i 个结点为止。因此，链表不是随机存取结构。

设单链表的长度为 n，要查找表中第 i 个结点，仅当 $1 \le i \le n$ 时，i 值是合法的。但有时需要找头结点的位置，故我们把头结点看做是第 0 个结点，因而下面给出的算法中，从头结点开始顺着链扫描，用指针 p 指向当前扫描到的结点，用 j 作计数器，累积当前扫描过的结点数。p 的初值指向头结点，j 的初值为 0，当 p 扫描下一个结点时，计数器 j 相应地加 1。因此当 $j=1$ 时，指针 p 所指的结点就是要找的第 i 个结点。

```
/* 在带头结点的单链表 head 中查找第 i 个结点（1 ≤ i ≤ n），若找到，则返回该结点的存储位置，否则返回 NULL*/
linklist *GET(head,i)
linklist *head;
int i;
{
    int j;
    linklist *p;
    p = head; j = 0;                /* 从头结点开始扫描 */
```

```
    while(( p->next != NULL ) && ( j < i ))
    {
        p = p->next;                    /* 扫描下一个结点 */
        j++;                            /* 已扫描结点计数器 */
    }
    if( i == j )
    return p;                       /* 找到第 i 个结点 */
    else
    return NULL;                    /* 找不到，i ≤ 0 或 i>n */
}                                       /*GET*/
```

（2）按值查找

按值查找是在链表中，查找是否有结点值等于给定值 key 的结点，若有的话，则返回首次找到的其值为 key 的结点的存储位置；否则返回 NULL。查找过程从开始结点出发，顺着链逐个将结点的值和给定值 key 作比较。其算法如下。

```
/* 在带头结点的单链表 head 中查找其结点值等于 key 的结点，若找到则返回结点的位置 p；否则返回 NULL*/
linklist *LOCATE(head,key)
linklist *head;
datatype key;
{
    linklist *p;
    p = head->next;             /* 从头结点开始比较 */
    while( p != NULL )
    if( p->data != key )
        p = p->next;        /* 没找到，继续循环 */
    else
        break;              /* 找到结点 key，退出循环 */
    return p;
}                                       /*LOCATE*/
```

11.3.4 插入操作

假设指针 p 指向单链表的某一结点，指针 s 指向待插入的、其值为 x 的新结点。若将结点 *s 插入结点 *p 之后，则简称为 "后插"；若 *s 插入在 *p 之前，则简称为 "前插"。两种插入操作都必须先生成新结点，然后修改相应的指针，再插入。

（1）后插操作

后插操作较简单，其插入过程如下图所示。

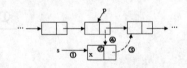

```
INSERTAFTER(p,x)            /* 将值为 x 的新结点插入 *p 之后 */
linklist *p;
datatype x;
{
    linklist *s;
    s = malloc(sizeof(linklist));   /* 生成新结点 *s*/
    s->data = x;
    s->next = p->next; p->next = s;  /* 将 *s 插入 *p 之后 */
```

```
}
    /*INSERTAFTER*/
```

（2）前插操作

前插操作必须修改 *p 的前趋结点的指针域，需要确定其前趋结点的位置。但由于单链表中没有前趋指针，所以一般情况下，必须从头指针起，顺链找到 *p 的前趋结点 *q。前插过程如下图所示。

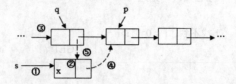

```
/* 在带头结点的单链表 head 中，将值为 x 的新结点插入 *p 之前 */
INSERTBEFORE(head,p,x)
linklist *head, *p;
datatype x;
{
    linklist *s, *q;
    s = malloc(sizeof(linklist));            /* 生成新结点 *s*/
    s->data = x;
    q = head;                                /* 从头指针开始 */
    while( q->next != p)
    q = q->next;                             /* 查找 *p 的前趋结点 *q*/
        s->next = p;        q->next = s;     /* 将新结点 *s 插入 *p 之前 */
}
                                             /*INSERTBEFORE*/
```

> 🖋 **注意**
>
> 在前插算法中，若单链表 head 没有头结点，则当 *p 是开始结点时，前趋结点 *q 不存在，必须作特殊处理。

前插算法 INSERTBEFORE 的执行时间与位置 p 有关。想要改善前插的时间性能，可用一个简单的技巧，即在 *p 之后插入新结点 *s，然后交换 *s 和 *p 的值。假设 *p 的值是 a，新结点的值是 x。这种改进的前插过程，如下图所示。

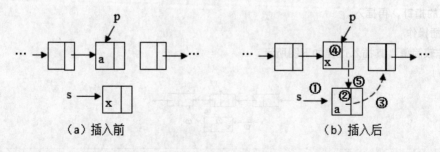

（a）插入前   （b）插入后

```
INSERTBEFORE1(p,x)            /* 将值为 *x 的新结点插入 *p 之前 */
linklist *p;
datatype x;
{
    linklist *s;
    s = malloc(sizeof(linklist));
    s->data = p->data;
    s->next = p->next;
```

```
    p->data = x;
    p->next = s;
}
```

                                    /*INSERTBEFORE1*/

显然，改进后的前插算法 INSERTBEFIRE1 的时间复杂度是 O(1)。但是若结点数据域的信息量较大，则交换 *p 和 *s 的值时，时间会较长。

比较上述两种插入操作可知，除了在表的第一个位置上的前插操作外，表中其他位置上的前插操作都没有后插操作简单方便。因此在一般情况下，应尽量把单链表上的插入操作转化为后插操作。

11.3.5 删除操作

和插入运算类似，要删除单链表中结点 *p 的后继结点很简单，首先用一个指针 r 指向被删除的结点，接着修改 *p 的指针域，最后释放结点 *r。其过程如下图所示，图中的"存储池"是备用的结点空间，释放结点就是将结点空间归还到存储池中。

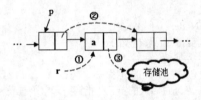

```
DELETEAFTER(p)                      /* 删除 *p 的后继结点 *r，假设 *r 存在 */
linklist *p;
{
    linklist *r;
    r = p->next;
    p->next = r->next;              /* 将结点 *r 从链上摘下 */
    free(r);                        /* 释放结点 *r*/
}
```

                                    /*DELETEAFTER*/

若被删除的结点就是 p 所指的结点本身，则和前插问题类似，必须修改 *p 的前趋结点 *q 的指针域。因此一般情况下也要从头指针开始顺着链找到 *p 的前趋结点 *q，然后删去 *q。其删除过程如下图所示。较简单的方法：把 *p 结点的后继结点的值迁移到 *p 结点中，然后删去 *p 的后继结点。此法要求 *p 有后继结点，也就是说，它不是最终结点。具体实现这里也不再赘述。

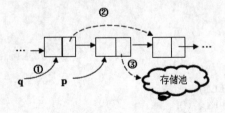

▶ 11.4 综合案例——学生信息管理系统

本节列举一个综合例子学生信息管理系统的实现，读者从中可以进一步体会单链表的相关操作。

范例 11-3　用单链表实现学生信息管理系统

（1）在 Code::Blocks 16.01 中，新建名为"学生信息系统 .c"的【C Source File】源程序。

（2）在代码编辑窗口输入以下代码（代码 11-3.txt）。

```c
01  #include <stdio.h>
02  #include <malloc.h>
03  #define LEN sizeof(struct student)
04  /*--------------- 数据定义 ---------------------*/
05  //定义一个学生信息的结构体 , 包括学号 , 姓名和结构体类型的指针
06  struct student
07  {
08      long num;              // 学号
09      char name[128];        // 姓名
10      struct student *next;  // 结构体指针
11  };
12  typedef struct student * stuNode;
13  int n=0;              // 全局变量 , 记录链表的长度
14  /*-------------- 函数声明 --------------------*/
15  stuNode Create();         // 创建一个新的链表
16  void Print(stuNode head); // 通过传入的链表头指针打印整个链表
17  stuNode Delete(stuNode head,int num); // 通过传入的链表头指针和学生学号删除结点
18  stuNode Insert(stuNode head,stuNode newStu); // 依照学生学号的顺序向链表中插入新元素
19  /*-------------- 函数定义 --------------------*/
20  struct student *Create()
21  {
22      struct student *head,*p1,*p2;
23      // 开辟一个 LEN 大小的空间 , 并让 p1,p2 指针指向它
24      p2=p1=(struct student *)malloc(LEN);
25      // 将头指针置为 NULL
26      head=NULL;
27      // 创建链表结点并给结点的元素赋值
28      printf(" 请输入学生的学号和姓名 :");
29      scanf("%ld %s",&p1->num,p1->name);
30      while(p1->num!=0){
31          n=n+1;
32          if(NULL==head){
33              head=p1;
34          }
35          else{
36              p2->next=p1;
37          }
38          p2=p1;
39          p1=(struct student *)malloc(LEN);
40          printf(" 请输入学生的学号和姓名 :");
41          scanf("%ld %s",&p1->num,p1->name);
42      }
43      // 将尾结点的指针置为 NULL
44      p2->next=NULL;
45      return head;
46  }
```

```
47   void Print(struct student *head)
48   {
49       struct student * p;
50       p=head;
51       // 判断链表是否为空
52       if(NULL==head){
53           printf(" 链表为空 !\n");
54           return head;
55       }
56       else
57       {
58           // 循环打印链表中的元素
59           printf("%d 个记录分别为 :\n",n);
60           while(p!=NULL){
61               printf("%ld %s\n",p->num,p->name);
62               // 指针指向下一个结点
63               p=p->next;
64           }
65       }
66   }
67   struct student *Delete(struct student * head,int num)
68   {
69       struct student *p1;
70       struct student *p2;
71       p1=head;
72       // 判断链表是否为空
73       if(NULL==head){
74           printf(" 链表为空 !\n");
75           return head;
76       }
77       // 遍历结点 , 判断当前结点是不是需要删除的结点及是否为尾结点
78       // 如果找到相应结点 , 或者已经遍历到尾结点就跳出循环
79       while(p1->num!=num&&p1->next!=NULL){
80           p2=p1;
81           p1=p1->next;
82       }
83       // 判断是否找到相应结点
84       if(p1->num==num){
85           // 要删除的结点是不是链表的第一个结点
86           // 如果是 , 就将头指针指向该结点的后一个结点
87           // 如果不是 , 就将该结点的前一个结点的指针指向该结点的后一个结点
88           if(head==p1){
89               head=p1->next;
90           }
91           else{
92               p2->next=p1->next;
93           }
94           n=n-1;
95           printf("%ld 结点已删除 .\n",num);
96       }
97       else{
```

```
98       printf(" 链表中没有要删除的元素 .\n");
99     }
100    return head;
101 }
102 struct student *Insert(struct student * head,struct student * newStu)
103 {
104    struct student *p0;
105    struct student *p1;
106    struct student *p2;
107    p0=newStu;
108    p1=head;
109    // 判断链表是否为空 , 如果是空链表 , 就将新结点作为第一个结点
110    if(NULL==head){
111        head=p0;
112        p0->next=NULL;
113    }
114    else{
115        // 遍历每一个结点中的学号 , 与新学号比较大小
116        // 如果找到一个学号比新学号大 , 就将新学号的结点插入到它之前
117        // 如果尾结点的学号仍比新学号小 , 就将新结点插入到链表尾部
118        while((p0->num > p1->num)&&(p1->next!=NULL)){
119            p2=p1;
120            p1=p1->next;
121        }
122        // 找到一个比新学号大的结点
123        if(p0->num <= p1->num){
124            // 判断该结点是否为头结点 , 如果是 , 则将新结点设置为头结点
125            if(p1==head){
126                head=p0;
127            }
128            else{
129                p2->next=p0;
130            }
131            p0->next=p1;
132        }
133        else{
134            p1->next=p0;
135            p0->next=NULL;
136        }
137    }
138    // 链表长度加 1
139    n=n+1;
140    printf("%ld 插入成功 !\n",newStu->num);
141    return head;
142 }
143 void main()
144 {
145    struct student *head;
146    struct student *stu;
147    int num;
148    head=Create();
```

```
149      Print(head);
150      printf(" 请输入要删除的学号 :");
151      scanf("%ld",&num);
152      while(num!=0){
153          head=Delete(head,num);
154          Print(head);
155          printf(" 请输入要删除的学号 :");
156          scanf("%ld",&num);
157      }
158      printf(" 请输入要插入的结点 :");
159      stu=(struct student *)malloc(LEN);
160      scanf("%ld %s",&stu->num,stu->name);
161      while(stu->num!=0){
162          head=Insert(head,stu);
163          printf(" 请输入要插入的结点 :");
164          stu=(struct student *)malloc(LEN);
165          scanf("%ld %s",&stu->num,stu->name);
166      }
167      Print(head);
168  }
```

【运行结果】

编译、连接、运行程序，输出结果如下图所示。

【范例分析】

本范例中，首先创建一个学生信息结构体类型。定义创建链表的函数 Create 函数，使用尾插法实现链表的创建。定义 Print 函数输出链表，通过循环遍历链表的每个结点，依次输出。定义 Delete 函数，遍历链表，找出相应的结点，然后删除这个结点。定义 Insert 函数，往链表中插入一个新结点。在主程序中调用 Create 函数，创建一个新的学生信息链表。调用 Print 函数，输出这个学生信息链表。提示输入要删除学生的学号，调用 Delete 函数，删除一个学生信息结点，再调用 Print 函数，输出当前的学生信息链表。提示输入要插入的学生信息，调用 Insert 函数，插入一个学生信息结点，再调用 Print 函数，输出当前的学生信息链表。

▶11.5 疑难解答

问题 1：在链表中如何分清头指针和头结点？

解答：链表中必须要有头指针，如果有头结点，头指针指向头结点，如果没有头结点，头指针指向链表中第一个结点。通常用头指针表示链表的名字。

链表中头结点不是必要的，头结点是为了操作的统一而设立的，放在第一元素结点前面，其数据域一般没有意义（也可存放链表的长度）；如果有头结点，无论在链表什么位置插入结点，操作都是相同的，如果没有头结点，要根据插入结点的位置来确定不同的操作语句。

问题 2：创建链表、插入、删除等操作，都离不开指针修改，这部分是学习中的难点，容易出现操作顺序颠倒，或者指针指向关系错误，如何避免这些错误？

解答：借助示意图，画出链表中结点指针相连的关系和操作次序。比如在插入操作时，一般按照新结点的 next 域指向下一个结点，前一个结点的 next 域指向新结点的顺序来操作。

第

12

章

编译预处理

C 程序中以"#"开头的语句就是预处理指令。常用的预处理指令有宏定义、文件包含和条件编译 3 种类型。合理地使用预处理指令，可以改善程序开发环境，提高编程效率，增强程序的可移植性。

本章要点（已掌握的在方框中打钩）

□ 宏定义
□ 文件包含
□ 条件编译

ANSI C 标准中规定 C 程序中可以加入一些预处理指令。预处理指令不是 C 语言本身的组成部分，编译器不能识别它们，不能直接对这些指令进行编译。在使用时需要以"#"开头，用以和 C 语句区别。

▶ 12.1 什么是预处理指令

什么是预处理指令？顾名思义，就是提前处理的指令。提前指的是在正式编译源代码之前，对预处理指令进行处理，将其替换成具有实际意义的内容，然后再进行编译。这么做的目的是改进程序设计环境，提高编程效率。例如：

```
01  #include <stdio.h>
02  #define PRICE 12.5
03  int main(void)
04  {
05      int num;
06      float sum;
07      num=5;
08      sum=PRICE*num;
09      printf("%f",sum);
10      return 0;
11  }
```

这段代码中使用了符号常量 PRICE，它代表常量 12.5，而 PRICE 的本质就是预编译指令中的宏定义。在程序编译之前，首先会进行预处理，也就是把代码中的 PRICE 替换成 12.5，代码中第 08 行替换为"sum=12.5*num;"，这里预处理的作用就是进行简单的替换。

第 01 行包含了标准输入输出头文件，而这也是预处理指令中的文件包含，有了文件包含，printf( ) 标准输出函数就可以直接调用，从而大大减少了代码的开发量。

在正式引入预处理之前，再次叙述一下应用程序开发的基本流程。

把编辑的代码称为源文件，这是第一步，生成的文件后缀名为".c"，这些源文件并不能够直接运行，它们需要经过第二步编译，把源文件转换为以".obj"为后缀名的目标文件；目标文件经第三步连接，最终生成以".exe"为后缀名的可执行文件。

▶ 12.2 宏定义

以"#"开头的，使用"define"作为预处理命令，用一个标识符来代表一个字符串，这种特殊的指令称为宏定义，"标识符"为所定义的宏名。"字符串"可以是常数、表达式、格式串等。规模比较大的项目都会使用大量的宏定义来组织代码。C 语言对宏的使用有很多复杂的规则，但是有些并不常用，这里只对那些常用的重要的宏定义进行详细讲解。

根据标识符的形式，宏定义大体上可以分成两种，分别是变量式宏定义和函数式宏定义。变量式宏定义的书写类似于变量的声明，用来定义常量，函数式宏定义的书写类似于函数，用来定义稍复杂些的带参数的表达式。

在 C 语言中，漂亮的宏定义很重要，使用宏定义可以防止出错，提高可移植性、可读性、方便性等。

12.2.1 ▶ 变量式宏定义

01 定义

变量式宏定义又叫不带参数的宏定义。变量式宏定义的一般形式如下。

#define 标识符 字符串

例如，在程序中需要经常使用圆周率完成一定的功能，这时当然可以反复使用 3.1415926 这个浮点数穿插到程序中，但是书写过于频繁，可能会因为疏忽发生错误，如果程序在更新过程中要求提高或者降低圆周率的精度，那需要修改程序的工作量是相当大的，怎么办才能简化操作呢？这里，就可以使用变量式宏定义，具体如下。

#define PI 3.1415926

这个宏定义的作用是，使用标识符 PI 来代表程序中"3.1415926"这个字符串，在编译预处理时，将程序中在该命令以后出现的所有 PI 都用"3.1415926"代替，不仅使用简单，可避免错误，而且还可以做到一改全改的效果。

这种方法使用户能以一个简单的名字代替一个长的字符串，这个名字也可以称为标识符，叫作"宏名"，使用 #define 称为宏定义指令，在预编译时将宏名替换成字符串的过程称为"宏展开"。

把宏定义中的字符串细化，可分成如下几个方面，下面分别举例说明。

02 宏定义和整数、浮点数

范例 12-1　用宏定义学生平时成绩、期末成绩的比例，计算学生总评成绩

（1）在 Code::Blocks 16.01 中，新建名为"总评成绩 .c"的【C Source File】源程序。
（2）在代码编辑窗口输入以下代码（代码 12-1.txt）。

```
01  #include<stdio.h>
02  #define N 5
03  #define REG 0.3
04  #define FIN 0.7
05  int main()
06  {
07      // 定义一个二维数组存放 N 个学生的平时成绩和期末成绩
08      int a[N][2]={{80,76},{67,60},{95,90},{87,85},{75,77}};
09      int sum[N];// 定义一个一维数组存放 N 个学生的总评成绩
10      int i;
11      printf(" 平时成绩 期末成绩 总评成绩：\n");
12      for(i=0;i<N;i++){
13          sum[i]=a[i][0]*REG+a[i][1]*FIN;
14          printf("  %d    %d     %d\n",a[i][0],a[i][1],sum[i]);
15      }
16      return 0;
17  }
```

【运行结果】

编译、连接、运行程序，输出结果如下图所示。

【范例分析】

本范例用宏定义分别定义数组的长度 N，定义平时成绩的系数 REG，定义期末成绩的系数 FIN。使用宏定义使程序变得简洁，而且修改数组长度、平时成绩系数、期末成绩系数也方便了很多。

03 宏定义和运算符

📝 范例 12-2　　用宏定义关系运算符比较两个数的大小

（1）在 Code::Blocks 16.01 中，新建名为"比较两个数大小 .c"的【C Source File】源程序。

（2）在代码编辑窗口输入以下代码（代码 12-2.txt）。

```
01  #include<stdio.h>
02  #define LARGE >
03  #define SMALL <
04  #define EQUAL ==
05  int main()
06  {
07    int i,j;
08    printf(" 请输入第一个数："));
09    scanf("%d",&i);
10    printf(" 请输入第二个数："));
11    scanf("%d",&j);
12    if(i LARGE j)
13      printf(" 第一个数大于第二个数。");
14    else if(i SMALL j)
15      printf(" 第一个数小于第二个数。");
16    else if(i EQUAL j)
17      printf(" 第一个数等于第二个数。");
18    return 0;
19  }
```

【运行结果】

编译、连接、运行程序，输出结果如下图所示。

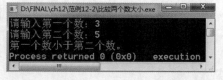

【范例分析】

本范例用宏定义定义 LARGE 代表 >，SMALL 代表 <，EQUAL 代表 ==。

04 宏定义和字符串

📝 范例 12-3　　用宏定义字符串

（1）在 Code::Blocks 16.01 中，新建名为"输出字符串 .c"的【C Source File】源程序。

（2）在代码编辑窗口输入以下代码（代码 12-3.txt）。

```
01  #include<stdio.h>
02  #define SENTENCE "This is a test."
03  #define NEWLINE "\n"
```

```
04  int main()
05  {
06      printf(SENTENCE);
07      printf(NEWLINE);
08      printf("This is a SENTENCE");
09      return 0;
10  }
```

【运行结果】

编译、连接、运行程序，输出结果如下图所示。

【范例分析】

本范例用宏定义定义 SENTENCE 代表字符串"This is a test."，NEWLINE 代表字符串"\n"。使用宏时，宏定义代替字符串。但是需要注意，如果字符串中含有宏定义，宏定义不替换成字符串。

05 宏定义和表达式

📝 **范例 12-4**   使用变量式宏定义表达式计算表达式 x•x - 3x 的值

（1）在 Code::Blocks 16.01 中，新建名为"表达式 .c"的【C Source File】源程序。

（2）在代码编辑窗口输入以下代码（代码 12-4.txt）。

```
01  #include<stdio.h>
02  #define M (x*x-3*x)
03  int main()
04  {
05      int n,x;
06      printf(" 输入一个数： ");
07      scanf("%d",&x);
08      n=2*M+1;
09      printf("n=%d",n);
10      return 0;
11  }
```

【运行结果】

编译、连接、运行程序，输出结果如下图所示。

【范例分析】

本范例使用宏名 M 作为表达式，在主函数中必须定义变量 x，否则会编译错误，原因是宏展开后程序中需要用到变量 x。范例中宏定义的作用是指定标识符 M 来代替表达式（$x*x-3*x$）。在编写源程序时，所有的（$x*x-3*x$）都可以由 M 代替。而对源程序编译时，将先由预处理程序进行宏代换，即用（$x*x-3*x$）表达式去置换所有的宏名 M，然后编译程序。程序中首先进行宏定义，定义 M 来替代表达式（$x*x-3*x$）。在 $n=2M+1$ 中进行宏展开后，该语句变为 $n=2$（$x*x-3*x$）$+1$；，但需要注意的是，在宏定义中表达式（$x*x-3*x$）两边的括号不能少，否则会发生错误。如当作以下定义：

```
#difine M y*y-3*y
```

在宏展开时将得到下述语句。

```
n=2*y*y-3*y+1;
```

这与题目中的宏展开后的代码含义明显是不同的。

（1）一般用大写字母表示宏名，这是习惯问题，不属于严格规定，目的是和变量名区别。

（2）宏定义不是 C 语句，使用它仅仅是为了辅助 C 程序，提高程序效率，所以宏定义的结尾不写分号。如果加了分号，那么就会认为是用来替换的字符串的一部分，而一起进行替换。例如：

```
#define NEWLINE "\n";
```

程序中执行替换"printf(NEWLINE);"时就会生成下面的代码。

```
printf("\n";);
```

预编译的宏定义是用宏名代替一个字符串，只作简单置换，不作正确性检查。只有在编译已被宏展开后的源程序时，才会发现语法错误并报错。

（3）在程序中字符串可被与宏名相同的字符替换。例如：

```
#define TEN 10
```

程序中有如下代码。

```
printf("TEN=%d\n",TEN);
```

12.2.2 宏定义嵌套

和变量定义一样，宏也是可以嵌套定义的。例如：

```
#define A (1+2)
#define B A*A
#define C B+B
```

先定义了 A，然后定义 B，最后又定义了 C，环环相套，次序不能颠倒。宏展开后如下。

```
#define A (1+2)
#define B (1+2)*(1+2)
#define C (1+2)*(1+2)+ (1+2)*(1+2)
```

范例 12-5　　使用变量式宏定义表达式求矩形的周长

（1）在 Code::Blocks 16.01 中，新建名为"矩形周长 .c"的【C Source File】源程序。

（2）在代码编辑窗口输入以下代码（代码 12-5.txt）。

```
01  #include<stdio.h>
02  #define M (a+b)
03  #define C 2*M
04  int main()
05  {
06      int a,b,circl;
07      printf(" 请输入长和宽： \n");
08      scanf("%d%d",&a,&b);
09      circl=C;
10      printf(" 周长是 %d",circl);
11      return 0;
12  }
```

【运行结果】

编译、连接、运行程序，输出结果如下图所示。

【范例分析】

本范例先定义宏名 M，然后定义宏名 C。宏展开后，#define M (a+b) #define C 2*(a+b)。使用宏名 M 作为表达式，在主函数中必须定义变量 a 和变量 b，否则会编译错误，原因是宏展开后程序中需要用到变量 a 和变量 b。范例中宏定义的作用是指定标识符 M 来代替表达式（$a+b$）。源程序编译时，将先由预处理程序进行宏代换，即用 2*（$a+b$）表达式去置换宏名 C，然后编译程序。

12.2.3　宏定义范围

文件中的宏定义并非是从定义有效到文件结束，可以圈定宏定义的作用范围，使用的方法如下。

```
#define /* 宏定义开始 */
…/* 宏定义范围 */
#undef /* 宏定义结束 */
```

📝 范例 12-6   使用宏定义范围

（1）在 Code::Blocks 16.01 中，新建名为"宏定义范围 .c"的【C Source File】源程序。
（2）在代码编辑窗口输入以下代码（代码 12-6.txt）。

```
01  #include<stdio.h>
02  #define A 5 /* 宏定义开始 */
03  void function();
04  int main()
05  {
06      printf(" 调用 fun 函数前宏 A 的值是：%d\n",A);
07      function();
08      printf(" 调用 fun 函数后宏 A 的值是：%d\n",A);
09  }
10  #undef A /* 宏定义结束 */
11  #define A 10 /* 宏定义开始 */
12  void function()
13  {
14      printf("fun 函数中宏 A 的值是：%d\n",A);
15  }
16  #undef A /* 宏定义结束 */
```

【运行结果】

编译、连接、运行程序，输出结果如下图所示。

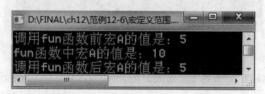

【范例分析】

本范例两次使用 A 作为宏名，进行了宏定义，这两次各圈定了自己的范围。从输出结果可以看出，当界定了宏定义的范围后，即使是同一个宏名，它的值也是不同的。

12.2.4 函数式宏定义

函数式宏定义的一般形式如下。

#define 标识符（参数列表）字符串

字符串中包含标识符中的参数，参数列表可由一个或者多个参数组成。因为外观像调用函数一样，所以称为函数式宏定义，也可以称为带参数的宏定义。

📝 范例 12-7　　函数式宏定义计算球的面积和体积

（1）在 Code::Blocks 16.01 中，新建名为"函数式宏球的面积和体积 .c"的【C Source File】源程序。

（2）在代码编辑窗口输入以下代码（代码 12-7.txt）。

```c
01  #include<stdio.h>
02  #define PI 3.1415926
03  #define S(r) 4*PI*r*r
04  #define V(r) 4.0/3*PI*r*r*r
05  int main()
06  {
07      int radius;
08      printf(" 请输入半径： ");
09      scanf("%d",&radius);
10      printf(" 球的面积是： %f\n",S(radius));
11      printf(" 球的体积是： %f\n",V(radius));
12      return 0;
13  }
```

【运行结果】

编译、连接、运行程序，输出结果如下图所示。

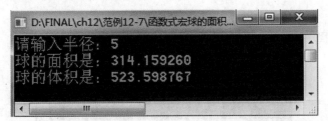

【范例分析】

本范例的代码更为简洁，直接对面积和体积公式使用了宏定义的形式。

12.2.5 多行宏定义

通常宏定义必须是单行的，但是也可以使用多行来定义一个宏，定义的方法就是使用反斜杠"\"。例如:

```c
#define MAX(x,y) \    /* 多行宏定义开始 */
((x)>(y)?(x):(y))    /* 多行宏定义结束 */
```

这个指令写在两行中，第 2 行为了美观，插入了一些空白符，使用的是空格。但是需要注意的是，第 1 行的反斜杠"\"必须放在该行的结尾，也就是输入了"\"后，紧接着的就是回车。

📋 **范例 12-8**   将两个数从大到小输出

（1）在 Code::Blocks 16.01 中，新建名为"从大到小输出 .c"的【C Source File】源程序。

（2）在代码编辑窗口输入以下代码（代码 12-8.txt）。

```
01  #include<stdio.h>
02  #define EXCHANGE(x,y){\
03  int t;\
04  t=x;\
05  x=y;\
06  y=t;}
07  int main()
08  {
09      int a,b;
10      printf(" 请输入两个数：");
11      scanf("%d%d",&a,&b);
12      printf(" 按照从大到小输出两个数 :\n");
13      if(a<b) EXCHANGE(a,b);
14      printf("%d,%d",a,b);
15      return 0;
16  }
```

【运行结果】

编译、连接、运行程序，输出结果如下图所示。

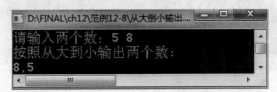

【范例分析】

本范例展示了如何使用多行宏定义。多行宏定义虽然不太常用，但遇见时大家应该认识并理解，特别是"\"的后面必须紧跟回车符。

▶ 12.3 文件包含

使用文件包含是 C 预处理程序的另一个重要的功能，本节介绍文件包含的使用方法。在后续章节中文件包含还会和其他的功能结合使用，以发挥更强大的作用。

12.3.1 什么是文件包含

文件包含指令的功能是把指定的文件插入该指令行位置取代该指令行，从而把指定的文件和当前的源程序文件连成一个源文件。在程序设计中，文件包含是很有用的。一个大的程序可以分为多个模块，由多个程序员分别编程。有些公用的符号常量或宏定义等可单独组成一个文件，在其他文件的开头用包含指令包含该文件即可使用。这样，可避免在每个文件开头都去书写那些公用部分，从而节省时间，并减少出错。通常以头文件来编写这些被包含的文件，也就是以".h"作为这些文件的扩展名，当然不是非要这样命名才可以。也可以使用".c"为扩展名，或者干脆就不写扩展名，这样做都是允许的，只是使用".h"更普遍，因为它能够表示该文件的性质。

前面已多次用此指令包含过库函数的头文件。例如：

```
#include <stdio.h>
#include <math.h>
```

或者：

```
#include "myfile.c"
```

12.3.2 使用文件包含

文件包含的一般形式如下。

```
#include " 文件名 "
```

或者：

```
#include < 文件名 >
```

下图表示文件包含的含义。例如有个文件叫作"myfile.c"，它包含 #include "head.h" 和 #include "sort.c"指令，该文件包含的代码是 MYCONTENT。另外，head.h 文件包含的内容是 headcon，sort.c 文件包含的内容是 sortcon。那么经过使用 #include 指令后，head.h 和 sort.c 文件就都被包含在 myfile.c 文件中了，如下图所示。

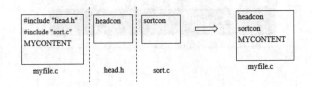

从图中可以看出文件包含 #include 指令的作用，就是把文件按照顺序合并成一个文件，这是预处理阶段。在编译时，将已经经过预处理的文件 myfile.c 作为一个源文件单位进行编译。

可以看出文件包含的意义，既提高了公用文件的使用率，节省了开发的时间，也减小了程序出错的概率。例如有一个公用文件，该文件存储的是一些常用的符号常量，比如圆周率 PI=3.1415926，重力加速度常量 G=9.8 等，把这些宏定义组成一个头文件，这样需要使用该数据的程序开发人员，只需要使用 #include 指令包含该头文件就可以了，不需要各自再开发，费时费力还容易不一致，甚至还可能出现错误。

文件包含还有一个好处，那就是如果需要修改程序的某些参数，如重力加速度受磁场的影响改变，这时仅需要改变公用文件中的 G 值就可以了，一改全改，非常方便。这样修改后，源程序中包含该文件的源代码就都会被重新编译，原因大家可以通过图例理解。

> **范例 12-9**　**文件包含的应用。**三角形面积=SQRT($S(S-a)(S-b)(S-c)$) 其中$S=(a+b+c)/2$，a、b、c为三角形的三边。编写一个头文件定义两个带参的宏，一个用来求面积area，另一个宏用来求S。写程序，在程序中用带实参的宏名来求面积area

（1）新建名为"area.h"的头文件，并在代码编辑区中输入以下代码（代码 12-9-1.txt）。

```
01  #include<math.h>
02  #define S(a,b,c) (a+b+c)/2.0
03  #define AREA(a,b,c) sqrt(S(a,b,c)*(S(a,b,c)-a)*(S(a,b,c)-b)*(S(a,b,c)-c))
```

（2）在 Code::Blocks 16.01 中，新建名为"三角形的面积 .c"的【C Source File】源程序。

（3）在代码编辑窗口输入以下代码（代码 12-9-2.txt）。

```
01  #include<stdio.h>
02  #include"area.h"
03  int main()
04  {
05      float x,y,z;
06      printf(" 请输入三角形的三条边：");
07      scanf("%f%f%f",&x,&y,&z);
08      if(x+y>z||x+z>y||y+z>x)
09          printf("area=%f",AREA(x,y,z));
10      else
11          printf(" 输入的数据不能构成三角形 ");
12      return 0;
13  }
```

【运行结果】

编译、连接、运行程序，输出结果如下图所示。

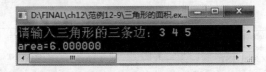

【范例分析】

在编译这两个文件时，编译器并不是分开编译生成两个目标文件的，而是通过文件包含 #include 指令，把文件 area.h 先包含到文件三角形的面积 .c 中。当然在 三角形的面积 .c 文件中还包含了标准输入输出头文件 stdio.h，这些文件经过预处理指令合并在一起后，得到一个新的源程序，然后对这个新文件编译，即可得到一个 ".obj" 目标文件。

12.3.3 文件包含说明

对文件包含指令还需要说明以下几点。

（1）包含指令中的文件名可以用双引号括起来，也可以用尖括号括起来。例如以下写法都是允许的。#include<math.h> 是先去系统目录中找 math.h 这个头文件，如果没找到，再在到当前目录下找。#include" math.h" 是指系统先在当前目录搜索 math.h 这个文件，如果没找到，再到系统目录寻找。

（2）一个 include 指令只能指定一个被包含文件，若有多个文件要包含，则需用多个 include 指令。如之前的例子：myfile.c 分别包含了 head.h 和 sort.h 两个文件。需要注意的是，包含文件是有前后顺序的，如果需要在 sort.c 文件中使用 head.h 文件中的数据，这时就必须先包含 head.h 文件，再包含 sort.c 文件。

这是可以类推的，大家需要留心，不要出现重复包含的情况。如果真是由于疏忽，或者其他原因出现了重复包含，又该如何处理呢？可以使用条件编译来解决，将在下一节介绍。

（3）文件包含允许嵌套，即在一个被包含的文件中又可以包含另一个文件，但是必须按照顺序包含。

（4）不能包含 OBJ 文件。文件包含是在编译前进行处理，不是在连接时进行处理的。

▶ 12.4 条件编译

在 C 语言的高级编程中，会遇到在基础学习中没有遇到过的"条件编译"。何谓"条件编译"，简单地说，就是"程序的内容指定编译的条件"。在写程序的时候，一般的情况是将源程序的所有行都参加编译，但是很多时候希望部分行在满足条件的情况下再进行编译，从而引出下面的几种条件编译。

12.4.1 条件编译形式

一般的条件编译形式如下。

01 #ifdef 形式

```
#ifdef 标识符
程序段 1
#else
程序段 2
#endif
```

作用是标识符已经被定义，则对程序段 1 进行编译，否则编译程序段 2。但也可以不写 #else，如下所示。

```
#ifdef 标识符
程序段
#endif
```

其中的"标识符"是用 # define 指令定义的，程序段可以是语句，也可以是命令行。这种条件编译对于提高 C 程序的通用性有很大的好处。例如，一个 C 程序可以在某种配置的计算机上运行，也可以在另一台配置不同的机器上运行，只需要设置好不同的编译条件即可。有的机器一个整数类型 int 使用 16 位表示，有的机器使用 32 位表示一个整数，使用条件编译只需对程序做小的改动，就可以增加程序的通用性，代码如下所示。

```
#ifdef COMPUTERSIZE16
#define INTEGER 16
#else
#define INTEGER 32
#endif
```

如果在进行上面的条件编译前有如下的指令。

```
#define COMPUTERSIZE32
```

程序就会选择下面的宏定义编译代码。

```
#define INTEGER 32
```

02 #ifndef 形式

```
#ifndef 标识符
程序段 1
#else
程序段 2
#endif
```

这种形式的条件编译与第 1 种形式相同，内容相反。只是 ifdef 替换成了 ifndef，即如果标识符没有被定义过，就会编译程序段 1，否则就编译程序段 2。也可以不写 #else，如下所示。

```
#ifndef 标识符
程序段
#endif
```

范例12-10   使用条件编译和函数式宏定义，求两个数中的大数和小数

（1）在 Code::Blocks 16.01 中，新建名为"字母改大写或小写.c"的【C Source File】源程序。

（2）在代码编辑窗口输入以下代码（代码 12-10.txt）。

```
01   #include<stdio.h>
02   #define MAX
03   #define MAXIMUM(a,b) (a)>(b)?(a):(b)
04   #define MINIMUM(a,b) (a)<(b)?(a):(b)
05   int main()
06   {
07     int x,y;
08     printf(" 请输入两个数：");
09     scanf("%d%d",&x,&y);
10   #ifdef MAX
11       printf("max=%d",MAXIMUM(x,y));
12   #endif // MAX
13   #ifdef MIN
14       printf("min=%d",MINIMUM(x,y));
15   #endif // MAX
16   }
```

【运行结果】

编译、连接、运行程序，输出结果如下图所示。

将代码第 02 行改为如下形式。

#define MIN

编译、连接、运行程序，输出结果如下图所示。

【范例分析】

标识符为 MAX，在预处理条件编译命令时，对标识符 MAX 后面的语句进行编译，运行时求两个数的最大值。标识符为 MIN，在预处理条件编译命令时，对标识符 MIN 后面的语句进行编译，运行时求两个数的最小值。

03 **#if 形式**

#if 表达式
程序段 1
#else
程序段 2

#endif 这种格式与 if…else… 执行过程类似。如果 if 表达式值为非零，就编译程序段 1，否则编译程序段 2。

和前两种形式不同的是，此处需要先定义表达式，而前两种形式则需要定义宏。

📝 范例12-11   使用条件编译和函数式宏定义，输入一行字符，将字母全部改为大写，或者将字母全部改为小写

（1）在 Code::Blocks 16.01 中，新建名为"字母改大写或小写 .c"的【C Source File】源程序。

（2）在代码编辑窗口输入以下代码（代码 12-11.txt）。

```
01  #include<stdio.h>
02  #define LETTER 1
03  #define CAPITAL(c) c-32
04  #define SMALL(c) c+32
05  int main()
06  {
07      int i;
08      char c;
09      while((c=getchar())!='\n')
10  #if LETTER
11      if(c>='a'&&c<='z')
12          putchar(CAPITAL(c));
13      else
14          putchar(c);
15  #else
16      if(c>='A'&&c<='Z')
17          putchar(SMALL(c));
18      else
19          putchar(c);
20  #endif // LETTER
21      return 0;
22  }
```

【运行结果】

编译、连接、运行程序，输出结果如下图所示。

将程序第二行改为如下形式。

#define LETTER 0 编译、连接、运行程序，输出结果如下图所示。

【范例分析】

LETTER 为 1，在预处理条件编译命令时，LETTER 为真（非零），则对第一个 if 语句进行编译，运行时使小写字母变成大写。LETTER 为 0，在预处理条件编译命令时，LETTER 为假，则对第二个 if 语句进行编译，运行时使大写字母变成小写。

12.4.2 调试中使用条件编译

每个大型程序都要经历内部测试 Alpha 版、外部测试 Beta 版、最终发布版，即使是发布后，应用程序还会存在 bug，需要修改完善。程序开发不是一蹴而就的，需要反复地修改完善。修改代码就避免不了使用调试功能，输出丰富的调试信息有助于尽快地完成程序的修复。可以在程序中输出参数的值，判断什么位置出现了问题，但是如果程序调试结束再一一删除输出值的语句，工作量会比较大。因此对于大型程序，就可以在调试中使用宏。

如果代码前面有如下指令。

```
#define DEBUG
```

例如：

```
#if DEBUG
printf(" 调试状态下，当前 x 的值是 %d\n",x);
#endif
```

程序中就会输出变量 x 的当前值，使代码调试方便了很多。调试结束后，只需删除宏定义 #defineDEBUG 即可操作也很简便。在代码很多，需要显示复杂调试结果的情况下，效果就会更为显著。

12.4.3 文件嵌套包含和条件编译

由于嵌套包含文件，一个头文件可能会被多次包含在一个源文件中，而使用条件指示符就可以防止这种头文件的重复处理。例如：

```
#ifndef COMMONFILE_H
#define COMMONFILE_H
#endif
```

条件指示符 #ifndef 检查 COMMONFILE_H 在前面是否已经被定义，这里的 COMMONFILE_H 是一个预编译器常量，习惯上预编译器常量往往被写成大写字母。如 COMMONFILE_H 在前面没有被定义，则条件指示符的值为真，于是从 #ifndef 到 #endif 之间的所有语句都被包含进来进行处理。相反，如果 #ifndef 指示符的值为假，则它与 #endif 指示符之间的行将被忽略。为了保证头文件只被处理一次，可把如下的 #define 指示符 #define COMMONFILE_H 放在 #ifndef 后面，这样在头文件的内容第 1 次被处理时，COMMONFILE_H 将被定义，从而可防止在程序文本文件中，以后 #ifndef 指示符的值为真。

只要不存在两个必须包含的头文件，要检查一个同名的预处理器常量这样的情形，这个策略就能够很好地运作。#ifndef 指示符常被用来判断一个预处理器常量是否已被定义，以便有条件地包含程序代码。#ifndef 除了用于防止重复包含，还可以用于针对不同环境的条件编译。

▶12.5 综合案例——根据月用电量计算用户应缴电费

为了倡导居民节约用电，某省执行"阶梯电价"，安装一户一表的居民用户电价分三个"阶梯"：月用电量 180 度以内的，电价为 0.56 元 / 度；月用电量在 180~260 度，电价上调提高 0.05 元，电价为 0.61 元 / 度；月用电量超过 260 度，电价上调提高 0.30 元，电价为 0.86 元 / 度。编写程序，输入用户的账号和月用电量（度），计算并输出该用户应支付的电费（元）。

（1）新建名为"common.h"的头文件，并在代码编辑区中输入以下代码（代码 12-12-1.txt）。

```
01  #define M1 0.56
```

```
02   #define M2 0.61
03   #define M3 0.86
04   #define D1 180
05   #define D2 260
06   #define S1(c) M1*c
07   #define S2(c) M1*D1+M2*(c-D1)
08   #define S3(c) M1*D1+M2*(D2-D1)+M3*(c-D2)
09
10   struct user{
11       char id[6];
12       float num;
13       float sum;
14   };
```

（2）在 Code::Blocks 16.01 中，新建名为"计算电费 .c"的【C Source File】源程序。

（3）在代码编辑窗口输入以下代码（代码 12-12-2.txt）。

```
01   #include<stdio.h>
02   #include"common.h"
03   int main()
04   {
05       struct user eu;
06       printf(" 请输入用户账号：");
07       gets(eu.id);
08       printf(" 请输入用电量：");
09       scanf("%f",&eu.num);
10       if(eu.num<D1) eu.sum=S1(eu.num);
11       else if(eu.num<D2) eu.sum=S2(eu.num);
12       else eu.sum=S3(eu.num);
13       printf(" 用户账号：%s 电费是：%.2f\n",eu.id,eu.sum);
14       return 0;
15   }
```

【运行结果】

编译、连接、运行程序，输出结果如下图所示。

【范例分析】

本题建立一个 common.h 的头文件，用宏定义表示不同阶梯的电价，用函数式宏定义表示不同阶梯的电费计算函数，并且定义了 user 这个结构体。在"计算电费 .c"源程序中，定义了 user 的结构体变量，输入 id 和 num 分量，通过判断，计算出电费 sum 分量。

▶12.6 疑难解答

问题 1：宏和函数有什么区别？

解答：（1）宏是在预处理时完成的，是一个静态的概念，而函数是在运行时加载的一个动态概念。

（2）宏无返回值，而函数可有可无。

（3）宏不做参数类型检查，而函数要进行严格的参数类型检查。

（4）宏不可以像函数那样递归调用。

（5）宏通常无复杂的代码，一般包含复杂程序逻辑的代码用函数。

（6）宏可能会造成代码膨胀，而函数不会。

（7）宏使用时比函数调用要快。

问题2：包含文件最多可以嵌套几层？

解答：理论上包含文件可以嵌套任意层，但如果嵌套层数太多，编译程序就会用光它的堆栈空间。实际的嵌套层数是有限的，一般取决于使用的硬件设置和编译程序的版本。

第 **13** 章

文件

文件是存储在外部介质上的数据的有序集合。在程序设计中，程序所用到的数据可以通过文件输入，实现一次输入，多次使用，程序运行的结果可以输出到文件中，长久保存。文件操作技术在学习编写应用程序中十分重要。

本章要点（已掌握的在方框中打钩）

☐ 文件的概念
☐ 文件的打开和关闭
☐ 文件的读写

▶ 13.1 文件的概念

在前面的章节中，编写程序中所使用到的数据通过键盘输入，存储到变量或数组中，程序运行的结果输出到屏幕上。当程序运行结束，这些数据不再保存。

文件解决了上述问题。文件是存储在外部介质上的一组相关数据的有序集合。文件能够长久保存在外存上。程序使用的数据存储在文件中，程序运行时从文件读入这些数据，程序运行的结果可以输出到指定的文件中，任何时候都可以从文件中查看这些数据，并且作为其他程序的输入。

为了区分不同类型的数据构成的不同文件，给每个文件取个名字，就是文件名。一般命名的结构是主文件名.扩展名。扩展名表示文件的性质，如 c（C 程序文件）、cpp（C++ 程序文件）、obj（目标文件）、exe（可执行文件）、dat（数据文件）。

操作系统对于文件的管理采用层次性的管理形式。一般把一些相关的文件集中在一个文件夹中，一些彼此相关的文件夹还可以集中在更上一级的文件夹中，这样就构成了"目录"。使用的时候，只要指明文件的名字和存放的路径。例如，E:\cexercise\10\student.dat，表示 student.dat 文件存放在 E 盘中的 cexercise 文件夹下面的 10 文件夹中。

13.1.1 文本流与二进制流

文件按其储存数据的格式可分为文本文件和二进制文件。从概念上讲，文本文件中的数据都是以字符的形式进行存放的，每个字符占一个字节，以 ASCII 码存储，因此也叫 ASCII 码文件。而二进制文件中的数据是按其在内存中的存储形式原样输出到二进制文件中进行存储的，也就是说，数据原本在内存中是什么样子，在二进制文件中还是什么样子。

例如，对于整数 365，在文本文件中存放时，数字"3""6""5"都是以字符的形式各占一个字节，每个字节中存放的是这些字符的 ASCII 值，所以要占用 3 个字节的存储空间。而在二进制文件中存放时，因为是整型数据，所以系统分配 4 个字节的存储空间，也就是说，整数 365 在二进制文件中占用 4 个字节。其存放形式如下图所示。

在文本文件中的存储形式如下。

00110011	00110110	00110101

在二进制文件中的存储形式如下。

00000000	00000000	00000001	01101101

综上所述，文本文件和二进制文件的主要区别有以下两点。

（1）由于存储数据的格式不同，在进行读写操作时，文本文件是以字节为单位进行写入或读出的；而二进制文件则以变量、结构体等数据块为单位进行读写。

（2）一般来讲，文本文件用于存储文字信息，一般由可显示字符构成，如说明性的文档、C 语言的源程序文件等都是文本文件；二进制文件用于存储非文本数据，如某门功课的考试成绩或者图像、声音等信息。

具体应用时，应根据实际需要选用不同的文件格式。

由于文件存储在外存储器上，外存的数据读写速度相对较慢，直接把数据写到磁盘效率很低。所以在对文件进行读写操作时，系统会在内存中为文件的输入或输出开辟缓冲区。

当对文件进行输出时，系统首先把输出的数据填入为该文件开辟的缓冲区内，每当缓冲区被填满时，就把缓冲区中的内容一次性地输出到对应的文件中。当从某个文件输入数据时，首先将从输入文件中输入一批数据放入该文件的内存缓冲区中，输入语句将从该缓冲区中依次读取数据。当该缓冲区中的数据被读完时，将再从输入文件中输入一批数据放入缓冲区。执行过程如下图所示。

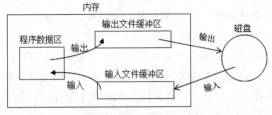

磁盘和内存间数据的输入、输出

13.1.2 文件类型指针

在 C 语言中，所有对文件的操作都是通过文件指针来完成。

变量的指针指向该变量的存储空间，但文件的指针不是指向一段内存空间，而是指向描述有关该文件相关信息的一个文件信息结构体，该结构体定义在 stdio.h 头文件中。

```
typedef struct{
    short       level;              /* 缓冲区 " 满 " 或 " 空 " 的程度 */
    unsigned    flags;          /* 文件状态标志 */
    char        fd;          /* 文件描述符 */
    short       bsize;             /* 缓冲区大小 */
    unsigned char   *buffer;   /* 文件缓冲区的首地址 */
    unsigned char   *curp;         /* 当前工作指针 */
    unsigned char   hold;            /* 其他信息 */
    unsigned    istemp;      /* 临时文件指示器 */
    short       token;          /* 用于有效性检查 */
} FILE;
```

每个被使用的文件都要在内存中开辟缓冲区，存放文件的有关信息。和普通指针一样，文件指针在使用之前，也必须先进行声明。

声明一个文件指针的语法格式如下。

FILE * 文件指针名 ; /* 功能是声明一个文件指针 */

注意

文件指针（如 FILE *fp）不像以前普通指针那样进行 fp++ 或 *fp 等操作，fp++ 意味着指向下一个 FILE 结构（如果存在）。声明文件指针时，"FILE" 必须全是大写字母！另外一定要记得，使用文件指针进行文件的相关操作时，在程序开头处包含 stdio.h 头文件。

▶13.2 文件的打开和关闭

在 C 程序中，打开文件就是把程序中要读、写的文件与磁盘上实际的数据文件联系起来，并使文件指针指向该文件，以便进行其他的操作。C 语言输入 / 输出函数库中定义的打开文件的函数是 fopen()，其一般的使用格式如下。

FILE *fp; /* 声明 fp 是一个文件类型的指针 */
/* 以某种打开方式打开文件，并使文件指针 fp 指向该文件 */
fp=fopen(" 文件名 "," 打开方式 ");

功能：以某种指定的打开方式打开一个指定的文件，并使文件指针 fp 指向该文件，文件成功打开之后，对文件的操作就可以直接通过文件指针 fp 了。若文件打开成功，fopen() 函数返回一个指向 FILE 类型的指针值（非 0 值）；若指定的文件不能打开，该函数则返回一个空指针值 NULL。

说明：fopen() 函数包含两个参数，调用时都必须用双引号括起来。其中，第 1 个参数（"文件名"）表示的是要打开的文件的文件名，必须用双引号括起来；如果该参数包含文件的路径，则按该路径找到并打开文件；如果省略文件路径，则在当前目录下打开文件。第 2 个参数（"打开方式"）表示文件的打开方式，有关文件的各种打开方式见下表。

打开方式	含义	指定文件不存在时	指定文件存在时
r	以只读方式打开一个文本文件	出错	正常打开
w	以只写方式新建一个文本文件	建立新文件	文件原有内容丢失
a	以追加方式打开一个文本文件	建立新文件	在文件原有内容末尾追加
r+	以读写方式打开一个文本文件	出错	正常打开
w+	以读写方式建一个新的文本文件	建立新文件	文件原有内容丢失
a+	以读取/追加方式建一个新的文本文件	建立新文件	在文件原有内容末尾追加
rb	以只读方式打开一个二进制文件	出错	正常打开
wb	以只写方式打开一个二进制文件	建立新文件	文件原有内容丢失
ab	以追加方式打开一个二进制文件	建立新文件	在文件原有内容末尾追加
rb+	以读写方式打开一个二进制文件	出错	正常打开
wb+	以读写方式建一个新的二进制文件	建立新文件	文件原有内容丢失
ab+	以读取/追加方式建一个新的二进制文件	建立新文件	在文件原有内容末尾追加

无论是对文件进行读取还是写入操作，都要考虑在文件打开过程中会因为某些原因而不能正常打开文件的可能性。所以在进行打开文件操作时，一般都要检查操作是否成功。通常在程序中打开文件的语句是这样的。

```
01 FILE *fp;
02 if((fp=fopen("abc.txt","r+"))==0) /* 以读写方式打开文件，并判断其返回值 */
03 {
04     printf ("Can't open this file\n");
05     exit(0);
06 }
```

第 02 行的语句执行过程是，先调用 fopen() 函数并以读写方式打开文件"abc.txt"，若该函数的返回值为 0，则说明文件打开失败，显示文件无法打开的信息；若文件打开成功，则文件指针 fp 得到函数返回的一个非 0 值。这里是通过判断语句 if 来选择执行不同的程序分支。

另外，"NULL"是 stdio.h 中定义的一个符号常量，代表数值 0，表示空指针。因而有时在程序语句中也用 NULL 代替 0。即第 2 行语句也可以是如下形式。

```
if((fp=fopen("abc.txt","r+"))==NULL)
```

关闭文件就是使文件指针与它所指向的文件脱离联系，一般当文件的读或写操作完成之后，应及时关闭不再使用的文件。这样一方面可以重新分配文件指针去指向其他文件，另外，特别是当文件的使用模式为"写"方式时，在关闭文件的时候，系统会首先把文件缓冲区中的剩余数据全部输出到文件中，然后再使两者脱离联系。此时，如果没有进行正常的关闭文件的操作，而直接结束程序的运行，就会造成缓冲区中剩余数据的丢失。

C 语言输入/输出函数库中定义的关闭文件的函数是 fclose() 函数，其一般使用格式如下。

```
fclose( 文件指针 );
```

　　fclose( ) 函数只有一个参数"文件指针"，它必须是由打开文件函数 fopen( ) 得到的，并指向一个已经打开的文件。

　　功能：关闭文件指针所指向的文件。执行 fclose( ) 函数时，若文件关闭成功，返回 0，否则返回 -1。

　　在程序中对文件的读写操作结束后，对文件进行关闭时，调用 fclose( ) 函数的语句如下。

```
fclose(fp); /*fp 是指向要关闭的文件的文件指针 */
```

▶ 13.3　文件的顺序读写

　　拿到一本书，可以从头到尾顺序阅读，也可以跳过一部分内容而直接翻到某页阅读。对文件的读写操作也是这样的，可以分为顺序读写和随机读写两种方式。顺序读写方式指的是从文件首部开始顺序读写，不允许跳跃；随机读写方式也叫定位读写，是通过定位函数定位到具体的读写位置，在该位置处直接进行读写操作。一般来讲，顺序读写方式是默认的文件读写方式。

　　文件的顺序读写常用的函数如下。

　　字符读写函数：fgetc( )、fputc( )。

　　字符串读写函数：fgets( )、fputs( )。

　　格式化读写函数：fscanf( )、fprintf( )。

　　二进制读写函数：fread( )、fwrite( )。

　　以上这些函数原型的定义都在 stdio.h 文件中，因此在程序中调用这些函数时，必须在程序开始处加入预处理命令。

```
#include "stdio.h"
```

13.3.1　文件读写字符

　　对于文本文件中数据的输入 / 输出，可以是以字符为单位，也可以是以字符串为单位。本小节介绍文本文件中以字符为单位的输入 / 输出函数——fgetc() 和 fputc() 函数。

01 文件字符输入函数——fgetc()

fgetc() 函数的一般使用格式如下。

```
char ch; /* 定义字符变量 ch*/
ch=fgetc( 文件指针 );
```

　　功能：该函数从文件指针所指定的文件中读取一个字符，并把该字符的 ASCII 值赋给变量 ch。执行本函数时，如果读到文件末尾，则函数返回文件结束标志 EOF。

　　说明：文件输入是指从一个已经打开的文件中读出数据，并将其保存到内存变量中，这里的"输入"是相对内存变量而言的。

　　例如，要从一个文本文件中读取字符并把其输出到屏幕上，代码如下。

```
ch=fgetc(fp);
while(ch!=EOF)
{
    putchar(ch);
    ch=fgetc(fp));
}
```

　　第 02 行代码中的 EOF 字符常量是文本文件的结束标志，它不是可输出字符，不能在屏幕上显示。

　　该字符常量在 stdio.h 中定义为 -1，因此当从文件中读入的字符值等于 -1 时，表示读入的已不是正常的字符，而是文本文件结束符。上面例子中的第 02 行等价于：

```
while(ch!=-1)
```

当然，判断一个文件是否读取结束，还可以使用文件结束检测函数 feof()。

02 文件字符输出函数——fputc()

fputc() 函数的一般使用格式如下。

```
fputc( 字符 , 文件指针 );
```

其中，第 1 个参数 "字符" 可以是一个普通字符常量，也可以是一个字符变量名；第 2 个参数 "文件指针" 指向一个已经打开的文件。

功能：把 "字符" 的 ASCII 值写入文件指针所指向的文件。若写入成功，则返回字符的 ASCII；否则返回文本文件结束标志 EOF。

说明：文件输出是指将内存变量中的数据写到文件中，这里的 "输出" 也是相对内存变量而言的。

例如：

```
fputc('a',fp); /* 把字符 'a' 的 ASCII 值写入到 fp 所指向的文件中 */
char ch;
fputc(ch,fp) /* 把变量 ch 中存放的字符的 ASCII 值写入到 fp 所指向的文件中 */
```

📝 范例 13-1   新建一个文件，从键盘输入一行文字存入该文件，并将该文件的内容输出到屏幕上

（1）在 Code::Blocks 16.01 中，新建名为 "字符的文件读写 .c" 的【C Source File】源程序。
（2）在代码编辑窗口输入以下代码（代码 13-1.txt）。

```
01   #include "stdio.h"
02   #include "stdlib.h"/* 程序中用到的异常退出函数 exit(0) 定义在 "stdlib.h" 头文件中 */
03   void main()
04   {
05     FILE *fp; /* 定义文件指针变量 fp*/
06     char c;
07     char filename[50];
08     printf(" 请输入文件名："); /* 输入文件路径及文件名 */
09     scanf("%s",filename);
10     getchar();
11     if((fp=fopen(filename,"w"))==NULL) /* 以只写方式新建并打开文件 */{
12       printf(" 不能打开文件 \n");
13       exit(0); /* 强制退出程序 */
14     }
15     printf(" 输入字符 :\n");
16     /* 接收一个从键盘输入的字符并赋给变量 c，输入回车符则循环结束 */
17     while((c=getchar())!='\n')
18       fputc(c,fp); /* 把变量 c 写到 fp 指向的文件中 */
19     fclose(fp); /* 写文件结束，关闭文件，使指针 fp 和文件脱离关系 */
20     if((fp=fopen(filename,"r"))==NULL) /* 以只读方式打开文件，测试是否成功 */{
21       printf(" 不能打开文件 \n");
22       exit(0);
23     }
24     printf(" 输出字符 :\n");
```

```
25      while((c=fgetc(fp))!=EOF) /* 从文件的开头处读字符存放到变量 c 中 */
26          putchar(c); /* 把变量 c 的值输出到屏幕上 */
27      printf("\n"); /* 换行 */
28      fclose(fp); /* 关闭文件 */
29  }
```

【运行结果】

编译、连接、运行程序，输出结果如下图所示。

到目录下打开 file1.txt 文件，如下图所示。

【范例分析】

范例中定义了一个文件指针 fp，用于写文件和读文件操作。先以只写方式新建并打开文本文件 file1.txt，并使 fp 指向该文件。第 17 行是一个循环控制语句，每次从键盘读入一个字符，并判断当读入的字符不是回车符时，把该字符写入文件中；当输入回车符时，写文件结束，关闭文件。然后重新以只读方式打开文件，使指针 fp 指向文件，利用循环语句进行读文件操作，并输出到屏幕上，直到检测到文件结束标志 EOF，对文件的输出结束，关闭文件。

13.3.2　文件读写字符串

实际应用中，当需要处理大批数据时，以单个字符为单位对文件进行输入 / 输出操作，效率不高。

而以字符串为单位进行文件输入 / 输出操作，则可以一次输入或输出包含任意多个字符的字符串。本小节介绍对文本文件中的数据以字符串为单位进行输入 / 输出的函数——fgets() 和 fputs() 函数。

01 字符串输入函数——fgets()

fgets() 函数是从文本文件中读取一个字符串，并将其保存到内存变量中。使用格式如下。

fgets(字符串指针 , 字符个数 n, 文件指针);

其中，第 1 个参数 "字符串指针" 可以是一个字符数组名，也可以是字符指针，用于存放读出的字符串；第 2 个参数是一个整型数，用来指明读出字符的个数；第 3 个参数 "文件指针" 不再赘述。

功能：从文件指针所指向的文本文件中读取 $n-1$ 个字符，并在结尾处加上 "\0" 组成一个字符串，存入 "字符串指针" 中。若函数调用成功，则返回存放字符串的首地址；若读到文件结尾处或调用失败时，则返回字符常量 NULL。

例如，语句 fgets(char *s, int n, FILE *fp); 的含义是从 fp 指向的文件中读入 $n-1$ 个字符，存入字符指针 s 指向的存储单元。

当满足下列条件之一时，读取过程结束。

（1）已读取了 $n-1$ 个字符。

（2）当前读取的字符是回车符。

（3）已读取到文件末尾。

02 字符串输出函数——fputs()

fputs() 函数是将一个存放在内存变量中的字符串写到文本文件中，使用格式如下。

```
fputs( 字符串 , 文件指针 );
```

其中，"字符串" 可以是一个字符串，也可以是一个字符数组名或指向字符的指针。

功能：将 "字符串" 写到文件指针所指向的文件中，若写入成功，函数的返回值为 0；否则，返回一个非零值。

说明：向文件中写入的字符串中并不包含字符串结束标志符 "\0"。

例如以下语句。

```
char str[10]={"abc"};
fputs(str,fp);
```

含义是将字符数组中存放的字符串 "abc" 写入到 fp 所指向的文件中，这里写入的是 3 个字符 a、b 和 c，并不包含字符串结束标志 "\0"。

📝 **范例 13-2**　编写一个留言程序，每次打开message.txt文件显示内容，允许用户写新留言，并保存到message.txt

（1）在 Code::Blocks 16.01 中，新建名为 "留言本 .c" 的【C Source File】源程序。

（2）在代码编辑窗口输入以下代码（代码 13-2.txt）。

```
01  #include "stdio.h"
02  #include "stdlib.h"
03  #include "string.h"
04  void main()
05  {
06    FILE *fp;  /* 定义文件指针变量 fp*/
07    char str[50];
08    /* 以只读方式打开文件 */
09    if((fp=fopen("message.txt","r"))==NULL) {
10      printf(" 不能打开文件 \n");
11      exit(0);  /* 强制退出程序 */
12    }
13    /* 从文件中读取字符串存放到字符数组 str 中并测试是否已读完 */
14    while(fgets(str,50,fp)!=NULL)
15      printf("%s",str); /* 把数组 str 中的字符串输出到屏幕上 */
16    printf("\n"); /* 换行 */
17    fclose(fp); /* 关闭文件 */
```

```
18      /* 以追加方式打开文件 */
19      if((fp=fopen("message.txt","a"))==NULL){
20          printf(" 不能打开文件 \n");
21          exit(0);  /* 强制退出程序 */
22      }
23      printf(" 输入字符串 :\n");
24      gets(str); /* 接收从键盘输入的字符串 */
25      while(strlen(str)>0){
26          fputs(str,fp);
27          gets(str);
28      }
29      fputs("\n",fp);/* 在文件中加入换行符作为字符串分隔符 */
30      fclose(fp); /* 写文件结束，关闭文件 */
31  }
```

【运行结果】

编译、连接、运行程序，输出结果如下图所示。

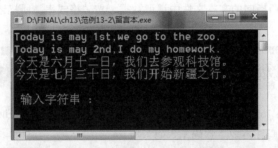

输入：今天是八月五日，我们去游泳了。到目录下打开 message.txt 文件，如下图所示。

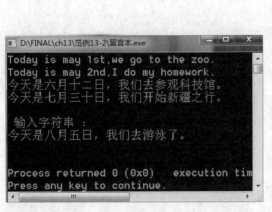
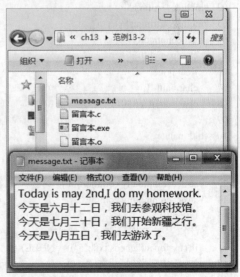

【范例分析】

本范例中定义了一个文件指针 fp，用于写文件和读文件的操作。读者要熟悉 fgets() 函数和 fputs() 函数的使用。第 25 行的 "strlen(str)>0" 语句用于测试从键盘输入的字符串是否为空串（即只输入回车符）。

13.3.3 格式化方式读写文件

有时对要输入／输出的数据有一定的格式要求，如整型、字符型或按指定的宽度输出数据等。这里要介绍的格式化输入／输出不仅指定输入／输出数据，还要指定输入／输出数据的格式，它比前面介绍的字符／字符串输入／输出函数的功能更加强大。

01 格式化输出函数——fprintf()

fprintf() 与前面介绍的 printf() 函数相似，只是将输出的内容存放在一个指定的文件中。使用格式如下。

fprintf(文件指针 , 格式串 , 输出项表);

其中，"文件指针"仍是一个指向已经打开的文件的指针，其余的参数和返回值和 printf() 函数相同。

功能：按"格式串"所描述的格式把输出项写入"文件指针"所指向的文件中。执行这个函数时，若成功，则返回所写的字节数；否则，返回一个负数。

02 格式化输入函数——fscanf()

fscanf() 函数与前面介绍的 scanf() 函数相似，只是输入的数据是来自于文本文件。其一般使用格式如下。

fscanf(文件指针, 格式串, 输入项表);

功能：从"文件指针"所指向的文本文件中读取数据，按"格式串"所描述的格式输出到指定的内存单元中。

范例 13-3 编写一个程序，能将商品的名称、价格、单位、厂家存储到goods.txt文件中，并能从该文件中读出商品的信息

（1）在 Code::Blocks 16.01 中，新建名为"商品记录 .c"的【C Source File】源程序。
（2）在代码编辑窗口输入以下代码（代码 13-3.txt）。

```
01  #include "stdio.h"
02  #include "stdlib.h"
03  #include "string.h"
04  struct commodity{
05      char name[20];
06      float price;
07      char unit[4];
08      char manufact[30];
09  };
10  void main()
11  {
12      FILE *fp;  /* 定义文件指针变量 fp*/
13      struct commodity commod[50];
14      struct commodity comm;
15      int i,n;
16      /* 以追加方式新建并打开文件 */
17      if((fp=fopen("goods.txt","a"))==NULL) {
18          printf(" 不能打开文件 \n");
19          exit(0);  /* 强制退出程序 */
20      }
21      printf(" 要输入的商品的条目：\n");
22      scanf("%d",&n);
```

```
23      printf(" 商品名称   单价 单位 厂家 \n");
24      for(i=1;i<=n;i++){
25  scanf("%s%f%s%s",commod[i].name,&commod[i].price,commod[i].unit,commod[i].manufact);
26   printf(fp,"%s\t%f\t%s\t%s\n",commod[i].name,commod[i].price,commod[i].unit,commod[i].manufact);
27      }
28      fclose(fp); /* 关闭文件 */
29      /* 以只读方式打开文件 */
30      if((fp=fopen("goods.txt","r"))==NULL){
31         printf(" 不能打开文件 \n");
32         exit(0);   /* 强制退出程序 */
33      }
34      printf(" 输出数据 :\n");
35      while(!feof(fp)){
36         fscanf(fp,"%s\t%f\t%s\t%s\n",comm.name,&comm.price,comm.unit,comm.manufact);
37         printf("%s %f %s %s\n",comm.name,comm.price,comm.unit,comm.manufact);
38      }
39      fclose(fp); /* 写文件结束，关闭文件 */
40  }
```

【运行结果】

编译、连接、运行程序，输出结果如下图所示。

依次输入商品数、商品的内容。

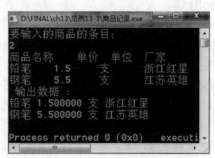

【范例分析】

本范例中首先定义了一个文件指针，分别以只写方式和只读方式打开同一个文件，写入和读出格式化数据。格式化读写文件时，用什么格式写入文件，就一定用什么格式从文件读取。读出的数据与格式控制符不一致，就会造成数据出错。第 26 行的 printf 函数中，向文件写数据，每行数据最后加 '\n'。

13.3.4　二进制文件的读写

二进制文件是以"二进制数据块"为单位进行数据的读写操作。所谓"二进制数据块"就是指在内存中连续存放的具有若干长度的二进制数据，如整型数据、实型数据或结构体类型数据等，数据块输入 / 输出函数对于存取结构体类型的数据尤为方便。

相应地，C 语言中提供了用来完成对二进制文件进行输入 / 输出操作的函数，这里把它称作数据块输入 / 输出函数 fwrite() 函数和 fread() 函数。

01 数据块输出函数——fwrite()

这里的"输出"仍是相对于内存变量而言的。fwrite() 函数是从内存输出数据到指定的二进制文件中，一般使用格式如下。

fwrite(buf,size,count, 文件指针);

其中，buf 是输出数据在内存中存放的起始地址，也就是数据块指针；size 是每个数据块的字节数；count 用来指定每次写入的数据块的个数；文件指针是指向一个已经打开等待写入的文件。这个函数的参数较多，要注意理解每个参数的含义。

功能：从以 buf 为首地址的内存中取出 count 个数据块（每个数据块为 size 个字节），写入到"文件指针"指定的文件中。调用成功，该函数返回实际写入的数据块的个数；出错时返回 0 值。

02 数据块输入函数——fread()

这里的"输入"仍是相对于内存变量而言的。fread() 函数是从指定的二进制文件中输出数据到内存单元中，一般使用格式如下。

fread(buf,size,count, 文件指针);

其中，buf 是输入数据在内存中存放的起始地址。其他各参数的含义同 fwrite() 函数。

功能：在文件指针指定的文件中读取 count 个数据块（每个数据块为 size 个字节），存放到 buf 指定的内存单元地址中去。调用成功，函数返回实际读出的数据块个数；出错或到文件末尾时返回 0 值。

03 置文件位置指针于文件开头——rewind() 函数

rewind 函数用于将文件位置指针置于文件的开头处，其一般使用格式如下。

rewind(fp);

功能：将文件位置指针移到文件开始位置。该函数只是起到移动文件位置指针的作用，并不带回返回值。

04 检查文件结束函数——feof()

EOF 是文本文件结束的标志。在文本文件中，数据是以字符的 ASCII 代码值的形式存放，普通字符的 ASC Ⅱ 代码的范围是 32~127（十进制），EOF 的 16 进制代码为 0xFF（十进制为 -1），因此可以用 EOF 作为文件结束标志。

当把数据以二进制形式存放到文件中时，就会有 -1 值的出现，因此不能采用 EOF 作为二进制文件的结束标志。为解决这一个问题，ANSI C 提供一个 feof 函数，用来判断文件是否结束。feof 函数既可用以判断二进制文件又可用以判断文本文件。

feof() 函数检查文件指针所指向的文件是否结束。若文件结束则返回非 0 值，否则返回 0。一般使用格式如下。

feof(文件指针);

📝 范例 13-4   编写一个程序，输入学生的学号、姓名及英语、数学、专业课的成绩，保存到score.dat文件中，如果该文件不存在，则新建该文件。若输入-1按 [回车]键，则结束。并将score.txt文件中每个学生的学号、姓名及英语、数学、专业课的成绩及总分显示出来

（1）在 Code::Blocks 16.01 中，新建名为"读写成绩 .c"的【C Source File】源程序。

（2）在代码编辑窗口输入以下代码（代码 13-4.txt）。

```
01   #include<stdio.h>
02   #include<stdlib.h>
03   #include<string.h>
04   typedef struct node{
```

```
05    int id;
06    char name[20];
07    int math;
08    int eng;
09    int spe;
10    struct node *next;
11  }scode;
12  void main(){
13    FILE *fp;
14    int id,math,eng,spe;
15    char name[20];
16    scode *head,*tail,*p;
17    head=tail=p=NULL;
18    printf(" 学号 姓名 数学 英语 专业课（若输入 -1 则结束）\n");
19    scanf("%d",&id);
20    while(id!=-1){
21      scanf("%s%d%d%d",name,&math,&eng,&spe);
22      p=(scode *)malloc(sizeof(scode));
23      p->id=id;
24      strcpy(p->name,name);
25      p->math=math;
26      p->eng=eng;
27      p->spe=spe;
28      if(head==NULL)
29        head=p;
30      else
31        tail->next=p;
32      tail=p;
33      tail->next=NULL;
34      scanf("%d",&id);
35    }
36    if((fp=fopen("score.dat","ab+"))==NULL){
37      printf("can't open this file");
38      exit(0);
39    }
40    for(p=head;p!=NULL;p=p->next){
41      fwrite(p,sizeof(scode),1,fp);
42    }
43    rewind(fp);
44    fclose(fp);
45    if((fp=fopen("score.dat","rb"))==NULL){
46      printf("can't open this file");
47      exit(0);
48    }
49    free(head);
50    head=tail=p=NULL;
51    while(1){
52      p=(scode *)malloc(sizeof(scode));
53      fread(p,sizeof(scode),1,fp);
54      if(feof(fp))
55        break;
```

```
56        if(head==NULL)
57           head=p;
58        else
59           tail->next=p;
60        tail=p;
61        tail->next=NULL;
62    }
63    rewind(fp);
64    fclose(fp);
65    printf(" 学号 姓名    数学 英语 专业课 总分 \n");
66    for(p=head;p!=NULL;p=p->next){
67        printf("%-6d",p->id);
68        printf("%-*s",6,p->name);
69        printf("  %d  %d  %d   %d\n",
70            p->math,p->eng,p->spe,p->math+p->eng+p->spe);
71    }
72 }
```

【运行结果】

编译、连接、运行程序，输出结果如下图所示。

输入：-1（回车）。

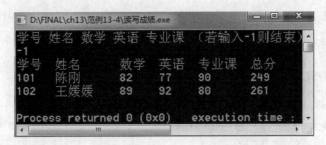

输入：103 张琳琳 78 88 75。

运行程序，输出结果如下图所示。

【范例分析】

本范例中定义了一个 scode 结构体，创建 3 个 scode 类型的指针，如果输入的 id 不是 -1，将输入的结点按照尾插法创建一个学生链表。定义一个文件指针 fp，用于写文件和读文件的操作。遍历链表，将链表中的结点写入文件中，读者要熟悉 fgets() 函数和 fputs() 函数的使用。第 25 行的"strlen(str)>0"语句用于测试从键盘输入的字符串是否为空串（即只输入回车符）。

▶ 13.4　文件的随机读写

相对于前面介绍的顺序访问文件方式，文件的随机访问是给定文件当前读写位置的一种读写文件方式，也就是允许对文件进行跳跃式的读写操作。

要定位文件的当前读写位置，这里要提到一个文件位置指针的概念。文件位置指针是指当前读或写的数据在文件中的位置，在实际使用中，是由文件指针充当的。当进行文件读操作时，总是从文件位置指针开始读其后的数据，然后位置指针移到尚未读的数据之前；当进行写操作时，总是从文件位置指针开始去写，然后移到刚写入的数据之后。本节介绍文件位置指针的定位函数。

01 取文件位置指针的当前值——ftell() 函数

ftell() 函数用于获取文件位置指针的当前值，使用格式如下。

---

ftell(fp);

其中，文件指针 fp 指向一个打开过的正在操作的文件。

功能：返回当前文件位置指针 fp 相对于文件开头的位移量，单位是字节。执行本函数，调用成功返回文件位置指针当前值，否则返回值为 -1。

说明：该函数适用于二进制文件和文本文件。

02 移动文件位置指针——fseek() 函数

fseek 函数用来移动文件位置指针到指定的位置上，然后从该位置进行读或写操作，从而实现对文件的随机读写功能。使用格式如下。

---

fseek(fp,offset,from);

其中，fp 指向已经打开正被操作的文件；offset 是文件位置指针的位移量，是一个 long 型的数据，ANSI C 标准规定在数字的末尾加一个字母 L 来表示是 Long 型的。若位移量为正值，表示位置指针的移动朝着文件尾的方向（从前向后）；若位移量为负值，表示位置指针的移动朝着文件头的方向（从后向前）。from 是起始点，用以指定位移量是以哪个位置为基准的。

功能：将文件位置指针从 from 表示的位置移动 offset 个字节。若函数调用成功，返回值为 0，否则返回非 0 值。

下表给出了代表起始点的符号常量和数字及其含义，在 fseek 函数中使用时两者是等价的。

数字	符号常量	起始点
0	SEEK_SET	文件开头
1	SEEK_CUR	文件当前指针位置
2	SEEK_END	文件末尾

例如：

---

fseek(fp,100L,0); /* 文件位置指针从文件开头处向后移动 100 个字节 */
fseek(fp,50L,1); /* 文件位置指针从当前位置向后移动 50 个字节 */
fseek(fp,-30,2); /* 文件位置指针从文件结尾处向前移动 30 个字节 */

范例 13-5   编写一个程序，将文件中指定的一个字符全部替换成另一个指定的字符

（1）在 Code::Blocks 16.01 中，新建名为"字符替换 .c"的【C Source File】源程序。

（2）在代码编辑窗口输入以下代码（代码 13-5.txt）。

```
01  #include<stdio.h>
02  void main()
03  {
04    FILE *fp;
05    char old,new;
06    fp=fopen("a.txt", "r");
07    while(!feof(fp))
08      putchar(fgetc(fp));
09    fclose(fp);
10    printf("\n 请输入查找字符：");
11    old=getchar();
12    getchar();
13    printf(" 请输入替换字符：");
14    new=getchar();
15    getchar();
16    fp=fopen("a.txt", "r+");
17    while(!feof(fp))
18      if(fgetc(fp)==old){
19        fseek(fp,-1L,SEEK_CUR);
20        fputc(new,fp);
21        fseek(fp,ftell(fp),SEEK_SET);
22        }
23    rewind(fp);
24    while(!feof(fp))
25      putchar(fgetc(fp));
26    fclose(fp);
27  }
```

【运行结果】

编译、连接、运行程序，输出结果如下图所示。

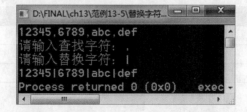

【范例分析】

本范例第 16 行，读写模式为 "r+"，读写用的都是文件指针 fp。第 17 行～第 22 行通过一个循环，遍历文件，将指定的字符进行替换。第 18 行，从文件中读入一个字符，并判断是否是指定字符。第 18 行执行之后，读文件指针指向文件中下一个字符，因为文件指针读写共用，因此第 19 行要用 fseek 让文件指针回到文件中上一个字符的位置，SEEK_SET 就是文件当前指针位置，并且偏移量为 -1L，这样写文件就是当前所替换字符的

位置。第 20 行，将替换的字符写入到文件中。第 21 行，移动文件指针到当前读文件的位置。

▶13.5 综合案例—对文件进行加解密

编写一个程序，对文件进行加密和解密。根据异或运算的特点：数 a 两次异或同一个数 b（a=a^b^b）仍为原值a。加密的过程是，将原文中的字符与设置的密钥进行按字节异或运算，得到密文。解密的过程是，将密文中的字符与设置的密钥再进行按字节异或运算，得到解密文。

（1）在 Code::Blocks 16.01 中，新建名为"加密解密文件 .c"的【 C Source File 】源程序。

（2）在代码编辑窗口输入以下代码（代码 13-6.txt）。

```
01  #include <stdio.h>
02  #include <stdlib.h>
03  #include<string.h>
04  void menu();
05  void encrpt_decrpt(char *f1,char *f2,char *key,int length);
06  void menu()
07  {
08      printf(" 请输入菜单序号进行相应的操作：\n");
09      printf("1、加密文件 \n");
10      printf("2、解密文件 \n");
11      printf("0、退出系统 \n");
12  }
13  void encrpt_decrpt(char *f1,char *f2,char *key,int length)
14  {
15      int readcount,i;
16      char buffer[20];
17      FILE *fp1,*fp2;
18      if((fp1=fopen(f1,"r"))==NULL){
19          printf(" 不能打开文件 \n");
20          exit(0); /* 强制退出程序 */
21      }
22      if((fp2=fopen(f2,"w"))==NULL){
23          printf(" 不能打开文件 \n");
24          exit(0); /* 强制退出程序 */
25      }
26      while((readcount=fread(buffer, 1, length, fp1)) > 0 ){
27          // 将 buffer 中的数据逐字节进行异或运算
28          for(i=0; i<readcount; i++){
29              buffer[i] ^= key[i];
30          }
31          // 将 buffer 中的数据写入文件
32          fwrite(buffer, 1, readcount, fp2);
33      }
34      fclose(fp1);
35      fclose(fp2);
36  }
37  int main()
38  {
39      int pwd,i=1,selection,len,password=123;
40      char sourcefile[40];
41      char encrptfile[40];
42      char decrptfile[40];
43      char key[20];
```

```
44       char chold,chnew;
45       // 登录密码验证
46       printf(" 请输入密码：\n");
47       scanf("%d",&pwd);
48       while(i<=3){
49          if(pwd!=password){
50             printf(" 密码有误，请重新输入！ ");
51             scanf("%d",&pwd);
52             i++;
53          }
54          else
55             break;
56       }
57       if(i>3){
58          printf("3 次密码有误，退出系统！ ");
59          exit(0);
60       }
61       while(1){
62          system("cls");
63          menu();
64          scanf("%d",&selection);
65          switch(selection){
66          case 1:
67             printf(" 请输入要加密的文件名：");
68             scanf("%s", sourcefile);
69             printf(" 请输入密钥：");
70             scanf("%s",key);
71             len=strlen(key);
72             printf(" 请输入加密后的文件名：");
73             scanf("%s",encrptfile);
74             encrpt_decrpt(sourcefile,encrptfile,key,len);
75             break;
76          case 2:
77             printf(" 请输入要解密的文件名：");
78             scanf("%s", encrptfile);
79             printf(" 请输入密钥：");
80             scanf("%s",key);
81             len=strlen(key);
82             printf(" 请输入解密后的文件名：");
83             scanf("%s",decrptfile);
84             encrpt_decrpt(encrptfile,decrptfile,key,len);
85             break;
86          case 0:
87             exit(0);
88          }
89       }
90       return 0;
91    }
```

【运行结果】

编译、连接、运行程序，输出结果如下图所示。

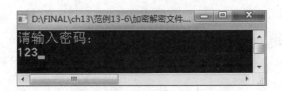

输入：123（回车）。

进入菜单界面，输入：1（回车）。

依次输入原文文件名（回车），密钥（回车），加密文件名（回车），如下图所示。

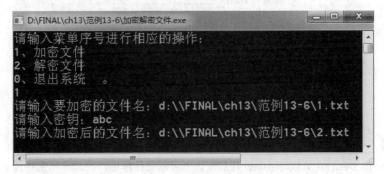

文件夹下 1.txt 是原文，2.txt 是密文，如下图所示。

进入菜单界面，输入：2（回车）。

依次输入密文文件名（回车），密钥（回车），解密文件名（回车），如下图所示。

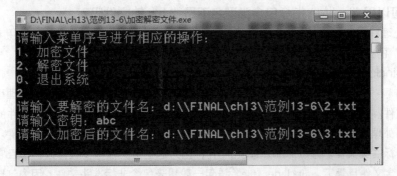

文件夹下 2.txt 是密文，3.txt 是解密文，如下图所示。

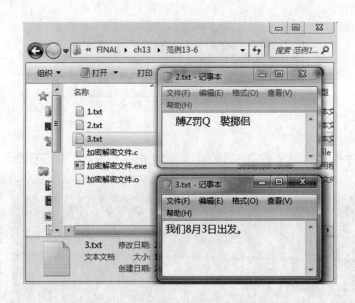

【范例分析】

本范例定义 encrpt_decrpt() 函数，可以进行加密，也可以进行解密。定义一个文件指针 fp1，用于读文件；一个文件指针 fp2，用于写文件。循环控制从一个文件中读取指定长度的字符，和密钥进行按字节异或运算，再写入另一个文件中，当读到文件尾，循环结束。menu() 函数主要输出菜单界面。在 main() 函数中，循环控制验证登录密码，如果与指定密码不符，则重新输入；若超过 3 次，退出系统；若没有超过 3 次，进入菜单界面。如果输入 1，调用 encrpt_decrpt() 函数，读入文件并加密，将加密的密文写入另一个文件。如果输入 2，调用 encrpt_decrpt() 函数，将读入的密文进行解密，写入解密文件。

▶ 13.6 疑难解答

问题 1：文本模式和二进制模式有什么区别？

解答：流可以分为两种类型：文本流和二进制流。文本流是解释性的，最长可达 255 个字符，其中回车 / 换行将被转换为换行符 "\n"，反之亦然。二进制流是非解释性的，一次处理一个字符，并且不转换字符。

通常，文本流用来读写标准的文本文件，或者将字符输出到屏幕或打印机，或者接收键盘的输入；而二进制流用来读写二进制文件（例如图形或字处理文档），或者读取鼠标输入，或者读写调制解调器。

问题 2：怎样避免多次包含同一个头文件？

解答：通过 #ifndef 和 #define 指令，可以避免多次包含同一个头文件。在创建一个头文件时，可以用 #define 指令为它定义一个唯一的标识符名称。可以通过 #ifndef 指令检查这个标识符名称是否已被定义，如果已被定义，则说明该头文件已经被包含了，就不要再次包含该头文件；反之，则定义这个标识符名称，以避免以后再次包含该头文件。

问题 3：可以用 #include 指令包含类型名不是 ".h" 的文件吗？

解答：预处理程序将包含用 #include 指令指定的任意一个文件。不过，建议不要用 #include 指令包含类型名不是 ".h" 的文件，因为这样不容易区分哪些文件是用于编译预处理的。

问题 4：#include <file> 和 #include "file" 有什么不同？

解答：用符号 "<" 和 ">" 将要包含的文件的文件名括起来，这种方法指示预处理程序到预定义的默认路径下寻找文件。如果未找到，则到当前目录下继续寻找。用双引号将要包含的文件的文件名括起来，这种方法指示预处理程序先到当前目录下寻找文件，再到预定义的默认路径下寻找文件。#include<file> 语句一般用来包含标准头文件（例如 stdio.h 或 stdlib.h)，因为这些头文件极少被修改，并且它们总是存放在编译程序的标准包含文件目录下。#include "file" 语句一般用来包含非标准头文件，因为这些头文件一般存放在当前目录下，可以经常修改它们，并且要求编译程序总是使用这些头文件的最新版本。

第 **14** 章

常见错误及调试

作为程序员，在程序开发过程中要编写大量的程序项目，不可避免地会出现错误。因此，需要熟知常见的错误类型，以及如何用具体的方法去解决相应的错误，这就涉及程序调试相关问题。本章将具体讲解 C 语言常见错误及如何调试的基本知识。

本章要点（已掌握的在方框中打钩）

☐ 语法错误
☐ 语义错误
☐ 内存错误
☐ Visual Studio 调试 C 程序
☐ Code: : Blocks 调试 C 程序
☐ 常见调试技巧及纠错

▶14.1 常见错误的类型

在 C 语言应用程序开发过程中，可能遇到的错误类型主要为 3 种：语法错误、语义错误（又称逻辑错误）、内存错误。这些错误中有的在编译时就会被发现并显示错误信息，有的在运行时会出现异常并导致程序停止，而有的运行结果则与预期不符。下面将具体讲解这三种错误类型。

14.1.1 语法错误

在程序设计过程中，不论是初学者还是经验丰富的程序员都会或多或少地出现语法错误。语法错误是指在编写程序代码时违反了 C 语言的语法规则，这种错误大多数在程序进行编译时开发工具就会提示编译错误信息，根据显示的错误信息，一般很容易就能得以解决。

下面总结了 C 语言中常见的语法错误。

- 拼写错误，尤其是 include、main、void、float 等词。
- { }、[ ]、( )、' '、" " 不配对。解决这个问题的方法就是每当写这些符号的时候就先写成一对，然后再在中间加内容。
- 混淆 / 和 \；注释对应的符号是 //，而转义字符是以 \ 开头，除号是 /。
- 书写标识符时，忽略了大小写字母的区别。

```
void main()
{
    int a=5;
    printf("%d",A);
}
```

编译程序把 a 和 A 认为是两个不同的变量名，而显示出错信息。C 语言认为大写字母和小写字母是两个不同的字符。习惯上，符号常量名用大写，变量名用小写表示，以增加可读性。

忽略了变量的类型，进行了不合法的运算。

```
void main()
{
    float a,b;
    printf("%d",a%b);
}
```

- % 是求余运算，得到 a/b 的整余数。整型变量 a 和 b 可以进行求余运算，而实型变量则不允许进行"求余"运算。
- 将字符常量与字符串常量混淆。

```
char c; c="a";
```

在这里就混淆了字符常量与字符串常量，字符常量是由一对单引号括起来的单个字符，字符串常量是一对双引号括起来的字符序列。C 规定以 " " 作字符串结束标志，它是由系统自动加上的，所以字符串 "a" 实际上包含两个字符：'a' 和 ' '，而把它赋给一个字符变量是不行的。

- 忽略了 "=" 与 "==" 的区别。

在许多高级语言中，用 "=" 符号作为关系运算符 "等于"。如在 BASIC 程序中可以写 if (a=3) then …，但在 C 语言中，"=" 是赋值运算符，"==" 是关系运算符。如 if (a==3) a=b;，前者是进行比较，a 是否和 3 相等，后者表示如果 a 和 3 相等，把 b 值赋给 a。由于习惯问题，初学者往往会犯这样的错误。

- 忘记加分号，或在预处理命令后多加分号。

分号是 C 语句中不可缺少的一部分，语句末尾必须有分号。a=1 b=2 编译时，编译程序在 "a=1" 后面没发现分号，就把下一行"b=2"也作为上一行语句的一部分，这就会出现语法错误。改错时，有时在被指出有错的一行中未发现错误，就需要看一下上一行是否漏掉了分号。对于复合语句来说，最后一个语句中最后的分号不能忽略不写（这是和 PASCAL 不同的）。记住：每个语句的后边都要加分号，而预处理命令并不是语句，所以不加分号，必须每行一条，不能把多个命令写在一行。

多加分号。

对于一个复合语句，例如：

```
{
    z=x+y;
    t=z/100;
    printf("%f",t);
};
```

复合语句的花括号后不应再加分号，否则将会画蛇添足。

● 输入变量时忘记加地址运算符"&"。

```
int a,b;
scanf("%d%d",a,b);
```

这是不合法的。scanf 函数的作用是，按照 a、b 在内存的地址将 a、b 的值存进去。"&a"指 a 在内存中的地址，这种错误编译器不会发现，但当运行时程序会停止。

● 输入字符的格式与要求不一致。

在用"%c"格式输入字符时，"空格字符"和"转义字符"都作为有效字符输入。scanf（"%c%c%c"，&c1,&c2,&c3); 如输入 a b c 字符"a"送给 c1，字符" "送给 c2，字符"b"送给 c3，因为 %c 只要求读入一个字符，后面不需要用空格作为两个字符的间隔。

● 输入输出的数据类型与所用格式说明符不一致。

无论是哪个函数，都可以有 n 个参数，第一个永远是""括起来的内容，表示输出格式。剩下的 $n-1$ 个是输出的变量或者输入的变量的地址。需要注意的是，如果后边有 $n-1$ 个参数，那么前边一定对应 $n-1$ 个 %f 一类的格式说明符。

另外需注意以下问题。

①scanf("%d%d",&a,&b); 输入时，不能用逗号作两个数据间的分隔符，如下面输入不合法：3，4。输入数据时，在两个数据之间以一个或多个空格间隔，也可用回车键，Tab 键。

②scanf("%d,%d",&a,&b); C 规定：如果在"格式控制"字符串中除了格式说明以外还有其他字符，则在输入数据时应输入与这些字符相同的字符。下面输入是合法的：3，4。此时个用逗号而用空格或其他字符是不对的。又如 scanf("a=%d,b=%d",&a,&b); 输入应以下形式：a=3,b=4。

③输入数据时，企图规定精度。scanf("%7.2f",&a); 这样做是不合法的，输入数据时不能规定精度。

④符号常量定义错误。例如 #define PI=3.14159，这里的 = 应该换成空格。

⑤计算错误。主要注意 ++ 和其他运算符一起运算时，除根据优先级进行计算时，还要考虑先后位置的特殊含义；数据类型不一致时发生的自动转换也会导致计算的误差；还要注意求模结果的符号与被除数相同；某些特殊情况下使用懒惰求值法。

⑥不能除以 0，要做合法性检查。

⑦类型溢出。记住每种数据类型的取值范围，确保数据在所定义类型范围之内。

⑧使用库函数前，尤其是数学函数忘了加 #include<?.h>。如 stdio、math、string、stdlib 等。

⑨使用函数之前未声明（包括 C 库函数的声明）。建议将所定义的一切函数都在程序开始的预处理命令后加上函数原型的声明，这样做不仅可以避免错误，而且整个程序的结构看起来更清楚。

⑩对结构体变量进行输入、输出时，要整体输入或整体输出。除作为函数参数外，不能对结构体变量整体操作，只能一个成员一个成员地输入、输出。

以上仅是部分常见语法错误，更多的语法错误需要在实际编写代码中积累经验，不断学习。

范例 14-1　语法错误举例

　　此范例以"输入一个日期、输出这一天是该年的第几天"为背景，演示常见语法错误，下面代码中有 6 类语法错误，找出它们并改正。

　　（1）在 Code::Blocks 16.01 中，新建名为"grammarTest.c"的【C Source File】源程序。

　　（2）在编辑窗口中输入以下代码（代码 14-1.txt）。

```
01  #include <stdio.h>
02  #include <stdlib.h>
03  int GetYearDay(int year,int month,int day);  // 函数原型声明，下同
04  int IsLeap(int year);
05  int main()
06  {
07      int day,month,year;
08      printf(" 请输入表示年月日的三个整数：\n")
09      scanf("%c%d%d",year,month,day);
10      printf(" 是该年的第 %d 天 ",GetYearDay(year,month,day));
11      return 0;
12  }
13  int GetYearDay(int year,int month,int day)  // 计算所输入年月日是该年第几天
14  {
15      int k,leap;
16      int tab[2][13]= {{0,31,28,31,30,31,30,31,31,30,31,30,31},
17          {0,31,29,31,30,31,30,31,31,30,31,30,31};
18      leap=IsLeap(year);
19      for(k=1,k<month; k++)
20          day = day+tab[leap][k];
21      return day;
22  }
23  int IsLeap(int year) // 判断是否为闰年
24  {
25      return ((year%4=0&&year%100!=0)||year%400=0);
26  }
```

以下为编译时提示的错误信息，注意有些错误并未被提示。

D:\FINAL\ 范例 14-1\grammarTest.c||In function 'main':|
D:\FINAL\ 范例 14-1\grammarTest.c|9|error: expected ';' before 'scanf'|
D:\FINAL\ 范例 14-1\grammarTest.c||In function 'GetYearDay':|
D:\FINAL\ 范例 14-1\grammarTest.c|17|error: expected '}' before ';' token|
D:\FINAL\ 范例 14-1\grammarTest.c|23|error: expected ',' or ';' before 'int'|
D:\FINAL\ 范例 14-1\grammarTest.c|26|error: expected declaration or statement at end of input|
D:\FINAL\ 范例 14-1\grammarTest.c|16|warning: unused variable 'tab' [-Wunused-variable]|
D:\FINAL\ 范例 14-1\grammarTest.c|15|warning: unused variable 'leap' [-Wunused-variable]|
D:\FINAL\ 范例 14-1\grammarTest.c|15|warning: unused variable 'k' [-Wunused-variable]|
D:\FINAL\ 范例 14-1\grammarTest.c|26|warning: control reaches end of non-void function [-Wreturn-type]|

【运行结果】

程序正常情况下，编译、连接、运行程序，根据提示输入并按回车键，即可得出正确结果，如下图所示。

【范例分析】

下面重点讲解程序中所存在的语法错误。

代码第 08 行，语句结束后缺少 ";"，此类错误提示信息出现在下一行中。

代码第 09 行，输入字符格式与要求不一致，int 型的 year 前应用 %d，此处为 %c。

代码第 09 行，输入变量前未加地址运算符 "&"，这类错误编译时不会被发现，但当程序运行时，程序会自动停止。

代码第 17 行，{} 不配对，";" 前缺少一个 "}"。

代码第 19 行，for 语句中 k=1 后应为 ";"。

代码第 25 行，return 语句中的判断将 "==" 错用为 "="，此错误为被编译器识别。

以上均为常见语法错误，更多的语法错误需要从实际写代码中不断积累经验，该程序完整版正确代码见 "代码 14-1-1.txt"。

▌14.1.2 语义错误

语义错误是指程序并无违背语法规则，但程序执行结果与预期意愿不符。这是由于对某一问题解决方案的错误理解或者程序编写出现手误而引起的，更糟糕的是编译器一般无法捕获并处理语义错误。对于这种错误并不能看到任何错误信息，只能看到错误的结果或是导致程序的终止。对于语义错误的解决可参考以下步骤：

再读问题，看清题目的功能要求。

通读程序，看懂程序中算法和实现方法。

细看程序，观察常见错误点，以及是否出现手误。

数据测试，各种不同数据进行测试运行结果是否正确。

调试程序，使用开发工具进行调试程序。

下面列举出部分常见语义错误。

手误引起的语义错误，例如：

```
if (a%3==0);
i++;
```

本意是如果 3 整除 *a*，则 *i* 加 1。但由于 if (a%3==0) 后多加了分号，则 if 语句到此结束，程序将执行 i++ 语句，不论 3 是否整除 *a*，i 都将自动加 1。再如：

```
for (i=0; i<5;i++);
{
    scanf("%d",&x);
    printf("%d",x);
}
```

本意是先后输入 5 个数，每输入一个数后再将它输出。由于 for() 后多加了一个分号，使循环体变为空语句，此时只能输入一个数并输出它。

循环次数不对，例如求 1~5 的累加和，则代码：

```
int main()
```

```
{
    int i=0;sum=0;
    for(i=0;i<5;i++)
    {
        sum=sum+i;
    }
    printf("%d",sum);
}
```

以上代码在语法上并无错误。但 for 语句传递给系统的信息是当 *i*<5 时，执行 "sum=sum+i;"。C 语言系统无法辨别程序中这个语句是否符合作者的意愿，而只能忠实地执行这一指令。所以此代码中 *i* 只能累加到4，所以就得不到想要的结果。

表达式参数不符合要求会实际，例如：

```
#include<stdio.h>
#include<math.h>
void main()
{
    double a=5.0,b=4.0,c;
    c = sqrt(b-a);
    printf("%lf",c);
}
```

sqrt() 函数参数应为非负数，才能实现正常开方，而此例中 *b-a* 为负数，故错误。此例语法上无错，但与实际不符，且编译器无法识别此错误。

数组下标越界，例如：

```
#include <stdio.h>
#include <stdlib.h>
int main()
{
    int i=0,a[5]={1,2,3,4,5};
    for(i=0; i<=5; i++)
    {
        printf("%d",a[i]);
    }
    return 0;
}
```

此例中明显存在数组下标越界情况，当输出 a[5] 时系统会给它自动赋值为 5，但如果输出到 a[6] 系统则会输出一个地址，显然这不符合编写此代码的意图，也属于语义错误。

以上所讲解的仅是部分常见的语义错误，更多的语义错误需要在实践中积累经验。另外，有关语义错误的调试程序将在下一节中进行讲解。

范例 14-2   语义错误举例

此范例以随机输入数据，将数据排序并去重问题为背景，演示常见语义错误，下面代码中有 2 处语义错误，找出它们并改正。为帮助理解程序，以下为程序实现过程。

① 输入所有整数，用 a[*i*] 记录编号 *i* 出现的次数；
② 顺序输出数组 a 中所有非 0 元素下标。

（1）在 Code::Blocks 16.01 中，新建名为"logicTest.c"的【C Source File】源程序。

（2）在编辑窗口中输入以下代码（代码 14-2.txt）。

```c
01  #include <stdio.h>
02  #include <stdlib.h>
03  #define N 100
04  void PrintIndex(int a[]);
05  int main()
06  {
07      int a[N],n,num;
08      printf(" 请输入整数个数：\n");
09      scanf("%d",&n);
10      printf(" 请输入 %d 个整数 \n",n);
11      while(n--)
12      {
13          scanf("%d",&num);
14          a[num]++;
15      }
16      PrintIndex(a);
17      return 0;
18  }
19  void PrintIndex(int a[])
20  {
21      int i=0;
22      for(i=0; i<N; i++)
23      {
24          if(a[i]>0);
25          printf("%d ",i);
26      }
27      printf("\n");
28  }
```

【运行结果】

程序正常情况下，编译、连接、运行程序，根据提示输入并按回车键，即可得出正确结果，如下图所示。

【范例分析】

下面重点讲解程序中所存在的语义错误。

代码第 07 行，数组 a[N] 未初始化为 0，由于本程序实现方法为输出非 0 的元素，但如果数组均为初始化为 0，显然此程序有误，不能解决问题。

代码第 24 行，if 语句后多了一个";"，这会造成无论数组元素是否非 0 都会输出，与预期效果不符。

本代码存在一个隐患，由于数组长度不够大，因此很容易造成数组下标越界问题，例如输入的整数中有大于 100 的数，就会造成数组下标越界。

以上均为常见语义错误，解决语义错误的方式就是在实际写代码中不断积累经验。解决语义错误要借助于程序调试，下面章节将会具体讲解，该程序完整版正确代码见"代码 14-2.txt"。

14.1.3 内存错误

C 语言动态内存机制为灵活地进行程序设计提供了方便，但同时也添加了各种内存错误发生的机会，下面将给出一些 C 语言中常见的内存错误及解决方法。

（1）不检查内存分配结果

内存分配并不总是成功的，malloc、calloc 和 realloc 函数分配失败时均返回 NULL 指针，而对 NULL 指针进行写操作是不合法的，会影响到程序的正确执行。因此必须检查内存分配是否成功。在实际应用中，常用以下语句来防止出错。

```
if((p=(…*)malloc(…))!=NULL)
{
    …// 如果分配成功，执行相应的操作
}
```

（2）动态释放非动态申请的变量

这类问题是对非动态申请的指针变量动态释放，如开始声明 int *p=&a，后来用 free(p) 来释放指针 p，这样将出现运行错误。因为这里的指针 p 不是动态分配的，静态变量的空间在程序运行过程中是不能改变的，它在生存期结束后由系统自动释放。

（3）使用释放后的内存空间

内存一旦释放，就不能再使用，否则会导致未定义错误，无法保证程序的正确运行。下面程序段显示了这种错误。

```
while(p!=NULL)
{
    free(p);
    p=p->next;
}
```

该例调用 free(p) 将指针 p 释放后，又使用 p 的值，这是错误的。正确的使用方式如下。

```
while(p!=NULL)
{
    q=p->next;
    free(p);
    p=q;
}
```

（4）重复释放同一内存空间

这类问题多是由于编译器没有分析别名引起的，以下面的程序段为例。

```
char *p,*q;
p=(char*)malloc(sizeof(char)*10);
if(p!=NULL)
{
    strcpy(p,"hello");
    q=p;
    strcpy(q,"world");
    free(p);
```

```
    free(q);
}
```

该例中先为 p 动态分配了空间，然后使指针 q 指向 p 所指的空间，这是指针 p、q 已成为指针别名，但是编译器无法检查出，以至于编译到 free(p)、free(q) 时仍然不能报错，这就导致同一个空间重复释放，为程序运行带来了隐患。

（5）对动态分配的内存空间越界访问

系统对动态分配的内存空间不做任何的检查，程序员需要保证使用的正确性，绝不可以超出实际存储区域的范围进行访问。以下面的程序段为例。

```
int i=0,*p;
p=(int*)malloc(sizeof(int)*10);
if(p!=NULL)
{
    while(i<=10)
    {
        *p=i;
        i++;
        p++;
    }
}
```

该例中动态申请的空间只能存储 10 个整型数据，但循环却执行了 11 次，最后一次循环时造成指针 p 越界，这种越界访问给 C 程序带来隐患甚至是致命的错误。

（6）释放连续内存空间时指针位置不正确

通过动态分配得到的内存空间是一个整体，只能作为一个整体来管理，释放时也必须对空间整体释放，而不能单独释放某个空间，即释放时指向连续空间的指针必须在分配空间的首部，否则对连续申请的内存空间不能正确释放。以下面的程序段为例。

```
int i=0,*p;
p=(int*)malloc(sizeof(int)*10);
if(p!=NULL)
{
    for(i=0; i<10; i++)
    {
        *p=i;
        p++;
    }
    free(p);
}
return 0;
```

指针 p 不能被正确释放，因为释放时指针 p 没有返回到申请空间的首部。应该在循环前将 p 的值赋给另一个指针变量如 q，最后释放 q 所指的空间。

（7）未释放动态申请的内存空间而造成的内存泄漏

所谓内存泄漏是指堆内存的泄漏。堆内存是指程序从堆中分配、大小任意、使用结束后必须显式释放的内存。应用程序一般使用 malloc() 等操作从堆中分配一块内存，使用结束后程序必须调用相应的 free() 函数释放该内存块，否则，该内存就不能被再次使用，即称为内存泄漏。以下面的程序段为例。

```
while(i<Max)
{
```

```
    p=(double*)malloc(sizeof(double));
    if(p!=NULL)
    {
     *p=pow(x,i);
     i++;
    }
  }
 free(p);
```

循环体中对 Max-1 个对象进行了动态分配空间，但最后只对一个进行释放，前面的 Max-2 个对象的空间将被泄漏。

（8）指针赋值不当而造成的内存泄漏

在 C 语言中指针之间可以相互赋值，但如果赋值不当，可能会造成一部分内存空间泄漏。以下面的程序段为例。

```
int *p,*q;
p=(int*)malloc(sizeof(int));
q=(int*)malloc(sizeof(int));
if(p!=NULL)
    *p=10;
if(q!=NULL)
    *q=20;
p=q;
printf("%d,%d\n",*p,*q);
```

该例中指针 p 和 q 通过内存分配获得系统内存，执行 p=q 后，p 和 q 均指向分配给 q 的内存空间，而原先分配给 p 的内存空间未释放，不能再被访问，该内存空间便成了无效的内存块，造成内存空间的浪费。因此，在执行 p=q 之前应该对 p 所占内存加以释放，也就是在语句 p=q 之前，添加 free(p)。

总结：内存是一个系统程序员应关注的核心，内存错误会留下很多隐患。编写应用程序时，要养成一个良好的编程习惯，注意对于动态分配的内存不用时要及时释放，合理的使用异常处理方法，在技术上避免内存错误的发生。在调试程序时，一旦发现内存错误，可以使用相应的检测工具检测，找到内存错误并修改错误代码。

范例 14-3　内存错误举例

此范例以"使用动态内存、循环输出 0~5"为背景，演示内存错误，找出下面代码中的内存错误并改正。

（1）在 Code::Blocks 16.01 中，新建名为"memoryTest.c"的【C Source File】源程序。

（2）在编辑窗口中输入以下代码（代码 14-3.txt）。

```
01  #include <stdio.h>
02  #include <stdlib.h>
03  int main(void)
04  {
05      int *p, i;
06      p = (int *)malloc(6 * sizeof(int));
07      if (p == NULL)    // 判断是否为空
08      {
09          printf(" 内存分配出错！ ");
10          exit(1);
```

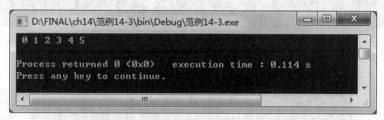

```
11      }
12      for (i=0; i<6; i++)
13      {
14          p++;
15          *p = i;
16          printf("%2d", *p);
17      }
18      printf("\n");
19      free(p);
20      return 0;
21  }
```

【运行结果】

程序正常情况下，编译、连接、运行程序，根据提示输入并按回车键，即可得出正确结果，如下图所示。

```
D:\FINAL\ch14\范例14-3\bin\Debug\范例14-3.exe

 0 1 2 3 4 5

Process returned 0 (0x0)   execution time : 0.114 s
Press any key to continue.
```

【范例分析】

下面重点讲解程序中所存在的内存错误。

此范例中存在两处内存错误，其一为对动态分配的内存空间越界访问，第 12 行中的 for 循环中，首先进行 p++，再执行 *p=i，这会造成越界访问，因为当第一次进入 for 循环时首先执行 p++，此时 p 指向申请的第二个内存空间，再执行 *p=i 时，i 的值 0 则存入第二块内存，当 i=5 时，p++ 执行就会造成指针 p 越界访问；其二为释放连续内存空间时指针位置不正确，当执行 free(p) 时，指针 p 没有返回到申请空间的首部，造成无法全部释放。应该在循环前将 p 的值赋给另一个指针变量如 q，最后释放 q 所指的空间。

内存错误是最难以解决和最普遍的错误之一，内存错误一般十分隐蔽，但当内存错误发生时往往将造成致命性的问题，所以应养成良好的编程习惯，对内存申请、初始化、使用、释放等一系列过程多加注意。

▶14.2 使用 Visual Studio 2015 调试 C 程序

所谓程序调试，是指当程序的工作情况（运行结果）与设计的要求不一致，通常是程序的运行结果不对时，通过一定的科学方法（而不是凭偶然的运气）来检查程序中存在的设计问题。

通过程序调试可以检查并排除程序中的逻辑错误。调试程序有时需要在程序中的某些地方设置一些断点，让程序运行到该位置停下来，有时需要检查某些变量的值，来辅助检查程序中的逻辑错误。

程序调试是解决代码中错误的常用有效方法，下面学习如何使用 Visual Studio(以下简称 VS) 调试程序中错误。

（1）使用 VS 的断点与单步跟踪功能时，经常为了找出程序的问题点，可以在 VS 中设下断点并且一步一步跟着它执行，观察各个变量的变化情况，找到错误的地方。接下来以计算完全平方的程序为例进行讲解，在 for 循环的那一行单击鼠标右键，选择 [断点]➤[插入断点]（或者先将光标移动到这一行，然后按【F9】键。再或者直接单击行首空白处），如下图所示。

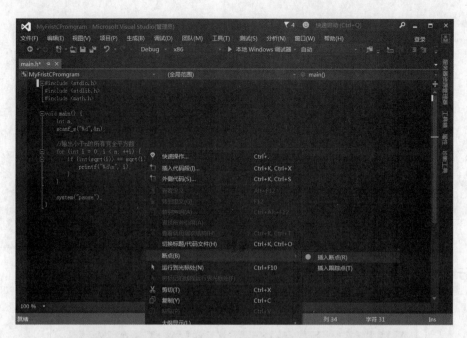

（2）通过上面的操作，在本行的首部将出现一个红圈，单击这个红圈则可以取消断点，如下图所示。

（3）按【F5】键运行程序，为 scanf_s 输入"10"回车，窗口会自动跳转至 VS，光标自动定位到断点行。这时将鼠标光标移动到任意一个变量名上，就可以查看这个变量的值。例如移动到 i 这个变量上，则如下图所示。

（4）此时，发现出现一个异常的值，已经为 i 赋值为 0，为什么会出现这个异常值，是出错了吗？是的，因为断点断下的时刻是在这行执行之前，也就是现在的 i 还没被定义以及初始化，它的值自然是不确定的。此时，单击这个大头针，将固定显示 i 的值，如下图所示。

```
//输出小于n的所有完全平方数
for (int i = 0; i < n; ++i) {
    if (int(sqrt(i)) == sqr ● i -858993460 ⏎
        printf("%d\n", i);
    }
}
```

（5）可以将它拖动到合适的位置，还可以手动修改它的值或添加注释等，此处不需要这么做，如下图所示。

```
void main() {
    int n;
    scanf_s("%d",&n);

    //输出小于n的所有完全平方数       ● i -858993460  ×
    for (int i = 0; i < n; ++i) {                    ┅
        if (int(sqrt(i)) == sqrt(i)) {
            printf("%d\n", i);|
        }
    }

    system("pause");
}
```

（6）按【F10】键继续使程序向前走一步，如下图所示。

```
void main() {
    int n;
    scanf_s("%d",&n);

    //输出小于n的所有完全平方数         ● i 0
    for (int i = 0; i < n; ++i) {
        if (int(sqrt(i)) == sqrt(i)) {  已用时间 <= 2ms
            printf("%d\n", i);
        }
    }
}
```

（7）此时立即发现 i 的值变成了 0，并且 VS 还用红色显示出来，同时光标自动移动到了 if 语句，左边的黄色箭头表面当前程序运行到的位置，再按【F10】键，如下图所示。

```
//输出小于n的所有完全平方数        ● i 0
for (int i = 0; i < n; ++i) {
    if (int(sqrt(i)) == sqrt(i)) {
        printf("%d\n", i);        已用时间 <= 8ms
    }
}
```

因为 i 满足开方后仍然是整数的条件，所以进入了 if 分支，准备输出这个 i。一直按【F10】键，便可以观察清楚整个程序 i 是何时增加、何时输出等。当不想再跟踪此变量时，单击左边的红圈取消断点，按【F5】键便可以继续调试程序。

Visual Studio 调试程序使用断点是较为常用且有效的一种方式，使用断点方法简单易用，能够解决大多数程序中所出现的错误，望读者熟练掌握。

▶14.3　使用 Code::Blocks 调试 C 程序

上一节学习了如何使用 Visual Studio 进行代码调试，本小节接着学习另外一种 IDE 的调试方法，即使用 Code::Blocks 调试 C 程序。

（1）调试程序之前，首先要确认已经设置了【Produce debugging symbols [-g]】选项。可按照如下顺序去找：【Project】➤【Build options】➤【Debug】➤【Compiler Flags】➤【Produce debugging symbols [-g]】，如果该项已经配置，则可以调试程序了，否则前面打钩，单击【OK】按钮设置好，如下图所示。

（2）为了查看程序运行中变量值的变化情况，需要打开观察变量的窗口，可用【Debug】➤【Debugging windows】➤【Watches】打开。此时，从 Watches 窗口中可以看到定义的局部变量都是随机值，因为程序尚未执行到给这些变量赋值的语句。

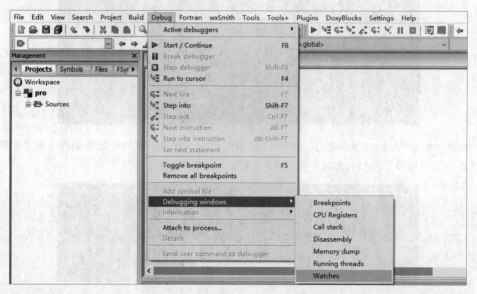

（3）启动调试器：通过【Debug】➤【Toggle breakpoint】先设置断点，然后单击【Start】按钮来启动调试器。

断点：程序运行到哪里再次停下来，以便检查此刻的运行结果，可以把光标置于该行代码前，然后再次单击【Run to Cursor】按钮，则程序运行到此处就停下来，此处即为断点。

删除断点：【Debug】➤【Toggle breakpoint】设置断点，在一个断点前再次【Toggle breakpoint】，则该断点就被删除。如果想删除所有断点，可以通过【Debug】➤【Remove all breakpoints】。

（4）如果想每次执行一行代码，选择【Debug】➤【Next line】，如果希望执行的单位更小，可以逐条执行指令【Next instruction】，如果运行到某个程序块（例如，调用某个函数）还可以选择【Step into】，则行到该代码块内，如果希望跳出该代码块，则可以选择【Step out】。如果希望终止调试器，可以选择【Start/Continue】，则调试器会自然运行。

（1）在 Code::Blocks 16.01 中，新建名称为 "C-Debuging.c" 的【C Source File】源文件。

（2）在代码编辑区域输入以下代码（代码 14-4.txt）。

```
01  #include<stdio.h>
02  int main()
03  {
04    int m,n,j,k;
05    do{
06      printf(" 请输入 m： \n");
07      scanf("%d",&m);
08      printf(" 请输入 n： \n");
09      scanf("%d",&n);
10    }while(m<0 ||n<0);
11    j=m;
12    while(j/n!=0)        //调试时设置断点
13      j=j+m;
14    k=(m*n)/j;           //调试时设置断点
15    printf(" 最小公倍数是： %d\n",j);
16    printf(" 最大公约数是： %d\n",k);
17    return 0;
18  }
```

【运行结果】

编译、连接、运行程序，从键盘上输入 "3" 和 "7"，按回车键即可得如下图所示结果。

通过运行结果观察发现，运行结果有误，则调试程序开始，设置两个断点，具体位置见源程序的注释，因为在循环结构中，容易把循环的临界值设置错误，所以要在这里添加断点。分别在第 12 行和第 14 行设置断点。

执行【Debug】➤【Start/Continue】，然后在输出框中输入 "3" 和 "7"，程序执行到第一个断点处，Watches 窗口显示 m=3，n=7。

继续单击按钮【Start/Continue】，程序运行到第二个断点处，变量窗口显示最大公约数 j 值是 3，结果显然错误，因为最大公约数的值应该是 1，说明错误出现在第 18 行处。

单击【Stop debugger】停止调试，仔细分析程序，发现第 10 行、第 11 行、第 12 有错误，原因是求取最小公倍数和最大公约数的方法不对，考虑后修改源代码。修改后的正确代码为"代码 14-4-1"。

```
01  #include<stdio.h>
02  int main()
03  {
04    int m,n,j,k,a,b,c;
05    do{
06      printf(" 请输入 m： ");
07      scanf("%d",&m);
08      printf(" 请输入 n： ");
09      scanf("%d",&n);
10    }while(m<0 ||n<0);
11    a=m;
12    b=n;
13    while(b!=0)
14    {
15      c=a%b;
16      a=b;
17      b=c;
18    }
19    j=a;
20    k=(m*n)/j;
21    printf(" 最大公约数是： %d\n",j);
22    printf(" 最小公倍数是： %d\n",k);
23    return 0;
24  }
```

改正错误后，重新编译、连接，然后单击【Start/Continue】按钮重新开始调试，程序运行到第一个断点处，观察变量窗口 j 的变化，变量窗口显示的最大公约数 j 的值为 1。单击【Stop debugger】按钮，程序调试结束。

【运行结果】

编译、连接、运行程序，从键盘上输入"3"和"7"，按回车键即可得如下图所示的结果。

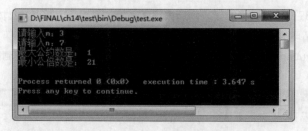

通过此范例的学习，讲解了使用 Code：：Blocks 调试程序的基本步骤及方法，调试能解决绝大多数程序中出现的错误，熟练掌握所使用 IDE 的调试方法是编写程序的基础，望读者认真掌握。

14.4 常用调试技巧及纠错

前面两个小节分别讲解了使用 Visual Studio 和 Code：：Blocks 调试程序的步骤方法，下面介绍一些常用的调试技巧和纠错方法。

（1）监视窗口用（【Ctrl+D】、【Ctrl+W】快捷键开启）

在调试程序的过程中，可以通过此窗口动态查看各个变量的值，以及各个函数的调用的返回结果。还可以手动更改某个变量的值，特别是程序执行到指定语句时，发现某个值是错误的，但是又想用一个正确值测试代码时，此时可以通过监视窗口直接更改变量的值，而不需要重新启动调试。

快速监视：选中某个变量后者表达式，然后通过按下快捷键【Ctrl+D】或【Ctrl+Q】开启。

备注：只能在调试情况下才能开启此窗口。

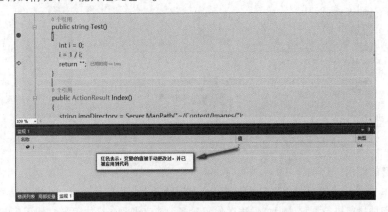

（2）调用堆栈用【Ctrl+D】或【Ctrl+C】快捷键开启

通过该窗口，可以看到函数一级一级的调用过程，从而可知该方法是来自于上面的哪一个步骤发起的调用。可以通过单击【调试】➤【窗口】➤【调用堆栈】来打开调用堆栈窗口，如下图所示。

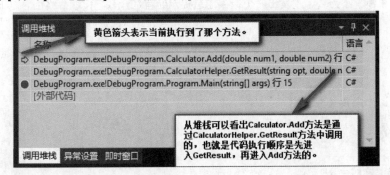

备注：只能在调试情况下才可以开启此窗口。

（3）拖动调试光标的技巧

Visual Studio 在调试的情况下可以拖动左侧的黄色箭头进行上下拖动。例如，若想使用 [F11] 键到某个方法中进行调用过程的查看，结果手误按下【F10】键，此时代码执行到了方法调用的下一句，那么此时就可以单击左侧的黄色箭头，并按住鼠标左键，往上一拖，便又可以执行刚才的方法调用的那句代码，如果往下拖，则可以跳过一些语句代码的执行。

（4）编辑并继续

通过启用编辑并继续，可以在调试代码的过程中直接更改部分代码，然后立刻执行最新的代码，而不需要重新启动调试程序。但是这种方式在 Web 应用程序中，如果设置了启动编辑并继续之后结束调试，那么网站或 Web 应用程序将自动从 IISExpress 中退出，也就是此时再刷新网页，将会显示无法连接到网站，如果要继续浏览其他页面，就只能重新打开网站。不过，在 Visual Studio 2015 中，默认就是打开了编辑并继续功能，并且已经把编辑并继续的复选框去掉。

（5）设置断点（按【F9】键开启）

断点的使用已在上面内容中讲解，此处讲解的是比较特殊的断点设置，即条件断点。条件断点就是可以设置一个表达式，只有表达式的值为 true 或者更改的时候，语句才会被命中，如下例所示。

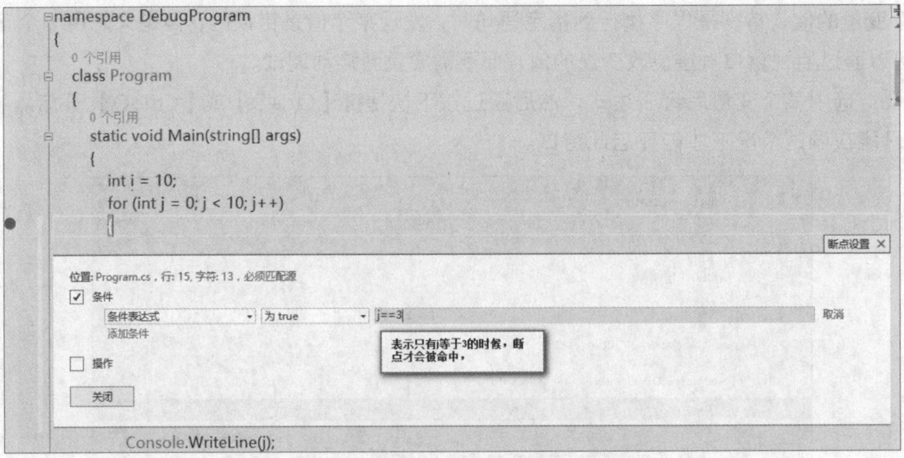

（6）【F5】键的使用

Visual Studio 中，按【F5】键可以用来启动调试，也可以快速地将程序执行从一个断点转移到下一个断点处，有些新手会一句一句地执行进行调试，但如果程序代码量多，或者遇到一个大循环，使用【F5】键则比较方便。

（7）C 语言中的 assert()

该宏在 <assert> 中，当使用 assert 时候，给它一个参数，即一个判断为真的表达式。预处理器产生测试该断言的代码，如果断言不为真，则发出一个错误信息提示断言是什么，程序会终止。以下面的代码为例：

```
#include<assert.h>
#include<stdio.h>
int main()
{
    int i=100;
    assert(i!=100);
    return 0;
}
```

其运行结果如下图所示。

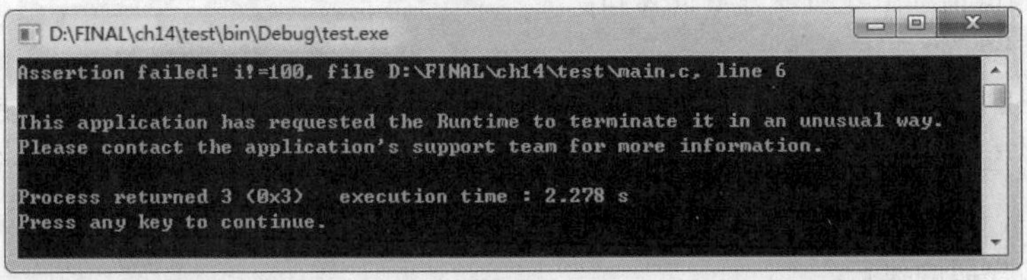

当调试完毕后，在 #include<assert.h> 前加入 #define NDEBUG 即可消除宏产生的代码。

（8）强大的 printf()

程序调试有两种方式，一种是上面所讲的借助于 IDE 的调试器进行调试，另一种便是通过利用 printf() 输出进行调试。这种方法直接在需要输出调试信息的位置使用函数 printf 输出相应的调试信息，以及某些关键变量的值，这样就可以很快查看程序中出现语义错误的位置。

printf() 输出相应调试信息的方式多适用于多分支、多层嵌套循环的程序，可以通过在各分支或循环中输出特殊标记，确认程序是否运行到此处以及运行结果是否正常。特别是遇到程序运行过程中自动停止的情况，可使用此方法标记输出显示程序运行都何处出现异常。另一方面，这种调试方法不破坏代码结构且利于管理，是调试程序的很好的方法。

第 **IV** 篇

高级应用

第 **15** 章

简单的数据结构

数据结构是计算机存储、管理数据的方式，是数据元素的集合，合理的数据结构可以给程序带来更高的运行和存储效率。

本章要点（已掌握的在方框中打钩）

☐ 数据结构概述
☐ 栈和队列
☐ 二叉树
☐ 查找方法
☐ 排序方法

▶15.1 数据结构概述

数据结构是计算机存储、管理数据的方式。数据必须依据某种逻辑联系组织在一起并存储在计算机内，数据结构研究的就是这种数据的存储结构和逻辑结构。

选择合适的数据结构是非常重要的。在许多类型的程序设计中，数据结构的选择是设计中要考虑的基本因素。许多大型系统的构造表明，系统实现的困难程度和系统构造的质量都严重依赖于是否选择了最优的数据结构。确定了数据结构后，算法很容易得到，算法得到之后，问题才能够得到顺利解决。有时也会相反，可以根据特定算法来选择合适的数据结构。

数据的逻辑结构可以归纳为以下 4 类。

（1）集合结构：该结构的数据元素间的关系属于同一个集合。

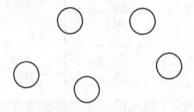

（2）线性结构：该结构的数据元素之间存在着一对一的关系。

（3）树形结构：该结构的数据元素之间存在着一对多的关系。

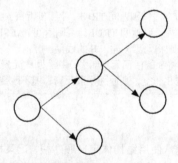

（4）图形结构：该结构的数据元素之间存在着多对多的关系，也称网状结构。

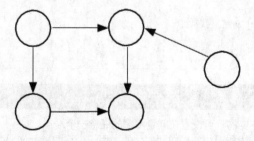

▶ 15.2 栈

栈（Stack）是一种重要的线性结构，它是受限的线性表，是仅能在表的一端进行插入和删除运算的线性表。栈被广泛地应用到各种系统的程序设计中。

（1）插入、删除的这一端通常称为栈顶（Top），另一端称为栈底（Bottom）。

（2）当表中没有元素时称为空栈。

（3）栈为后进先出（Last In First Out）的线性表，简称为 LIFO 表。栈的修改是按照后进先出的原则进行的。每次删除（退栈）的总是当前栈中"最新"的元素，即最后插入（进栈）的元素，而最先插入的则被放在栈的底部，要到最后才能删除，如下图所示。

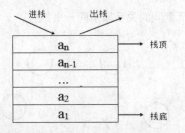

> 🖌 **注意**
>
> 栈具有记忆作用，在栈的插入与删除操作中，不需要改变栈底指针。

15.2.1 栈的基本运算

在实际使用过程中，常用的栈操作如下。

（1）InitStack(S)：构造一个空栈 S。

（2）StackEmpty(S)：判栈空。若 S 为空栈，则返回 TRUE，否则返回 FALSE。

（3）StackFull(S)：判栈满。若 S 为满栈，则返回 TRUE，否则返回 FALSE。

（4）Push(S,x)：进栈。若栈 S 不满，则将元素 x 插入 S 的栈顶。

（5）Pop(S)：退栈。若栈 S 非空，则将 S 的栈顶元素删去，并返回该元素。

（6）StackTop(S)：取栈顶元素。若栈 S 非空，则返回栈顶元素，但不改变栈的状态。

15.2.2 顺序栈

栈的顺序存储结构称为顺序栈。通常使用结构体定义顺序栈，记录栈顶坐标，从而操作栈实现各种功能。

```c
#define StackSize 100// 假定预分配的栈空间最多为 100 个元素
typedef char DataType;// 假定栈元素的数据类型为字符
typedef struct
{
    DataType data[StackSize]; // 定义栈数组
    int top;// 定义栈顶
}SeqStack;
```

> 🖌 **注意**
>
> （1）栈底位置是固定不变的，可设置在向量两端的任意一个端点。
> （2）栈顶位置是随着进栈和退栈的操作而变化的，用一个整型量 top（通常称 top 为栈顶指针）来指示当前栈顶的位置（当 top=-1 时表示栈为空）。

15.2.3 链栈

栈的链式存储结构称为链栈。链栈是没有附加头结点的运算受限的单链表。栈顶指针就是链表的头指针。跟单链表一样，通常使用结构体实现链式栈的功能，结构体内一个量存储结点值，一个量存储指针，实现链式结构。就像单链表有头指针一样，也为链式栈定义头结点，以便对链式栈进行操作。

```
typedef struct stacknode // 链式栈结构
{
    DataType data        // 栈元素
    struct stacknode *next// 栈元素指针
}StackNode;
typedef struct
{
    StackNode *top;      // 栈顶指针
}LinkStack;
```

✎注意

（1）LinkStack 结构类型的定义是为了方便在函数体中修改 top 指针本身。
（2）若要记录栈中元素的个数，可将元素个数属性放在 LinkStack 类型中定义。

15.2.4 栈的应用

范例 15-1　用一个 $m×n$ 的矩阵表示迷宫，0 和 1 分别表示迷宫中的通路和障碍。对于任意设定的迷宫，求出 一条从入口到出口的通路，并输出所经过的坐标点，或得出没有通路的结论

（1）在 Codeblocks 16.01 中，新建名为"sqstack.c"的【C Source File】源程序。
（2）在代码编辑区域输入以下代码（代码 15-1.txt）。

```
01  #include<stdio.h>
02  #include<stdlib.h>
03  #define M 6
04  #define N 8
05  #define Max M*N
06  Int road[7][9];// 经过的路径进行声明
07  typedef struct // 定义迷宫内坐标类型
08  {
09      int x,y;
10  } item;
11  typedef struct // 顺序栈元素
12  {
13      int x,y,d;//  d 表示下一步方向
14  } Elemtype;
15  typedef struct node // 栈的类型定义
16  {
17      Elemtype data[Max];
18      int top;
19  } sqstack;
20  typedef struct // 队列的类型定义
21  {
```

```
22      int x,y;
23      int pre;
24  } ElemType;
25  typedef struct
26  {
27      ElemType elem[Max];
28      int front,rear;
29      int len;
30  } SqQueue;
31  // 栈函数
32  void InitStack(sqstack *s)// 构造空栈
33  {
34      s->top=-1;
35  }
36  int Stackempty(sqstack s)// 判断栈是否为空
37  {
38      if(s.top==-1)
39          return 1;
40      else
41          return 0;
42  }
43  void Push(sqstack *s, Elemtype e)// 入栈
44  {
45      if(s->top==Max-1)
46      {
47          printf("full");
48          return;
49      }
50      s->top++;
51      s->data[s->top].x=e.x;
52      s->data[s->top].y=e.y;
53      s->data[s->top].d=e.d;
54  }
55  int Pop(sqstack *s,Elemtype *e)// 出栈
56  {
57      if(s->top==-1)
58      {
59          printf("stack is empty\n");
60          return 0;
61      }
62      e->x=s->data[s->top].x;
63      e->y=s->data[s->top].y;
64      e->d=s->data[s->top].d;
65      s->top--;
66  }
67  void printpath(sqstack s)// 输出迷宫路径，栈中保存的就是一条迷宫的通路
68  {
69      Elemtype temp;
70      printf(" 经过： (%d,%d)\n",M,N);
71      road[M][N]=1;
72      while(!Stackempty(s))
73      {
```

```
74        Pop(&s,&temp);
75        printf(" 经过： (%d,%d)\n",temp.x,temp.y);
76        road[temp.x][temp.y]=1;
77     }
78     printf("\n");
79  }
80  void mazepath(int maze[M+2][N+2],item move[4])// 求解迷宫
81  {
82     sqstack s;
83     Elemtype temp;
84     int x,y,d,i,j;
85     InitStack(&s);// 栈的初始化
86     temp.x=1;
87     temp.y=1;
88     temp.d=-1;
89     Push(&s,temp);
90     while(!Stackempty (s))
91     {
92        Pop(&s,&temp);// 出栈
93        x=temp.x;
94        y=temp.y;
95        d=temp.d+1;
96        while(d<4)  // 换方向
97        {
98           i=x+move[d].x;
99           j=y+move[d].y;
100          if(maze[i][j]==0)// 该点可到达
101          {
102             temp.x=x;
103             temp.y=y;
104             temp.d=d;
105             Push(&s,temp);// 当前点进栈，保存到栈中
106             x=i;
107             y=j;
108             maze[x][y]=-1; // 到达新点，标志已到达
109             if(x==M&&y==N)// 到出口点
110             {
111                printpath(s);// 迷宫有路
112                return;
113             }
114             else
115             {
116                d=0;// 重新初始化方向
117             }
118          }
119          else// 该点不可到达
120          {
121             d++; // 改变方向
122          }
123       }
124    }
```

```
125        printf(" 迷宫无路 \n");
126        return;
127    }
128    void mapui(int maze[M+2][N+2])
129    {
130        int x=0;
131        int y=0;
132        for(x=0; x<M+2; x++)
133        {
134            for(y=0; y<N+2; y++)
135            {
136                if(maze[x][y]==1)
137                    printf("%s"," ■ ");
138                else if(road[x][y]==1)
139                    printf("%s"," ★ ");
140                else
141                    printf("%s","   ");
142            }
143            printf("\n");
144        }
145    }
146    void main()
147    {
148        sqstack s;
149        printf(" 迷宫地图; \n");
150        int maze1[M+2][N+2]=
151        {
152            {1,1,1,1,1,1,1,1,1,1},
153            {1,0,0,1,1,1,1,1,1,1},
154            {1,1,0,1,0,1,1,0,0,1},
155            {1,0,0,0,0,0,0,0,1,1},
156            {1,0,1,1,1,0,0,1,0,1},
157            {1,1,0,0,1,1,0,0,0,1},
158            {1,1,1,1,0,0,1,1,0,1},
159            {1,1,1,1,1,1,1,1,1,1}
160        }; /* 构造一个迷宫 */
161        mapui(maze1);
162        int i;
163        item move[4]= {{0,1},{1,0},{0,-1},{-1,0}}; /* 坐标增量数组 move 的初始化 */
164        printf(" -------------- 菜单 --------------\n");
165        printf(" 1、利用栈实现迷宫求解 \n");
166        printf(" -1、退出 \n");
167        printf(" ------------------------------\n");
168        printf(" 请选择 ...\n");
169        scanf("%d",&i);
170        while(i!=-1)
171        {
172            switch(i)
173            {
174            case 1:
175            {
```

```
176        mazepath(maze1,move);
177        mapui(maze1);
178        break;// 利用栈实现迷宫求解
179      }
180    default :
181      printf(" 输入错误！请重新选择 !\n");
182    }
183    printf(" 请选择 ...\n");
184    scanf("%d",&i);
185  }
186  printf(" 感谢使用 !\n");
187 }
```

【运行结果】

编译、连接、运行程序，运行结果如下图所示。

【范例分析】

为了避免边界检测问题，画地图时，横向与纵向都要加上一层围墙，故坐标都要加上 2。地图绘制完成后，while(栈不空) 开始初始化栈，入口信息进栈。思路如下。

```
{
    若栈不空且栈顶位置尚有其他方向未被探索
    { 此步信息出栈，找相邻位置
      {若该点可到达
        {此步信息进栈
          while( 方向 <4)
          { 若该点为出口
            { 则输出路径 }
            否则
            {初始化方向为 0  }
          }
        }
      }
      若该点不可到达
      {方向加 1  }
    }
  }
}
```

15.3. 队列

队列（Queue）也是一种重要的线性结构，它也是受限的线性表，是只允许在一端进行插入，而在另一端进行删除的运算。受限的线性表队列的修改是依据先进先出的原则进行的，如下图所示。

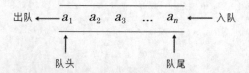

注意

（1）允许删除的一端称为队头（Front）。
（2）允许插入的一端称为队尾（Rear）。
（3）当队列中没有元素时称为空队列。
（4）队列也称作先进先出（First In First Out）的线性表，简称为 FIFO 表。

15.3.1　队列的基本运算

常用的队列操作如下。
（1）InitQueue(Q)：置空队。构造一个空队列 Q。
（2）QueueEmpty(Q)：判队空。若队列 Q 为空，则返回真值，否则返回假值。
（3）QueueFull(Q)：判队满。若队列 Q 为满，则返回真值，否则返回假值。
（4）EnQueue(Q,x)：若队列 Q 非满，则将元素 x 插入 Q 的队尾。此操作简称入队。
（5）DeQueue(Q)：若队列 Q 非空，则删去 Q 的队头元素，并返回该元素。此操作简称出队。
（6）QueueFront(Q)：若队列 Q 非空，则返回队头元素，但不改变队列 Q 的状态。

15.3.2　顺序队列

队列的顺序存储结构称为顺序队列。顺序队列用一个向量空间来存放当前队列中的元素。由于队列的队头和队尾的位置是变化的，设置两个指针 front 和 rear 分别指示队头元素和队尾元素在向量空间中的位置，它们的初值在队列初始化时均应置为 0。顺序队列操作如下图所示。

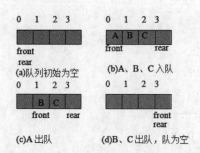

（1）入队时：将新元素插入 rear 所指的位置，然后将 rear 加 1。
（2）出队时：删去 front 所指的元素，然后将 front 加 1 并返回被删元素。

注意

当头尾指针相等时，队列为空；在非空队列里，队头指针始终指向队头元素，尾指针始终指向队尾元素的下一个位置。

15.3.3 链队列

队列的链式存储结构简称链队列，是限制仅在表头删除和表尾插入的单链表。空队列时，头指针 front 和尾指针 rear 都指向队头结点，如下图（a）所示。非空队列时，将对头指针 front 指向队头结点，队尾指针 rear 指向队尾结点，如下图（b）所示。

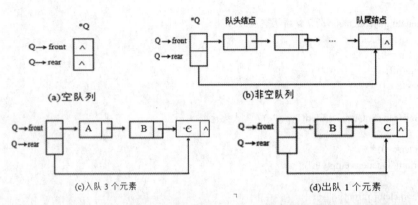

(a)空队列   (b)非空队列

(c)入队 3 个元素   (d)出队 1 个元素

> ⚑**注意**
>
> 增加指向链表上的最后一个结点的尾指针，便于在表尾进行插入操作。图中的 Q 为 LinkQueue 型的指针。

15.3.4 队列的应用

📝 **范例 15-2**   使用队列的方式来实现范例15-1的迷宫

（1）在 Codeblocks 16.01 中，新建名为 "SqQueue.c" 的【C Source File】源程序。

（2）在代码编辑区域输入以下代码（代码 15-2.txt）。

```
01  #include<stdio.h>
02  #include<stdlib.h>
03  #define M 6
04  #define N 8
05  #define Max M*N
06  int road[7][9];// 经过的路径进行声明
07  typedef struct // 定义迷宫内坐标类型
08  {
09      int x,y;
10  } item;
11  typedef struct // 方块的类型定义
12  {
13      int x,y; // 方块位置
14      int pre; // 本路径中上一方块在队列中的下标
15  } ElemType;
16  typedef struct
17  {
18      ElemType elem[Max];
19      int front,rear;// 队头与队尾指针
20      int len; // 长度
21  } SqQueue;// 定义顺序队列类型
22
```

```
23  void InitQueue(SqQueue *q) // 队的初始化
24  {
25      q->front=q->rear=0;
26      q->len=0;
27  }
28  int QueueEmpty(SqQueue q) // 判断队空
29  {
30      if (q.len==0)
31          return 1;
32      else return 0;
33  }
34  void GetHead (SqQueue q,ElemType *e)// 读队头元素
35  {
36      if (q.len==0)
37          printf("Queue is empty\n");
38      else
39          *e=q.elem[q.front];
40  }
41  void EnQueue(SqQueue *q,ElemType e) // 入队
42  {
43      if(q->len==Max)
44          printf("Queue is full\n");
45      else
46      {
47          q->elem[q->rear].x=e.x;
48          q->elem[q->rear].y=e.y;
49          q->elem[q->rear].pre=e.pre;
50          q->rear=q->rear+1;// 队尾指针后移
51          q->len++;// 队长度加 1
52      }
53  }
54  void DeQueue(SqQueue *q,ElemType *e) // 出队
55  {
56      if(q->len==0)
57          printf("Queue is empty\n");
58      else
59      {
60          e->x=q->elem[q->rear].x;
61          e->y=q->elem[q->rear].y;
62          e->pre=q->elem[q->rear].pre;
63          q->front=q->front+1;// 队头指针后移
64          q->len--;// 队长度减 1
65      }
66  }
67  // 队列的迷宫求解
68  void mazepath2(int maze[M+2][N+2],item move[4])
69  {
70      SqQueue q;
71      ElemType head,e;
72      int x,y,v,i,j;
73      InitQueue(&q); // 队列的初始化
74      e.x=1;
```

```
75      e.y=1;
76      e.pre=-1;
77      maze[1][1]=-1; // 标记为可到达点
78      EnQueue (&q,e);// 入口信息入队
79      while(!QueueEmpty (q))// 非空
80      {
81         GetHead(q,&head);// 队头元素
82         x=head.x;
83         y=head.y;
84         for(v=0; v<4; v++)// 四个方向
85         {
86            i=x+move[v].x;
87            j=y+move[v].y;
88            if(maze[i][j]==0)// 周围可到达点
89            {
90               e.x=i;
91               e.y=j;
92               e.pre=q.front;// 指向路径上一个方块的下标
93               maze[i][j]=-1;// 标记点可到达 , 避免重复搜索
94               EnQueue(&q,e);// 入队
95            }
96            if(i==M&&j==N)// 出口点
97            {
98               printpath2(q);// 打印路径
99               return ;
100           }
101        }
102        DeQueue(&q,&head);// 出队
103     }
104     printf(" 迷宫无路 !\n");
105     return;
106  }
107  void printpath2(SqQueue q)// 输出迷宫路径，队列中保存的就是一条迷宫的通路
108  {
109     int i;
110     i=q.rear-1;
111     do
112     {
113        printf(" 经过 (%d,%d)\n",(q.elem[i]).x,(q.elem[i]).y);
114        road[(q.elem[i]).x][(q.elem[i]).y]=1;
115        i=(q.elem[i]).pre;
116     }
117     while(i!=-1);
118     printf("\n");
119  }
120  void mapui(int maze[M+2][N+2])
121  {
122     int x=0;
123     int y=0;
124     for(x=0; x<M+2; x++)
125     {
126        for(y=0; y<N+2; y++)
```

```
127        {
128            if(maze[x][y]==1)
129               printf("%s"," ■ ");
130            else if(road[x][y]==1)
131               printf("%s"," ★ ");
132                                else
133               printf("%s"," ");
134        }
135        printf("\n");
136    }
137 }
138 void main()
139 {
140    printf(" 迷宫地图；\n");
141    int maze2[M+2][N+2]=
142    {
143      {1,1,1,1,1,1,1,1,1,1},
144      {1,0,0,1,1,1,1,1,1,1},
145      {1,1,0,1,0,1,1,0,0,1},
146      {1,0,0,0,0,0,0,0,1,1},
147      {1,0,1,1,1,0,0,1,0,1},
148      {1,1,0,0,1,1,0,0,0,1},
149      {1,1,1,1,0,0,1,1,0,1},
150      {1,1,1,1,1,1,1,1,1,1}
151    }; /* 构造一个迷宫 */
152    mapui(maze2);
153    int i;
154    item move[4]= {{0,1},{1,0},{0,-1},{-1,0}}; /* 坐标增量数组 move 的初始化 */
155    printf(" -------------- 菜单 --------------\n");
156    printf(" 1、利用队列实现迷宫求解 \n");
157    printf(" -1、退出 \n");
158    printf(" -------------------------------\n");
159    printf(" 请选择 ...\n");
160    scanf("%d",&i);
161    while(i!=-1)
162    {
163      switch(i)
164      {
165      case 1:
166        {
167          mazepath2(maze2,move);
168          mapui(maze2);
169          break;// 利用队列实现迷宫求解
170        }
171      default :
172          printf(" 输入错误！请重新选择 !\n");
173      }
174      printf(" 请选择 ...\n");
175      scanf("%d",&i);
176    }
177    printf(" 感谢使用 !\n");
178 }
```

【运行结果】

编译、连接、运行程序，运行结果如下图所示。

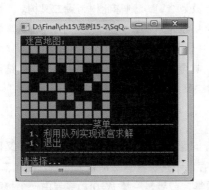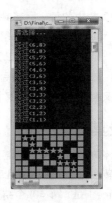

【范例分析】

思路与使用栈求解的方法类似，但是队列的两端都可用到，数据从队尾添加，从队头取出。在使用栈求解时，将可走的方向进栈，再试探下一可走的方向，然后将可走的方位保存到栈中。而队列可利用其特性，一层一层地向外找到所有可走的点，直到找到出口。

▶15.4 树

当数据元素之间呈现的关系非一一对应，而是一对多时，对应关系复杂化之后，线性结构便不足以方便地描述这样的复杂情形，需要用符合树型结构特点的其他方式来描述这种呈层次关系的非线性结构。类似于自然界中的树，树型结构在客观世界中是大量存在的，例如家谱、行政组织机构等都可以用树形象地表示。 树在计算机领域中也有着广泛的应用，例如在编译程序中，可以用来表示源程序的语法结构；在数据库系统中，可以用来组织信息；在分析算法的行为时，可以用来描述其执行过程。

15.4.1 树的基本概念

树是树型结构的简称，它是一种重要的非线性数据结构。

树的表示：通常使用广义表表示方法，即每棵树的根作为由子树构成的表的名字而放在表的前面，如下图的树对应的广义表表示为 A（B（D，E（H，I），F），C（G））

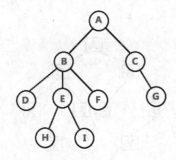

结点的度：树中每个结点具有的非空子树数或者说后继结点数被定义为该结点的度。如上图中，B 结点度为 3，A 和 E 结点度都为 2，C 结点度为 1，其余结点度均为 0。

树的度：树中所有结点的度的最大值被定义为该树的度。如上图中树的度为 3。

叶子结点：度等于 0 的结点称为叶子结点或终端结点。

分支结点：度大于 0 的结点称为分支结点或非终端结点。每个结点的分支数就是该结点的度数。

在一棵树中，每个结点的子树的根（或者说每个结点的后继）称为孩子结点，该结点称为父亲结点。

结点的层数从树根开始定义，根结点为第一层，它的孩子结点为第二层，依此类推。树中结点最大层数称为树的深度或高度。上图树的深度为4。

二叉树：指树的度为 2 的有序树。

满二叉树：当二叉树中的每一层都满时（结点数为 2^{i-1} ），则称此树为满二叉树。

完全二叉树：二叉树中，除最后一层外，其余层都是满的，并且最后一层或者是满的，或者是在最右边缺少连续若干个结点，则称此树为完全二叉树。

理想平衡二叉树：二叉树中，除最后一层外，其余层都是满的，并且最后一层的结点可以任意分布，则称此树为理想平衡二叉树。理想平衡二叉树包含满二叉树和完全二叉树。

15.4.2 二叉树及其基本性质

二叉树是树形结构的一个重要类型。许多实际问题抽象出来的数据结构往往是二叉树的形式。即使是一般的树，也能简单地转换为二叉树。而且二叉树的存储结构及其算法都较为简单，因此二叉树显得特别重要。

二叉树（BinaryTree）是 $N(N>=0)$ 个结点的有限集，或者是空集 $(N=0)$，或者由一个根结点及两棵互不相交的、分别称作这个根的左子树和右子树的二叉树组成。二叉树可以是空集，根可以有空的左子树或右子树，或者左、右子树均为空。二叉树的种类如下图所示。

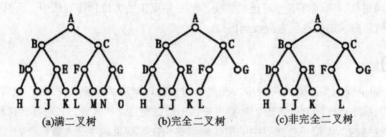

(a)满二叉树   (b)完全二叉树   (c)非完全二叉树

从二叉树的递归定义可知，一棵非空的二叉树由根结点及左、右子树等 3 个基本部分组成。因此，在任一给定结点上，可以按某种次序进行如下 3 个操作。

（1）访问结点本身 (N)。

（2）遍历该结点的左子树 (L)。

（3）遍历该结点的右子树 (R)。

以上 3 种操作有 6 种执行次序，包括 NLR、LNR、LRN、NRL、RNL、RLN。在这 6 种次序中，前 3 种次序与后 3 种次序对称，故只讨论先左后右的前 3 种次序，也就是常说的先序遍历（NLR）、中序遍历（LNR）和后序遍历（LRN）。如下图中的一棵二叉树。

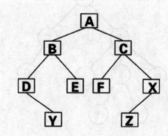

3 种遍历的结果如下。

先序遍历：A-B-D-Y-E-C-F-X-Z。

中序遍历：D-Y-B-E-A-F-C-Z-X。

后序遍历：Y-D-E-B-F-Z-X-C-A。

15.4.3 二叉树的遍历

下面通过一个范例来理解二叉树的遍历。

范例 15-3　创建一个二叉树，求其先序遍历、中序遍历及后序遍历的结果

（1）在 Codeblocks 16.01 中，新建名为"tree.c"的【C Source File】源程序。

（2）在代码编辑区域输入以下代码（代码 15-3.txt）。

```
01  #include<stdio.h>
02  typedef char Datatype;        // 数据域中数据的类型
03  typedef struct node{          // 结点类型
04    Datatype data;             // 数据域
05    struct node *lchild,*rchild;// 左右孩子指针
06  }BinTNode;
07  typedef BinTNode *BinTree;     //BinTree 为指向 BinTNode 类型结点的指针类型
08  void PreOrder(BinTree T){
09    // 先序遍历递归算法
10    if(T){
11      printf("%c",T->data);// 先访问根结点
12      PreOrder(T->lchild); // 再访问左子树
13      PreOrder(T->rchild); // 最后访问右子树
14    }
15  }
16  void InOrder(BinTree T){
17    // 中序遍历递归算法
18    if(T){              // 如果二叉树非空
19      InOrder(T->lchild); // 先访问左子树
20      printf("%c",T->data);// 再访问根结点
21      InOrder(T->rchild); // 最后访问右子树
22    }
23  }
24  void PostOrder(BinTree T){
25    // 后序遍历递归算法
26    if(T){
27      PostOrder(T->lchild);// 先访问左子树
28      PostOrder(T->rchild);// 再访问右子树
29      printf("%c",T->data);// 最后访问根结点
30    }
31  }
32  void CreateBinTree(BinTree *T){
33    char ch;
34    ch=getchar();
35    if(ch=='#')
36      *T=NULL;// 读入空格，将相应指针置空
37    else{
38      *T=(BinTNode *)malloc(sizeof(BinTNode));// 生成结点
39      (*T)->data=ch;// 给结点的数据域赋值
40      CreateBinTree(&(*T)->lchild);// 构造左子树
41      CreateBinTree(&(*T)->rchild);// 构造右子树
42    }
43  }
44  int main(){
45    BinTree T;
46    printf(" 输入字符串（'#' 字符表示空树），来建立二叉树！ \n");
47    CreateBinTree(&T);
48    printf(" 二叉树已经建好，先序遍历序列为：\n");
```

```
49      PreOrder(T);
50      printf("\n 中序遍历序列为 ( 递归 )：\n");
51      InOrder(T);
52      printf("\n 后序遍历序列为：\n");
53      PostOrder(T);
54      return 0;
55  }
```

【运行结果】

编译、连接、运行程序，运行结果如下图所示。

【范例分析】

ABD###CE##F##，# 表示空树，那么构建的二叉树如下图所示。在构建二叉树时，基于先序遍历的构造，先序序列中虚结点表示空指针的位置，T 是指向根指针的指针，故修改 *T 就修改了实参 (根指针) 本身。

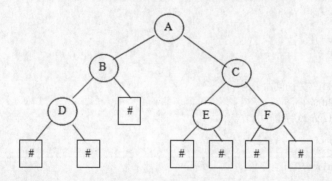

▶ 15.5 查找

查找是在数据中寻找特定的值，这个值称为关键值。例如，在电话簿中查找朋友的电话号码，或是在书店查找喜爱的书，这些都是查找的应用。

如果是针对一些没有排序过的数据进行查找，需要从数据内的第 1 个元素开始比较每一个元素，才能得知这个元素数据是否存在。如果数据已经排序过，查找的方法就大不相同。例如，在电话簿中查找朋友的电话，相信没有读者会从电话簿的第 1 页开始找，而是直接根据姓名翻到开始的页数，这么做的前提是电话簿已经根据姓名排好序了。

15.5.1 顺序查找

顺序查找如同数组的遍历，就是从数组的第 1 个元素开始，检查数组的每一个元素，以便确定是否有想要查找的数据。因为是从头检查到尾，所以数组数据是否排序就不重要了。

范例 15-4 顺序查找

（1）在 Codeblocks 16.01 中，新建名为 "seqsearch.c" 的【C Source File】源程序。

（2）在代码编辑区域输入以下代码（代码 15-4.txt）。

```
01 #include <stdio.h>
02 #include <stdlib.h>
03 #include <time.h>
04 #define MAX 100 // 最大数组容量
05 struct element        // 记录结构声明
06 {
07   int key;
08 };
09 typedef struct element record;
10 record data[MAX+1];
11 // 顺序查找
12 int seqsearch(int key)
13 {
14  int pos;  // 数组索引
15  data[MAX].key=key;
16  pos=0; // 从头开始找
17  while(1)
18  {
19    if(key==data[pos].key) // 是否找到
20      break;
21    pos++; // 下一个元素
22  }
23  if(pos==MAX)      // 在最后
24    return -1;
25  else
26    return pos;
27 }
28 // 主程序
29 int main()
30 {
31  int checked[400];   // 检查数组
32  int i,temp;
33  long temptime;
34  srand(time(&temptime) %60); // 使用时间初始随机数
35  for(i=0; i<400; i++)
36    checked[i]=0;  // 清除检查数组
37  i=0;
38  while(i!=MAX)     // 生成数组值的循环
39  {
40    temp=rand() % 400;        // 随机数范围 0~399
41    if(checked[temp]==0)   // 是否是已有的值
42    {
43      data[i].key=temp;
44      checked[temp]=1;        // 设置此值生成过
45      i++;
46    }
47 }
```

```
48  while(1)
49  {
50    printf(" 请输入查找值 0-399：");
51    scanf("%d",&temp);          // 查找值
52    if(temp!=-1)
53    {
54      i=seqsearch(temp);        // 调用顺序查找
55    if(i!=-1)
56      printf(" 找到查找值 %d[%d]\n",temp,i);
57    else
58      printf(" 没有找到查找值 %d\n",temp);
59  }
60  else
61    exit(1); // 结束程序
62  }
63  return 0;
64  }
```

【运行结果】

编译、连接、运行程序，运行结果如下图所示。

【范例分析】

本范例先使用随机函数，以时间为种子，生成了 400 个取值范围在 0~399 间互不相同的一组随机整数。第 40 行 ~ 第 45 行定义了 checked 数组，初始值为 0，temp 是生成的随机数。以 temp 为下标，当 temp 第 1 次出现时，将以 temp 为下标的 checked 数组元素值设置为 1，如果再次生成了 temp 值，检查相应的 checked 数组 temp 下标的值是否是 0，为 0 说明 temp 是新数，为 1 说明 temp 是已有数，需要重新产生一个值。

接下来调用 seqsearch() 顺序查找函数，根据用户输入值查找元素是否存在。查找方法是遍历数组，直到找到与用户输入值相等的元素，把该元素在数组中的下标返回给主函数。

15.5.2 折半查找

如果查找的数据已经排序，虽仍然可以使用顺序查找法进行顺序查找，不过有一种更好的方法，那就是折半查找法。

折半查找法使用分区数据然后查找的方法。首先折半查找检查中间元素，如果中间元素小于查找的关键值，可以确定数据是存储在前半段，否则就在后半段。然后继续在可能存在的半段数据内重复上述操作，直到找到或已经没有数据可以分区，表示没有找到。

如果数组的上下范围分别是 low 和 high，此时的中间元素是（low+high）/ 2。在进行查找时，可以分成以下 3 种情况。

（1）如果查找关键值小于数组的中间元素，关键值在数据数组的前半部分。

（2）如果查找关键值大于数组的中间元素，关键值在数据数组的后半部分。

（3）如果查找关键值等于数组的中间元素，中间元素就是查找的值。

范例 15-5　折半查找

（1）在 Codeblocks 16.01 中，新建名为"binarysearch.c"的【C Source File】源程序。

（2）在代码编辑区域输入以下代码（代码 15-5.txt）。

```c
01  #include <stdio.h>
02  #include <stdlib.h>
03  #define MAX 21   //最大数组容量
04  struct element
05  {
06      int key;
07  };
08  typedef struct element record;
09  record data[MAX]=           //结构数组声明
10  {
11      1,3,5,7,9,21,25,33,46,89,100,121,
12      127,139,237,279,302,356,455,467,500
13  };
14  //折半查找
15  int binarysearch(int key)
16  {
17      int low,high,mid; //数组开始、结束和中间变量
18      low=0; //数组开始，标记查找下限
19      high=MAX-1;     //数组结束，标记查找上限
20      while(low<=high)
21      {
22          mid=(low+high)/2;        //折半查找中间值
23          if(key<data[mid].key)    //当待查找数据小于折半中间值
24              high=mid-1;  //在折半的前一半重新查找
25          else if(key>data[mid].key)  //当待查找数据大于折半中间值
26              low=mid+1; //在折半的后一半重新查找
27          else
28              return mid;   //找到了，返回下标
29      }
30      return -1;        //没有找到返回 -1
31  }
32  int main()
33  {
34      int found;          //是否找变量
35      int value;          //查找值
36      while(1)
37      {
38          printf(" 请输入查找值 0-500:\n");
39          scanf("%d",&value);
40          if(value !=-1)
41          {
42              found=binarysearch(value);       //调用折半查找
43              if(found!=-1)
44                  printf(" 找到查找值 :%d[%d]\n",value,found);
```

```
45          else
46              printf(" 没有找到查找值 :%d\n",value);
47      }
48      else
49          exit(1);        // 结束程序
50  }
51  return 0;
52  }
```

【运行结果】

编译、连接、运行程序，即可在命令行中输出如下图所示的结果。

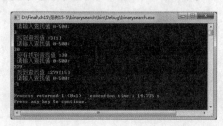

【范例分析】

折半查找的前提是数组已经按照大小顺序排序，本范例是从小到大的排序顺序。用户输入查找值，调用折半查找函数 binarysearch()，以数组的下标居中的元素为中间值，把数组一分为二，根据输入值和中间值的大小关系，在上半部分还是下半部分继续查找，然后再次取下标居中的元素为中间值循环判断，直至找到输入值。

15.5.3 二叉查找树

二叉查找树（Binary Search Tree）又称二叉排序树（Binary Sort Tree），它或者是一棵空树；或者是具有下列性质的二叉树。

（1）若左子树不空，则左子树上所有结点的值均小于它的根结点的值。

（2）若右子树不空，则右子树上所有结点的值均大于它的根结点的值。

（3）左、右子树也分别为二叉排序树。

简单地说就是左孩子 < 双亲结点 > 右孩子。

因此，对查找二叉树进行中序遍历，得到的是一个从小到大排序的数列。

范例 15-6   使用二叉查找树中序遍历进行排序

（1）在 Codeblocks 16.01 中，新建名为 "BSTtree.c" 的【C Source File】源程序。

（2）在代码编辑区域输入以下代码（代码 15-6.txt）。

```
01  #include <stdio.h>
02  #include <stdlib.h>
03  typedef int Elemtype;
04  typedef struct BiTNode{
05      Elemtype data;
06      struct BiTNode *lchild, *rchild;
07  }BiTNode, *BiTree;
08  // 在给定的 BST 中插入结点，其数据域为 element
```

```
09  int BSTInsert( BiTree *t, Elemtype element )
10  {
11    if( NULL == *t ) {
12      (*t) = (BiTree)malloc(sizeof(BiTNode));
13      (*t)->data = element;
14      (*t)->lchild = (*t)->rchild = NULL;
15      return 1;
16    }
17    if( element == (*t)->data )
18      return 0;
19    if( element < (*t)->data )
20      return BSTInsert( &(*t)->lchild, element );
21    return BSTInsert( &(*t)->rchild, element );
22  }
23  // 创建 BST
24  void CreateBST( BiTree *t, Elemtype *a, int n )
25  {
26    (*t) = NULL;
27    int i;
28    for(i=0;i<n;i++ )
29      BSTInsert(t, a[i] );
30  }
31  // 中序遍历打印 BST
32  void PrintBST( BiTree t )
33  {
34    if( t ) {
35      PrintBST( t->lchild );
36      printf("%d ", t->data);
37      PrintBST( t->rchild );
38    }
39  }
40  int main()
41  {
42    int n,i;
43    int *a;
44    BiTree t;
45    printf(" 输入二叉查找树的结点数 :\n");
46    scanf("%d", &n);
47    a = (int *)malloc(sizeof(int)*n);
48    printf(" 输入二叉查找树的结点 :\n");
49    for( i=0; i<n; i++ )
50      scanf("%d", &a[i]);
51    CreateBST( &t, a, n );
52    printf(" 中序遍历结果为 :\n");
53    PrintBST( t );
54    printf("\n");
55    return 0;
56  }
```

【运行结果】

编译、连接、运行程序，运行结果如下图所示。

【范例分析】

创建二插排序树的过程就是一个不断插入结点的过程，其中很重要的一点就是查找插入的合适位置。

15.6 排序

在计算机科学的领域，可以说没有什么其他的工作比排序和查找更加重要的了。计算机大部分时间都是在使用排序和查找功能，排序和查找的程序实时地应用在数据库、编译程序和操作系统中。

15.6.1 冒泡排序

冒泡排序是最出名的排序法之一，不仅好记，而且排序方法简单。该方法是将较小的元素搬移到数组的开始，将较大的元素慢慢地浮到数组的最后，数据如同水缸里的泡沫，慢慢上浮，所以称为冒泡排序法。

范例 15-7　使用冒泡排序法，按照从小到大的顺序对字符数组排序

（1）在 Codeblocks 16.01 中，新建名为"bubble.c"的【C Source File】源程序。

（2）在代码编辑区域输入以下代码（代码 15-7..txt）。

```
01  #include <stdio.h>
02  #include <stdlib.h>
03  #include <string.h>
04  #define MAX 20
05  // 冒泡排序法
06  void bubble(char *arr,int count)
07  {
08    int i,j;
09    char temp;
10    for(j=count; j>1; j--)        // 外循环控制比较轮数
11    {
12      for(i=0; i<j-1; i++)        // 内循环控制每轮比较的次数
13      {
14        if(arr[i+1]<arr[i])       // 比较相邻元素
15        {
16          temp=arr[i+1];          // 交换相邻元素
17          arr[i+1]=arr[i];
18          arr[i]=temp;
19        }
20      }
21    }
22    printf(" 输出结果 :%s\n",arr);      // 交换后输出字符串
23  }
24  int main()
25  {
26    char array[MAX];
27    int count;
```

```
28    printf(" 输入将排序的字符串 :");
29    gets(array);       // 存储字符数数组
30    count=strlen(array);        // 测试字符数数组
31    bubble(array,count);
32    return 0;
33  }
```

【运行结果】

编译、连接、运行程序，输入字符串，按下回车键，即可在命令行中输出下图所示的结果。

【范例分析】

本范例使用冒泡排序法对字符数组排序。首先使用 gets() 函数获取字符数组元素，然后调用排序函数。冒泡排序使用双循环，外层循环采用逆序循环方法，控制循环有多少轮，每轮找到最大的数放在数组目前下标最大的元素中，然后进入下一轮。内层循环控制每轮比较的次数，比较的方法是紧挨着的元素，把数值大的放在下标的位置。使用交换方式进行排序。

15.6.2 快速排序

基本思想：通过一轮的排序将序列分割成独立的两部分，其中一部分序列的关键字（这里主要用值来表示）均比另一部分关键字小。继续对长度较短的序列进行同样的分割，最后到达整体有序。在排序过程中，由于已经分开的两部分的元素不需要进行比较，故减少了比较次数，降低了排序时间。

详细描述：首先在要排序的序列中选取一个切割点，而后将序列分成两个部分，其中左边的部分 b 中的元素均小于或者等于切割点，右边的部分 c 的元素均大于或者等于切割点，而后通过递归调用快速排序的过程分别对两个部分进行排序，最后将两部分产生的结果合并即可得到最后的排序序列。

从下图中可以看到：left 指针，right 指针，把第一个数定义为基准值 base。

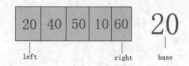

下面通过第一遍的遍历（让 left 和 right 指针重合）来找到数组的切割点。

第一步：首先从数组的 left 位置取出该数（20）作为基准（base）参照物。

第二步：从数组的 right 位置向前找，right 左移，一直找到比基准（base）小的数，如果找到，将此数赋给 left 位置（也就是将 10 赋给 20），此时数组为 10，40，50，10，60，left 和 right 指针分别为前后的 10。

第三步：从数组的 left 位置向后找，left 右移，一直找到比基准（base）大的数，如果找到，将此数赋给 right 的位置（也就是 40 赋给 10），此时数组为 10，40，50，40，60，left 和 right 指针分别为前后的 40。

第四步：重复 "第二，第三 "步骤，直到 left 和 right 指针重合，最后将（base）插入到 40 的位置，此时数组值为 10，20，50，40，60，至此完成一次排序。

第五步：此时 20 即为切割点，20 的左侧一组数都比 20 小，20 的右侧作为一组数都比 20 大，然后对 20 左右两边数按照"第一，第二，第三，第四"步骤进行，最终快速排序完成。

范例 15-8 使用快速排序方法对数字（如8,2,6,12,1,9,7,5,10）进行排序

（1）在 Codeblocks 16.01 中，新建名为"quickSort.c"的【C Source File】源程序。

（2）在代码编辑区域输入以下代码（代码 15-8..txt）。

```
01  #include <stdio.h>
02  void quickSort(int a[],int left,int right);
03  int main()
04  {
05      int a[9]={8,2,6,12,1,9,7,5,10};
06      int i;
07      quickSort(a,0,8);// 排好序的结果
08      for(i=0; i<9; i++)
09        printf("%d ",a[i]);
10      return 0;
11  }
12  void quickSort(int a[],int left,int right)
13  {
14      int i=left;
15      int j=right;
16      int temp=a[left];
17      if(left>=right)
18        return ;
19      while(i!=j)
20      {
21        while(i<j&&a[j]>=temp)
22        {
23          j--;
24        }
25        if(i<j)
26          a[i]=a[j];
27    //a[i] 已经赋值给 temp, 所以直接将 a[j] 赋值给 a[i], 赋值完之后 a[j], 有空位
28        while (i<j&&a[i]<=temp)
29        {
30          i++;
31        }
32        if(i<j)
33          a[j]=a[i];
34      }
35      a[i]=temp;// 把基准插入, 此时 i 与 j 已经相等 R[low..pivotpos-1].keys ≤ R[pivotpos].key ≤ R[pivotpos+1..high].keys
36      quickSort(a,left,i-1);// 递归左边
37      quickSort(a,i+1,right);// 递归右边
38  }
```

【运行结果】

编译、连接、运行，运行结果如下图所示。

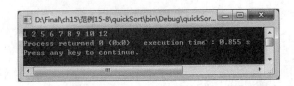

【范例分析】

设置第一个数为基准，从右往左找到小于基准值的数，j--，如果 $i<j$，则进行交换。再从左往右数，i++，若 $i<j$，则交换。重复进行，直到 $i=j$，跳出循环。找到划分后的基准记录的位置为 i，即切割点，对左区间递归排序，然后对右区间递归排序。

15.6.3 堆排序

堆（二叉堆）是一个数组，可以看成一个近似的完全二叉树，树上每一个结点相应数组的一个元素。二叉堆分为两种：最大堆和最小堆。本节主要介绍最大堆，最小堆类似。最大堆的特点：对于随意某个结点，该结点的值大于左孩子、右孩子的值，左、右孩子的值没有要求。

堆排序算法调用函数 Build_max_heap 将输入数组 array[1，…，n] 建立成堆。其中 n 表示数组长度。由于建立堆后，数组的最大元素被存放在根结点 A[1]，通过将 A[1] 与数组最后一个元素进行交换。将最大元素后移，实现排序。

可是，交换后新的根结点可能不满足堆的特点，所以需要调用子函数 Max_heapify 对剩余的数组元素进行最大堆性质的维护。堆排序算法。通过不断反复进行这个过程 (n-1) 次，实现数组的从小到大排序（由于采用最大堆）。

下面对于上面提及的两个子函数进行简要介绍。

函数 Build_max_heap：建堆。由于子数组 A(n/2+1…n) 是树的叶子结点，不需要进行堆的维护。所以仅需要对 A[1…n/2] 数组元素进行维护就可构建堆。

函数 Max_heapify：维护堆。

过程：如果 A[i] 表示树的某个结点，则 A[2*i] 是其左孩子，A[2*i+1] 是其右孩子。接下来，比较三者大小挑选出最大元素的下标，存放于 largest。然后。推断 (largest==i) 是否成立。若不满足则进行元素交换，将大的元素上移。此时，以 A[largest] 为根结点的子树可能不满足堆的性质，所以需要递归调用自身。

📝 范例 15-9　使用堆排序的方式实现数字（如14,10,8,7,9,3,2,4,1）的升序排列

（1）在 Codeblocks 16.01 中，新建名为 "heapSort.c" 的【C Source File】源程序。

（2）在代码编辑区域输入以下代码（代码 15-9..txt）。

```
01  #include <stdio.h>
02  void Swap(int *x, int *y);// 交换值
03  void Max_heapify(int array[], int i, int heap_size);// 维护堆
04  void Build_max_heap(int array[],int len); // 建立最大堆
05  void Heapsort(int array[],int len);// 堆排序
06  void Swap(int *x, int *y)
07  {
08      int temp;
09      temp=*x;
10      *x=*y;
11      *y=temp;
12  }
13  void Max_heapify(int array[], int i, int heap_size)
14  {
```

```
15     int largest;
16     int _left=2*i;
17     int _right=2*i+1;
18     if (_left<=heap_size && array[_left]>array[i])
19     {
20        largest=_left;
21     }
22     else
23        largest=i;
24     if (_right<=heap_size && array[_right]>array[largest])
25     {
26        largest=_right;
27     }
28     if (largest!=i)
29     {
30        Swap(&array[largest],&array[i]);
31        Max_heapify(array,largest,heap_size);
32     }
33  }
34  void Build_max_heap(int array[],int len)
35  {
36     int heap_size=len;
37     int i;
38     for (i=len/2; i>=1; i--)
39     {
40        Max_heapify(array,i,heap_size);
41     }
42  }
43  void Heapsort(int array[],int len)
44  {
45     int heap_size=len;
46     Build_max_heap(array,len);
47     int i;
48     for (i=len; i>=2; i--)
49     {
50        Swap(&array[1],&array[i]);
51        heap_size--;
52        Max_heapify(array,1,heap_size);
53     }
54  }
55  int main()
56  {
57     int array[]= {0,14,10,8,7,9,3,2,4,1};
58     int len=9;
59     int i;
60     Heapsort(array,len);
61     printf(" 堆排序结果 :\n");
62     for(i=1; i<=len; i++)
63     {
64        printf("%d ",array[i]);
65     }
66     printf("\n");
```

```
67    return 0;
68  }
```

【运行结果】

编译、连接、运行，结果如下图所示。

【范例分析】

建立最大堆，然后推断 (largest==i) 是否成立。若不满足则进行元素交换，最后维护堆。

▶ 15.7 综合案例——利用栈进行数据的遍历、排序等操作

📋 范例15-10 | 利用栈的知识将若干数据一个个地进栈，然后选择增加数据的个数，并将其数据递增排序后再进栈，最后输入想要删除数据的个数，并将删除的数据及剩余的数据打印出来

（1）在 Codeblocks 16.01 中，新建名为 "stack.c" 的【C Source File】源程序。

（2）在代码编辑区域输入以下代码（代码 15-10..txt）。

```c
01 #include <stdio.h>
02 #include <stdlib.h>
03 // 定义一个结点的结构
04 typedef struct node
05 {
06    int member;
07    struct node * pNext;
08 } Node,*pNode;
09 // 定义一个栈结构
10 typedef struct stack
11 {
12    pNode Top;
13    pNode Bottom;
14 } Stack,* pStack;
15 void InitStack(pStack );// 初始化栈
16 void Push(pStack ,int);// 进栈
17 void TraverseStack(pStack );// 遍历栈
18 void quickSort(int a[],int left,int right);// 快速排序
19 int Pop(pStack );// 出栈
20 int main()
21 {
22    Stack s;              // 定义一个栈
23    int i,array[100];
```

```
24    int num;
25    int data;
26    int re_num;
27    InitStack(&s);
28    printf(" 几个数据入栈：");
29    scanf("%d",&num);
30    for (i = 0; i < num; i++)
31    {
32        printf(" 第 %d 个数：",i+1);
33        scanf("%d",&data);
34        Push(&s,data);
35    }
36    TraverseStack(&s);
37    printf(" 增加几个数据：");
38    scanf("%d",&data);
39    printf(" 增加的数据是：");
40    for (i = 0; i <data; i++)
41    {
42        scanf("%d",&array[i]);
43    }
44    quicksort(array,0,data);
45    for (i = 0; i <data; i++)
46    {
47        Push(&s,array[i]);
48    }
49    printf(" 增加后有：\n");
50    TraverseStack(&s);
51    printf("\n");
52    printf(" 删除几个数据：\n");
53    scanf("%d",&data);
54    printf(" 删除的数据是：\n");
55    for (i = 0; i < data; i++)
56    {
57        re_num = Pop(&s);
58        printf("%d ",re_num);
59    }
60    printf("\n");
61    printf(" 删除后，剩余数据为：\n");
62    TraverseStack(&s);
63    printf("\n");
64    return 0;
65    }
66    // 进行栈的初始化的函数
67    void InitStack(pStack ps)
68    {
69    ps->Top = (pNode)malloc(sizeof(Node));
70    if (NULL == ps->Top)
71    {
72        printf(" 动态分配内存失败 \n");
73        exit(-1);
74    }
75    else
```

```
76   {
77      ps->Bottom = ps->Top;
78      ps->Top->pNext = NULL;
79   }
80   return ;
81 }
82 // 进行进栈操作的函数
83 void Push(pStack ps,int data)
84 {
85    pNode pNew=(pNode)malloc(sizeof(Node));
86    if (NULL == pNew)
87    {
88       return -1;
89    }
90    pNew->member = data;
91    pNew->pNext = ps->Top;
92    ps->Top = pNew;
93    return 1;
94 }
95 void TraverseStack(pStack ps)
96 {
97    pNode pNew = ps->Top;
98    while(pNew!= ps->Bottom)
99    {
100      printf("%d\n",pNew->member);
101      pNew = pNew->pNext;
102   }
103   return ;
104 }
105 int Pop(pStack ps)
106 {
107     pNode pSwap = NULL;
108     int return_val;
109     return_val = ps->Top->member;
110     pSwap = ps->Top;
111     ps->Top = ps->Top->pNext;
112     free(pSwap);
113     return return_val;
114 }
115 void quicksort(int array[],int left,int right)
116 {
117     int i=left;
118     int j=right;
119     int temp=array[left];
120     if(left>=right)
121        return ;
122     while(i!=j)
123     {
124      while(i<j&&array[j]>=temp)
125      {
126        j--;
```

```
127        }
128      if(i<j)
129         array[i]=array[j];
130     //a[i] 已经赋值给 temp, 所以直接将 a[j] 赋值给 a[i], 赋值完之后 a[j], 有空位
131      while (i<j&&array[i]<=temp)
132      {
133      i++;
134      }
135      if(i<j)
136         array[j]=array[i];
137     }
138      array[i]=temp;// 把基准插入, 此时 i 与 j 已经相等 R[low..pivotpos-1].keys ≤ R[pivotpos].
key ≤ R[pivotpos+1..high].keys
139      quicksort(array,left,i-1);// 递归左边
140      quicksort(array,i+1,right);// 递归右边
141    }
```

【运行结果】

运行结果如下图所示。

【范例分析】

先定义一个结点结构, 再定义一个栈结构, 进行栈初始化、进栈、出站、遍历栈, 在排序时选择快速排序法, 将其递增排序, 再进栈, 观察结果, 可看出栈是先进后出。

▶ 15.8 疑难解答

问题 1: 数据结构中栈和队列的相同点与不同点有哪些?

解答: 它们都是线性结构, 即数据元素之间的关系相同。但它们是完全不同的数据类型。主要区别是对插入和删除操作的 "限定"。栈和队列是在程序设计中被广泛使用的两种线性数据结构, 它们的特点在于基本操作的特殊性, 栈必须按 "后进先出" 的规则进行操作, 而队列必须按 "先进先出" 的规则进行操作。

问题 2: 顺序查找、折半查找的缺点是什么?

解答: 顺序查找的效率低下。折半查找虽然效率高, 但是要求待查表为有序表, 且插入删除困难, 折半查找方法适用于不经常变动而查找频繁的有序列表。

问题 3: 快速排序中基准值的选择方法是什么?

解答: 快速排序中基准值可使用第一个记录的关键字值。但是如果输入的数组是正序或者逆序的, 就会将所有的记录分到基准值的一边。较好的方法是随机选取基准值, 这样可以减少原始输入对排序造成的影响。但是随机选取基准值的开销大。

第 **16** 章

常用算法

计算机技术，特别是计算机程序设计大大改变了人们的工作方式。现代的设计任务大多通过代码编程交给计算机来完成。在这当中，算法起到了至关重要的作用。本章主要介绍算法的概念、复杂度及常用的算法等。

本章要点（已掌握的在方框中打钩）

- □ 算法的概念
- □ 算法复杂度
- □ 递归算法
- □ 穷举算法
- □ 分治算法
- □ 贪心算法
- □ 动态规划算法

▶16.1 算法的概念

算法（Algorithm）可以理解为由基本运算及规定的运算顺序所构成的完整的解题步骤，或者可以看成按要求设计好的有限的确切的计算序列，并且按照这样的步骤和序列可以解决一类问题。

16.1.1 算法的特征

一个算法应该具有以下七个重要的特征。

（1）有穷性（Finiteness）

算法的有穷性是指算法必须能在执行有限个步骤之后终止。

（2）确切性 (Definiteness)

算法的每一步骤必须有确切的定义。

（3）输入项 (Input)

一个算法有 0 个或多个输入，以刻画运算对象的初始情况，所谓 0 个输入是指算法本身给定了初始条件。

（4）输出项 (Output)

一个算法有一个或多个输出，以反映对输入数据加工后的结果。无输出的算法毫无意义。

（5）可行性 (Effectiveness)

算法中执行的任何计算步骤都是可以被分解为基本的可执行的操作步，即每个计算步都可以在有限时间内完成（也称之为有效性）。

（6）高效性 (High efficiency)

执行速度快，占用资源少。

（7）健壮性 (Robustness)

对数据响应正确。

16.1.2 算法设计的基本方法

通常求解一个问题可能会有多种算法可供选择，选择的主要标准是算法的正确性、可靠性、简单性和易理解性。其次是算法所需要的存储空间少和执行更快等。经常采用的算法设计方法主要有递归法、穷举法、分治法、贪心法、动态规划法。

16.1.3 算法的描述

算法是用来解决实际问题的，问题简单，算法也简单；问题复杂，算法也相应复杂。为了便于交流和进行算法处理，往往需要将算法进行描述，可以使用自然语言、伪代码、流程图、N-S 图等多种不同的方法来描述。

01 自然语言描述

自然语言，就是自然地随文化演化的语言，例如英语、汉语等。通俗地讲，自然语言就是平时口头描述的语言。对于一些简单的算法，可以采用自然语言来口头描述算法的执行过程，但是，随着需求的发展，很多算法都比较复杂，很难用自然语言来描述，同时自然语言的表述繁琐难懂，不利于交流和发展。因此，需要采用其他的方法进行表示。

02 流程图表示

流程图是一种图形表示算法流程的方法，由一些图框和流程线组成，如下图（a）所示。其中，图框表示各种操作的类型，图框中的说明文字和符号表示该操作的内容，流程线表示操作的先后次序。流程图的优点是简单直观、便于理解，在计算机算法领域有着广泛的应用。例如，计算两个输入数据 3 和 15 的最大值，可以采用图（b）所示的流程图来表示。

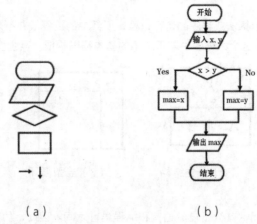

（a）　　　　　　　　（b）

在实际使用中，一般采用如下 3 种流程结构。

（1）顺序结构

顺序结构是一种简单的流程结构，一个接着一个地进行处理，如下图所示。

（2）分支结构

分支结构常用于根据某个条件来决定算法走向的场合，如下图所示。

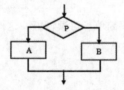

（3）循环结构

循环结构常用于需要反复执行的算法操作，按照循环的方式，可分为当型循环结构和直到型循环结构。区别如下。

当型循环结构：先对条件进行判断，然后再执行，一般采用 while 语句来实现，如下图所示。

直到型循环结构：先执行，然后再对条件进行判断，一般采用 until、do — while 语句来实现，如下图所示。

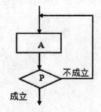

03 N-S 图

采用流程图可以清楚地表示算法或程序的运行过程，但其中的流程线并不是必需的，因为在 N-S 图中，把整个程序写在一个大框图内，这个大框图由若干个小的基本框图构成。其主要形式如下图所示。

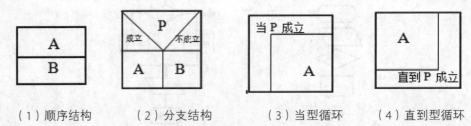

（1）顺序结构　　　　（2）分支结构　　　　（3）当型循环　　　（4）直到型循环

04 伪代码

伪代码并非真正的程序代码，其介于自然语言和编程语言之间。因此，伪代码并不能在计算机上运行。使用伪代码的目的是将算法描述成一种类似于编程语言的形式，例如 C、C++、Java 等。这样，程序员便可以很容易理解算法的结构，再根据编程语言的语法特点，稍加修改，便可以实现一个真正的算法程序。

下面举一个简单的伪代码表示的程序代码的例子。

```
变量 x <- 输入数据
变量 y < - 输入数据
if  x>y
变量 max<-a
else
变量 max<-b
输出 max
程序结束
```

在使用伪代码时，必须结构清晰、代码简单、可读性好，这样才能更有利于算法的表示。否则，将适得其反，让人很难懂，就失去了伪代码表示的意义。

▶16.2 算法复杂度

算法（Algorithm）是指解题方案的准确而完整的描述，是一系列解决问题的清晰指令，算法代表着用系统的方法描述解决问题的策略机制。也就是说，能够对一定规范的输入，在有限时间内获得所要求的输出。如果一个算法有缺陷，或不适合于某个问题，执行这个算法将不会解决这个问题。不同的算法可能用不同的时间、空间或效率来完成同样的任务。一个算法的优劣可以用空间复杂度与时间复杂度来衡量。

16.2.1 时间复杂度

算法语句总的执行次数 $T(n)$ 是关于问题规模 n 的函数，进而分析 $T(n)$ 随 n 的变化情况并确定 $T(n)$ 的数量级。算法的时间复杂度也就是算法的时间度量，记作：$T(n) = O(f(n))$。它表示随问题规模 n 的增大，算法执行时间的增长率和 $f(n)$ 的增长率相同，称作算法的渐进时间复杂度，简称为时间复杂度。其中 $f(n)$ 是问题规模 n 的某个函数。

例如，计算 $1 + 2 + 3 + 4 \cdots + 100$，用比较简单的方法实现这个问题的算法。

```
int sum = 0, n = 100;      // 执行了 1 次
for (int i = 1; i <= n; i++) // 执行了 n + 1 次
{
    sum += i;      // 执行了 n 次
}
```

```
printf(" sum = %d", sum);        // 执行了 1 次
```

从代码附加的注释可以看到所有代码都执行了多少次。那么这些代码语句执行次数的总和就可以理解为是该算法计算出结果所需要的时间。所以说，所用的时间（算法语句执行的总次数）为 1+(n+1)+n+1=2n+3。

当 n 不断增大时，比如所要计算的是 1+2+3+4+…+n，其中 n 是一个十分大的数字，那么由此可见，上述算法的执行总次数（所需时间）会随着 n 的增大而增加，但是在 for 循环以外的语句并不受 n 的规模影响（永远都只执行一次）。所以可以将上述算法的执行总次数简单的记作：2n 或者简记 n。这样就可得到时间复杂度，把它记作：$O(n)$。

$T(n)=n^2+3n+4$ 与 $T(n)=4n^2+2n+1$ 时间复杂度相同，都为 $O(n^2)$。按数量级递增排列，常见的时间复杂度有：常数阶 $O(1)$，对数阶 $O(\log_2 n)$，线性阶 $O(n)$，线性对数阶 $O(n\log_2 n)$，平方阶 $O(n^2)$，立方阶 $O(n^3)$，…，k 次方阶 $O(n^k)$，指数阶 $O(2n)$。随着问题规模 n 的不断增大，上述时间复杂度不断增大，算法的执行效率越低。

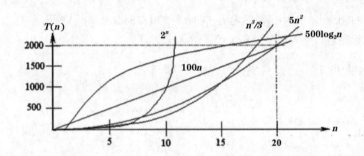

从图中可见，应该尽可能选用多项式阶 $O(n^k)$ 的算法，而不希望用指数阶的算法。常见的算法时间复杂度由小到大依次为 $O(1) < O(\log_2 n) < O(n) < O(n\log_2 n) < O(n^2) < O(n^3) < \cdots < O(2n) < O(n!)$。

思考：求下列两个语句的时间复杂度。

（1）for(int i = 0; i < n;++i)

解答：这个循环执行 n 次，所以时间复杂度是 $O(n)$。

（2）for(int i = 0; i< n;++i)
{
　　for(int j = 0; j< n;++j)
}

解答：这里嵌套的两个循环，而且都执行 n 次，那么它的时间复杂度就是 $O(n^2)$。

16.2.2 空间复杂度

一个程序的空间复杂度是指运行完一个程序所需内存的大小。利用程序的空间复杂度，可以对程序的运行所需要的内存多少有个预先估计。一个程序执行时除了需要存储空间和存储本身所使用的指令、常数、变量和输入数据外，还需要一些对数据进行操作的工作单元和存储一些为现实计算所需信息的辅助空间。程序执行时所需存储空间包括以下两部分。

（1）固定部分。这部分空间的大小与输入 / 输出的数据的个数多少、数值无关。主要包括指令空间（即代码空间）、数据空间（常量、简单变量）等所占的空间。这部分属于静态空间。

（2）可变空间，这部分空间主要包括动态分配的空间，以及递归栈所需的空间等。这部分的空间大小与算法有关。

一个算法所需的存储空间用 f(n) 表示。S(n)=O(f(n))，其中 n 为问题的规模，S(n) 表示空间复杂度。

▶16.3 递归算法及示例

递归算法是把问题转化为规模缩小了的同类问题的子问题。然后递归调用函数（或过程）来表示问题的解。其计算方法为确定递归公式，确定边界条件。

递归算法的特性如下。

（1）递归就是在过程或函数里调用自身。

（2）在使用递归策略时，必须有一个明确的递归结束条件，称为递归出口。

（3）递归算法解题通常显得很简洁，但递归算法解题的运行效率较低。

📝 **范例 16-1** 编写计算斐波那契（Fibonacci）数列的第n项函数fib（n）。斐波那契数列为1，1，2，3，n，…，n，即：fib(1)=1；fib(2)=1；fib(n)=fib(n-1)+fib(n-2)（当n>2时）

（1）在 Code::Blocks 16.01 中，新建名为"Fib.c"的【C Source File】源程序。

（2）在代码编辑窗口输入以下代码（代码 16-1.txt）。

```
01   #include <stdio.h>
02   int fib(int n)
03   {
04     if(n==1)
05       return1;
06     if(n==2)
07       return 1;
08     if(n>2)
09       return (fib(n-1)+fib(n-2));
10   }
11   int main()
12   {
13     int n,m;
14     printf(" 请输入第几项 (>0): ");
15     scanf("%d",&n);
16     m=fib(n-1);
17     printf(" 值为：");
18     printf("%d\n",m);
19   }
```

【运行结果】

运行结果如下图所示。

【范例分析】

为计算 fib(n)，必须先计算 fib(n-1) 和 fib(n-2)，而计算 fib(n-1) 和 fib(n-2)，又必须先计算 fib(n-3) 和 fib(n-4)。依此类推，直至计算 fib(1) 和 fib(0)，分别能立即得到结果 1 和 0。递归调用结束。

16.4 穷举算法及示例

穷举算法是对有可能是解的众多候选解按某种顺序进行逐一枚举和检验，并从中找出那些符合要求的候选解作为问题的解。

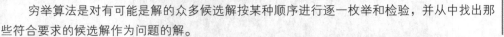

范例 16-2　求解序列{-2,3,6,-5,1}中的最大子序列和

（1）在 Code::Blocks 16.01 中，新建名为"maxlen.c"的【C Source File】源程序。

（2）在代码编辑窗口输入以下代码（代码 16-2.txt）。

```
01  #include <stdio.h>
02  #include <stdlib.h>
03  int main()
04  {
05    int n,i,j;
06    int a[5]= {-2,3,6,-5,1};
07    int max=0;
08    for(i=0; i<5; i++)
09    {
10      int sum=0;
11      for(j=i; j<5; j++)
12      {
13        sum=0;
14        int k;
15        for( k=i; k<=j; k++)
16        {
17          sum=sum+a[k];// 求和
18        }
19        printf("a[%d]",i);
20        printf(" 到 ");
21        printf("a[%d]",j);
22        printf(" 子序列和为 :");
23        printf("%d\n",sum);
24        if(max<sum)// 取较大长度
25          max=sum;
26      }
27    }
28    printf(" 最长子序列长度为 :");
29    printf("%d\n",max);
30    return 0;
31  }
```

【运行结果】

编译、连接、运行，结果如下图所示。

```
D:\Final\ch16\范例16-2\maxlen\bin\Debug\maxlen.exe

a[0]到a[0]子序列和为:-2
a[0]到a[1]子序列和为:1
a[0]到a[2]子序列和为:7
a[0]到a[3]子序列和为:3
a[0]到a[4]子序列和为:3
a[1]到a[1]子序列和为:3
a[1]到a[2]子序列和为:9
a[1]到a[3]子序列和为:4
a[1]到a[4]子序列和为:5
a[2]到a[3]子序列和为:6
a[2]到a[3]子序列和为:1
a[2]到a[4]子序列和为:2
a[3]到a[4]子序列和为:-5
a[3]到a[4]子序列和为:-4
a[4]到a[4]子序列和为:1
最长子序列长度为:9

Process returned 0 (0x0)   execution time : 0.159 s
Press any key to continue.
```

【范例分析】

i 是指子序列的起始的下标，j 是指子序列末尾，k 是从 i 到 j 的循环，将子序列枚举出来并计算长度和。

▶16.5 分治算法及示例

任何一个可以用计算机求解的问题所需的计算时间都与其规模 N 有关。问题的规模越小，越容易直接求解，解题所需的计算时间也越少。例如，对于 n 个元素的排序问题，当 $n=1$ 时，不需任何计算；当 $n=2$ 时，只要做一次比较即可排好序；当 $n=3$ 时只要做 3 次比较即可。而当 n 较大时，问题就不那么容易处理了。要想直接解决一个规模较大的问题，有时是相当困难的。此时，可以使用分治算法。

分治算法是将原问题分成 n 个规模较小而结构与原问题相似的子问题，递归地解这些子问题，然后合并其结果得到原问题的解。分治与递归像一对孪生兄弟，经常同时应用在算法设计之中，并由此产生许多高效算法。

分治算法的适用条件如下。

（1）该问题的规模缩小到一定的程度就可以容易地解决。

（2）该问题可以分解为若干个规模较小的相同问题，即该问题具有最优子结构性质。

（3）利用该问题分解出的子问题的解可以合并为该问题的解。

（4）该问题所分解出的各个子问题是相互独立的，即子问题之间不包含公共的子问题。

上述的第一个条件是绝大多数问题都可以满足的，因为问题的计算复杂性一般是随着问题规模的增加而增加；第二个条件是应用分治法的前提，它也是大多数问题可以满足的，此特征反映了递归思想的应用；第三个条件是关键，能否利用分治算法完全取决于问题是否具有第三个条件，如果具备了第一个和第二个条件，而不具备第三个条件，则可以考虑贪心法或动态规划法。第四个条件涉及分治法的效率，如果各子问题是不独立的，则分治算法要做许多不必要的工作，重复地解公共的子问题，此时虽然可用分治算法，但一般用动态规划法较好。

分治算法的计算方法如下。

（1）分解：将原问题分解为若干个规模较小，相互独立，与原问题形式相同的子问题。

（2）解决：若子问题规模较小而容易被解决则直接解，否则递归地解各个子问题。

（3）合并：将各个子问题的解合并为原问题的解。

范例 16-3　对序列{32,12,56,78,76,45,36}进行归并排序

（1）在 Code::Blocks 16.01 中，新建名为 "sort.c" 的【C Source File】源程序。

（2）在代码编辑窗口输入以下代码（代码 16-3.txt）。

```
01  #include <stdio.h>
02  #include <stdlib.h>
03  #define N 7
04  void merge(int arr[], int low, int mid, int high)
05  {
06      int i, k;
07      int *tmp = (int *)malloc((high-low+1)*sizeof(int));
08      // 申请空间
09      int left_low = low;// 左半部分第一个数的下标
10      int left_high = mid;// 左半部分的最后一个数的下标
11      int right_low = mid + 1;// 右半部分第一个数的下标
12      int right_high = high;// 右半部分最后一个数的下标
13      for(k=0; left_low<=left_high && right_low<=right_high; k++) // 比较两个指针所指向的元素
14      {
15          if(arr[left_low]<=arr[right_low])// 相对小的元素放到临时数组
16          {
17              tmp[k] = arr[left_low++];
18          }
19          else
20          {
21              tmp[k] = arr[right_low++];
22          }
23      }
24      if(left_low <= left_high)  // 若第一个序列有剩余，直接复制出来粘到合并序列尾
25      {
26          for(i=left_low; i<=left_high; i++)
27              tmp[k++] = arr[i];
28      }
29      if(right_low <= right_high)
30      {
31          // 若第二个序列有剩余，直接复制出来粘到合并序列尾
32          for(i=right_low; i<=right_high; i++)
33              tmp[k++] = arr[i];
34      }
35      for(i=0; i<high-low+1; i++)
36          arr[low+i] = tmp[i];
37      free(tmp);
38      return;
39  }
40  void merge_sort(int arr[], int first,int last)
41  {
42      int mid = 0;
43      if(first<last)
44      {
45          mid = (first+last)/2; // 注意防止溢出
46          merge_sort(arr, first, mid);// 左半部分
47          merge_sort(arr, mid+1,last);// 右半部分
```

```
48        merge(arr,first,mid,last);
49      }
50      return;
51  }
52  int main()
53  {
54      int i;
55      int a[N]= {32,12,56,78,76,45,36};
56      printf (" 排序前 \n");
57      for(i=0; i<N; i++)
58        printf("%d\t",a[i]);
59      merge_sort(a,0,N-1); // 排序
60      printf ("\n 排序后 \n");
61      for(i=0; i<N; i++)
62        printf("%d\t",a[i]);
63      printf("\n");
64      return 0;
65  }
```

【运行结果】

编译、连接、运行，运行结果如下图所示。

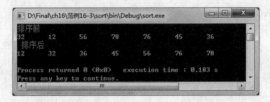

【范例分析】

申请空间，使其大小为两个已经排序序列之和，该空间用来存放合并后的序列。比较 arr[left_low] 和 arr[right_low] 的大小，若 arr[left_low]<=arr[right_low]，则将左半部分中的元素 arr[left_low] 复制到 tmp[k] 中，并令 left_low 和 k 分别加上 1；否则将右半部分中的元素 arr[right_low] 复制到 tmp[k] 中，并令 left_row 和 k 分别加上 1，如此循环下去，直到其中一个有序表取完，然后再将另一个有序表中剩余的元素复制到 tmp 中。归并排序的算法通常用递归实现，先把待排序区间以中点二分，接着把左边子区间排序，再把右边子区间排序，最后把左区间和右区间用一次归并操作合并成有序的区间。

▶16.6 贪心算法及示例

贪心算法也称贪婪算法，是一种不追求最优解，只希望得到较为满意解的方法。贪心法一般可以快速得到满意的解，因为它省去了为找最优解要穷尽所有可能而必须耗费的大量时间。贪心法常以当前情况为基础作最优选择，而不考虑各种可能的整体情况。其计算方法如下。

（1）从问题的某一初始解出发。

（2）能朝给定总目标前进一步。

（3）求出可行解的一个解元素。

（4）由所有解元素组合成问题的一个可行解。

贪心算法的特性如下。

（1）有一个以最优方式来解决的问题。

（2）随着算法的进行，将积累起其他两个集合：一个包含已经被考虑过并被选出的候选对象，另一个包含已经被考虑过但被丢弃的候选对象。

（3）有一个函数来检查一个候选对象的集合是否提供了问题的解答。该函数不考虑此时的解决方法是否最优。

（4）还有一个函数检查是否一个候选对象的集合是可行的，也即是否可能往该集合上添加更多的候选对象以获得一个解。和上一个函数一样，此时不考虑解决方法的最优性。

范例 16-4　设有编号为0,1,2,…, n-1的n个物品,体积分别为v0,v1,v2,…,vn-1, 将这n个物品装到容量都为V的若干个箱子内。约定这n个物品的体积均不超过 V,即对于$0 \leq i<n$,有$0<Vi \leq V$。要求用较少的箱子装完这n种物品

（1）在 Code::Blocks 16.01 中，新建名为"box.c"的【C Source File】源程序。

（2）在代码编辑窗口输入以下代码（代码 16-4.txt）。

```
01  # include
02  # include
03  typedef struct RES
04  {
05    int   order;      // 物品编号
06    struct  RES * link;      // 另一个物品的指针
07  } RES;
08  // 装箱信息结构类型定义
09  typedef struct BOX
10  {
11    int   remainder;   // 箱子剩余空间
12    RES   *r_head;   // 箱子所装物品的物品链首结点指针
13    struct  BOX  *link;      // 箱子链的后续箱子结点指针
14  } BOX;
15  void Encase_Box()
16  {
17    // 箱子计数器，箱子体积，物品种类，循环计数器
18    int   box_count,box_volume,category,i;
19    int   *array;      // 存储各个物品体积信息的动态数组
20    // 装箱链表的首结点、尾结点指针，程序处理临时变量指针
21    BOX   *b_head,*b_tail,*box;
22    RES   *p_res,*q_res;      // 当前将装箱的物品结点，指向装箱链表的当前箱子的最后一个物品
23
24    printf(" 输入箱子的容积 :\n");
25    scanf("%d",&box_volume);
26    printf(" 输入物品的种类 :\n");
27    scanf("%d",&category);
28    array =(int *)malloc(category * sizeof(int));
29    printf(" 按从大到小的顺序输入各个物品的体积 :\n");
30    for(i=0; i<category; i++)
31    {
32      printf(" 物品 [%d] 的体积 :",i+1);
33      scanf("%d",array+i);
34    }
35    b_head = b_tail = NULL;      // 预置已用箱子链表为空
36    box_count = 0;      // 预置已用箱子计数器
37    for(i=0; i<category; i++)
```

```
38     {
39         // 物品 i 按以下步骤装箱
40         // 从 [ 已用的 ] 第一只箱子开始顺序寻找能放入物品 i 的箱子 j
41         p_res = (RES *)malloc(sizeof(RES));
42         p_res->order = i;
43         p_res->link = NULL;
44         for(box = b_head; box != NULL; box = box->link)
45         {
46             if(box->remainder >= array[i])
47                 break;      // 找到还可装入物品 i 的箱子 [box 指针指向它 ]
48         }
49         if(box == NULL)
50         {
51             // 已用箱子都不能装入物品 i，或装箱链表为空
52             // 创建一个新的空箱子来装载物品 i
53             box = (BOX *)malloc(sizeof(BOX));
54             box->remainder = box_volume - array[i];   // 计算新箱子的剩余空间
55             box->link = NULL;
56             box->r_head = NULL;       // 新箱子尚未装入一件物品
57             if(b_head == NULL)
58                 b_head = b_tail = box;  // 本次装入的物品是当前箱子的第一个物品
59             else
60                 b_tail = b_tail->link = box;  // 将本次装入的物品挂接在当前箱子的物品装箱链表的末尾
61             box_count ++;   // 累加所用箱子计数器
62         }
63         else
64             box->remainder = box->remainder - array[i];   // 将物品 i 装入已用箱子 box 中
65         // 以下 11 行 : 将物品 i 挂接到当前箱子 box 的物品装箱链表中
66         // 让指针 q_res：指向装箱链表中的当前箱子的最后一个物品
67         for(q_res = box->r_head; q_res != NULL && q_res->link != NULL; q_res = q_res->link);
68         if(q_res == NULL)
69         {
70             // 最后一个物品为空 , 当前物品 i 装入的箱子 box 是新创建的箱子
71             p_res->link = box->r_head;   // 物品 i 的 link 设为 NULL
72             box->r_head = p_res;         // 新箱子 box 的物品链首结点指针指向物品结点 p_res
73         }
74         else
75         {
76             p_res->link = NULL;          // 物品 i 的 link 设为 NULL
77             q_res->link = p_res;         // 物品 i 挂接到当前箱子 box 的最后一个物品 q_res 之后
78         }
79     }
80     // 输出装箱问题的处理结果
81     printf("\n 用容积这 [%d] 的箱子 [%d] 个可装完以上 [%d] 件物品 \n",box_volume,box_count,category);
82     printf(" 各箱子所装物品情况如下 :\n");
83     for(box = b_head,i=1; box != NULL; box = box->link,i++)
84     {
85         // 第 i 只箱子所装物品情况
86         printf(" 第 %2d 只箱子，还剩余容积 %4d，所装物品有 :\n",i,box->remainder);
87         for(p_res = box->r_head; p_res != NULL; p_res = p_res->link)
```

```
88          printf(" 物品号 [%d], 物品体积 [%d]\n",p_res->order + 1,array[p_res->order]);
89        printf("\n");
90      }
91    }
92    int main()
93    {
94      Encase_Box();
95      return 0;
96    }
```

【运行结果】

编译、连接、运行，输入容积与种类个数，以及各物品体积，运行结果如下图所示。

【范例分析】

观察运行结果，装了 3 个箱子，而实际最优解为 2 个箱子，第一个箱子放 1、4、5，第二个箱子放 2、4、6。本题使用贪心算法思想，得到的结果并不是最优解。设计思路：假设每只箱子所装物品用链表来表示，链表首结点指针存入一个结构体中，结构记录该箱子尚剩余的空间量和该箱子所装物品链表的首指针。

```
{
  输入箱子的容积；
  输入物品的种类数；
  按体积从大到小的顺序输入各个物品的体积；
  预置已用箱子链为空；
  预置已用箱子计数器 box_count 为 0;
  for(i=0;i<n;i++)
  {// 物品 i 按以下步骤装箱；
    从已用的第一只箱子开始顺序寻找能放入物品 i 的箱子 j；
    if( 已用箱子都不能再放物品 i)
    {
      另用一只箱子，并将物品 i 放入该箱子里；
      box_count ++;
    }
    else
```

```
        将物品 i 放入箱子 j 里;
    }
}
```

▶16.7　动态规划算法及示例

动态规划算法每次决策依赖于当前状态，又随即引起状态的转移。一个决策序列就是在变化的状态中产生出来的，这种多阶段最优化决策解决问题的过程就称为动态规划。

动态规划算法的适用条件如下。

（1）最优化原理：如果问题的最优解所包含的子问题的解也是最优的，就称该问题具有最优子结构，即满足最优化原理。

（2）无后效性：即某阶段状态一旦确定，就不受这个状态以后决策的影响。也就是说，某状态以后的过程不会影响以前的状态，只与当前状态有关。

（3）有重叠子问题：即子问题之间是不独立的，一个子问题在下一阶段决策中可能被多次使用到。（该性质并不是动态规划适用的必要条件，但如果没有这条性质，动态规划算法同其他算法相比就不具备优势）。

动态规划算法的基本思想与分治法类似，也是将待求解的问题分解为若干个子问题（阶段），按顺序求解子阶段，前一子问题的解，为后一子问题的求解提供了有用的信息。在求解任一子问题时，列出各种可能的局部解，通过决策保留那些有可能达到最优的局部解，丢弃其他局部解。依次解决各子问题，最后一个子问题就是初始问题的解。由于动态规划解决的问题多数有重叠子问题这个特点，为减少重复计算，对每一个子问题只解一次，将其不同阶段的不同状态保存在一个二维数组中。

动态规划算法与分治法最大的差别：适合于用动态规划法求解的问题，经分解后得到的子问题往往不是互相独立的。动态规划允许这些子问题不独立（即各子问题可包含公共的子问题），也允许其通过自身子问题的解做出选择，该方法对每一个子问题只解一次，并将结果保存起来，避免每次碰到时都要重复计算。

动态规划算法的步骤如下。

（1）划分阶段：按照问题的时间或空间特征，把问题分为若干个阶段。注意这若干个阶段一定要是有序的或者是可排序的（即无后向性），否则问题就无法用动态规划求解。

（2）选择状态：将问题发展到各个阶段时所处的各种客观情况用不同的状态表示出来。当然，状态的选择要满足无后效性。

（3）确定决策并写出状态转移方程：之所以把这两步放在一起，是因为决策和状态转移有着天然的联系，状态转移就是根据上一阶段的状态和决策来导出本阶段的状态。所以，如果确定了决策，状态转移方程也就写出来了。但事实上常常是反过来做，根据相邻两段的各状态之间的关系来确定决策。

（4）写出规划方程（包括边界条件）：动态规划的基本方程是规划方程的通用形式化表达式。

但是，实际应用当中经常按以下几个步骤进行。

（1）分析最优解的性质，并刻划其结构特征。

（2）递归地定义最优值。

（3）以自底向上的方式或自顶向下的记忆化方法（备忘录法）计算出最优值。

（4）根据计算最优值时得到的信息，构造一个最优解。

步骤（1）～（3）是动态规划算法的基本步骤。在只需要求出最优值的情形，步骤（4）可以省略，若需要求出问题的一个最优解，则必须执行步骤（4）。此时，在步骤（3）中计算最优值时，通常需记录更多的信息，以便在步骤（4）中，根据所记录的信息，快速地构造出一个最优解。

范例 16-5	对一个容量为10的背包进行装载。从4个物品中选取装入背包的物品，每件物品 *i* 的重量为*wi*，分别为3、2、5、7；价值为*vi*，分别为7、14、6、20。对于可行的背包装载，背包中物品的总重量不能超过背包的容量，最佳装载是指所装入的物品价值最高

（1）在 Code::Blocks 16.01 中，新建名为"snap.c"的【C Source File】源程序。

（2）在代码编辑窗口输入以下代码（代码 16-5.txt）。

```
01  #include <stdio.h>
02  #define MAX_NUM 6
03  #define MAX_WEIGHT 10
04  #define N 4
05  int sanp(int max_weight, int w[], int v[], int flag[], int n)
06  {
07    int i,j;
08    int c[MAX_NUM+1][MAX_WEIGHT+1] = {0}; //c[i][j] 表示前 i 个物体放入容量为 j 的背包获得最大
价值
09    // 状态转移方程的解释：第 i 件物品要么放，要么不放
10    // 如果第 i 件物品不放的话，就相当于求前 i-1 件物品放入容量为 j 的背包获得的最大价值
11    // 如果第 i 件物品放进去的话，就相当于求前 i-1 件物品放入容量为 j-w[i] 的背包获得的最大价值
12    for ( i = 1; i <= n; i++)
13    {
14      for ( j = 1; j <= max_weight; j++)
15      {
16        if (w[i] > j)
17        {
18          // 第 i 件物品大于背包的重量，放不进去
19          c[i][j] = c[i-1][j];
20        }
21        else
22        {
23          // 第 i 件物品的重量小于背包的重量，所以可以选择第 i 件物品放还是不放
24          if (c[i-1][j] > v[i]+c[i-1][j-w[i]])
25          {
26            c[i][j] = c[i-1][j];
27          }
28          else
29          {
30            c[i][j] =  v[i] + c[i-1][j-w[i]];
31          }
32        }
33      }
34    }
35    // 哪个物品应该放进背包
36    i = n;
37    j = max_weight;
38    while (c[i][j] != 0)
39    {
40      if (c[i-1][j-w[i]]+v[i] == c[i][j])
41      {
42          // 如果第 i 个物体在背包，那么去掉这个物品之后，前面 i-1 个物体在重量为 j-w[i] 的背包下价
值是最大的
```

```
43          flag[i] = 1;
44          j -= w[i];
45      }
46      --i;
47  }
48  return c[n][max_weight];
49  }
50  int main()
51  {
52      int max_weight = 10;
53      int i;
54      int w[N+1] = {0,3,2,5,7};// 第一个物品重量为 0, 防止溢出
55      int v[N+1] = {0,7,14,6,20};// 第一个物品价值为 0, 防止溢出
56      int flag[N+1]; //flag[i][j] 表示在容量为 j 的时候是否将第 i 件物品放入背包
57      int total_value = sanp(max_weight, w, v, flag,N);
58      printf( " 放入的物品如下: \n");
59      for ( i = 1; i <= 4; i++)
60      {
61          if (flag[i] == 1)
62              printf(" 第 %d 个物体: 重量为 %d, 价值为 %d\n",i,w[i],v[i] );
63      }
64      printf( " 价值和为 :");
65      printf("%d",total_value );
66      return 0;
67  }
```

【运行结果】

编译、连接、运行, 结果如下图所示。

【范例分析】

观察结果, 发现选择的物体并不是前 3 个, 虽然前三个的重量和正好为 10, 但是价值总和不是最大。若使用动态规划的方法, 可求得最优解。动态规划思路如下。

(1) 阶段: 在前 i 件物品中, 选取若干件物品放入背包中。

(2) 状态: 在前 i 件物品中, 选取若干件物品放入所剩空间为 c 的背包中的所能获得的最大价值。

(3) 决策: 第 i 件物品放或者不放。

由此可以写出动态转移方程:

f[i,j]=max{f[i-1,j-wi]+pi (j>=wi), f[i-1,j]}

f[i,j] 表示在前 i 件物品中选择若干件放在所剩空间为 j 的背包里所能获得的最大价值:

自底向上地得出在前 n 件物品中取出若干件放进背包能获得的最大价值, 也就是 f[n,c]。

第

17

章

高级编程技术

C 语言具有强大的图形功能，支持多种显示器和驱动器。而且计算功能、逻辑判断功能也比较强大，可以实现决策目的。C 语言提供了大量的功能各异的标准库函数，减轻了编程的负担。所以要用 C 语言实现具有类 Windows 系统应用程序界面特征的，或更生动复杂的 DOS 系统的程序，就必须掌握更高级的编程技术。

本章要点（已掌握的在方框中打钩）

☐ 屏幕文本输出
☐ 图形编程
☐ 中断技术

▶ 17.1　屏幕文本输出

由于本章涉及图形编程，因此要用到 Turbo C 编译器中的附加库，所以本章采用 Turbo C 编译器。

17.1.1　文本方式的控制

显示器的屏幕显示方式有两种：文本方式和图形方式。文本方式就是显示文本的模式，它的显示单位是字符而不是图形方式下的像素，因而在屏幕上显示字符的位置坐标就用行和列表示。Turbo C 的字符屏幕函数主要包括文本窗口大小的设定、窗口颜色的设置、窗口文本的清除和输入输出等函数。这些函数的有关信息（如宏定义等）均包含在 conio.h 头文件中，因此在用户程序中使用这些函数时，必须用 include 将 conio.h 包含进程序。

17.1.2　窗口设置和文本输出

Turbo C 默认定义的文本窗口为整个屏幕，共有 80 列 25 行的文本单元。如下图所示，规定整个屏幕的左上角坐标为（1，1），右下角坐标为（80，25），并规定沿水平方向为 x 轴方向朝右；沿垂直方向为 y 轴，方向朝下。每个单元包括一个字符和一个属性，字符即 ASCII 码字符，属性规定该字符的颜色和强度。除了这种默认的 80 列 25 行的文本显示方式外，还可由用户通过函数 void textmode(int newmode); 来显式地设置 Turbo C 支持的 5 种文本显示方式。该函数将清除屏幕，以整个屏幕为当前窗口，并移光标到屏幕左上角。LASTMODE 方式指上一次设置的文本显示方式，它常用于在图形方式到文本方式的切换。

屏幕文本显示坐标如下图所示。

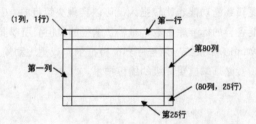

文本显示方式见下表。

文本显示方式		
方式	符号常量	显示列 × 行数和颜色
0	BW40	40×25 黑白显示
1	C40	40×25 彩色显示
2	BW80	80×25 黑白显示
3	C80	80×25 彩色显示
7	MONO	80×25 单色显示
-1	LASTMODE	上一次的显示方式

Turbo C 也可以让用户根据自己的需要重新设定显示窗口，也就是说，通过使用窗口设置函数 window() 定义屏幕上的一个矩形域作为窗口。window() 函数的函数原型如下。

void window(int left, int top, int right, int bottom);

函数中形式参数（int left, int top）是窗口左上角的坐标，（int right, int bottom）是窗口右下角的坐标，其中（left，top）和（right，bottom）是相对于整个屏幕而言的。例如，要定义一个窗口左上角在屏幕（20，5）处，大小为 30 列 15 行的窗口可写成 window(20, 5, 50, 25)；，若 window() 函数中的坐标超过了屏幕坐标的界限，则窗口的定义就失去了意义，也就是说定义将不起作用，但程序编译链接时并不出错。窗口定义之后，用有关窗口的输入输出函数就可以只在此窗口内进行操作而不超出窗口的边界。另外，一个屏幕可以定义多个窗口，但现行窗口只能有一个（因为 DOS 为单任务操作系统）。当需要用另一窗口时，可将定义该窗口的 window() 函数再调用一次，此时该窗口便成为现行窗口了。

窗口颜色和其他属性的设置

文本窗口颜色的设置包括背景颜色的设置和字符颜色（既前景色）的设置，使用的函数及其原型如下。

设置背景颜色函数：void textbackground(int color);
设置字符颜色函数：void textcolor(int color);

有关颜色的定义见如下的颜色表。表中的符号常数与相应的数值等价，二者可以互换。例如设定蓝色背景可以使用 textbackground(1)，也可以使用 textbackground(BLUE)，两者没有任何区别，只不过后者比较容易记忆，一看就知道是蓝色。

颜色表			
符号常数	数值	含义	背景或背景
BLACK	0	黑	前景、背景色
BLUE	1	蓝	前景、背景色
GREEN	2	绿	前景、背景色
CYAN	3	青	前景、背景色
RED	4	红	前景、背景色
MAGENTA	5	洋红	前景、背景色
BROWN	6	棕	前景、背景色
LIGHTGRAY	7	淡灰	前景、背景色
DARKGRAY	8	深灰	用于前景色.
LIGHTBLUE	9	淡蓝	用于前景色
LIGHTGREEN	10	淡绿	用于前景色
LIGHTCYAN	11	淡青	用于前景色
LIGHTRED	12	淡红	用于前景色
LIGHTMAGENTA	13	淡洋红	用于前景色
YELLOW	14	黄	用于前景色
WHITE	15	白	用于前景色
BLINK	128	闪烁	用于前景色

Turbo C 另外还提供了一个函数，可以同时设置文本的字符和背景颜色，这个函数是文本属性设置函数 vold textattr(Int attr);，参数 attr 的值表示颜色形式编码的信息，每一位代表的含义如下。

字节低四位设置字符颜色，4~6 三位设置背景颜色，第 7 位设置字符是否闪烁。

假如要设置一个蓝底黄字，定义方法如下。

textattr(YELLOW+(BLUE<<4));

若再要求字符闪烁，定义变为如下形式。

textattr(128+YELLOW+(BLUE<<4);

🐾**注意**

（1）对于背景只有 0 到 7 共八种颜色，取大于 7 小于 15 的数，则代表的颜色与减 7 后的值对应的颜色相同。
（2）用 textbackground() 和 textcolor() 函数设置了窗口的背景与字符颜色后，在没有用 clrscr() 函数清除窗口之前，颜色不会改变，直到使用了函数 clrscr()，整个窗口随后输出到窗口中的文本字符才会变成新颜色。
（3）用 textattr() 函数时背景颜色应左移 4 位，才能使 3 位背景颜色移到正确位置。

范例 17-1　窗体背景颜色设置

（1）在 Turbo C 中，新建名为"windowcolor.c.c"的源程序。
（2）在代码编辑窗口输入以下代码（代码 17-1.txt）。

```
01  #include <stdio.h>
02  #include <conio.h>
03  int main()
04  {
05  int i;
06  textbackground(0);  /* 设置屏幕背景色，待 clrscr 后起作用 */
07  clrscr();  /* 清除文本屏幕 */
08  for(i=1; i<8; i++)
09  {
10  window(10+i*5, 5+i, 30+i*5, 15+i);  /* 定义文本窗口 */
11  textbackground(i);  /* 定义窗口背景色 */
12  clrscr();  /* 清除窗口 */
13  }
14  getch();
15  return 0;
16  }
```

【运行结果】

运行结果如下图所示。

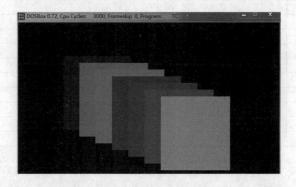

【范例分析】

这个程序使用了关于窗口大小的定义、颜色的设置等函数，在一个屏幕上不同位置定义了 7 个窗口，其背景色分别使用了 7 种不同的颜色。

窗口内文本的输入输出函数如下。

（1）窗口内文本的输出函数

前文介绍过的 printf()、putc()、puts()、putchar() 是以整个屏幕为窗口的，它们不受由 window 函数设置的窗口限制，也无法用函数控制它们输出的位置，但 Turbo C 提供了三个文本输出函数，它们受窗口的控制，窗口内显示光标的位置，就是它开始输出的位置。当输出行右边超过窗口右边界时，自动移到窗口内的下一行开始输出，当输出到窗口底部边界时，窗口内的内容将自动产生上卷，直到全部输出完为止，这三个函数均受当前光标的控制，每输出一个字符光标后移一个字符位置。这三个输出函数原型如下。

```
int cprintf(char *format, 表达式表 );
int cputs(char *str);
int putch(int ch);
```

它们的使用格式同 printf()、puts() 和 putc()，其中 cprintf() 是将按格式化串定义的字符串或数据输出到定义的窗口中，其输出格式串同 printf 函数，不过它的输出受当前光标控制，且输出特点如上所述，cputs 同 puts，是在定义的窗口中输出一个字符串，而 putch() 则是输出一个字符到窗口，它实际上是函数 putc 的一个宏定义，即将输出定向到屏幕。

（2）窗口内文本的输入函数

可直接使用 stdio.h 中的 getch 或 getche 函数。需要说明的是，getche() 函数从键盘上获得一个字，在屏幕上显示的时候，如果字符超过了窗口右边界，则会被自动转移到下一行的开始位置。

17.1.3 清屏和光标控制

（1）清屏函数

void clrscr(void);

该函数将清除窗口中的文本，并将光标移到当前窗口的左上角，即 (1, 1) 处。

（2）光标控制

void clreol(void);

该函数将清除当前窗口中从光标位置开始到本行结尾的所有字符，但不改变光标原来的位置。

void delline(void);

该函数将删除一行字符，该行是光标所在行。

void gotoxy(int x, int y);

该函数很有用，用来定位光标在当前窗口中的位置。这里 x、y 是指光标要定位处的坐标（相对于窗口而言）。当 x、y 超出了窗口的大小时，该函数就不起作用了。

17.1.4 文本移动和存取

文本移动函数如下。

int movetext(int x1, int y1, int x2, int y2, int x3, int y3);

该函数将把屏幕上左上角为 ($x1$, $y1$)，右下角为 ($x2$, $y2$) 的矩形内文本复制到左上角为 ($x3$, $y3$) 的一个新矩形区内。这里 x、y 坐标是以整个屏幕为窗口坐标系，即屏幕左上角为 (1, 1)。

该函数与开设的窗口无关，且原矩形区文本不变。

int gettext(int xl, int yl, int x2, int y2, void *buffer);

该函数将把左上角为 ($x1$, $y1$)、右下角为 ($x2$, $y2$) 的屏幕矩形区内的文本存到由指针 buffer 指向的一个内存缓冲区内，当操作成功，返回 1；否则，返回 0。

因一个在屏幕上显示的字符需占显示存储器 VRAM 的两个字节，即第一个字节是该字符的 ASCII 码，第二个字节为属性字节，即表示其显示的前景、背景色及是否闪烁，所以 buffer 指向的 内存缓冲区的字节总数的计算为字节总数 = 矩形内行数 × 每行列数 ×2 。其中，矩形内行数 =$y2y1+1$，每行列数 =$x2-x1+1$（每行列数是指矩形内每行的列数）。矩形内文本字符在缓冲区内存放的次序是从左到右，从上到下，每个字符占连续两个字节并依次存放。

int puttext(int x1, int y1, int x2, int y2, void *buffer);

该函数则是将 gettext() 函数存入内存 buffer 中的文字内容复制到屏幕上指定的位置。

（1）gettext() 函数和 puttext() 函数中的坐标是对整个屏幕而言的，即是屏幕的绝对坐标，而不是相对窗口的坐标。

（2）movetext() 函数是复制而不是移动窗口区域内容，即使用该函数后，原位置区域的文本内容仍然存在。

范例 17-2   输出文本

（1）在 Turbo C 中，新建名为 "text.c" 的源程序。

（2）在代码编辑窗口输入以下代码（代码 17-2.txt）。

```
01  #include <conio.h>
02  main()
03  {
04      int i;
05      char ch[4*8*2];  /* 定义 ch 字符串数组作为缓存区  */
06      textmode(C80);
07      textbackground(BLUE);
08      textcolor(RED);
09      clrscr();
10      gotoxy(10,10);
11      cprintf("L:load");
12      gotoxy(10,11);
13      cprintf("S:save");
14      gotoxy(10,12);
15      cprintf("D:delete");
16      gotoxy(10,13);
17      cprintf("E:exit\r\n");
18      cprintf("Press any key to continue");
19      getch();
20      gettext(10,10,18,13,ch);  /* 存矩形区文存到 ch 缓存区  */
21      clrscr();
22      textbackground(1);
23      textcolor(3);
24      window(20,9,34,14);  /* 开一个窗口  */
25      clrscr();
26      cprintf("1.\r\n2.\r\n3.\r\n4.\r\n");  /* 纵向写 1，2，3，4 */
27      movetext(20,9,34,14,40,10);  /* 将矩形区文本复制到另一区域  */
28      puts("hit any key");
29      getch();
30      clrscr();
31      cprintf("press any key to put text");
32      getch();
33      clrscr();
34      puttext(23,10,31,13,ch);  /* 将 ch 缓存区所存文本在屏上显示 */
35      getch();
36  }
```

【运行结果】

运行结果如下图所示。

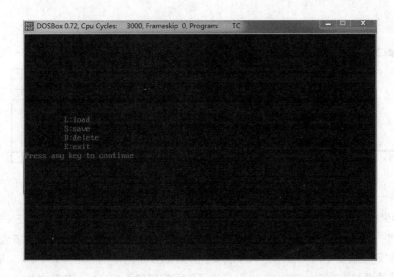

【范例分析】

首先定义一个字符数组，下标为 64，表示用来存 4 行 8 列的文本。由于没有用 window 函数设置窗口，因而用默认值，即全屏幕为一个窗口，程序开始设置 80 列 ×25 行文本显示方式 (C80)，背景色为蓝色，前景色为红色，经 clrscr 函数清屏后，设置的背景色才使屏幕背景变蓝。gotoxy(10，10) 使光标移到第 10 行、第 10 列，然后在 (10，10) 开始位置显示 L：load，接着在下面三行相同的列位置显示另外三条信息，第 13 行、第 10 列显示的 E：exit 后面带有回车换行符，为的是将光标移到下一行开始处，以显示 press any key to continue。当按任一键后，gettext 函数将 (10，l0，18，13) 矩形区的内容存到 ch 缓存区内。ch 即上述的 4 行 8 列信息，接着设置一个窗口，并纵向写上 1、2、3、4，然后用 movetext()，将此窗口内容复制到另一区域，由于此区域包括背景色和显示的字符，所以被复制到另一区域的内容也是相同的背景色和文本。当按任一键后，又出现提示信息，再按键，则存在 ch 缓冲区内的文本由 puttext() 又复制到开设的窗口内了，注意上述的函数 movetext()、gettext()、puttext() 均与开设的窗口内坐标无关，而是以整个屏幕为参考系的。

▶ 17.2　图形编程

开始本节前首先思考一个问题。要编写一个程序，使用鼠标进行如下操作：按住鼠标器的任意键并移动，十字光标将随鼠标而移动，根据按键的不同采用不同的形状来画出相应的移动轨迹。当仅按下左键时，用圆圈；仅按下右键时，用矩形；其他按键情况用线条。在这个问题中输入的操作已不再是通过键盘，而是用鼠标。而且还要响应鼠标的具体操作，在屏幕上画出点、矩形、圆等图形。要解决这一编程问题，将涉及两方面的内容：一是关于程序设计中较难且又吸引人的部分——计算机图形程序设计，即图形方式（另外一种显示器显示方式）的知识；二是关于鼠标的知识。下面将对它们做具体的解释。

17.2.1　图形系统初始化

图形方式和文本方式不同，我们可以在这种方式下画图，它的显示单位是像素。如同近看电视的画面一样，显示器显示的图形也是由一些圆点组成（其亮度、颜色不同），这些点称为像素（或称像点）。满屏显示像素多少，则决定了显示的分辨率高低，可以看出像素越小（或个数越多），则显示的分辨率越高。像素在屏幕上的位置则可由其所在的 x、y 坐标来决定。

下图（a）和（b）分别为显示屏在 640×480 分辨率下的坐标和不同位置像素的坐标。

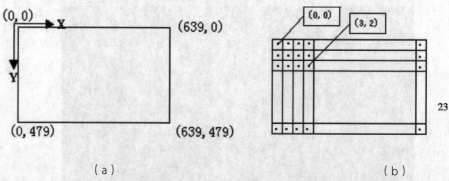

（a）   （b）

　　显示屏的图形坐标系统就像一个倒置的直角坐标系：定义屏幕的左上角为原点，正 x 轴向右延伸，正 y 轴向下延伸，即 x 和 y 坐标值均为非负整数，但其最大值则由显示器的类型和显示方式来确定，也就是说，显示的像素大小可以通过设置不同的显示方式来改变。例如在图 (a) 所示的显示方式下，x、y 最大坐标是 (639, 399)，即满屏显示的像素数为 640×400。图 (b) 显示出了不同位置像素的坐标，其最大的 x、y 值（即行和列值）由程序设置的显示方式来决定。这种显示坐标称为屏幕显示的物理坐标或绝对坐标，以便和图视窗口（图视口）坐标相区别。图视窗口是指在物理坐标区间又开辟一个或多个区间，在这些区间又可定义一个相对坐标系统，以后画图均可在此区间进行，以相对坐标来定义位置。如在图 (a) 所示的显示方式下，当定义了一个左上角坐标为 (200，50)，右下角坐标为 (400，150) 的一个区域为图视口，则以后处理图形时，就以其左上角为坐标原点 (0，0)，右下角为坐标 (200，100) 的坐标系来定位图形上各点位置。在编制图形程序时，进入图形方式前，首先要在程序中对使用的图形系统进行初始化，即要用什么类型的图形显示适配器的驱动程序，采用什么模式的图形方式（也就是相应程序的入口地址），以及该适配器驱动程序的寻找路径名。所用系统的显示适配器一定要支持所选用的显示模式，否则将出错。当图形系统初始化后，才可进行画图操作。

　　（1）图形系统的初始化函数

　　Turbo C 提供了函数 initgraph 可完成图形系统初始化的功能。其原型如下。

void far initgraph(int far *driver, int far *mode, char far *path_for_driver);

　　当使用的存储模式为 tiny(微型)、small(小型) 或 medium(中型) 时，不需要远指针，因而可以将初始化函数调用格式写成如下形式（该说明适用于后面所述的任一函数）。

initgraph(&graphdriver, &graphmode," ");

　　其中驱动程序目录路径为空字符 " " 时，表示就在当前目录下，参数 graphmode 用如参数 graphdriver 是一个枚举变量，它属于显示器驱动程序的枚举类型。

enum graphics_driver {DETECT,CGA, MCGA, EGA, EGA64, EGAMONO, IBM 8514,
HERCMONO, ATT400, VGA, PC3270};

　　其中枚举成员的值顺序：DETECT 为 0，CGA 为 1，依此类推。当不知道所用显示适配器名称时，可将 graphdriver 设成 DETECT，它将自动检测所用显示适配器类型，并将相应的驱动程序装入，并将其最高的显示模式作为当前显示模式，如下面所列。

　　检测到的适配器选中的显示模式如下。

CGA 4(640×200, 2 色 , 即 CGAHI)
EGA 1(640×350, 16 色 , 即 EGAHI)
VGA 2(640×480, 16 色 , 即 VGAHI)

　　一旦执行了初始化，显示器即被设置成相应模式的图形方式。

下面是一般画图程序的开始部分，它包括对图形系统的初始化。

```
#include <graphics.h>
main()
{
    int graphdriver=DETECT;
    int graphmode;
    initgraph(&graphdriver, &grapllmode," ");
    …
}
```

上面初始化过程中，将由 DETECT 检测所用适配器类型，并将当前目录下相应的驱动程序装入，并采用最高分辨率显示模式作为 graphmode 的值。

若已知所用图形适配器为 VGA 时，想采用 640×480 的高分辨显示模式 VGAHI，则图形初始化部分可写成如下形式。

```
int graphdriver=VGA;
int graphmode=VGAHI;
initgraph(&graphdriver, &graphmode, " ");
```

（2）图形系统检测函数

当 graphdriver=DETECT 时，实际上 initgraph 函数又调用了图形系统检测函数 detectgraph，它完成对适配器的检查并得到显示器类型号和相应的最高分辨率模式，若所设适配器不是规定的那些类型，则返回 -2，表示适配器不存在，该函数的原型说明如下。

```
void far detectgraph(int far *graphdriver, int far *graphmode);
```

当想检测所用的适配器类型，但并不想用其最高分辨率显示模式，而想由自己进行控制使用时，可采用这个函数来实现。

```
01  #include <graphics.h>
02  main()
03  {
04      int graphdriver;
05      int graphmode;
06      detectgraph(&graphdriver, &graphmode);
07      switch(graphdriver) {
08          case CGA：graphmode=1;  /* 设置成低分辨模式  */
09          break;
10          case EGA：graphmode=0;  /* 设置成低分辨模式  */
11          break;
12          case VGA：graphmode=1;  /* 设置成中分辨模式  */
13          break;
14          case –2:
15          printf("\nGraphics adapter not installed");
16          exit（1）;
17          default:
18          printf("\nGraphics adapter is not CGA, EGA, or VGA");
19      }
20      initgraph(&graphdriver,&graphmode,"");
21      …
22  }
```

调用 detectgraph 时，该函数将把检测到的适配器类型赋予 graphdriver，再把该类型适配器支持的最高分辨率模式赋给 graphmode。

（3）清屏和恢复显示方式的函数

画图前一般需清除屏幕，使得屏幕如同一张白纸，以画出最新、最美的图画，因此必须使用清屏函数。清屏函数的原型如下。

```
void far cleardevice(void);
```

该函数作用范围为整个屏幕，如果用函数 setviewport 定义一个图视窗口，则可用清除图视口函数，它仅清除图视口区域内的内容，该函数的说明原型如下。

```
void far clearviewport(void);
```

当画图程序结束，回到文本方式时，要关闭图形系统，回到文本方式，该函数的说明原型如下。

```
void far closegraph(void);
```

由于进入 C 环境进行编程时，即进入文本方式，因而为了在画图程序结束后恢复原来的最初状况，一般在画图程序结束前调用该函数，使其恢复到文本方式。

为了不关闭图形系统，使相应适配器的驱动程序和字符集（字库）仍驻留在内存，但又回到原来所设置的模式，则可用恢复工作模式函数，它也同时进行清屏操作，它的说明原型如下。

```
void far restorecrtmode(void);
```

该函数常和另一设置图形工作模式函数 setgraphmode 交互使用，使得显示器工作方式在图形和文本方式之间来回切换，这在编制菜单程序和说明程序时很有用处。

17.2.2 基本图形函数

图形由点、线、面组成，Turbo C 提供了一些函数，以完成这些操作，而面则可由封闭图形填上颜色来实现。当图形系统初始化后，在此阶段将要进行的画图操作均采用默认值作为参数的当前值，如画图屏幕为全屏，当前开始画图坐标为 (0，0)（又称当前画笔位置，虽然这个笔是无形的），又如采用画图的背景颜色和前景颜色、图形的填充方式，以及可以采用的字符集（字库）等均为默认值。

（1）画点函数

```
void far putpixel(int x, int y, int color);
```

该函数表示在指定的 x，y 位置画一点，点的显示颜色由设置的 color 值决定，关于颜色的设置，将在设置颜色函数中介绍。

```
int far getpixel(int x, int y);
```

该函数与 putpixel() 相对应，它得到在点 $(x，y)$ 位置上的像素的颜色值。

📋 **范例 17-3   绘制点**

（1）在 Turbo C 中，新建名为"point.c"的源程序。

（2）在代码编辑窗口输入以下代码（代码 17-3.txt）。

```
01  #include <graphics.h>
02  main()
```

```
03   {
04      int graphdriver=DETECT;
05      int graphmode,x;
06      initgraph(&graphdriver,&graphmode,"");
07      cleardevice();
08      for(x=20;x<=300;x+=16)
09      {
10        putpixel(x,20,1);
11        putpixel(x+4,20,2);
12      }
13      getch();
14      closegraph();
15   }
```

【运行结果】

运行结果如下图所示。

【范例分析】

上面是一个画点的程序，它将在 $y=20$ 的恒定位置上沿 x 方向从 $x=200$ 开始，连续画两个点（间距为 4 个象素位置），又间隔 16 个点位置，再画两个点，如此循环，直到 $x=300$ 为止，每画出的两个点中的第一个由 putpixel(x，20，1) 所画，第二个则由 putplxel($x+4$，20，2) 画出，颜色值分别设为 1 和 2。

（2）有关画图坐标位置的函数

在屏幕上画线时，如同在纸上画线一样。画笔要放在开始画图的位置，并经常要抬笔移动，以便到另一位置再画。也可想象在屏上画图时，有一无形的画笔，可以控制它的定位、移动（不画），也可知道它能移动的最大位置限制等。完成这些功能的函数如下。

移动画笔到指定的 (x，y) 位置，移动过程不画。

void far moveto(int x, int y);

画笔从现行位置 (x，y) 处移到一位置增量处 ($x+dx$,$y+dy$)，移动过程不画。

void far moverel(int dx, int dy);

得到当前画笔所在位置。

int far getx(void);

得到当前画笔的 x 位置。

int far gety(void);

得到当前画笔的 y 位置。

（3）画线函数

这类函数提供了从一个点到另一个点用设定的颜色画一条直线的功能，起始点的设定方法不同，因而有下面不同的画线函数。

两点之间画线函数如下。

void far line(int x0, int y0, int x1, int y1);

将从点 $(x0, y0)$ 到点 $(x1, y1)$ 画一条直线。

从现行画笔位置到某点画线函数如下。

void far lineto(int x, int y);

将从现行画笔位置到点 $(x，y)$ 画一条直线。

从现行画笔位置到一增量位置画线函数如下。

void far linerel(int dx, int dy);

将从现行画笔位置 $(x，y)$ 到位置增量处 $(x+dx, y+dy)$ 画一条直线。

📝 **范例 17-4**　　**绘制图形**

（1）在 Turbo C 中，新建名为"line.c"的源程序。

（2）在代码编辑窗口输入以下代码（代码 17-4.txt）。

```
01  #include <graphics.h>
02  main()
03  {
04      int graphdriver=VGA;
05      int graphmode=VGAHI;
06      initgraph(&graphdriver,&graphmode,"");
07      cleardevice();
08      moveto(100,20);
09      lineto(100,80);
10      moveto(200,20);
11      lineto(100,80);
12      line(100,90,200,90);
13      linerel(0,20);
14      moverel(-100,0);
15      linerel(30,20);
16      getch();
17      closegraph();
18  }
```

【运行结果】

运行结果如下图所示。

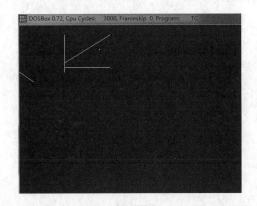

【范例分析】

上面的程序将用 moveto 函数将画笔移到 (100，20) 处，然后从 (100，20) 到 (100，80) 用 1ineto 函数画一直线。再将画笔移到 (200，20) 处，用 lineto 画一条直线到 (100，80) 处，再用 line 函数在 (100，90) 到 (200，90) 间连一直线。接着又从上次 1ineto 画线结束位置开始（它是当前画笔的位置），即从 (100，80) 点开始到 x 增量为 0，y 增量为 20 的点 (100，100) 为止，用 linerel 函数画一直线。moverel(-100，0) 将使画笔从上次用 1inerel(0，20) 画直线时的结束位置 (100，100) 处开始移到 (100-100，100-0)，然后用 linerel(30，20) 从 (0，100) 处再画直线至 (0+30，100+20) 处。用 line 函数画直线时，将不考虑画笔位置，它也不影响画笔原来的位置，lineto 和 1inerel 要求画笔位置，画线起点从此位置开始，而结束位置就是画笔画线完后停留的位置，故这两个函数将改变画笔的位置。

（4）画矩形和条形图函数

画矩形函数 rectangle 将画出一个矩形框，而画条形函数 bar 将以给定的填充模式和填充颜色画出一个条形图，而不是一个条形框，关于填充模式和颜色将在后面介绍。

画矩形函数如下。

```
void far rectangle(int xl, int y1, int x2, int y2);
```

该函数将以 (x1,y1) 为左上角，(x2,y2) 为右下角画一矩形框。

画条形图函数如下。

```
void bar(int x1, int y1, int x2, int y2);
```

该函数将以 (x1,y1) 为左上角，(x2,y2) 为右下角画一实形条状图，没有边框，图的颜色和填充模式可以设定。若没有设定，则使用默认模式。

📝 **范例 17-5　绘制矩形**

（1）在 Turbo C 中，新建名为 "rectangle.c" 的源程序。

（2）在代码编辑窗口输入以下代码（代码 17-5.txt）。

```
01  #include <graphics.h>
02  main()
03  {
04    int graphdriver=DETECT;
05    int graphmode,x;
```

```
06      initgraph(&graphdriver,&graphmode,"");
07      cleardevice();
08      rectangle(100,20,200,50);
09      bar(100,80,150,180);
10      getch();
11      closegraph();
12    }
```

【运行结果】

运行结果如下图所示。

【范例分析】

上面的程序将由 rectangle 函数以 (100，20) 为左上角，(200， 50) 为右下角画一矩形，接着又由 bar 函数以 (100，80) 为左上角，(150，180) 为右下角画一实形条状图，用默认颜色（白色）填充。

（5）画椭圆、圆和扇形图函数

在画图的函数中，有关于角的概念。在 Turbo C 中是这样规定的：屏的 x 轴方向为 0°，当半径从此处逆时针方向旋转时，则依次是 90°、180°、270°，当 360° 时，则和 x 轴正向重合，即旋转了一周，如下图所示。

画椭圆函数如下。

void ellipse(int x, int y, int stangle, int endangel, int xradius, int yradius);

该函数将以 (x,y) 为中心，以 xradius 和 yradius 为 x 轴和 y 轴半径，从起始角 stangle 开始到 endangle 角结束，画一椭圆线。当 stangle=0，endangle=360 时，则画出的是一个完整的椭圆，否则画出的将是椭圆弧。关于起始角和终止角规定如上图所示。

画圆函数如下。

void far circle(int x, int y, int radius);

该函数将以 (x, y) 为圆心，radius 为半径画圆。

画圆弧函数如下。

void far arc(int x, int y, int stangle, int endangle, int radius);

该函数将以 (x, y) 为圆心，radius 为半径，从 stangle 为起始角开始，到 endangle 为结束角画一圆弧。

画扇形图函数如下。

void far pieslice(int x, int y, int stangle, int endangle, int radius);

该函数将以 (x, y) 为圆心，radius 为半径，从 stangle 为起始角，endangle 为结束角，画一扇形图，扇形图的填充模式和填充颜色可以事先设定，否则以默认模式进行。

范例 17-6 　绘制圆形

　　（1）在 Turbo C 中，新建名为"circle.c"的源程序。
　　（2）在代码编辑窗口输入以下代码（代码 17-6.txt）。

```
01  #include <graphics.h>
02  main()
03  {
04      int graphdriver=DETECT;
05      int graphmode,x;
06      initgraph(&graphdriver,&graphmode,"");
07      cleardevice();
08      ellipse(320,100,0,360,75,50);
09      circle(320,220,50);
10      pieslice(320,340,30,150,50);
11      ellipse(320,400,0,180,100,35);
12      arc(320,400,180,360,50);
13      getch();
14      closegraph();
15  }
```

【运行结果】

运行结果如下图所示。

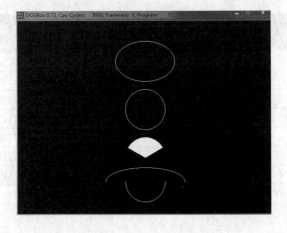

【范例分析】

该程序用 ellipse 函数画椭圆，从中心为 (320，100)，起始角为 0^0，终止角为 360^0，x 轴半径为 75，y 轴半径为 50 画一椭圆，接着用 circle 函数以 (320，220) 为圆心，以半径为 50 画圆。然后分别用 pieslice 和 ellipse 及 arc 函数在下方画出了一扇形图和椭圆弧及圆弧。

17.2.3 颜色函数

像素的显示颜色，或者说画线、填充面的颜色既可采用默认值，也可用一些函数来设置。

与文本方式一样，图形方式下，像素也有前景色和背景色。按照 CGA、EGA、VGA 图形适配器的硬件结构，颜色可以通过对其内部相应的寄存器进行编程来改变。

CGA 的调色板号与对应的颜色值					
模式	调色板号	颜色值			
		0	1	2	3
CGAC0	0	背景色	绿	红	黄
CGAC1	1	背景色	青	洋红	白
CGAC2	2	背景色	淡绿	淡红	棕
CGAC3	3	背景色	淡青	淡洋红	淡灰

为了能形象地说明颜色的设置，一般用所谓调色板来进行描述，它实际上对应一些硬件的寄存器。从 C 语言的角度看，调色板就是一张颜色索引表，对 CGA 显示器，在中分辨显示方式下，有 4 种显示模式，每一种模式对应一个调色板，可用调色板号区别。每个调色板有 4 种颜色可以选择，颜色可以用颜色值 0、1、2、3 米进行选择，由于 CGA 有四个调色板，一旦显示模式确定后，调色板即确定，如选 CGAC0 模式，则选 0 号调色板，但选调色板的哪种颜色则可由用户根据需要从 0、1、2 和 3 中进行选择，表 3-5 就列出了调色板与对应的颜色值。表中若选调色板的颜色值为 0，表示此时选择的颜色和当时的背景色一样。

（1）颜色设置函数

前景色设置函数如下。

void far setcolor(int color);

该函数将使得前景以所选 color 颜色进行显示，对 CGA，当为中分辨模式时只能选 0，1，2，3。

选择背景颜色的函数如下。

void far setbkcolor(int color)

该函数将使得背景色按所选 16 种中的一种 color 颜色进行显示，下表列出了颜色值 color 对应的颜色，此函数使用时，color 既可用值表示，也可用相应的大写颜色名来表示。

背景色值与对应的颜色名					
颜色值	颜色名	颜色	颜色值	颜色名	颜色
0	BLACK	黑	8	DARKGRAY	深灰
1	BLUE	蓝	9	LIGHTBLUE	淡蓝
2	GREEN	绿	10	LIGHTGREEN	淡绿
3	CYAN	青	11	LIGHTCYAN	淡青
4	RED	红	12	LIGHTRED	淡红
5	MAGENTA	洋红	13	LIGHTMAGENTA	淡洋红
6	BROWN	棕	14	YELLOW	黄
7	LIGHTGRAY	浅灰	15	WHITE	白

范例 17-7　设置颜色

（1）在 Turbo C 中，新建名为"color.c"的源程序。

（2）在代码编辑窗口输入以下代码（代码 17-7.txt）。

```
01   #include <graphics.h>
02   main()
03   {
04     int graphdriver=DETECT;
05     int graphmode,x;
06     initgraph(&graphdriver,&graphmode,"");
07     cleardevice();
08     setcolor(1);
09     line(0,0,100,100);
10     getch();
11     setbkcolor(BLUE);
12     line(20,40,150,150);
13     getch();
14     setcolor(0);
15     line(60,120,220,220);
16     getch();
17     closegraph();
18   }
```

【运行结果】

运行结果如下图所示。

【范例分析】

上面的程序用 initgraph 设置为 CGA 显示器，显示模式为 CGAC0，再用 setcolor 选择显示颜色，由于 color 选为 1，这样图形将选用 0 号调色板的绿色显示，因而用 1ine 函数将画出一条绿色直线，背景色由于没设置，故为默认值，即黑色。当按任一键后，执行 setbkcolor，设置背景色为蓝色（也可用 1），这时用 line 画出的 (20，40) 到 (150，150) 的线仍为绿色，但背景色变为蓝色。当再按一键后，程序往下执行，这时用 setcolor 又设显示前景颜色，颜色号为 0，表示画线选背景色，此时用 line(60，120，220，220) 画出的线将显示不出来，原因是前景、背景色一样，混为一体。

（2）调色板颜色的设置

调色板颜色的设置函数如下。

---

void far setpalette(int index, int actual_color);

该函数用来对调色板进行颜色设置，一般用在 EGA、VGA 显示方式上。

对 EGA、VGA 显示器，只有一个调色板，但这个调色板有 l6 个调色板寄存器，它们存的内容对 EGA 和 VGA 含义不同。对 EGA 显示器，调色板是一个颜色索引表，它存有 16 种颜色，VRAM 中的每个像素值 (4 位) 实际上代表一个颜色索引号。由该值即上述函数的参数 index 可知道选中哪个调色板寄存器，而每个调色板寄存器寄存了一种颜色，寄存的颜色可由参数 actual_color 进行设置。由于调色板寄存器为 6 位，位为 0，则闭断该颜色，为 1 则接通，因而 6 位的组合可产生供参数 actual_color 选择的 64 种颜色。对 EGA 图形系统初始化时，16 个调色板寄存器已装入确定的颜色，也称为标准色。显示模式不同，所装颜色值也不同，下表是指 EGAHI 或 VGAHI 模式下的标准色。例如，若 VRAM 中 3 个象素值分别为 1001、0000 和 1111，即 index 值（或调色板寄存器号）分别为 9、0 和 15，则这三个像素点在显示屏上分别显示亮蓝、黑和白，实际上第二个总不显示（因和背景色同，前提是背景色也是黑的）。

16 个调色板寄存器对应的标准色和值					
寄存器号	颜色名	值	寄存器号	颜色名	值
0	EGA_BLACK	0	8	EGA_DARKGRAY	8
1	EGA_BLUE	1	9	EGA_LIGHTBLUE	9
2	EGA_GREEN	2	10	EGA_LIGHTGREEN	10
3	EGA_CYAN	3	11	EGA_LIGHTCYAN	11
4	EGA_RED	4	12	EGA_LIGHTRED	12
5	EGA_MAGENTA	5	13	EGA_LIGHTMAGENTA	13
6	EGA_BROWN	6	14	EGA_YELLOW	14
7	EGA_LIGHTGRAY	7	15	EGA_WHITE	15

调色板寄存器六位数代表的颜色如下图所示。

D7	D6	D5	D4	D3	D2	D1	D0
X	X	R'	G'	B'	R	G	B
		淡红	淡绿	淡蓝	红	绿	蓝

当编制动画或菜单等高级程序时，系统图形初始化时常需要改变每个调色板寄存器的颜色设置，这时就可用 setpalette 函数来重新对某一个调色板寄存器颜色进行再设置。对于 VGA 显示器，也只有一个调色板，对应 16 个调色板寄存器。但这些寄存器装的内容和 EGA 的不同，它们装的又是一个颜色寄存器表的索引。共有 256 个颜色寄存器供索引。VGA 的调色板寄存器是 6 位，而要寻址 256 个颜色寄存器需有 8 位，所以还要通过一个被称为模式控制寄存器的最高位（即第 7 位）的值来决定：若为 0(对于 640×480×16 色显示是这样)，则低 6 位由调色板寄存器来给出，高两位由颜色选择寄存器给出，从而组合出 8 位地址码。因此它的像素显示过程是，由 VRAM 提供调色板寄存器索引号 (0~15)，再由检索到的调色板寄存器的内容同颜色选择寄存器配合，检索到颜色寄存器，再由颜色寄存器存的颜色值而令显示器显示；当模式寄存器最高位为 1 时，则调色板寄存器给出低 4 位的 4 位地址码，而由颜色选择寄存器给出高 4 位的 4 位地址码，来组合成 8 位地

址码对颜色寄存器寻址而得出颜色值。这里的调色板寄存器、颜色选择寄存器、模式控制寄存器和颜色寄存器均属于 VGA 显示器中的属性控制器。由于 Turbo C 中没有支持 VGA 的 256 色的图形模式，只有 16 色方式，因而 16 个颜色寄存器寄存了 16 个颜色寄存器索引号，它们代表的颜色如上表所列，所显示的颜色和 CGA 下选背景色的顺序一样。EGA 和 VGA 的调色板寄存器装的值虽然一样（当图形系统初始化时，指默认值），但含义不同，前者装的是颜色值，后者装的是颜色寄存器索引号，不过它们最终表示的颜色是一致的，因而当用 setpalette(index actual_color) 对 index 指出的某个调色板寄存器重新设置颜色时，actual_color 可用表 3-7 所指的颜色值，也可用大写名，如 EGA_BLACK、EGA_BLUE 等。在默认情况下，和 CGA 上 16 色顺序一样，当使用 setpalette 函数时，index 只能取 0~15，而 actual_color 若其值是表中所列的值，则调色板颜色保持不变，即调色板寄存器值不变。

17.2.4 填充函数

Turbo C 提供了一些画基本图形的函数，如前面介绍过的画条形图函数 bar 和将要介绍的一些函数，它们首先画出一个封闭的轮廓，然后再按设定的颜色和模式进行填充，设定颜色和模式有特定的函数。

（1）填色函数

```
void far setfilestyle(int pattern, int color);
```

该函数将用设定的 color 颜色和 pattern 图模式对后面画出的轮廓图进行填充，这些轮廓图是由待定函数画出的，color 实际上就是调色板寄存器索引号，对 VGAHI 方式为 0~l5，即 l6 色，pattern 表示填充模式，可用下表中的值或符号名表示。

填充模式 (pattern) 的规定		
符号名	值	含义
EMPTY_FILL	0	用背景色填充
SOLID_FILL	1	用单色实填充
LINE_FILL	2	用 "—" 线填充
LTSLASH_FILL	3	用 " // " 线填充
SLASH_FILL	4	用粗 " // " 线填充
BKSLASH_FILL	5	用 "\\" 线填充
LTBKSLASH_FILL	6	用粗 "\\" 线填充
HATCH_FILL	7	用方网格线填充
XHATCH_FILL	8	用斜网格线填充
INTTERLEAVE_FILL	9	用间隔点填充
WIDE_DOT_FILL	10	用稀疏点填充
CLOSE_DOT_FILL	11	用密集点填充
USER_FILL	12	用用户定义样式填充

当 pattern 选用 USER_FILL 用户自定义样式填充时，setfillstyle 函数对填充的模式和颜色不起任何作用，若要选用 USER_FILL 样式填充时，可选用下面的函数。

（2）用户自定义填充函数

```
void far setfillpattern(char *upattefn, int color);
```

该函数设置用户自定义可填充模式，以 color 指出的颜色对封闭图形进行填充。这里的 color 实际上就是调色板寄存器号，也可用颜色名代替。参数 upattern 是一个指向 8 个字节存储区的指针，这 8 个字节表示了一个 8×8 像素点阵组成的填充图模，它是由用户自定义的，它将用来对封闭图形填充。8 个字节的图模是这样形成的：每个字节代表一行，而每个字节的每个二进制位代表该行的对应列上的像素。如为 1，则用 color 显示，如为 0，则不显示。

📋 范例 17-8   颜色填充

（1）在 Turbo C 中，新建名为 " color2.c " 的源程序。

（2）在代码编辑窗口输入以下代码（代码 17-8.txt）。

```
01  #include <graphics.h>
02  main()
03  {
04      int graphdriver=VGA,graphmode=VGAHI;
05      struct fillsettingstype save;
06      char savepattern[8];
07      char gray50[]={0xff,0x00,0x00,0x00,0x00,0x00,0x00,0x81};
08      initgraph(&graphdriver,&graphmode,"");
09      getfillsettings(&save);  /* 得到初始化时填充模式  */
10      if(save.pattern != USER_FILL )
11      setfillstyle(3,BLUE);
12      bar(0,0,100,100);
13      setfillstyle(HATCH_FILL,RED);
14      pieslice(200,300,90,180,90);
15      setfillpattern(gray50,YELLOW);  /* 设定用户自定义图模进行填充 */
16      bar(100,100,200,200);
17      if(save.pattern==USER_FILL)
18      setfillpattern(savepattern,save.color);
19      else
20      setfillpattern(savepattern, save.color);  /* 恢复原来的填充模式  */
21      getch();
22      closegraph();
23  }
```

【运行结果】

运行结果如下图所示。

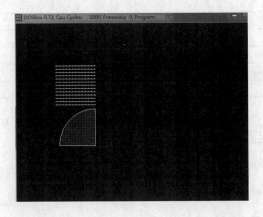

【范例分析】

程序演示了用不同填充图模 (pattern) 对由 bar 和 pieslice 函数产生的条状和扇形图进行颜色填充。运行程序，可以看出第 1 个 bar(0，0，100，100) 产生的方条将由蓝色的斜线填充，即以 LTSlASH_FILL（3）图模填充。接着将由红色的网格 (HATCH_FILL，RED) 图模填充一个扇形。由于默认前景颜色为白色，故该扇形将用白色边框画出，接着用户自定义填充模式，因而用 bar(100, 100, 200, 200) 画出的方条，将用户定义的图模（用字符数组 gray50[] 表示的图模）用黄色进行填充。

（3）得到填充模式和颜色的函数

void far fillsettings(struct fillsettingstype far *fillinfo);

它将得到当前的填充模式和颜色，这些信息存在结构指针变量 fillinfo 指出的结构中，该结构定义如下。

```
struct fillsettingstype
{
    int pattern;  /* 当前填充模式  */
    int color;  /* 填充颜色  */
};
void far getfillpattern(char *upattern);
```

该函数将把用户自定义的填充模式和颜色存入由 upattern 指向的内存区域中。

（4）可对任意封闭图形填充的函数

void far floodfill(int x, int y, int border);

该函数将对一封闭图形进行填充，其颜色和模式将由设定的或默认的图模与颜色决定。其中参数 (x, y) 为封闭图形中的任一点，border 是封闭图形的边框颜色。编程时该函数位于画图形的函数之后，即要填充该图形。

需要注意如下问题。

①若 (x, y) 点位于封闭图形边界上，该函数将不进行填充。

②若对不是封闭的图形进行填充，则会填充到别的地方，即会溢出。

③若 (x, y) 点在封闭图形之外，将对封闭图形外进行填充。

④由参数 border 指出的颜色必须与封闭图形的轮廓线的颜色一致，否则会填到别的地方去。

📝 范例 17-9   颜色填充2

（1）在 Turbo C 中，新建名为 "color3.c" 的源程序。

（2）在代码编辑窗口输入以下代码（代码 17-9.txt）。

```
01  #include <graphics.h>
02  main()
03  {
04    int graphdriver=VGA,graphmode=VGAHI;
05    initgraph(&graphdriver,&graphmode,"");
06    setbkcolor(BLUE);
07    setcolor(WHITE);  /* 用白色画线  */
08    setfillstyle(1,LIGHTRED);  /* 设填充模式和颜色  */
09    bar3d(100,200,400,350,100,1);  /* 画长方体并填正面  */
10    floodfill(450,300,WHITE);  /* 填侧面  */
11    floodfill(250,150,WHITE);  /* 填顶部  */
12    setcolor(LIGHTGREEN);
13    setfillstyle(2,BROWN);
14    rectangle(450,400,500,450);  /* 画矩形  */
15    floodfill(470,420,LIGHTGREEN);  /* 填矩形 */
16    getch();
17    closegraph();
18  }
```

【运行结果】

运行结果如下图所示。

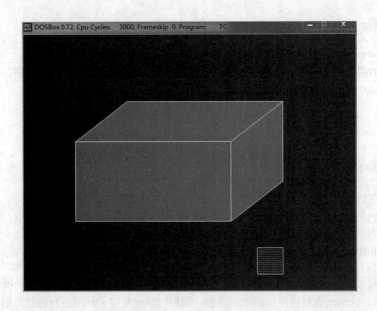

【范例分析】

程序首先用白色线画出一个长方体,并用设定的亮红色 (LIGHTRED) 和实填充模式填充该长方体的正面,然后使用两个 floodfill 函数用同样的模式和颜色填充该长方体能看得见的另外两面,然后将画线颜色由 setcolor(LIGHTGREEN) 设置为亮绿色,并由 setfillstyle 设置填充模式为棕色和用平直线填充,由于该函数对 rectangle 画出的矩形框不起作用,所以并不执行填充,当画好矩形框后,其后的 floodfill 函数将完成对该矩形框的填充,即以棕色的平直线进行填充。可以做实验,当将 floodfill 中的 x、y 参数设在被填图形框外时,结果会将该框外的所有区域填充。当 floodfill 中的 border 指定的颜色和画图框的颜色不符时,也会将颜色填充到图形以外去。

▶ 17.3　中断

用 Turbo C 实现编写中断程序的方法可用以下三部分来实现:编写中断服务程序、安装中断服务程序、激活中断服务程序。

17.3.1　编写中断服务程序

我们的任务是当产生中断后,脱离被中断的程序,使系统执行中断服务的程序,它必须打断当前执行的程序,急需完成一些特定操作,因此,该程序中应包括一些能完成这些操作的语句和函数。由于产生中断时,必须保留被中断程序中断时的一些现场数据,即保存断点,这些值都在寄存器中 (若不保存,当中断服务程序用到这些寄存器时,将改变它的值),以便恢复中断时,使这些值复原,以继续执行原来中断了的程序。

Turbo C 为此提供了一种新的函数类型 interrupt,它将保存由该类型函数参数指出的各寄存器的值,而在退出该函数,即中断恢复时,再复原这些寄存器的值,因而用户的中断服务程序必须定义成这种类型的函数。如中断服务程序名定为 myp,则必须将这个函数声明成如下形式。

```
void interrupt myp(unsigned bp, unsiened di, unsigned si, unsigned ds, unsigned es,
unsigned dx, unsigned cx, unsigned bx, unsigned ax, unsigned ip,
unsigned cs, un3igned flags);
```

若是在小模式下的程序,只有一个段,在中断服务程序中用户就可以像用无符号整数变量一样,使用这些寄存器。

若中断服务程序中不使用上述的寄存器,也就不会改变这些寄存器原来的值,因而也就不需保存它们,这样在定义这种中断类型的函数时,可不写这些寄存器参数,如可写成如下形式。

```
void interrupt myp()
{
…
}
```

对于硬中断，则在中断服务程序结束前要送中断结束命令字给系统的中断控制寄存器，其入口地址为 0x20，中断结束命令字也为 0x20，即

```
outportb(0x20, 0x20);
```

在中断服务程序中，若不允许别的优先级较高的中断打断它，则要禁止中断，可用函数 disable() 来关闭中断。若允许中断，则可用开放中断函数 enable() 来开放中断。

17.3.2 安装中断服务程序

定义了中断服务函数后，还需将这个函数的入口地址填入中断向量表中，以便产生中断时程序能转入中断服务程序去执行。为了防止正在改写中断向量表时，又产生别的中断而导致程序混乱，可以关闭中断，当改写完毕后，再开放中断。一般的，常定义一个安装函数来实现这些操作，例如：

```
void install(void interrupt (*faddr)(), int inum)
{
    disable();
    setvect(inum, faddr);
    enable();
}
```

其中 faddr 是中断服务程序的入口地址，其函数名就代表了入口地址，而 inum 表示中断类型号。setvect() 函数就是设置中断向量的函数，上述定义的 install() 函数，将完成把中断服务程序入口地址填入中断向量 inum 中去。setvect(intnum，faddr) 会把第 intnum 号中断向量指向所指的函数，也即指向 faddr 这个函数，faddr() 必须是一个 interrupt 类型的函数。getvect(intnum) 会返回第 int num 号中断向量的值，此即 intnum 号中断服务程序的进入地址 (4 Bytes 的 far 地址)。该地址是以 pointer to function 的形式返回的。getvect() 使用的方式如下。

```
ivect =getvect(intnum);
```

其中 ivect 是一个 fuction 的 pointer，存放 function 的地址，其类型必须是 interrupt 类型，由于声明时，此 pointer 无固定值，所以冠以 void。

17.3.3 中断服务程序的激活

当中断服务程序安装完后，如何产生中断，从而执行这个中断服务程序呢？对硬件中断，就要在相应的中断请求线 (IRQi，i=0，l，2，…，7) 产生一个由低到高的中断请求电平，这个过程必须由接口电路来实现，但如何激励它产生这个电平呢？这可以用程序来控制实现，如发命令 (outportb(入口地址 , 命令))。然后主程序等待中断，当中断产生时，便去执行中断。对于软中断，有几种调用方法。由于中断类型的函数不同于用户定义的一般函数，因此也不能用调用一般函数的方法来调用它，一般软中断调用可用如下方法。

（1）使用库函数 geninterrupt(中断类型号)

在主函数中适当的地方，用 setvect 函数将中断服务程序的地址写入中断向量表中，然后在需要调用的地方用 geninterrupt() 函数调用。

（2）直接调用

如已用 setvect(类型号，myp) 设置了中断向量值，则可用 myp(); 直接调用，或用指向地址的方法调用。

(* myp)();

（3）可用在 Turbo C 程序中插入汇编语句的方法来调用，例如：

setvect (inum, myp)

...

asm int inum;

...

使用这种调用方法的程序生成执行程序稍麻烦一些。通常上述的调用可定义成一个中断激活函数来完成，该函数中可附加一些别的操作，主程序在适当的地方调用它就可以了。

（4）恢复被修改的中断向量

这一步视情况而定，当用户采用系统已定义过的中断向量，并且将其中断服务程序进行了改写，或用新的中断服务程序代替了原来的中断服务程序，为了在主程序结束后，恢复原来的中断向量以指向原中断服务程序，可以在主程序开始时，保存原中断向量的内容，这可以用取中断向量函数 getvect() 来实现，如 j=(char *) getvect(0xlc)，这样 j 指针变量中将是 0xlc 中断服务程序的入口地址，由于 DOS 已定义了 0xlc 中断的服务程序入口地址，但它是一条无作用的中断服务，因而可以利用 0xlc 中断来完成一些用户想执行的一些操作，实际上就是用户自己的中断服务程序代替了原来的。当主程序要结束时，为了保持系统的完整性，可以恢复原来的中断服务入口地址，如可用 setvect(0xlc, j)，也可以再调用 install() 函数再一次进行安装。一般情况下可以不加这一步。PC286、386、486 上使用的硬中断请求信号和对应的中断向量号与外接的设备见下表。

PCX86 硬中断搞求信号与中断向量号及外设的关系		
中断请求信号	中断向量号	使用的设备
IRQ0	8	系统定时器
IRQ1	9	键盘
IRQ2	10	对 XT 机保留，AT 总线扩充为 IRQ8-15
IRQ3	11	RS-232C(COM2)
IRQ4	12	RS-232C(COMl)
IRQ5	13	硬盘中断
IRQ6	14	软盘中断
IRQ7	15	打印机中断
IRQ8	70	实时钟中断
IRQ9	71	软中断方式重新指向 IRQ2
IRQ10	72	保留
IRQ11	73	保留
IRQ12	74	保留
IRQ13	75	协处理器中断
IRQ14	76	硬盘控制器
IRQ15	77	保留

中断优先级从高到低排列顺序：IRQ0，IRQl，IBQ 2，IRQ8，IRQ9，IRQ10，IRQll，IRQl2，IRQl3，IRQl4，IRQl5，IRQ3，IRQ4，IRQ5，IRQ6，IRQ7。

第18章

网络编程

网络已经融入人们生活的方方面面，人们可以使用网络进行网上办公、搜索信息、聊天通信、玩游戏等。本章将介绍使用 C 语言进行网络编程的方法，主要介绍网络基础知识和基于 TCP 和 UDP 的网络编程。

本章要点（已掌握的在方框中打钩）

☐ 网络基础知识
☐ 基于 TCP 的网络编程
☐ 基于 UDP 的网络编程

▶ 18.1 网络基础知识

网络已经深入人们的日常生活中，并且变得越来越重要。例如，网络使通信变得非常简单，那么通信双方是如何进行通信的？再如访问网站，客户又如何请求服务器，服务器又如何响应客户？本章讲解如何开发简单的网络应用程序，首先介绍计算机网络的相关基础知识。

18.1.1 计算机网络

计算机网络是将地理位置不同的具有独立功能的多台计算机及其外部设备，通过通信线路连接起来，在网络操作系统、网络管理软件及网络通信协议的管理下，实现资源共享和信息传递的系统。

01 开放系统互联（OSI）模型

OSI 模型是国际标准化组织为了实现计算机网络的标准化而颁布的参考模型。该模型采用分层的划分原则，将网络中的数据传输划分为 7 层（见下表），每层使用下层的服务，并向上层提供服务。

层次	名称	功能描述
7	应用层	负责网络中应用程序与网络操作系统之间的联系
6	表示层	用于确定数据交换的格式，它能够解决应用程序之间在数据格式上的差异，并负责设备之间所需要的字符集和数据的转换
5	会话层	用户应用程序与网络层的接口，它能够建立与其他设备的连接，即会话。并且能够对会话进行有效的管理
4	传输层	提供会话层和网络层之间的传输服务，该服务从会话层获得数据，必要时对数据进行分割，然后传输层将数据传递到网络层，并确保数据能正确无误地传送到网络层
3	网络层	能够将传输的数据封包，然后通过路由选择、分段组合等控制，将信息从源设备传送到目标设备
2	数据链路层	主要是修正传输过程中的错误信号，它能够提供可靠的通过物理介质传输数据的方法
1	物理层	利用传输介质为数据链路层提供物理连接，它规范了网络硬件的特性、规格和传输速度

02 网络协议

网络协议是为计算机网络中进行数据交换而建立的规则、标准或约定的集合。例如，网络中一个微机用户和一个大型主机的操作员进行通信，由于这两个数据终端所用字符集不同，因此操作员所输入的命令彼此不认识。为了能进行通信，规定每个终端都要将各自字符集中的字符先变换为标准字符集的字符后，才进入网络传送，到达目的终端之后，再变换为该终端字符集的字符。当然，对于不相容终端，除了需变换字符集字符外，其他特性（如显示格式、行长、行数、屏幕滚动方式等）也需做相应的变换。

18.1.2 TCP/IP 协议

TCP/IP 协议是传输控制协议 / 网际协议，是互联网上最流行的协议之一，它能够实现互联网上不同类型操作系统的计算机互相通信。该协议将网络分为 4 层，分别对应 OSI 参考模型的 7 层结构，见下表。

TCP/IP 协议	OSI 参考模型
应用层（包括 Telnet、FTP、SNTP 协议）	会话层、表示层和应用层
传输层（包括 TCP、UDP 协议）	传输层
网络层（包括 ICMP、IP、ARP 等协议）	网络层
数据链路层	物理层和数据链路层

TCP/IP 协议簇包含多种协议，其中主要的协议有传输控制协议（Transmission Control Protocol TCP）、网际协议（Internet Protocol，IP）、网际控制报文协议（Internet Control Message Protocol，ICMP）和用户数据报协议（User Datagram Protocol，UDP）等。

01 TCP

TCP 是一种提供可靠数据传输的通用协议，它是 TCP/IP 体系结构中传输层上的协议。在发送数据时，应用层的数据传输到传输层，加上 TCP 的首部，数据就构成了报文。报文是网际层 IP 的数据，如果加上 IP 首部，就构成了 IP 数据报，TCP 的 C 语言数据描述如下。

```c
typedef struct HeadTCP
{
    WORD    SourcePort;   //16 位源端口号
    WORD    DePort;       //16 位目的端口
    DWORD   SequanceNo;   //32 位序号
    DWORD   ConfirmNo;    //32 位确认序号
    BYTE    HeadLen;
    // 与 Flag 为一个组成部分，首部长度，占 4 位，保留 6 位，6 位标识，共 16 位
    BYTE    Flag;
    WORD    WndSize;      //16 位窗口大小
    WORD    CheckSum;     //16 位校验和
    WORD    UrgPtr;       //16 位 i 紧急指针
}HEADTCP;
```

02 IP

IP 即网际协议，工作在网络层，主要提供无链接数据报传输。IP 不保证数据报的发送，但可以最大限度地发送数据。IP 的 C 语言数据描述如下。

```c
typedef struct HeadIP
{
    unsigned char headerlen:4;   // 首部长度，占 4 位
    unsigned char version:4;     // 版本，占 4 位
    unsigned char servertype;    // 服务类型，占 8 位，即一个字节
    unsigned short totallen;     // 总长度，占 16 位
    unsigned short id;           // 与 idoff 构成标识，共占 16 位，前 3 位是标识，后 13 位时片偏移
    unsigned short idoff;
    unsigned char ttl;           // 生存时间，占 8 位
    unsigned char proto;         // 协议，占 8 位
    unsigned short checksum;     // 首部检验和，占 32 位
    unsigned int sourceIP;       // 源 IP 地址，占 32 位
    unsigned int destIP;         // 目的 IP 地址，占 32 位
}HEADIP;
```

03 ICMP

ICMP 即网际控制报文协议，负责网络上设备状态的发送和报文检查，可以将某个设备的故障信息发送到其他设备上。ICMP 的 C 语言数据描述如下。

```c
typedef struct HeadICMP
{
    BYTE Type;     //8 位类型
    BYTE Code;     //8 位代码
    WORD ChkSum;   //16 位检验和
}HEADICMP;
```

04 UDP

UDP 即用户数据报协议，是一个面向无连接的协议，可使两个应用程序不需要先建立连接，它为应用程序提供一次性的数据传输服务。UDP 不提供差错恢复，不能提供数据重传，因此该协议传输数据安全性略差。UDP 的 C 语言数据描述如下。

```
typedef struct HeadUDP
{
    WORD SourcePort;    //16 位源端口号
    WORD DePort;        //16 位目的端口
    WORD Len;           //16 位 UDP 长度
    WORD ChkSum;        //16 位 UDP 校验和
}HEADUDP;
```

18.1.3 端口

端口用于标识通信的应用程序。当应用程序（严格来说应该是进程）与某个端口绑定后，系统会将收到的给端口的数据送往该应用程序。端口是用一个 16 位的无符号整数值来表示的，范围为 0 ~ 65535，低于 256 的端口被作为系统的保留端口，用于系统进程的通信，不在这一范围的端口被称为自由端口，可以由进程自由使用。

18.1.4 套接字

源 IP 地址和目的 IP 地址以及源端口号和目的端口号的组合称为套接字。其用于标识客户端请求的服务器和服务。

常用的 TCP/IP 协议的 3 种套接字类型如下所示。

（1）流套接字（SOCK_STREAM）

流套接字用于提供面向连接、可靠的数据传输服务。该服务将保证数据能够实现无差错、无重复发送，并按顺序接收。流套接字之所以能够实现可靠的数据服务，原因在于其使用了传输控制协议，即 TCP。

（2）数据报套接字（SOCK_DGRAM）

数据报套接字提供了一种无连接的服务。该服务并不能保证数据传输的可靠性，数据有可能在传输过程中丢失或出现数据重复，且无法保证顺序地接收到数据。数据报套接字使用 UDP 进行数据的传输。由于数据报套接字不能保证数据传输的可靠性，对于有可能出现的数据丢失情况，需要在程序中做相应的处理。

（3）原始套接字（SOCK_RAW）（一般不用这个套接字）

原始套接字 (SOCKET_RAW) 允许对较低层次的协议直接访问，如 IP、ICMP，它常用于检验新的协议实现，或者访问现有服务中配置的新设备，因为 RAW SOCKET 可以自如地控制 Windows 下的多种协议，能够对网络底层的传输机制进行控制，所以可以应用原始套接字来操纵网络层和传输层应用。例如，可以通过 RAW SOCKET 来接收发向本机的 ICMP、IGMP（网际组管理协议，英文全称为 "Internet Group Management Protocol），或者接收 TCP/IP 栈不能够处理的 IP 包，也可以用来发送一些自定包头或自定协议的 IP 包。网络监听技术很大程度上依赖于 SOCKET_RAW。

套接字由三个参数构成：IP 地址，端口号，传输层协议。

这三个参数用以区分不同应用程序进程间的网络通信与连接。

套接字的数据结构：C 语言进行套接字编程时，常会使用到 sockaddr 数据类型和 sockaddr_in 数据类型，用于保存套接字信息。

```
struct sockaddr
{
    // 地址族，2 字节
```

```
  unsigned short sa_family;
  // 存放地址和端口，14 字节
  char sa_data[14];
}

struct sockaddr_in
{
  // 地址族
  short int sin_family;
  // 端口号 ( 使用网络字节序 )
  unsigned short int sin_port;
  // 地址
  struct in_addr sin_addr;
  //8 字节数组，全为 0，该字节数组的作用只是为了让两种数据结构大小相同而保留的空字节
  unsigned char sin_zero[8]
}
```

　　对于 sockaddr，大部分的情况下只是用于 bind、connect、recvfrom、sendto 等函数的参数，指明地址信息，在一般编程中，并不对此结构体直接操作。而是用 sockaddr_in 来代替。

　　两种数据结构中，地址族都占 2 个字节，常见的地址族有 AF_INET，AF_INET6，AF_LOCAL。这里要注意字节序的问题，建议使用以下函数来对端口和地址进行处理。

uint16_t htons(uint16_t host16bit) uint32_t htonl(uint32_t host32bit)

uint16_t ntohs(uint16_t net16bit) uint32_t ntohs(uint32_t net32bit)

　　将主机字节序改成网络字节序。

▶18.2 基于 TCP 的网络编程

　　客户端与服务器端的连接和三次握手发生在 accept 函数下，listen 函数只是创建了 socket 的监听的模式。

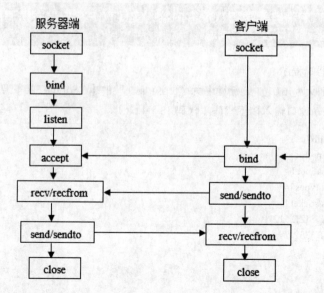

　　使用 socket 进行 TCP 通信时，经常使用的函数见下表。

函数	作用
socket	用于建立一个 socket 连接
bind	将 socket 与本机上的一个端口绑定，随后就可以在该端口监听服务请求
connect	面向连接的客户程序使用 connect 函数来配置 socket，并与远端服务器建立一个 TCP 连接
listen	使 socket 处于被动的监听模式，并为该 socket 建立一个输入数据队列，将到达的服务器请求保存在此队列中，直到程序处理它们
accept	让服务器接收客户的连接请求
close	停止在该 socket 上的任何数据操作
send	数据发送函数
recv	数据接收函数

18.2.1 服务器端实现

TCP 服务器端编程步骤如下。

①创建一个 socket，用函数 socket()。

②绑定 IP 地址、端口等信息到 socket 上，用函数 bind()。

③设置允许的最大连接数，用函数 listen()。

④接收客户端上来的连接，用函数 accept()。

⑤收发数据，用函数 send() 和 recv()，或者 read() 和 write()。

⑥关闭网络连接。

18.2.2 客户端实现

TCP 客户端编程步骤如下。

①创建一个 socket，用函数 socket()。

②设置要连接的对方的 IP 地址和端口等属性。

③连接服务器端，用函数 connect()。

④收发数据，用函数 send() 和 recv()，或者 read() 和 write()。

⑤关闭网络连接。

📝 **范例 18-1** 创建TCP服务器端和TCP客户端，实现TCP客户端发送消息到服务器端中并让服务器端打印发送的消息

创建 TCP 服务器端程序。

（1）在 Code::Blocks 16.01 中，新建名为 "tcpserver.c" 的【C Source File】源程序。

（2）在代码编辑窗口输入以下代码（代码 18-1-1.txt）。

```
01   #include <stdlib.h>
02   #include <string.h>
03   #include <arpa/inet.h>
04   #include <sys/types.h>
05   #include <sys/socket.h>
06   #define MAX_SIZE 512
07   #define PORT 3332 // 端口号
08   int main()
09   {
10     int sockfd;
11     int sock_fd;
```

```
12      int recvnum;
13      int addrlen = sizeof(struct sockaddr);
14      struct sockaddr_in my_addr;
15      struct sockaddr addr;
16      char buf[MAX_SIZE];
17      //填充服务器端的资料，用于套接字绑定
18      bzero(&my_addr,sizeof(struct sockaddr_in));
19      my_addr.sin_family = AF_INET; //设置为IPV4
20      my_addr.sin_port = htons(PORT); //将端口号主机序转换为网络序
21      my_addr.sin_addr.s_addr = inet_addr("192.168.1.132");
22      //IP设置为192.168.1.132
23      //创建套接字，TCP / IPV4
24      sockfd = socket(AF_INET,SOCK_STREAM,0);
25      if(sockfd < 0)  {
26        printf("create socket error!\n");
27        exit(1);
28      }
29      //绑定套接字
30      if(bind(sockfd,(struct sockaddr*)&my_addr,addrlen) < 0)  {
31        printf("bind error\n!");
32        exit(1);
33      }
34      //监听端口和IP，允许客户端最大数目为3
35      if(listen(sockfd,3) < 0)  {
36        printf("listen error!\n");
37        exit(1);
38      }
39      //建立服务器端和客户端连接
40      sock_fd = accept(sockfd,&addr,&addrlen);
41      //建立连接后产生新的套接字描述符
42      if(sock_fd < 0)  {
43        printf("accept error!\n");
44        exit(1);
45      }
46      //接收数据
47      if((recvnum = recv(sock_fd,(void *)buf,MAX_SIZE,0)) < 0)  {
48        printf("recv error!\n");
49        exit(1);
50      }
51      buf[recvnum]='\0';
52      printf("recv from client: %s\n",buf);
53      memset(buf,0,MAX_SIZE);
54      //关闭连接
55      close(sock_fd);
56      close(sockfd);
57      return 0;
58    }
```

创建 TCP 客户端程序。

（1）在 Code::Blocks 16.01 中，新建名为 "tcpclient.c" 的【C Source File】源程序。

（2）在代码编辑窗口输入以下代码（代码 18-1-2.txt）。

```
01  #include <stdlib.h>
02  #include <string.h>
03  #include <sys/socket.h>
04  #include <sys/types.h>
05  #include <arpa/inet.h>
06  #define MAX_SIZE 512
07  #define PORT 3332 // 端口号
08  int main()
09  {
10    int sockfd;
11    int addrlen = sizeof(struct sockaddr);
12    char buf[MAX_SIZE];
13    struct sockaddr_in serv_addr;
14    // 填充服务器端资料
15    bzero(&serv_addr,sizeof(struct sockaddr_in));
16    serv_addr.sin_family = AF_INET;
17    serv_addr.sin_port = ntohs(PORT);
18    serv_addr.sin_addr.s_addr = inet_addr("192.168.1.132");
19    // 创建套接字，IPV4 / TCP
20    sockfd = socket(AF_INET,SOCK_STREAM,0);
21    if(sockfd < 0) {
22      printf("create socket error!\n");
23      exit(1);
24    }
25    // 连接服务器端
26    if(connect(sockfd,(struct sockaddr *)&serv_addr,addrlen) < 0) {
27      printf("connect error !\n");
28      exit(1);
29    }
30    memset(buf,0,MAX_SIZE);
31    printf("enter some text:");
32    scanf("%s",buf);
33    // 发送数据到服务器端
34    if(send(sockfd,(void *)buf,MAX_SIZE,0) < 0) {
35      printf("send error!\n");
36      exit(1);
37    }
38    // 关闭连接
39    close(sockfd);
40    return 0;
41  }
```

▶18.3 基于 UDP 的网络编程

和 TCP 的编程步骤有些不同，在于 UDP 不用进行三次握手建立连接。

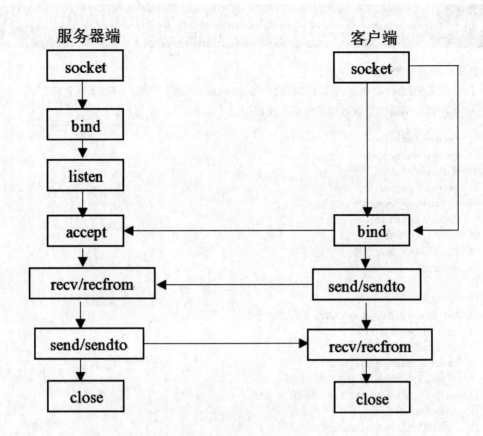

客户端与服务器进行 UDP 通信

18.3.1 服务器端实现

UDP 的服务器编程步骤如下。

①创建一个 socket，用函数 socket()。

②绑定 IP 地址、端口等信息到 socket 上，用函数 bind()。

③循环接收数据，用函数 recvfrom()。

④关闭网络连接。

18.3.2 客户端实现

UDP 的客户端编程步骤如下。

①创建一个 socket，用函数 socket()。

②设置对方的 IP 地址和端口等属性。

③发送数据，用函数 sendto()。

④关闭网络连接。

范例 18-2 实现UCP客户端发送消息到服务器端中并让服务器端打印发送的消息，UDP服务器端也可以发送消息到客户端并让客户端打印读取的信息

创建 UDP 服务器端程序。

（1）在 Code::Blocks 16.01 中，新建名为"udpserver.c"的【C Source File】源程序。

（2）在代码编辑窗口输入以下代码（代码 18-2-1.txt）。

```
01  #include <stdlib.h>
02  #include <string.h>
03  #include <errno.h>
04  #include <sys/types.h>
05  #include <sys/socket.h>
06  #include <arpa/inet.h>
07  #define PORT 3212
08  #define MAX_SIZE 512
09  int main()
10  {
11    int sockfd;
12    int len = sizeof(struct sockaddr);
13    char buf[MAX_SIZE];
14    char buffer[MAX_SIZE];
15    struct sockaddr_in serv_addr;
16    // 创建套接字，IPV4 / UDP
17    sockfd = socket(AF_INET,SOCK_DGRAM,0);
18    if(sockfd < 0) {
19      printf("create socket error!\n");
20      exit(1);
21    }
22    //填充服务器端信息
23    bzero(&serv_addr,sizeof(struct sockaddr_in));
24    serv_addr.sin_family = AF_INET;
25    serv_addr.sin_port = htons(PORT);
26    serv_addr.sin_addr.s_addr = inet_addr("192.168.1.132");
27    // 绑定套接字
28    if(bind(sockfd,(struct sockaddr*)&serv_addr,sizeof(struct sockaddr)) < 0) {
29      printf("bind error!\n");
30      exit(1);
31    }
32    // 循环接收网络上发送来的数据并回复消息
33    while(1){
34      // 接收数据
35      if(recvfrom(sockfd,buf,MAX_SIZE,0,(struct sockaddr*)&serv_addr,&len) < 0){
36        printf("recv error!\n");
37        exit(1);
38      }
39      printf("recv is: %s\n ",buf);
40      printf("write some text:");
41      scanf("%s",buffer);
42      // 发送数据
43      if(sendto(sockfd,buffer,MAX_SIZE,0,(struct sockaddr*)&serv_addr,len) < 0){
44        printf("send error!\n");
```

```
45        fprintf(stderr,"send error:%s\n",strerror(errno));
46        exit(1);
47      }
48    }
49    // 关闭 socket
50    close(sockfd);
51    return 0;
52  }
```

创建 UDP 客户端程序。

（1）在 Code::Blocks 16.01 中，新建名为 "udpclient.c" 的【C Source File】源程序。

（2）在代码编辑窗口输入以下代码（代码 18-2-2.txt）。

```
01  #include <stdlib.h>
02  #include <string.h>
03  #include <errno.h>
04  #include <sys/types.h>
05  #include <sys/socket.h>
06  #include <arpa/inet.h>
07  #define PORT 3212
08  #define MAX_SIZE 512
09  int main()
10  {
11    int sockfd;
12    int fromlen = sizeof(struct sockaddr);
13    char buf[MAX_SIZE];
14    char buffer[MAX_SIZE];
15    struct sockaddr_in serv_addr;
16    // 填充服务器端信息
17    bzero(&serv_addr,sizeof(struct sockaddr_in));
18    serv_addr.sin_family = AF_INET;
19    serv_addr.sin_port = htons(PORT);
20    serv_addr.sin_addr.s_addr = inet_addr("192.168.1.132");
21    // 创建套接字
22    sockfd = socket(AF_INET,SOCK_DGRAM,0);
23    if(sockfd < 0){
24      printf("create socket error!\n");
25      exit(1);
26    }
27    // 循环发送数据到服务器端及接收服务器端的回复信息
28    while(1){
29      printf("enter some text:");
30      scanf("%s",buf);
31      // 发送数据
32      if(sendto(sockfd,buf,MAX_SIZE,0,(const struct sockaddr*)
33      &serv_addr,sizeof(struct sockaddr)) < 0) {
34        printf("send error!\n");
35        fprintf(stderr,"send error:%s\n",strerror(errno));
36        exit(1);
37      }
```

```
38    // 接收数据
39    if(recvfrom(sockfd,buffer,MAX_SIZE,0,(struct sockaddr*)
40    &serv_addr,&fromlen) < 0)  {
41      printf("recv error!\n");
42      exit(1);
43    }
44    printf("recv is %s\n",buffer);
45    }
46    // 关闭 socket
47    close(sockfd);
48    return 0;
49    }
```

第 V 篇

项目实战

第 **19** 章

停车场收费管理系统

为了使读者能够快速且更加全面地掌握使用 C 语言指针、链表数据结构进行应用系统开发，本章将以停车场收费管理系统为例，为读者介绍使用 C 语言进行应用程序开发的流程。

本章要点（已掌握的在方框中打钩）

☐ 需求分析
☐ 概要设计
☐ 详细设计
☐ 程序调试及系统测试

19.1 需求分析

在应用程序开发中，需求及功能分析是一项重要的工作。在这个阶段，需要对要解决的问题进行详细的分析，弄清楚问题的要求。只有进行了详细的分析后，才能使后面的开发过程按部就班地进行，不至于出现顾此失彼的情况。

随着人们生活水平的提高，越来越多的人拥有了私家车，在城市中的大多数地方都会提供专门区域作为停车场，而停车场收费管理系统也越来越普遍。停车场收费系统虽然多种多样，但在功能上大体相近，如一些基本需求，进行停车登记、取车登记、车辆停车计时收费，以及对收费标准的管理等。

下面是停车场收费管理系统的主要需求。

（1）将车辆的一些信息保存到文件中，如车库中的车辆、已经开走的车辆等。这样在程序结束后，数据也不会丢失。

（2）可以进行停车登记，即添加停车车辆信息。

（3）可以进行取车登记，即删除停车车辆信息同时在收费记录中添加此记录。

（4）可以查看一些信息，如车库中车辆信息、收费记录以及收费标准。

（5）可以按照一些方式进行查找。

（6）提供一个主界面，供选择和调用上述选项。

▶ 19.2 概要设计

开发一个停车收费管理系统来管理一个停车场的停车、取车和收费。本系统运用 C 语言中的链表结构，将车辆信息存入链表中，并利用链表结构实现车辆停入、车辆取出的功能。此外系统还应有车辆收费标准管理功能，能够对一些信息进行查询及查找。

19.2.1 系统目标

系统通过停车场收费管理系统完成以下功能。

停车登记功能：通过系统的"停车"选项进入，进行停车登记，通过输入车牌号以及选择车型完成车辆停车登记，完成后提示"停车成功"。系统将数据存入停车记录链表中，并保存至本地文件中。

取车登记功能：通过系统的"取车"选项进入，进行取车登记，通过输入车牌号完成车辆取车登记，完成后提示"停车成功"，并提示此次停车所收费用。系统将数据从停车记录链表中删除，并将其添加到取车记录链表中，并分别将两个链表中的内容保存至本地文件中。

收费标准管理功能：通过系统的"管理收费标准"选项进入，系统显示当前收费，让用户输入新的收费标准，完成后提示"保存成功"。

查询功能：通过系统的查询选项进入，通过输入车牌号或者日期查询停车和收费信息。

统计功能：通过系统的查看选项进入，显示当前车库中的车辆信息或者收费记录。

19.2.2 功能结构

按照上述系统目标中的功能描述将系统主要划分 8 个子模块：主函数模块、停车模块、取车模块、收费标准管理模块、收费标准查看模块、车库中车辆信息查看模块、收费记录查看模块、信息查询模块。具体功能结构划分及调用如下图所示。

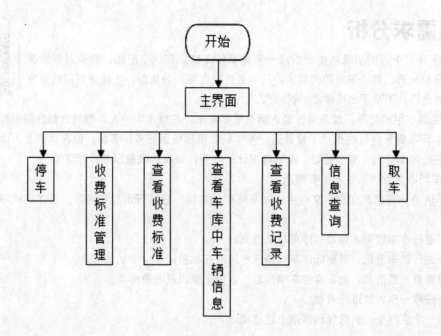

19.2.3 数据结构

系统将停入车库中的车辆信息存入一个链表中，链表结构如下。

```
typedef struct InVehicles
{
    char plateNum[20];// 车牌号
    int VehsType;    // 车型（小型，大型）
    time_t In_time;  // 车辆进入时间
    struct InVehicles *next;
} InVehsNode,*InVehs;
```

系统将已经收费取走的车辆信息存入一个链表中，链表结构如下。

```
typedef struct OutVehicles
{
    char plateNum[20];// 车牌号
    int VehsType;    // 车型（小型，大型）
    time_t In_time;// 车辆进入时间
    time_t Out_time;// 车辆开走时间
    double money;  // 所收费用
    struct vehicles *next;
} OutVehsNode,*OutVehs;
```

▶ 19.3 详细设计

前面介绍了系统数据结构以及根据系统功能结构的划分出的 8 个具体的模块（主函数模块、停车模块、取车模块、收费标准管理模块、收费标准查看模块、车库中车辆信息查看模块、收费记录查看模块、信息查询模块），接下来依次讲述各种功能模块的具体实现。

19.3.1　主函数模块

　　主函数主要用来创建和初始化车库中车辆信息链表以及收费记录链表，并将文件中的数据读入链表中。然后主函数调用显示菜单函数，将功能选项显示到屏幕上。具体的主函数模块以及显示菜单函数如下所示。

```
01   void menu()
02   {
03       printf("   停车场收费管理系统 \n\n");
04       printf("************************\n");
05       printf("** 1. 停车            **\n");
06       printf("** 2. 取车            **\n");
07       printf("** 3. 查看车库中车辆信息 **\n");
08       printf("** 4. 查看收费记录      **\n");
09       printf("** 5. 查看收费标准      **\n");
10       printf("** 6. 查询车辆信息      **\n");
11       printf("** 7. 管理收费标准      **\n");
12       printf("** 0. 退出            **\n");
13       printf("************************\n\n");
14       printf(" 请选择：");
15   }
16   int main()
17   {
18       InVehs head;
19       OutVehs first;
20       int num;
21       double mon=0.1,mon1=0.2;
22       head = (InVehs)malloc(sizeof(InVehsNode));
23       head->next=NULL;
24       first = (OutVehs)malloc(sizeof(OutVehsNode));
25       first->next=NULL;
26       CreateInVehsList(head);    // 创建并初始化车库中车辆信息
27       CreateOutVehsList(first);  // 创建并初始化收费记录信息
28       while(1)
29       {
30           system("cls");
31           menu();
32           scanf("%d",&num);
33           system("cls");
34           printf("   停车场收费管理系统 \n\n");
35           switch(num)
36           {
37           case 1:
38               ParkVehs(head);     // 停车登记函数
39               WriteFile_InVehs(head); // 将车库中车辆信息存入文件
40               break;
41           case 2:
42               TakeVehs(head,first,mon,mon1); // 取车登记函数
43               WriteFile_InVehs(head); // 将车库中车辆信息存入文件
44               WriteFile_OutVehs(first); // 将收费记录存入文件
45               break;
46           case 3:
47               viewInVehs(head);   // 查看车库中车辆信息
48               break;
```

```
49        case 4:
50          viewOutVehs(first);    // 查看收费记录
51          break;
52        case 5:
53          viewFreeStandard(mon,mon1);  // 查看收费记录
54          break;
55        case 6:
56          FindVehsInfo(head,first);    // 查找车库中车辆信息
57          break;
58        case 7:
59          ManaFreeStandard(&mon,&mon1);  // 管理收费标准
60          break;
61        case 0:
62          WriteFile_InVehs(head);    // 将车库中车辆信息存入文件
63          WriteFile_OutVehs(first);    // 将收费记录存入文件
64          exit(0);
65        default:
66          printf(" 输入有误，请重新选择！  \n");
67        }
68        system("pause");
69      }
70      return 0;
71  }
```

在主函数中首先调用 CreateInVehsList() 和 CreateOutVehsList() 进行创建和初始化车库中车辆信息和收费记录信息，并将文件中的数据读入链表中，文件不存在时则创建文件。两个函数的具体实现如下所示。

```
01   void CreateInVehsList(InVehs head)
02   {
03       InVehs p,rear=head;
04       char plateNum[20];
05       FILE *fp;
06       time_t In_time;
07       time_t VehsType;
08       if((fp=fopen("InParkingLot.txt","r"))==NULL)
09       {
10           fp=fopen("InParkingLot.txt","w");
11           return ;
12       }
13
14       while(fscanf(fp,"%s\t%ld\t%ld",plateNum,&VehsType,&In_time)!=EOF)
15       {
16           p=(InVehs)malloc(sizeof(InVehsNode));
17           strcpy(p->plateNum,plateNum);
18           p->VehsType=VehsType;
19           p->In_time=In_time;
20           rear->next=p;
21           rear=p;
22       }
23       rear->next=NULL;
24       fclose(fp);
25   }
26   void CreateOutVehsList(OutVehs head)
27   {
```

```
28      OutVehs p,rear=head;
29      time_t In_time,Out_time;
30      char plateNum[20];
31      double money;
32      FILE *fp;
33      int VehsType;
34      if((fp=fopen("OutParkingLot.txt","r"))==NULL)
35      {
36        fp=fopen("OutParkingLot.txt","w");
37        fclose(fp);
38        return ;
39      }
40      while(fscanf(fp,"%s\t%ld\t%ld\t%ld\t%lf",plateNum,&VehsType,&In_time,&Out_time,&money)!=EOF)
41      {
42        p=(OutVehs)malloc(sizeof(OutVehsNode));
43        strcpy(p->plateNum,plateNum);
44        p->VehsType=VehsType;
45        p->In_time=In_time;
46        p->Out_time=Out_time;
47        p->money=money;
48        rear->next=p;
49        rear=p;
50      }
51      rear->next=NULL;
52      fclose(fp);
53    }
```

19.3.2 停车管理模块

用户在主界面选择停车进入停车登记函数，函数中通过输入车牌号以及选择车型进行车辆信息录入，停车时间直接取当时系统时间。

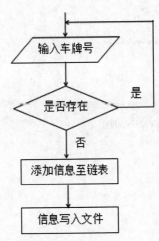

具体实现如下所示。

```
01   void ParkVehs(InVehs head)
02   {
03     InVehs p;
04     InVehs rear;
05     time_t In_time;   // 停车时间
06     char plateNum[20]; // 车牌号
07     int VehsType;   // 车型
08     int select;
09     int count;
10     while(1)
11     {
12       system("cls");
13       count=0;
14       printf(" 请输入车牌号：");
15       scanf("%s",plateNum);
16       putchar(10);
17       rear=head;
18       while(rear->next)
19       {
20         if(strcmp(rear->next->plateNum,plateNum)==0)
21         {
22           printf(" 此车已存在车库！\n");
23           count++;
24           break;
25         }
26         rear=rear->next;
27       }
28       if(count!=0)
29         break;
30       printf("**************************\n");
31       printf("** 1. 小型车         **\n");
32       printf("** 2. 大型车         **\n");
33       printf("**************************\n");
34       printf(" 请选择：");
35       scanf("%d",&select);
36       if(select==1||select==2)
37       {
38         p=(InVehs)malloc(sizeof(InVehsNode));
39         strcpy(p->plateNum,plateNum);
40         p->VehsType=select;
41         time(&In_time);
42         p->In_time=In_time;
43         p->next=NULL;
44         rear->next=p;
45         printf(" 停车成功！\n");
46         break;
47       }
48       else
49       {
```

```
50          printf(" 输入有误，请重新选择！\n");
51          system("pause");
52      }
53    }
54  }
```

用户进行停车后，车库中车辆信息链表增加一条记录，为了保证数据的实时更新，应将链表中的数据保存至文件中。以下是经车库中车辆信息保存至文件中的函数。

```
01  void WriteFile_InVehs(InVehs head)
02  {
03    InVehs p=head->next;
04    FILE *fp;
05    if((fp=fopen("InParkingLot.txt","w"))==NULL)
06    {
07      printf(" 文件打开失败！\n");
08      return ;
09    }
10    while(p)
11    {
12      fprintf(fp,"%s\t%d\t%d\n",p->plateNum,p->VehsType,p->In_time);
13      p=p->next;
14    }
15    fclose(fp);
16  }
```

19.3.3 取车管理模块

　　用户在主界面选择取车进入取车登记函数，函数中通过输入车牌号匹配到车辆信息，系统将该条记录从车库中车辆信息链表中删除，并且按照收费标准进行计费。因为取车过程已经完成了收费过程，因此要在收费信息链表中添加该条记录，收费记录中的取车时间直接取当时系统时间。

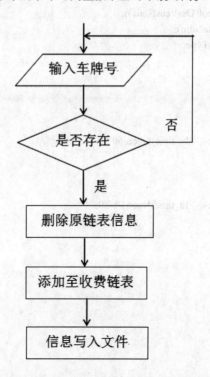

具体实现如下。

```
01   void TakeVehs(InVehs head,OutVehs first,double mon,double mon1)
02   {
03      InVehs p=head,re=head->next;
04      OutVehs q,rear=first;
05      time_t Out_time;
06      char plateNum[20];
07      int count=0;
08      double money;   // 花费
09      printf(" 请输入车牌号： ");
10      scanf("%s",plateNum);
11      while(re)
12      {
13         if(strcmp(re->plateNum,plateNum)==0)
14         {
15            count++;
16            p->next=re->next;
17            break;
18         }
19         re=re->next;
20         p=p->next;
21      }
22      if(count==0)
23      {
24         printf(" 车库中没有该车 !\n");
25         return ;
26      }
27      while(rear->next)
28      {
29         rear=rear->next;
30      }
31      q=(OutVehs)malloc(sizeof(OutVehsNode));
32      strcpy(q->plateNum,plateNum);
33      q->VehsType=re->VehsType;
34      time(&Out_time);
35      q->In_time=re->In_time;
36      q->Out_time=Out_time;
37      if(q->VehsType==1)
38      {
39         money=(q->Out_time-q->In_time)*mon/60.0;
40      }
41      else
42      {
43         money=(q->Out_time-q->In_time)*mon1/60.0;
44      }
45      q->money=money;
46      q->next=NULL;
47      rear->next=q;
48      free(re);
```

```
49      printf(" 取车成功！\n");
50      printf(" 此次停车花费 %f 元！\n",money);
51   }
```

取车后收费记录中添加一条记录，因此需要将收费记录写入文件，更新文件中的数据。其实现方法和前面将车库中车辆信息写入文件的方法一致，具体实现如下。

```
01   void WriteFile_OutVehs(OutVehs head)
02   {
03      OutVehs p=head->next;
04      FILE *fp;
05      if((fp=fopen("OutParkingLot.txt","w"))==NULL)
06      {
07         printf(" 文件打开失败！\n");
08         return ;
09      }
10      while(p)
11      {
12         fprintf(fp,"%s\t%ld\t%ld\t%ld\t%f\n",p->plateNum,p->VehsType,
p->In_time,p->Out_time,p->money);
13         p=p->next;
14      }
15      fclose(fp);
16   }
```

19.3.4　收费标准管理模块

用户可以通过主界面进入收费标准管理模块，对收费标准信息进行查看和修改。具体实现如下。

```
01   void viewFreeStandard(double mon,double mon1)
02   {
03      printf(" 车辆收费标准 \n");
04      printf("***********************\n");
05      printf("** 小型车：%f（元 / 分钟）\n",mon);
06      printf("** 大型车：%f（元 / 分钟）\n",mon1);
07      printf("***********************\n");
08   }
09   void ManaFreeStandard(double *mon,double *mon1)// 收费标准管理
10   {
11      int n;
12      while(1)
13      {
14         viewFreeStandard(*mon,*mon1);
15         printf("\n\n");
16         printf("***********************\n");
17         printf("** 1. 修改收费标准       **\n");
18         printf("** 2. 返回           **\n");
19         printf("***********************\n\n");
20         printf(" 请选择：");
21         scanf("%d",&n);
```

```
22      if(n==1)
23      {
24         printf(" 请输入小型车收费标准（元 / 分钟）： ");
25         scanf("%lf",mon);
26         printf(" 请输入大型车收费标准（元 / 分钟）： ");
27         scanf("%lf",mon1);
28         printf(" 保存成功！\n");
29         break;
30      }
31      else if(n==2)
32      {
33         return;
34      }
35      else
36      {
37         printf(" 输入有误，请重新选择！\n");
38      }
39
40      }
41
42  }
```

19.3.5 查询统计模块

查询统计模块包括查看车库中的信息、查看收费记录，以及按照车牌号进行查找车库中车辆信息或者收费记录，按照日期查找车库中车辆信息或者收费记录。

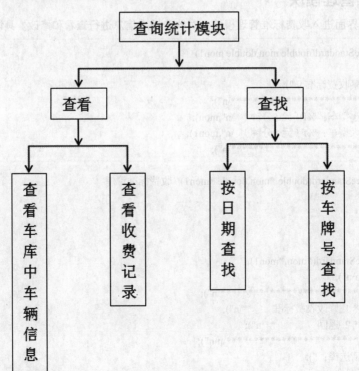

具体实现如下。

```
01  void viewInVehs(InVehs head)
```

```
02  {
03      InVehs p=head->next;
04      struct tm* timein;
05      char VehsType[5];
06      printf(" 车库中车辆信息 \n");
07      printf("************************\n");
08      if(p==NULL)
09      {
10          printf(" 车库中没有车辆！ \n");
11          return;
12      }
13      printf(" 车牌号 \t 车型 \t 停车时间 \n");
14      while(p)
15      {
16          if(p->VehsType==1)
17          {
18              strcpy(VehsType," 小型 ");
19          }
20          else
21          {
22              strcpy(VehsType," 大型 ");
23          }
24          timein=localtime(&(p->In_time));
25          printf("%s\t%s\t%d/%d/%d %d:%d\n",p->plateNum,
VehsType,timein->tm_year+1900,timein->tm_mon+1,
timein->tm_mday,timein->tm_hour,timein->tm_min);
26          p=p->next;
27      }
28  }
29  void viewOutVehs(OutVehs head)
30  {
31      OutVehs p=head->next;
32      struct tm* timein;
33      struct tm* timeout;
34      char VehsType[5];
35      printf(" 车辆收费记录如下：\n");
36      printf("***********************************************\n");
37      if(p==NULL)
38      {
39          printf(" 没有收费记录！ \n");
40          return;
41      }
42      printf(" 车牌号 \t 车型 \t 停车时间 \t 取车时间 \t 收费 \n");
43      while(p)
44      {
45          if(p->VehsType==1)
46          {
47              strcpy(VehsType," 小型 ");
48          }
49          else
50          {
51              strcpy(VehsType," 大型 ");
52          }
53          timein=localtime(&p->In_time);
```

```
54       timeout=localtime(&p->Out_time);
55       printf("%s\t%s\t%d/%d/%d %d:%d\t%d/%d/%d %d:%d\t%f\n",
p->plateNum,VehsType,timein->tm_year+1900,timein->tm_mon+1,timein->tm_mday,
timein->tm_hour,timein->tm_min,timeout->tm_year+1900,timeout->tm_mon+1,
timeout->tm_mday,timeout->tm_hour,timeout->tm_min,p->money);
56       p=p->next;
57     }
58  }
59  void FindPlateNum(InVehs head,OutVehs first)  // 按照车牌号查找车辆
60  {
61     InVehs p=head->next;
62     OutVehs q=first->next;
63     struct tm* timein;
64     struct tm* timeout;
65     char VehsType[5];
66     char state[7]="";
67     char plateNum[20];
68     int count=0;
69     printf(" 请输入车牌号： ");
70     scanf("%s",plateNum);
71     while(q)
72     {
73       if(strcmp(q->plateNum,plateNum)==0)
74       {
75         count++;
76         printf(" 车牌号 \t 车型 \t 停车时间 \t 取车时间 \t 收费 \t 状态 \n");
77         strcpy(state," 已取走 ");
78         if(q->VehsType==1)
79         {
80           strcpy(VehsType," 小型 ");
81         }
82         else
83         {
84           strcpy(VehsType," 大型 ");
85         }
86         timein=localtime(&q->In_time);
87         timeout=localtime(&q->Out_time);
88         printf("%s\t%s\t%d/%d/%d %d:%d\t%d/%d/%d %d:%d\t%f\t%s\n",
q->plateNum,VehsType,timein->tm_year+1900,timein->tm_mon+1,
timein->tm_mday,timein->tm_hour,timein->tm_min,
timeout->tm_year+1900,timeout->tm_mon+1,imeout->tm_mday,
timeout->tm_hour,timeout->tm_min,q->money,state);
89       }
90       q=q->next;
91     }
92     while(p)
93     {
94       if(strcmp(p->plateNum,plateNum)==0)
95       {
96         if(count==0)
97           printf(" 车牌号 \t 车型 \t 停车时间 \t 取车时间 \t 收费 \n");
98         count++;
99         strcpy(state," 停车中 ");
100        if(p->VehsType==1)
```

```
101            {
102                strcpy(VehsType," 小型 ");
103            }
104        else
105            {
106                strcpy(VehsType," 大型 ");
107            }
108        timein=localtime(&(p->In_time));
109        printf("%s\t%s\t%d/%d/%d %d:%d\t \t\t%s\n",p->plateNum,
VehsType,timein->tm_year+1900,timein->tm_mon+1,
timein->tm_mday,timein->tm_hour,timein->tm_min,state);
110            break;
111        }
112        p=p->next;
113    }
114    if(count==0)
115        printf(" 没有该车牌号记录！ \n");
116 }
117 void FindParkingDate(InVehs head,OutVehs first) // 按照日期查找车辆
118 {
119    InVehs p=head->next;
120    OutVehs q=first->next;
121    int year,month,day;
122    struct tm* timein;
123    struct tm* timeout;
124    char VehsType[5]; // 车型
125    char state[7]="";    // 状态
126    int count=0;
127    printf(" 请输入依次输入年月日： ");
128    scanf("%d%d%d",&year,&month,&day);
129    year=year-1900; // 转为 struct rm 结构中的时间值
130    month=month-1;
131    while(q)
132    {
133        timein=localtime(&q->In_time);
134        timeout=localtime(&q->Out_time);
135        if((timein->tm_year==year&&timein->tm_mon==month&&timein->tm_mday==day)||
(timeout->tm_year==year&&timeout->tm_mon==month&&timeout->tm_mday==day))
136        {
137            count++;
138            printf(" 车牌号 \t 车型 \t 停车时间 \t 取车时间 \t 收费 \t 状态 \n");
139            strcpy(state," 已取走 ");
140            if(q->VehsType==1)
141            {
142                strcpy(VehsType," 小型 ");
143            }
144            else
145            {
146                strcpy(VehsType," 大型 ");
147            }
148            printf("%s\t%s\t%d/%d/%d %d:%d\t%d/%d/%d %d:%d\t%f\t%s\n",
q->plateNum,VehsType,timein->tm_year+1900,timein->tm_mon+1,
timein->tm_mday,timein->tm_hour,timein->tm_min,
timeout->tm_year+1900,timeout->tm_mon+1,timeout->tm_mday,
```

```
      timeout->tm_hour,timeout->tm_min,q->money,state);
149          }
150        q=q->next;
151      }
152      while(p)
153      {
154        timein=localtime(&(p->In_time));
155        if(timein->tm_year==year&&timein->tm_mon==month&&timein->tm_mday==day)
156        {
157          if(count==0)
158          {
159            printf(" 车牌号 \t 车型 \t 停车时间 \t 取车时间 \t 收费 \t 状态 \n");
160          }
161          count++;
162          strcpy(state," 停车中 ");
163          if(p->VehsType==1)
164          {
165            strcpy(VehsType," 小型 ");
166          }
167          else
168          {
169            strcpy(VehsType," 大型 ");
170          }
171          printf("%s\t%s\t%d/%d/%d %d:%d\t \t \t%s\n",p->plateNum,
      VehsType,timein->tm_year+1900,timein->tm_mon+1,timein->tm_mday,
      timein->tm_hour,timein->tm_min,state);
172        }
173        p=p->next;
174      }
175      if(count==0)
176        printf(" 没有该车牌号记录！ \n");
177  }
178  void FindVehsInfo(InVehs head,OutVehs first)
179  {
180      int select;
181      while(1)
182      {
183        system("cls");
184        printf("************************\n");
185        printf("** 1. 按车牌查询        **\n");
186        printf("** 2. 按日期查询        **\n");
187        printf("** 3. 返回              **\n");
188        printf("************************\n\n");
189        printf(" 请选择： ");
190        scanf("%d",&select);
191        switch(select)
192        {
193        case 1:
194          FindPlateNum(head,first);
195          break;
196        case 2:
197          FindParkingDate(head,first);
198          break;
199        case 3:
```

```
200        return;
201      default:
202        printf(" 输入有误，请重新选择！ \n");
203      }
204      system("pause");
205    }
206  }
```

▶19.4 程序调试及系统测试

系统设计完成后对系统进行调试及测试。

依次单击工具栏中的按钮⊙▶或者单击❀，即可运行系统。如果运行出错，则需要根据提示检查代码的正确性。系统运行后，在命令行中会显示主界面的菜单，输入相应的数字，按回车键，即可进入相应的功能模块。

停车登记测试。在主界面输入 1，按回车键，即可进入停车登记模块，根据提示依次输入车牌号，并选择车型，按回车键完成停车登记。为了后续测试方便进行，可以先多次执行此步骤，对车库中的车辆信息进行多次添加。

取车登记测试。在主界面输入 2，按回车键，即可进入取车登记模块，根据提示依次输入车牌号，按回车键完成取车。因为系统取车收费方式采用的是计时收费，因此在完成停车登记测试后，可等待几分钟再执行此步骤，依次来测试计费的准确性。

收费标准管理测试。在主界面输入 7，按回车键，即可进入收费标准管理模块，系统显示当前收费标准，并提示是否修改车牌号。输入 1，按回车键，根据提示输入收费信息，完成修改。修改后可以在主界面输入 5查看收费标准，查看是否修改成功。

查询统计测试。在主界面输入 3，按回车键，即可进入查看车库中车辆信息；输入 4，按回车键，即可进入查看收费记录。

输入 6，按回车键，进入车辆信息及收费记录查找界面，输入 1，按回车键进行按照车牌号查找车辆信息。输入 2，按回车键进行按照日期查找车辆信息。

第 **20** 章

小型超市进销存管理系统

通过前面 C 语言基础的学习，读者已经对使用 C 语言进行应用系统开发的基本步骤有了一定的了解，本章以小型超市进销存管理系统为例，进一步地系统介绍通过 C 语言进行项目开发的流程。

通过开发一套货物进销存信息管理系统来减少人工信息处理流程，该系统包含对进货、出货和库存以及所有商品进行存储、查询、利润统计以及对人员信息管理等功能。

本章要点（已掌握的在方框中打钩）

☐ 需求分析
☐ 概要设计
☐ 详细设计
☐ 程序调试及系统测试

▶20.1 需求分析

随着我国社会经济的日新月异和飞速发展，人们对物质的需求也越来越高，生活节奏不断加快。越来越多的便利店、超市和商场等涌现出来，去超市购物已经是人们业余、休闲生活必不可少的一部分。随着超市经营规模的日趋扩大，销售额和门店数量大幅度增加，许多超市正在突破以食品为主的传统格局，向品种多样化发展。这种商品多样化的发展趋势，使得超市物资管理系统具备开发的必要性。为从根本上改进管理流程，优化管理环境，超市需对进销存全过程实行信息化管理。通过开发本系统可以改善业务流程，充分实现信息存储的快捷高效，提高超市物资管理效率，实现供销存理一体化。超市进销存管理系统是比较简单的系统，对开发技术的要求不高。由于人机界面友好、操作方便，一般人员都可以使用。投资不大，一般超市都可以承担。系统投入运行后，能够减少因手工劳动产生的管理费用。因此，该系统的开发是必要和可行的，可以立即开发。

▶20.2 概要设计

通过开发一套货物进销存信息管理系统来减少人工信息处理流程，该系统包含对进货、出货和库存以及所有商品进行存储、查询、利润统计以及对人员信息管理等功能。

20.2.1 系统目标

小型超市进销存系统必须提供管理员信息处理、进货员信息处理、售货员信息处理、库存信息管理、进货操作、售货操作等功能；提供各种信息的存储和显示功能；提供管理员、进货员、售货员的登录功能；提供利润的统计功能。另外，该系统还必须保证数据的安全性、完整性和准确性。

小型超市进销存管理系统的目标是实现超市信息化管理，实现进货信息详细记录、合理控制库存、售货信息详细记录，和快速统计利润的功能。超市进销存管理系统能够为超市节省大量人力资源，减少管理费用，从而间接为超市节约成本，提高超市效率。

20.2.2 功能结构

根据需求分析的结果，本系统主要划分为如下图所示的9个子模块：进货员管理模块、售货员管理模块、进货员信息管理模块、售货员信息管理模块、库存管理模块、统计模块、进货模块、售货模块、添加管理员模块。

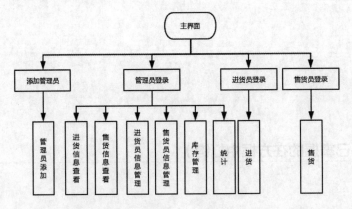

20.2.3 数据结构

在项目中使用结构体来存储管理员、进货员、售货员、进货记录售货记录、库存记录的信息。

结构体的定义如下。

（1）管理员结构体

在项目中创建admin.h文件，输入以下代码。

```
01  #ifndef ADMIN_H_INCLUDED
02  #define ADMIN_H_INCLUDED
03  #include <stdio.h>
04  #include <stdlib.h>
05  #include <string.h>
06  typedef struct admin
07  {
08      char adminnum[20];          // 管理员账号
09      char adminname[20];         // 管理员姓名
10      char password[20];          // 密码
11      struct admin *next;
12  } admin;
13  #endif // ADMIN_H_INCLUDED
```

（2）进货员结构体

在项目中创建 buyer.h 文件，输入以下代码。

```
01  #ifndef BUYER_H_INCLUDED
02  #define BUYER_H_INCLUDED
03  typedef struct buyer
04  {
05      char buyernum[20];          // 售货员编号
06      char buyername[20];         // 售货员姓名
07      char password[20];          // 密码
08      struct buyer *next;
09  }buyer;
10  #endif // BUYER_H_INCLUDED
```

（3）售货员结构体

在项目中创建 salesman.h 文件，输入以下代码。

```
01  #ifndef SALESMAN_H_INCLUDED
02  #define SALESMAN_H_INCLUDED
03  typedef struct salesman
04  {
05      char salesmannum[20];       // 售货员账号
06      char salesmanname[20];      // 售货员姓名
07      char password[20];          // 密码
08      struct salesman*next;
09  }salesman;
10  #endif // SALESMAN_H_INCLUDED
```

（4）进货记录结构体

在项目中创建 buygoods.h 文件，输入以下代码。

```
01  #ifndef BUYGOODS_H_INCLUDED
02  #define BUYGOODS_H_INCLUDED
03  typedef struct nowtime          // 系统当前时间
04  {
05      int sysyear;
06      int sysmonth;
07      int sysday;
08      int syshour;
09      int sysminutes;
10      int syssecond;
```

```
11  } nowtime;
12  typedef struct buygoods
13  {
14      char goodsname[20];              // 货物名称
15      double purprice;                 // 进价
16      int goodsamount;                 // 货物数量
17      nowtime stime;                   // 当前时间
18      struct buygoods *next;
19  } buygoods;
20  #endif // BUYGOODS_H_INCLUDED
```

（5）售货记录结构体

在项目中创建 sellgoods.h 文件，输入以下代码。

```
01  #ifndef SELLGOODS_H_INCLUDED
02  #define SELLGOODS_H_INCLUDED
03  typedef struct systime
04  {
05      int sysyear;
06      int sysmonth;
07      int sysday;
08      int syshour;
09      int sysminutes;
10      int syssecond;
11  } systime;
12  typedef struct sellgoods
13  {
14      char goodsname[20];              // 货物名称
15      double sellprice;                // 售价
16      int sellamount;                  // 售出数量
17      systime stime;                   // 当前时间
18      struct sellgoods *next;
19  } sellgoods;
20  #endif // SELLGOODS_H_INCLUDED
```

（6）库存记录结构体

在项目中创建 sellgoods.h 文件，输入以下代码。

```
01  #ifndef STOCK_H_INCLUDED
02  #define STOCK_H_INCLUDED
03  typedef struct stock
04  {
05      char goodsname[20];              // 货物名称
06      double purprice;                 // 进价
07      int goodsamount;                 // 售价
08      struct stock *next;
09  } stock;
10  #endif // STOCK_H_INCLUDED
```

▶ 20.3 详细设计

　　前面介绍了如何定义管理员信息、进货员信息、收货员信息、库存信息的数据结构，接下来读者就可以将实现代码通过 Code::Blocks 的编译器编译，并最终形成可执行程序。在

Code::Blocks 中，创建名为小型超市进销存管理同系统的项目，项目中添加如下图所示的 .c 文件和 .h 文件。

20.3.1 主函数模块

主函数中包含主界面显示、管理员登录、进货员登录、售货员登录、添加管理员功能。

（1）主界面功能实现

在项目中创建 main.c 文件，输入以下代码。

```
01  #include <stdio.h>
02  #include <stdlib.h>
03  #include "admin.h"
04  #include "buyer.h"
05  #include "salesman.h"
06  #include "buygoods.h"
07  #include "sellgoods.h"
08  int testadmin()// 检测文件是否为空
09  {
10      FILE *fp;
11      int n=0;
12      char ch;
13      if((fp=fopen("D:/FINALL/ 超市进销存管理系统 /admin.txt","a+"))==NULL)
14      {
15          printf(" 打开文件失败 !\n");
16          exit(0);
17      }
18      ch=fgetc(fp);
19      if(ch==EOF)
20          n=0;
21      else
22          n=1;
23      return n;
24  }
25  int testbuyer()// 检测文件是否为空
26  {
27      FILE *fp;
28      int n=0;
29      char ch;
30      if((fp=fopen("D:/FINALL/ 超市进销存管理系统 /buyer.txt","a+"))==NULL)
31      {
32          printf(" 打开文件失败 !\n");
33          exit(0);
```

```
34       }
35       ch=fgetc(fp);
36       if(ch==EOF)
37          n=0;
38       else
39          n=1;
40       return n;
41   }
42   int testsalesman()// 检测文件是否为空
43   {
44     FILE *fp;
45     int n=0;
46     char ch;
47     if((fp=fopen("D:/FINALL/ 超市进销存管理系统 /salesman.txt","a+"))==NULL)
48     {
49        printf(" 打开文件失败 !\n");
50        exit(0);
51     }
52     ch=fgetc(fp);
53     if(ch==EOF)
54        n=0;
55     else
56        n=1;
57     return n;
58   }
59   int main()
60   {
61     int choise;
62     printf("*******************************************\n");
63     printf("*  欢 迎 来 到 超 市 管 理 系 统 ! *\n");
64     printf("*******************************************\n\n\n");
65     printf("    *********************************\n");
66     printf("    *      1• 管理员登录        *\n");
67     printf("    *      2• 进货员登录        *\n");
68     printf("    *      3• 售货员登录        *\n");
69     printf("    *      4• 添加管理员        *\n");
70     printf("    *      0• 退出              *\n");
71     printf("    *********************************\n\n\n");
72     printf(" 请输入你的选择 : ");
73     scanf("%d",&choise);
74     while(choise!=0 && choise!=1 && choise!=2 && choise!=3 && choise!=4)
75     {
76        printf(" 输入有误请重新输入 : ");
77        scanf("%d",&choise);
78     }
79     switch(choise)
80     {
81     case 1:
82        if(testadmin()==0)
83        {
84           system("cls");
85           printf(" 没有检测到管理员请先添加管理员 \n");
86           main();
87        }
88        else
89        {
```

```
90        system("cls");
91        adminlogin();
92      }
93    break;
94  case 2:
95    if(testadmin()==0)
96    {
97      system("cls");
98      printf(" 没有检测到进货员请先添加进货员 \n");
99      main();
100   }
101   else
102   {
103     system("cls");
104     buyerlogin();
105   }
106   break;
107  case 3:
108   if(testadmin()==0)
109   {
110     system("cls");
111     printf(" 没有检测到售货员请先添加售货员 \n");
112     main();
113   }
114   else
115   {
116     system("cls");
117     salesmanlogin();
118   }
119   break;
120  case 4:
121   system("cls");
122   admincreate();
123   break;
124  case 0:
125   exit(0);
126   break;
127   }
128   return 0;
129 }
```

其中 testadmin() 函数是用来检测存放管理员信息的文件是否为空，如果文件为空则系统提示当前没有管理员，必须先添加管理员。testbuyer()、testsalesman() 函数的应用同理。

（2）管理员登录模块

```
01  void adminlogin()    // 管理员登录
02  {
03    FILE *fp;
04    int  acount = 0;
05    char id[20],pass[20];
06    admin *p;
07    fp = fopen("D:/FINALL/ 超市进销存管理系统 /admin.txt", "r");
08    p = adminhead();
09    p = p->next;
10    printf(" 请输入管理员账号！ \n");
11    scanf("%s", id);
```

```
12    printf(" 请输入密码！\n");
13    scanf("%s", pass);
14    while (p != NULL)
15    {
16      if (strcmp(p->adminnum,id)==0)
17      {
18        acount=acount+1;
19        if(strcmp(p->password,pass)==0)
20        {
21          system("cls");
22          printf(" 登录成功 \n");
23          adminmenu();
24        }
25        else
26          printf(" 密码错误 \n");
27        //admin();
28      }
29      p = p->next;
30    }
31    if (acount == 0)
32    {
33      system("cls");
34      printf(" 未找到该用户！\n");
35      //main();
36    }
37
38  }
```

　　添加管理员时，管理员信息保存在"D:/FINALL/ 超市进销存管理系统"路径下的 admin.txt 文件中，登录功能调用时系统要求用户输入管理员账号和密码，然后系统自动从 admin.txt 文件中查找该用户。如果有该用户并且密码与文件中相同，则登录成功；若密码不同则提示用户名或密码错误；若没有找到该用户，提示未找到该用户。

　　注意：进货员和售货员的登录功能与管理员登录功能代码类似，本节不再重复讲述。

　　另外，本章所有代码及该项目文件都保存在赠送的电子资源中，有需要可自行下载。

　　（3）添加管理员模块

```
01  admin * admincreate()
02  {
03    int addnum, i, m = 0;
04    admin *head, *temp, *tail;
05    head = (admin *)malloc(sizeof(admin));
06    temp = (admin *)malloc(sizeof(admin));
07    tail = (admin *)malloc(sizeof(admin));
08    printf(" 请输入创建数量 :\n");
09    scanf("%d", &addnum);
10    while (addnum<= 0)
11    {
12      printf(" 请输入大于 1 的数字！\n");
13      scanf("%d", &addnum);
14    }
15    for (i = 0; i<addnum; i++)
16    {
17      m = m + 1;
18      printf(" 请输入管理员编号 :\n");
19      scanf("%s", temp->adminnum);
```

```
20      printf(" 请输入管理员姓名：\n");
21      scanf("%s", temp->adminname);
22      printf(" 请输入管理员密码：\n");
23      scanf("%s", temp->password);
24      if (m == 1)
25         head->next = temp;
26      else
27         tail->next = temp;
28      tail = temp;
29      temp = (admin *)malloc(sizeof(admin));
30    }
31    tail->next = NULL;
32    printf(" 创建成功 \n");
33    return (head);
34  }
35
36  void printadmin(admin *head)// 管理员信息写入文件
37  {
38    FILE *fp;
39    admin *p;
40    p = head;
41    p = p->next;
42    fp = fopen("D:/FINALL/ 超市进销存管理系统 /admin.txt", "a+");
43    while (p != NULL)
44    {
45       fprintf(fp, "%s  %s  %s \n", p->adminnum, p->adminname, p->password);
46       p = p->next;
47    }
48    fclose(fp);
49  }
```

添加管理员分两个步骤，一是利用 admincreate() 函数把用户输入的信息用链表存储返回链表头结点，二是利用 printadmin(admin *head) 函数，以 admincreate() 函数返回的头结点为参数，把整个链表写入 admin.txt 文件，最终实现信息的储存。

> **注意**
>
> fp = fopen("D:/FINALL/ 超市进销存管理系统 /admin.txt", "a+"); 这里用 a+ 表示追加写入。

20.3.2 用户管理模块

用户管理模块包括进货员的添加、删除、修改，进货员信息显示、售货员的添加、删除、修改，售货员信息显示操作等，本节以进货员为例讲述用户管理模块的实现，售货员的增删改查代码与进货员基本相似，本节不再重复讲解。

（1）进货员的添加

```
01  buyer * buyercreate()
02  {
03    int addnum, i, m = 0;
04    buyer *head, *temp, *tail;
05    head = (buyer *)malloc(sizeof(buyer));
06    temp = (buyer *)malloc(sizeof(buyer));
07    tail = (buyer *)malloc(sizeof(buyer));
08    printf(" 请输入创建数量 :\n");
```

```
09      scanf("%d", &addnum);
10      while (addnum<= 0)
11      {
12        printf(" 请输入大于 1 的数字！\n");
13        scanf("%d", &addnum);
14      }
15      for (i = 0; i<addnum; i++)
16      {
17        m = m + 1;
18        printf(" 请输入进货员编号 :\n");
19        scanf("%s", temp->buyernum);
20        printf(" 请输入进货员姓名：\n");
21        scanf("%s", temp->buyername);
22        printf(" 请输入进货员密码：\n");
23        scanf("%s", temp->password);
24        if (m == 1)
25          head->next = temp;
26        else
27          tail->next = temp;
28        tail = temp;
29        temp = (buyer *)malloc(sizeof(buyer));
30      }
31      tail->next = NULL;
32      printf(" 创建成功 \n");
33      return (head);
34  }
```

buyercreate() 函数创建链表把用户输入的信息存入链表，函数返回值为链表的头结点。

```
01  void printbuyer(buyer *head)// 创建后写入文件
02  {
03      FILE *fp;
04      buyer *p;
05      p = head;
06      p = p->next;
07      fp = fopen("D:/FINALL/ 超市进销存管理系统 /buyer.txt", "a+");
08      while (p != NULL)
09      {
10        fprintf(fp, "%s  %s  %s \n", p->buyernum, p->buyername, p->password);
11        p = p->next;
12      }
13      fclose(fp);
14  }
```

printbuyer() 函数参数为 buyer 结构体类型的指针，添加进货员时 printbuyer() 函数把 buyercreate() 函数返回的头结点作为实参，把链表信息写入 "D:/FINALL/ 超市进销存管理系统" 路径下的 buyer.txt 文件中实现信息的保存。

▶注意

这里的路径不是固定的，读者写代码时可以任意设置。这里的文件打开方式是 "a+"，因为要追加写入。

（2）进货员的修改
管理员的删除需要三个步骤、三个函数。

```
01  buyer *buyerhead()// 读取文件指针
```

```
02  {
03      FILE *fp;
04      int n = 0;
05      //int a = 0;
06      char ch;
07      buyer *head, *temp, *tail;
08      head = (buyer *)malloc(sizeof(buyer));
09      temp = (buyer *)malloc(sizeof(buyer));
10      tail=(buyer *)malloc(sizeof(buyer));
11      fp = fopen("D:/FINALL/ 超市进销存管理系统 /buyer.txt", "r");
12      fscanf(fp, "%s%s%s", temp->buyernum, temp->buyername, temp->password);
13      while ((ch = fgetc(fp)) != EOF)
14      {
15          n = n + 1;
16          if (n == 1)
17              head->next = temp;
18          else
19              tail->next = temp;
20          tail = temp;
21          temp = (buyer *)malloc(sizeof(buyer));
22          fscanf(fp, "%s%s%s", temp->buyernum, temp->buyername, temp->password);
23      }
24      tail->next = NULL;
25      fclose(fp);
26      return (head);
27  }
```

buyerhead() 函数是用于读取 "D:/FINALL/ 超市进销存管理系统" 路径下的 buyer.txt 文件，把文件中的进货员信息写入链表，返回链表的头结点。

```
01  void changebuyer()// 更改进货员信息
02  {
03      int a = 0, n;
04      char id[20];
05      buyer *p, *q;
06      p = buyerhead();
07      q = p;
08      p = p->next;
09      printf(" 请输入要更改的进货员编号 :\n");
10      scanf("%s", id);
11      while (p != NULL)
12      {
13          if (strcmp(p->buyernum,id)==0)
14          {
15              printf(" 请选择更改内容 :\n");
16              printf("1. 更改编号   2. 更改姓名  3. 更改密码   0. 返回主界面 \n");
17              scanf("%d", &n);
18              while (n != 0 && n != 1 && n != 2 && n != 3 )
19              {
20                  printf(" 请输入正确的选项 :\n");
21                  scanf("%d", &n);
22              }
23              if (n == 0)
24                  printf("admin()\n");
25              if (n == 1)
26              {
```

```
27          printf(" 请输入新编号 :\n");
28          scanf("%s", p->buyernum);
29        }
30        if (n == 2)
31        {
32          printf(" 请输入新姓名 :\n");
33          scanf("%s", p->buyername);
34        }
35        if (n == 3)
36        {
37          printf(" 请输入新密码 :\n");
38          scanf("%s", p->password);
39        }
40        a = a + 1;
41      }
42      p = p->next;
43    }
44    if (a == 0)
45    {
46      printf(" 没有找到该编号 !\n");
47      printf("admin();\n");
48    }
49    else
50    {
51      system("cls");
52      printf(" 更改成功!  \n");
53      wprintbuyer(q);
54    }
55  }
```

changebuyer() 函数要求用户输入要修改的管理员编号，然后从 buyerhead() 函数返回的链表中从头结点开始依次往后查找。如果查找到则修改该结点的信息，修改完成后把链表头结点传给 wprintbuyer() 函数，wprintbuyer() 函数把修改后的信息写入文件。

```
01  void wprintbuyer(buyer *head)// 修改后写入文件
02  {
03    FILE *fp;
04    buyer *p;
05    p = head;
06    p = p->next;
07    fp = fopen("D:/FINALL/ 超市进销存管理系统 /buyer.txt", "w+");
08    while (p != NULL)
09    {
10      fprintf(fp, "%s  %s  %s \n", p->buyernum, p->buyername, p->password);
11      p = p->next;
12    }
13    fclose(fp);
14  }
```

📌注意

wprintbuyer() 函数中的文件读取方式是 "w+"，这里要用覆盖写入。

（3）进货员的删除
进货员的删除步骤第一步和第三步和进货员的修改一样，为读取文件和写入文件。

```
01   void delbuyer()
02   {
03       int a = 0;
04       char id[20];
05       buyer *p, *q, *t;
06       p = buyerhead();
07       q = p;
08       t = p;
09       p = p->next;
10       printf(" 请输入要删除的进货员编号 :\n");
11       scanf("%s", id);
12       while (p != NULL)
13       {
14         if (strcmp(p->buyernum,id)==0)
15         {
16           q->next = p->next;
17           free(p);
18           p = q;
19           a = a + 1;
20         }
21         q = p;
22         p = p->next;
23       }
24       if (a == 0)
25       {
26         system("cls");
27         printf(" 未找到该进货员！\n");
28         printf("admin()");
29       }
30       else
31       {
32         system("cls");
33         printf(" 删除成功！\n");
34         wprintbuyer(t);
35         printf("admin()");
36       }
37   }
```

删除功能要求用户输入要删除的进货员编号，然后 buyerhead() 函数从保存进货员信息的文本中读取数据写入链表，delbuyer() 函数从链表头结点向后依次查找。如果找到含有用户输入标号的结点删除该结点，返回链表头结点，wprintbuyer() 函数把链表写入文本。

（4）进货员信息的显示

```
01   void showbuyer()//
02   {
03       buyer *p;
04       p = buyerhead();
05       p = p->next;
06       system("cls");
07       printf(" 进货员编号    进货员姓名    进货员密码 \n");
08       while (p != NULL)
09       {
10         printf("%s          %s          %s    \n", p->buyernum, p->buyername, p->password);
11         p = p->next;
12       }
```

13 }

进货员的显示功能是利用 buyerhead() 函数读取进货员信息存入链表，然后返回链表头结点，用 showbuyer() 函数输出各结点中的值。

20.3.3 进货管理模块

进货模块包括进货功能和进货信息的显示功能。

进货功能有三个步骤，第一步，读取保存库存信息的文件，把信息写入链表，把链表头结点传入进货函数；第二步，输入进货的商品名、价格、数量，系统自动读取当前时间，存入 buygoods 结构体链表，如果用户输入的商品名在库存信息中存在则只在库存信息中修改商品数量，否则把该商品信息添加到进货的链表；第三步把进货的链表写入文件。

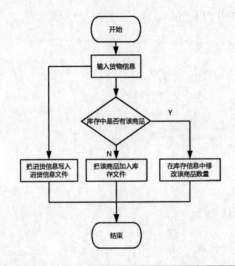

```
01   stock *stockhead()// 读取文件指针
02   {
03      FILE *fp;
04      int n = 0;
05      //int a = 0;
06      char ch;
07      stock *head, *temp, *tail;
08      head = (stock *)malloc(sizeof(stock));
09      temp = (stock *)malloc(sizeof(stock));
10      tail = (stock *)malloc(sizeof(stock));
11      fp = fopen("D:/FINALL/ 超市进销存管理系统 /stock.txt", "r");
12      fscanf(fp, "%s%lf%d", temp->goodsname, &temp->purprice, &temp->goodsamount);
13      while ((ch = fgetc(fp)) != EOF)
14      {
15         n = n + 1;
16         if (n == 1)
17            head->next = temp;
18         else
19            tail->next = temp;
20         tail = temp;
21         temp = (stock *)malloc(sizeof(stock));
22         fscanf(fp, "%s%lf%d", temp->goodsname, &temp->purprice, &temp->goodsamount);
23      }
24      tail->next = NULL;
25      fclose(fp);
```

```
26      return (head);
27  }
```

stockhead() 函数用于读取库存信息文件，返回头结点。

```
01  buygoods * buyin()
02  {
03      int addnum=1,m = 0, n;
04      int judge=0;
05      buygoods *head, *temp, *tail;
06      head = (buygoods *)malloc(sizeof(buygoods));
07      temp = (buygoods *)malloc(sizeof(buygoods));
08      tail = (buygoods *)malloc(sizeof(buygoods));
09      while (addnum==1)
10      {
11          FILE *fp;
12          m = m + 1;
13          printf(" 请输入货物名称 :\n");
14          scanf("%s", temp->goodsname);
15          printf(" 请输入货物价格：\n");
16          scanf("%lf", &temp->purprice);
17          printf(" 请输入货物数量：\n");
18          scanf("%d", &temp->goodsamount);
19          stock *s,*q;
20          s = stockhead();
21          q = s;
22          s = s->next;
23          while (s!= NULL)
24          {
25              if (strcmp(s->goodsname,temp->goodsname)==0)
26              {
27                  judge++;
28                  s->goodsamount=temp->goodsamount+s->goodsamount;
29              }
30              s = s->next;
31          }
32          wprintstock(q);
33          fp = fopen("D:/FINALL/ 超市进销存管理系统 /stock.txt", "a+");
34          if(judge==0)
35          {
36              fprintf(fp, "%s  %lf  %d \n", temp-> goodsname, temp->purprice, temp->goodsamount);
37          }
38          time_t now;
39          struct tm *timenow;
40          time(&now);
41          timenow = localtime(&now);
42          temp->stime.sysyear = timenow->tm_year+1900;
43          temp->stime.sysmonth=timenow->tm_mon+1;
44          temp->stime.sysday=timenow->tm_mday;
45          temp->stime.syshour=timenow->tm_hour;
46          temp->stime.sysminutes=timenow->tm_min;
47          temp->stime.syssecond=timenow->tm_sec;
48          if (m == 1)
49              head->next = temp;
50          else
51              tail->next = temp;
52          tail = temp;
```

```
53        temp = (buygoods *)malloc(sizeof(buygoods));
54        printf(" 添加成功，继续添加输入 1，结束请输入 0\n");
55        scanf("%d",&n);
56        addnum = n;
57        fclose(fp);
58    }
59    tail->next = NULL;
60    return (head);
61 }
```

buyin() 函数判断用户输入的商品是否在库存中已存在。如果库存中已存在该商品，则在保存库存信息的链表修改该商品的数量；如果库存中不存在该商品，把该商品信息加入库存信息链表。最后把所有本次进货信息添加到进货信息链表。

> **注意**
>
> stockhead() 函数一定要在 fp = fopen("D:/FINALL/ 超市进销存管理系统 /stock.txt", "a+"); 之前调用，因为 stockhead() 函数中有打开文件的操作，如果在 fp = fopen("D:/FINALL/ 超市进销存管理系统 /stock.txt", "a+"); 之后调用文件已经打开，再次打开这个文件程序会报错。

```
01 void printbuygoods(buygoods *head)// 信息写入文件
02 {
03    FILE *fp;
04    buygoods *p;
05    p = head;
06    p = p->next;
07    fp = fopen("D:/FINALL/ 超市进销存管理系统 /buygoods.txt", "a+");
08    while (p != NULL)
09    {
10        fprintf(fp, "%s %lf %d %d %d %d %d %d  %d \n", p->goodsname, p->purprice,p->goodsamount,p->stime.sysyear,p->stime.sysmonth,p->stime.sysday,p->stime.syshour,p->stime.sysminutes,p->stime.syssecond);
11        p = p->next;
12    }
13    fclose(fp);
14 }
```

printbuygoods() 函数把存储进货信息的链表写入进货信息文件。

```
01 vvoid wprintstock(stock *head)// 修改后写入文件
02 {
03    FILE *fp1;
04    stock *p;
05    p = head;
06    p = p->next;
07    fp1 = fopen("D:/FINALL/ 超市进销存管理系统 /stock.txt", "w+");
08    while (p != NULL)
09    {
10        fprintf(fp1, "%s  %lf %d \n", p->goodsname, p->purprice, p->goodsamount);
11        p = p->next;
12    }
13    fclose(fp1);
14 }
```

wprintstock() 函数把修改后的库存信息链表写入文件。

进货信息的显示如下。

```
01  buygoods *buygoodshead()// 读取文件指针
02  {
03    FILE *fp;
04    int n = 0;
05    char ch;
06    buygoods *head, *temp, *tail;
07    head = (buygoods *)malloc(sizeof(buygoods));
08    temp = (buygoods *)malloc(sizeof(buygoods));
09    tail=(buygoods *)malloc(sizeof(buygoods));
10    fp = fopen("D:/FINALL/ 超市进销存管理系统 /buygoods.txt", "r");
11      fscanf(fp, "%s%lf%d%d%d%d%d%d%d", temp->goodsname, &temp->purprice, &temp->goodsamount,&temp->stime.sysyear,&temp->stime.sysmonth,&temp->stime.sysday,&temp->stime.syshour,&temp->stime.sysminutes,&temp->stime.syssecond);
12    while ((ch = fgetc(fp)) != EOF)
13    {
14      n = n + 1;
15      if (n == 1)
16        head->next = temp;
17      else
18        tail->next = temp;
19      tail = temp;
20      temp = (buygoods *)malloc(sizeof(buygoods));
21        fscanf(fp, "%s%lf%d%d%d%d%d%d%d", temp->goodsname, &temp->purprice, &temp->goodsamount,&temp->stime.sysyear,&temp->stime.sysmonth,&temp->stime.sysday,&temp->stime.syshour,&temp->stime.sysminutes,&temp->stime.syssecond);
22    }
23    tail->next = NULL;
24    fclose(fp);
25    return (head);
26  }
```

buygoodshead() 函数用于打开存储进货信息的文件，把里面的信息存入以 buygoods 结构体为结点的链表中，返回链表头结点。

```
01  void showbuymessage()//
02  {
03
04    buygoods *p;
05    p = buygoodshead();
06    p = p->next;
07    system("cls");
08    printf(" 商品名称      进价     购买数量     时间 \n");
09    while (p != NULL)
10    {
11      printf("%s       %lf     %d       %d/%d/%d/%d:%d:%d \n", p->goodsname, p->purprice, p->goodsamount,p->stime.sysyear,p->stime.sysmonth,p->stime.sysday,p->stime.syshour,p->stime.sysminutes,p->stime.syssecond);
12      p = p->next;
13    }
14  }
```

showbuymessage() 函数调用 buygoodshead() 函数，把 buygoodshead() 函数返回的链表信息输出。

20.3.4 销售管理模块

销售模块包含商品销售、销售记录查看功能。

（1）商品销售功能

商品销售分三个步骤。第一步，利用前面已经介绍过的 stockhead() 函数从库存信息中读取库存信息，写入以 stock 结构体为结点的链表中，返回头结点。第二步，由销售员输入要销售的商品信息，在 stock 结构体链表中查找该商品信息，若没找到该商品则显示没有该商品；若找到该商品但数量不足，提示销售员该商品余量不足，退出；若余量充足则在 stock 链表相应结点把该商品的余量修改为销售后的余量，把 stock 链表写入文件。第三步，把销售信息写入销售记录文件。

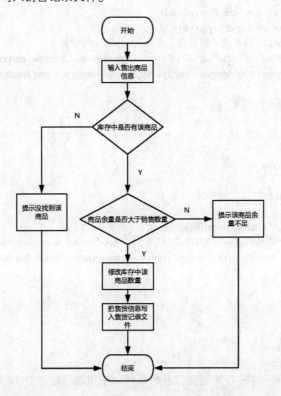

> **⌕注意**
>
> 本模块中用到的 stockhead() 函数、wprintstock() 函数前面小节已经介绍过，本节不再重复介绍。

```
01  sellgoods * sellout()
02  {
03      int addnum=1,m = 0, n;
04      int judge=0;
05      int isenough=1;
06      sellgoods *head, *temp, *tail;
07      head = (sellgoods *)malloc(sizeof(sellgoods));
08      temp = (sellgoods *)malloc(sizeof(sellgoods));
09      tail = (sellgoods *)malloc(sizeof(sellgoods));
10      while (addnum==1)
11      {
12          FILE *fp;
13          m = m + 1;
14          printf(" 请输入货物名称 :\n");
15          scanf("%s", temp->goodsname);
16          printf(" 请输入货物价格： \n");
17          scanf("%lf", &temp->sellprice);
```

```
18        printf(" 请输入货物数量： \n");
19        scanf("%d", &temp->sellamount);
20        stock *s,*q;
21        s = stockhead();
22        q = s;
23        s = s->next;
24        while (s!= NULL)
25        {
26          if (strcmp(s->goodsname,temp->goodsname)==0)
27          {
28            judge++;
29            if(s->goodsamount>=temp->sellamount)
30            {
31              s->goodsamount=s->goodsamount - temp->sellamount;
32            }
33            else
34            {
35              printf(" 该商品余量不足 \n");
36              isenough=0;
37            }
38          }
39          s = s->next;
40        }
41        wprintstock(q);
42        fp = fopen("D:/FINALL/ 超市进销存管理系统 /stock.txt", "a+");
43        if(judge==0)
44        {
45          printf(" 该商品不存在 \n");
46        }
47        time_t now;
48        struct tm *timenow;
49        time(&now);
50        timenow = localtime(&now);
51        temp->stime.sysyear = timenow->tm_year+1900;
52        temp->stime.sysmonth=timenow->tm_mon+1;
53        temp->stime.sysday=timenow->tm_mday;
54        temp->stime.syshour=timenow->tm_hour;
55        temp->stime.sysminutes=timenow->tm_min;
56        temp->stime.syssecond=timenow->tm_sec;
57        if (m == 1)
58          head->next = temp;
59        else
60          tail->next = temp;
61        tail = temp;
62        temp = (sellgoods *)malloc(sizeof(sellgoods));
63        printf(" 继续出售输入 1 ，结束请输入 0\n");
64        scanf("%d",&n);
65        addnum = n;
66        fclose(fp);
67      }
68      tail->next = NULL;
69      if(isenough==0)
70        return NULL;
71      return (head);
72  }
```

sellout() 函数返回售货信息链表的头结点。

```
01   void printsellgoods(sellgoods *head)// 管理员信息写入文件
02   {
03      FILE *fp;
04      sellgoods *p;
05      if(head==NULL)
06         return ;
07      p = head;
08      p = p->next;
09      fp = fopen("D:/FINALL/ 超市进销存管理系统 /sellgoods.txt", "a+");
10      while (p != NULL)
11      {
12          fprintf(fp, "%s %lf %d  %d   %d   %d   %d   %d   %d \n", p->goodsname, p->sellprice, p->sellamount,p-
>stime.sysyear,p->stime.sysmonth,p->stime.sysday,p->stime.syshour,p->stime.sysminutes,p->stime.syssecond);
13         p = p->next;
14      }
15      printf(" 出售成功 \n");
16      fclose(fp);
17   }
```

printsellgoods() 函数把 sellout() 函数返回的链表写入文件。

（2）销售记录查看

```
01   sellgoods *sellgoodshead()// 读取文件指针
02   {
03      FILE *fp;
04      int n = 0;
05      char ch;
06      sellgoods *head, *temp, *tail;
07      head = (sellgoods *)malloc(sizeof(sellgoods));
08      temp = (sellgoods *)malloc(sizeof(sellgoods));
09      tail=(sellgoods *)malloc(sizeof(sellgoods));
10      fp = fopen("D:/FINALL/ 超市进销存管理系统 /sellgoods.txt", "r");
11       fscanf(fp, "%s%lf%d%d%d%d%d%d%d", temp->goodsname, &temp->sellprice, &temp->sellamount,&temp->stime.
sysyear,&temp->stime.sysmonth,&temp->stime.sysday,&temp->stime.syshour,&temp->stime.sysminutes,&temp->stime.
syssecond);
12      while ((ch = fgetc(fp)) != EOF)
13      {
14         n = n + 1;
15         if (n == 1)
16            head->next = temp;
17         else
18            tail->next = temp;
19         tail = temp;
20         temp = (sellgoods *)malloc(sizeof(sellgoods));
21          fscanf(fp, "%s%lf%d%d%d%d%d%d%d", temp->goodsname, &temp->sellprice, &temp->sellamount,&temp-
>stime.sysyear,&temp->stime.sysmonth,&temp->stime.sysday,&temp->stime.syshour,&temp->stime.sysminutes,&temp->stime.
syssecond);
22      }
23      tail->next = NULL;
24      fclose(fp);
25      return (head);
26   }
```

以下代码用来显示销售信息。

```
01   void showsellmessage()//
02   {
03
04       sellgoods *p;
05       p = sellgoodshead();
06       p = p->next;
07       system("cls");
08       printf(" 商品名称      售价     售出数量     时间 \n");
09       while (p != NULL)
10       {
11           printf("%s          %lf        %d         %d/%d/%d/%d:%d:%d  \n", p->goodsname, p->sellprice, p->sellamount,p->stime.sysyear,p->stime.sysmonth,p->stime.sysday,p->stime.syshour,p->stime.sysminutes,p->stime.syssecond);
12           p = p->next;
13       }
14   }
```

注意

这里的销售信息显示和进货信息显示步骤相同不再重复讲解。

20.3.5 库存管理模块

库存管理模块包括库存信息显示和库存信息修改两个功能。

（1）库存信息显示

```
01   void showstock()//
02   {
03       stock *p;
04       p = stockhead();
05       p = p->next;
06       system("cls");
07       printf(" 商品名称      进价         剩余数量 \n");
08       while (p != NULL)
09       {
10           printf("%s          %lf        %d       \n", p->goodsname, p->purprice, p->goodsamount);
11           p = p->next;
12       }
13   }
```

这里的 stockhead() 函数前面已经介绍过，本节不再讲解。showstock() 函数输出 stockhea() 函数返回的链表。

（2）库存信息修改

```
01   void changestock()// 更改库存信息
02   {
03       int a = 0;
04       char name[20];
05       stock *p, *q;
06       p = stockhead();
07       q = p;
08       p = p->next;
09       printf(" 请输入要更改的货物名称 :\n");
10       scanf("%s", name);
11       while (p != NULL)
```

```
12      {
13        if (strcmp(p->goodsname,name)==0)
14        {
15          printf(" 请输入更改后的数量 :\n");
16          scanf("%d", &p->goodsamount);
17          a = a + 1;
18        }
19        p = p->next;
20      }
21      if (a == 0)
22      {
23        printf(" 没有找到该商品 !\n");
24        printf("admin();\n");
25      }
26      else
27      {
28        system("cls");
29        printf(" 更改成功！ \n");
30        wprintstock(q);
31        //admin();
32      }
33   }
```

还是利用 stockhead() 函数读取库存信息写入链表，changestock() 函数修改链表信息，wprintstock() 函数把链表信息写入文件，stockhead() 函数和 wprintstock() 函数不再解释。

20.3.6 查询统计模块

统计模块分为三种统计方式，第一种统计整年收益，第二种统计整月收益，第三种统计某天收益。statistics() 函数显示查询统计结果，并根据用户选择的模式进行查询。

```
01   void statistics()    // 统计
02   {
03     int day,month,year;
04     int choise;
05     int judge=0;
06     printf(" 查询整年收益请输入 1 \n");
07     printf(" 查询某月收益请输入 2 \n");
08     printf(" 查询某天收益请输入 3 \n");
09     scanf("%d",&choise);
10     while(choise!=1 && choise!=2 &&choise!=3)
11     {
12       printf(" 输入有误请重新输入 \n");
13       scanf("%d",&choise);
14     }
15     switch(choise)
16     {
17     case 1:
18       Byyear();
19       break;
20     case 2:
21       Bymonth();
22       break;
23     case 3:
24       Byday();
25       break;
```

```
26      }
27  }
```

statistics() 函数提供三种统计方式的选择，要求用户输入要选择的查询方式。输入 1 按年统计，然后系统调用 Byyear() 函数；输入 2 按月统计，系统调用 Bymonth() 函数；输入 3 按日统计，系统调用 Byday() 函数。否则提示输入错误请重新输入。

（1）Byyear() 函数

```
01  void Byyear()
02  {
03      double profites=0;
04      int sum=0;
05      int year;
06      printf(" 请输入年份 \n");
07      scanf("%d",&year);
08      stock *s,*q;
09      s = stockhead();
10      q = s;
11      s = s->next;
12      sellgoods *sg;
13      sg = sellgoodshead();
14      sg = sg->next;
15      while (sg!= NULL)
16      {
17        if(sg->stime.sysyear==year)
18        {
19          while(s!=NULL)
20          {
21            if(strcmp(sg->goodsname,s->goodsname)==0)
22            {
23              sum=sum+sg->sellamount;
24              profites=profites+(sg->sellprice - s->purprice)*sg->sellamount;
25            }
26            s=s->next;
27          }
28          s = q;
29        }
30        sg=sg->next;
31      }
32      printf(" 售出商品 %d 件  获利 %lf 元 ",sum,profites);
33  }
```

（2）Bymonth() 函数

```
01  void Bymonth()
02  {
03      double profites=0;
04      int sum=0;
05      int year;
06      int month;
07      printf(" 请输入年份和月份 \n");
08      scanf("%d   %d",&year,&month);
09      stock *s,*q;
10      s = stockhead();
11      q = s;
```

```
12    s = s->next;
13    sellgoods *sg;
14    sg = sellgoodshead();
15    sg = sg->next;
16    while (sg!= NULL)
17    {
18        if(sg->stime.sysyear==year&&sg->stime.sysmonth==month)
19        {
20            while(s!=NULL)
21            {
22                if(strcmp(sg->goodsname,s->goodsname)==0)
23                {
24                    sum=sum+sg->sellamount;
25                    profites=profites+(sg->sellprice - s->purprice)*sg->sellamount;
26                }
27                s=s->next;
28            }
29            s = q;
30        }
31        sg=sg->next;
32    }
33    printf(" 售出商品 %d 件  获利 %lf 元 ",sum,profites);
34 }
```

（3）Byday() 函数

```
01  void Byday()
02  {
03      double profites=0;
04      int sum=0;
05      int year;
06      int month;
07      int day;
08      printf(" 请输入年份和月份和几号 \n");
09      scanf("%d  %d   %d",&year,&month,&day);
10      stock *s,*q;
11      s = stockhead();
12      q = s;
13      s = s->next;
14      sellgoods *sg;
15      sg = sellgoodshead();
16      sg = sg->next;
17      while (sg!= NULL)
18      {
19          if(sg->stime.sysyear==year&&sg->stime.sysmonth==month&&sg->stime.sysday==day)
20          {
21              while(s!=NULL)
22              {
23                  if(strcmp(sg->goodsname,s->goodsname)==0)
24                  {
25                      sum=sum+sg->sellamount;
26                      profites=profites+(sg->sellprice - s->purprice)*sg->sellamount;
27                  }
28                  s=s->next;
29              }
30              s = q;
```

```
31          }
32          sg=sg->next;
33      }
34      printf(" 售出商品 %d 件  获利 %lf 元 ",sum,profites);
35  }
```

三种统计方式都要求用户输入要统计的时间段，然后系统先读取售货记录中该时间段内售出的商品，然后在库存信息中查找该商品，找到该商品后用售价减进价再乘以销售数量得到该商品盈利值，最后把所有该时间段内售出的商品利润相加，得到总利润。

▶20.4 程序调试及系统测试

单击【调试】工具栏中的编译运行按钮，即可运行系统。系统运行后在命令行中会显示操作菜单，输入相应的数字，按回车键即可进入主界面功能模块。本节把程序运行的部分功能运行结果截图显示。

▶注意

此处省略了输入管理员标号和密码的步骤。

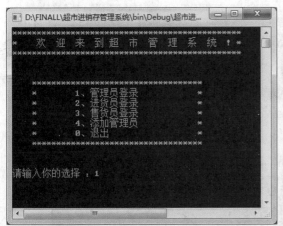

（1）超市管理系统登录

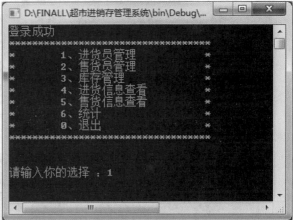

（2）超市管理系统主界面

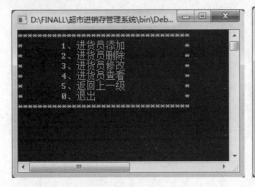

（3）库存管理

（4）库存信息查看

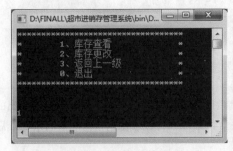

（5）库存管理

（6）库存信息查看

（7）进货

（8）售货

（9）进货信息显示

（10）售货信息显示

（11）按年统计

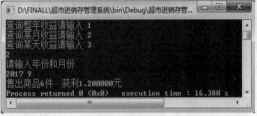

（12）按月统计